主　编　郭本禹

副主编　高峰强　杨韶刚　高申春

编　委（以姓氏笔画为序）

丁　芳　方双虎　王国芳　李广军　杨韶刚　修巧艳

贾林祥　郭本禹　高申春　高峰强　崔光辉　熊哲宏

江苏省重点学科“发展与教育心理学”学科资助成果

教育部普通高等学校人文社会科学重点研究基地南京师范大学道德教育研究所成果

外国心理学流派大系 主编 郭本禹

FOREIGN PSYCHOLOGY SCHOOL SERIES

意识的分析

——内容心理学

方双虎 郭本禹 著

山东教育出版社

图书在版编目(CIP)数据

意识的分析——内容心理学/方双虎,郭本禹著.—济南:山东教育出版社,2009
(外国心理学流派大系)
ISBN 978-7-5328-6240-5

Ⅰ.意... Ⅱ.①方...②郭... Ⅲ.内容分析(心理学)—研究 Ⅳ.B841

中国版本图书馆 CIP 数据核字(2009)第 167751 号

目录
Contents

总　序

著名心理学家艾宾浩斯曾说过:"心理学虽有一长期的过去,但仅有一短期的历史。"心理学的长期过去可以上溯到古希腊、古罗马时期的心理学思想,从大约公元前6世纪到公元19世纪中叶的这一时期被称为前科学心理学时期或哲学心理学时期。1879年,冯特在德国莱比锡大学创建了世界上第一个心理学实验室,标志着科学心理学的诞生。此后的短期历史被称为科学心理学时期。科学心理学是指具有科学形态的心理学,与之相对的是前科学形态的心理学。前科学形态的心理学主要指形而上学的心理学,它以纯粹思辨的方式进行推演研究,试图揭示心理现象的本质。科学形态的心理学即科学心理学,它主要受到近代科学尤其是自然科学的影响,采用经验尤其是实验的方式进行归纳研究,得出心理现象本质的知识。

从理论形态演变上看,科学心理学的发展主要表现为不同心理学流派的产生、发展和更替过程。这一过程大致沿着科学主义心理学和人文主义心理学两条路线不断演进。科学主义心理学是主流的心理学取向,主要包括内容心理学、构造心理学、机能心理学、行为主义心理学、皮亚杰学派心理学和认知心理学等流派。人文主义心理学是非主流的心理学取向,主要包括意动心理学、精神分析心理学、格式塔心理学、现象学心理学、存在心理学和人本主义心理学等流派。现代心理学流派的发展过程大致可以划分为三个阶段:一是哲学心理学时期的思想起源,从大约公元前6世纪到19世纪70年代;二是心理学流派自身的历史演进,从19世纪70年代到20世纪80年代;三是心理学流派的当代效应,从20世纪80年代至今。

一、现代心理学流派的思想起源

在前科学心理学的漫长历史中,心理学曾一度是"灵魂的奴仆"、"神学的婢女"和"哲学的附庸"。现代心理学流派萌芽于古希腊,发端于近代欧洲。古希腊心理学思想表现为存在(being)与形成(becoming)的张力,近代欧洲心理学思想表现为经验主义与理性主义的对立，到科学心理学时期就演变为科学主义心理学和人文主义心理学的纷争。

1. **思想萌芽**

古希腊是现代心理学流派的思想源头。在哲学形成之前，古希腊人已经开始了对灵魂(psyche)的探索。当时人们认为灵魂是一种生命气息，它在人死亡时离去。“心理学”(psychology)一词就由此而来。大约在公元前6世纪，古希腊产生了哲学。古希腊哲学致力于探究世界的本原，其中包括回答灵魂是什么。因此，此时的心理学是灵魂的奴仆。

古希腊哲学隐含着存在与形成的张力。这一张力最初体现在巴门尼德和赫拉克利特之间。巴门尼德提出，要通过理性的道路来获得确定无疑的知识。他推崇理性认识的重要性，贬低感觉经验的作用，认为后者只能产生纷乱的意见。赫拉克利特则通过“人不能两次踏入同一条河流”来表述世界变动不居的特征。他重视感觉经验的重要性，甚至认为视觉经验比听觉经验更可靠。存在与形成的张力在柏拉图和亚里士多德那里达到顶峰。柏拉图发展了巴门尼德的观点，认为存在着普遍的理念世界，变化中的现实事物只是对不变的理念的一种模仿。理性是最高级的灵魂，并指导着意气和情欲。亚里士多德是古希腊思想的集大成者，其《论灵魂》一书可以视为西方心理学史上第一本心理学著作。他持有形成的立场，对柏拉图的观点进行了改造。在他看来，世间万物都是有目的的，朝向隐得来希即自身的全面发展迈进，因而处于时刻流转中，灵魂也是如此。他强调感觉经验在灵魂中的重要地位，认为感觉限定着灵魂的认识活动。

在古希腊之后，西方心理学思想的目的虽然发生了变化，但却依然延续着存在与形成的张力。到了中世纪，一切思想均转向认识上帝，此时的心理学成为“神学的婢女”。两位基督教哲学家奥古斯丁和托马斯·阿奎那为心理学思想指出两条不同的道路。奥古斯丁提出通过内心的感受来获得上帝的启示，从而走向形成立场；托马斯·阿奎那提出通过理性和逻辑论证来获得上帝的启示，从而走向存在立场。

总之，从古希腊到中世纪，心理学从作为“灵魂的奴仆”到作为“神学的婢女”，提出了许多朴素的心理学思想，构成了现代心理学流派的思想萌芽，其间一直延续着存在与形成的张力，开启了现代科学主义心理学和人文主义心理学纷争的历史源头。

2. **思想发端**

经过漫长的中世纪，西方世界从文艺复兴时期进入近代。近代自然科学的进步使世界图景发生了根本改变,从中世纪以上帝为中心的神秘世界观转变为数学的机械世界观,对哲学以及心理学产生着越来越重要的影响。近代哲学的目的从古希腊探讨世界本原是什么转向如何认识世界。近代心理学由“神学的婢女”变成“哲学的附庸”,不再是对灵魂和上帝的探讨,而是围绕如何认识世界对心理学问题展开系统的理论阐述,表现为经验主义与理性主义两种对立的观点。这两种对立的观点由先前形成与存在的张力衍生而来:经验主义延续了形成的观点,理性主义延续了存在的观点。近代心理学思想在英国和法国表现为经验主义心理学思想,在荷兰和德国表现为理性主义心理学思想。

经验主义心理学思想主张,一切心理现象均是经验(如感觉和观念)的集合或联结。经验主义心理学思想从英国的培根开始。他认为,知识和观念起源于感性世界,感觉经验是一切知识的源泉。在培根之后,经验主义心理学思想有两种形式:英国的联想论心理学思想和法国的感觉论心理学思想。英国的联想论心理学思想以经验为基础,以联想为工具,试图揭示观念的形成和发展的规律。霍布斯是联想论心理学思想的先驱,他坚持知识和观念来源于感觉经验。洛克第一个提出“联想”概念,认为联想是观念的联合,简单观念经过综合、联系和分离形成人的心灵内容。贝克莱和休谟进一步发展了联想论心理学思想,解释了空间知觉和联想规律。哈特莱是联想论心理学思想体系的建立者,试图用生理学概念把经验论和联想论结合起来,用联想去解释一切心理现象。培因是联想论心理学思想的集大成者,对联想的规律、种类和动力等进行了系统化的阐述,在联想论心理学思想向科学心理学的过渡上起到承前启后的作用。

法国的感觉论心理学思想主要受到笛卡儿关于身体是机器的思想和洛克的唯物主义经验论的影响,强调感觉经验在认识中的作用。与联想论心理学思想一样,感觉论心理学思想也认为,一切观念源自经验,所有的心理事件都能用感觉和联想规律来解释,同时,它还重视心理与脑的关系,认为心理是脑的属性,脑是思想的器官,这对科学心理学的产生起到积极的作用。拉·美特利提出了“人是机器”的观点,对后来行为主义心理学有重要的影响。孔狄亚克改造了洛克的经验论心理学思想,形成了感觉论心理学思想体系。此后经过爱尔维修和波纳等人的发展,到卡巴尼斯那里,感觉论心理学思想发展到极致,并推进了生理心理学的发展。

理性主义心理学思想主张,人的心理是一种主动活动的、富于理性的固有观念,即一切心理作用都归结为不同程度的理性。理性主义心理学思想从法国的笛卡儿开始。他认为,人的知识不是来源于感觉经验,而是来源于理性，理性的演绎是唯一正确方法。作为理性表现的知识和能力是先天具有的，因此，他主张天赋观念论。莱布尼茨是理性主义心理学思想的开创者，他提出统觉说，认为心理从无意识的微觉到最有意识的统觉，具有把握对象的不同程度。他把统觉视为对感知自身内在状态的意识，即自我意识。沃尔夫是官能心理学的创始人，他认为人的心灵具有各种官能，心灵利用其不同的官能从事不同的活动。康德提出心理的先天范畴论，并使心理过程的知、情、意三分法流行起来。他认为，统觉是人的一种先验的综合统一的认识能力。赫尔巴特第一次明确宣称心理学是一门科学，但还需要建立在形而上学之上，仍属于哲学的科学。他还将统觉团等思想应用到教育心理学中。陆宰是实验心理学建立前的最后一位哲学心理学家，提出空间知觉的符号部位说，在理性主义心理学思想向科学心理学的过渡上起到承前启后的作用。

总之，近代心理学思想具有丰富的内容，形成了系统的心理学思想体系。它与近代科学一起，直接促成了科学心理学的诞生。经验主义心理学思想提出被动的心灵观，强调主体后天的经验性、心理活动的元素性和被动性，将人的心理视作静态的联想过程。理性主义心理学思想提出主动的心灵观，强调主体先天的主动性、心理活动的整体性和动力性，将人的心理视作发展的过程。经验主义心理学思想演变为现代心理学中的科学主义心理学，理性主义心理学思想演变为现代心理学中的人文主义心理学。正是在这种意义上，近代心理学思想成为现代心理学流派的思想发端。

二、现代心理学流派的历史演进

科学心理学产生于19世纪70年代，一开始就表现为两种理论形态，即科学主义心理学和人文主义心理学。科学主义心理学的第一个学派是冯特创立的内容心理学（主要是实验心理学），人文主义心理学的第一个学派是布伦塔诺创立的意动心理学。内容心理学与意动心理学形成了心理学史上两条路线之间的第一次对立与纷争。自此，科学主义心理学与人文主义心理学各自相对独立发展，两者之间少有相互交流和彼此借鉴。

过去人们主要是从狭义上来理解科学心理学，认为科学心理学完全等同于冯特创立的内容心理学（主要是实验心理学）。现在人们倾向于从大科学观来看待科学，认为科学既包括自然科学也包括人文科学和社会科学。尽管两者的研究对象不同、追求的真理目标和价值不同、探究真理的方式和方法不同，但它们毕竟都是科学，都以探究终极真理为己任。对于以既具自然属性又具社会属性的人为研究对象的科学心理学来说，只有以实验心理学为代表的科学主义心理学是远远不够的，还需要另一种心理学即人文主义心理学。历史发展的事实也是如此，1874年，冯特的《生理心理学原理》（下卷）和布伦塔诺的《经验观点的心理学》同时出版，这两本著作都把新心理学界定为一门经验科学，分别标志着现代科学主义心理学和现代人文主义心理学的开端。因此，科学心理学有两个创始人或者说有两位“父亲”，一个是冯特，另一个是布伦塔诺。过去人们之所以只提冯特是科学心理学之父，是因为波林那本著名的《实验心理学史》教科书造成了我们的误解。波林是铁钦纳的学生，铁钦纳力图把自己标榜为冯特的正统传人，要求波林按照他的实验心理学内容重新解读冯特的心理学体系。① 因此，在《实验心理学史》中大量论述冯特等人的实验心理学内容，而对冯特的对立者布伦塔诺等人的贡献则不予重视，以至于布伦塔诺被历史埋没了近半个世纪，成为学术史上的“隐身人”。这不能不说是一个历史的误会！我们今天需要澄清铁钦纳和波林所造成的误解，还布伦塔诺及其意动心理学的历史本来面目。

在现代心理学流派的演进过程中，有的作为一个心理学派别已经消失，融进了心理学的历史进程，如内容心理学、意动心理学和机能心理学等；有的犹如老树常青，如行为主义心理学和精神分析心理学在今天仍然具有活力。某些较大的心理学流派又包括一些较小的分支派别，如行为主义前后有三代，精神分析更是分支派别繁多。

1. 科学主义心理学流派的历史演进

科学主义心理学亦称自然科学心理学，是指一种以自然科学为价值定向的心理学研究取向，它坚持心理学的自然科学观和实证主义的客观实验范式，力图建构以自然科学为模板的心理学理论模式。科学主义心理学是主流的心理学取向，它从内容心理学开始，依次表现为构造心理学、机能心理学、行为主义心理学、皮亚杰学派心理学和认知心理学等派别。它们之间具有明显的连续性，要么是一种继承关系，如构造心理学对内容心理学的继承；要么具有对立关系，如认知心理学对行为主义心理学的反动。

(1) 内容心理学。

科学主义心理学从冯特的内容心理学（content psychology）开始。在冯特之前，心理学一直附庸于哲学，处于默默无闻的状态。冯特全面总结了哲学心理学、生理学和心理物理学的研究成果，把哲学心理学的理论观点、自然科学的研究方法与心理学的有关研究课题结合起来，将实验法引入心理

① 据说波林每写完《实验心理学史》的一章，都要交给铁钦纳审读。

学研究领域，于 1879 年在德国莱比锡建立了世界上第一个心理学实验室，使心理学获得了科学的形态，标志着现代科学心理学的确立。莱比锡成为世界新心理学的圣地，各国的学生都前往跟随冯特学习。

冯特创立的实验心理学，开辟了科学心理学的科学主义研究路线。冯特认为，科学心理学应该是一门经验科学，他把心理学的研究对象规定为直接经验，而不同于自然科学所研究的间接经验。他认为，心理学作为研究心理、意识事实的一门经验科学，其任务就在于分析出心理或意识的元素，并确定元素构成复合观念的原理与规律。冯特通过实验内省法分析，发现最基本的心理元素有两个，即感觉元素与感情元素。任何复杂的心理现象都是由心理元素结合而成的，简单的心理元素通过联想、统觉结合成为心理复合体。正是从这个意义上说，冯特的实验心理学被贴上“内容心理学”的标签。冯特的内容心理学与其同时代的布伦塔诺的意动心理学形成直接对立，这也是科学主义心理学与人文主义心理学长期纷争的开始。

与冯特同时代的德国心理学家艾宾浩斯和缪勒等人发展了他的内容心理学。艾宾浩斯创造性地运用实验法研究记忆这种高级的心理过程，开辟了实验研究的新领域。缪勒在哥廷根大学创建了一个设备完善的心理学实验室，其地位仅次于莱比锡心理学实验室，吸引了从欧洲和美国来的许多学生，取得了多方面的研究成果。以冯特的学生铁钦纳为代表的构造心理学(structural psychology)又称构造主义(structuralism)，其思想体系继承和发展了冯特的内容心理学的主要观点，特别是在坚持心理学是一门实验科学的观点上，二者一脉相承，可以看成是冯特的内容心理学的极端形式。

(2) 机能心理学。

机能心理学(functional psychology)产生于 19 世纪末 20 世纪初的美国，是美国本土出现的第一个正式的科学心理学思想体系。早在 1890 年，美国心理学之父詹姆斯在《心理学原理》中就将机体适应环境的心理功效规定为心理学的研究对象，这为 19 世纪末 20 世纪初的美国心理学定下了机能心理学的总基调。美国机能心理学与德国实验心理学之间存在着密切的关系。冯特在德国创建了心理学实验室之后，美国有许多年轻人来到冯特的实验室学习新的内容心理学，这些人回国后热心倡导生理心理学和实验心理学，并在各自所在的大学开设新课程，建立实验室。这样，德国实验心理学的科学形式就传入了美国，为美国的心理学家们提供了一种科学的思维方式和研究手段。但是美国年轻一代的心理学家不赞成冯特只以实验的内省方法研究纯粹的意识内容，强调用观察、测验和实验等多种方法研究意识或心理功能。他们认为，心理学可用于解决人们在不同的环境中如何活动、如何适应不同的环境等日常生活问题。

机能心理学有狭义和广义之分，与构造心理学直接对立的是狭义的机能心理学，即以杜威、卡尔、安吉尔为代表的芝加哥学派。代表美国心理学一般特征和总体倾向的是广义的机能心理学，即以卡特尔、桑代克、武德沃斯为代表的哥伦比亚学派。随着构造心理学因1927年铁钦纳逝世而消失，狭义的机能心理学由于失去了对立面逐渐退出历史舞台。而广义的机能心理学由于随后行为主义心理学的产生，也完全融入了美国心理学发展的历史洪流之中。

(3) 行为主义心理学。

行为主义(behaviorism)是20世纪初起源于美国的一个心理学派别，它在20世纪70年代之前是实验心理学中最有影响的运动，被称为心理学的“第一势力”。1913年，华生发表的《行为主义者心目中的心理学》一文标志着行为主义的诞生。华生抨击了传统上研究意识的内省心理学，批判了构造心理学和机能心理学，并声称心理学应该抛弃内省法而采用客观的实证方法研究可观察的外显行为。由此，行为主义作为一种新生的力量登上了心理学的历史舞台，其浩大的声势很快席卷了美国，并几乎遍及全世界，成为心理学史上著名的“行为主义革命”，被称为心理学史上的“第一次革命”。

行为主义的发展经历了三代。从1913年到1930年，是以华生等人为代表的第一代行为主义，又称古典行为主义。与华生同时代的魏斯、霍尔特、亨特、拉施里以及中国的郭任远等人，也对行为主义的推广做出了重要贡献。从20世纪30年代至60年代，赫尔、托尔曼、斯金纳等人对华生的极端简单化的观点和方法不满，都采纳操作主义和逻辑实证主义的哲学观点，开展了一系列研究，形成了各具特色的新体系，共同促生了第二代行为主义的心理学运动，也被称为新行为主义(neobehaviorism)。尽管第二代行为主义的术语名称、理论观点、概念体系等各不相同，但其行为主义的基本立场却是一致的。从20世纪50年代起，随着赫尔、托尔曼的过世，只有斯金纳等少数人仍坚持激进的行为主义观点，更多的批评者则看到了行为主义的实证主义哲学基础、严格的环境决定论以及人兽不分观点的严重缺陷。罗特、班杜拉、米契尔等更新一代的行为主义者，采取了更加温和的态度，大胆引入刚刚兴起的认知心理学的术语来说明人的行为，力图克服行为主义的危机，对行为主义进行认知心理学改造，形成了第三代行为主义，又称新的新行为主义(new-neobehaviorism)。

(4) 皮亚杰学派心理学。

皮亚杰学派(Piagetians)是20世纪20年代由瑞士心理学家皮亚杰创立

的。由于该学派的研究工作主要是在日内瓦大学及日内瓦发生认识论国际研究中心进行的，因此又称日内瓦学派。皮亚杰学派通过研究个体的认识发生，把认识论和心理学紧密结合起来创立了发生认识论，在心理学史上第一次系统而完整地描绘了儿童心理的发生和发展，指明儿童心理发展的实质是个体通过同化和顺化这两种形式来适应环境达到有机体与环境的平衡，并进一步详细探讨了儿童心理发展的结构、影响因素和发展阶段。皮亚杰学派对心理学、哲学和教育学诸多学科领域产生了广泛而深远的影响。

自20世纪50年代中期以来，皮亚杰理论受到了严重的挑战与诘难，出现了新皮亚杰学派(neo-Piagetians)和后皮亚杰学派(post-Piagetians)。新皮亚杰学派采用信息加工观点，对经典的皮亚杰体系作出一定的修正，使之更完善和更具解释力。后皮亚杰学派从地域上是指那些法语世界的学者(主要是法国和瑞士)所形成的一个松散的联盟，他们(也包括少数说英语的学者)在方法论上主张或实际从事以皮亚杰的临床法为标准构建发展量表和运算测验，在理论上主张差异心理学与发展心理学的真正整合。

(5) 认知心理学。

认知心理学(cognitive psychology)有广义和狭义之分，广义的认知心理学指的是所有侧重研究人的认知过程的心理学，狭义的认知心理学专指现代认知心理学。现代认知心理学表现为三种理论形态：信息加工论心理学、联结主义认知心理学和生态论认知心理学。

信息加工论认知心理学产生于20世纪50年代中期，其主要代表人物有纽厄尔、西蒙和奈瑟等人。它以“心理活动像计算机”为隐喻，用信息加工的观点看待人的认知过程，认为人的认知过程是一个接受、加工、贮存和输出信息的过程。由于这种观点以符号操作为基础，通过符号的串行加工方式建立心理模型，故又称符号论认知心理学。信息加工论认知心理学把以往被行为主义排挤到后台的意识重新拉回到心理学研究的前台，实现了心理学研究对象的回归。它还在继承传统科学主义心理学的客观实证方法基础上，综合运用反应时实验和自我观察法，尤其把计算机模拟方法作为重要研究工具，取得了心理学研究方法的突破。20世纪70年代，信息加工认知心理学成为心理学研究的主流，席卷了心理学的大多数分支。它的兴起被称作心理学史上的一场“认知革命”，相对于先前的行为主义革命是心理学史上的“第二次革命”。

20世纪80年代以来，联结主义认知心理学开始复兴。在联结主义心理学看来，人脑不能简单地等同于计算机，符号加工与真实的人类心理加工存在很大差距。它提出以大脑隐喻代替计算机隐喻，把大脑视为生物的神经网络，以平行分布加工代替串行加工。联结主义认知心理学试图构建一个更接近于神经活动的认知模型，暂时缓解了认知心理学遇到的困难。

从20世纪90年代开始，生态论认知心理学受到研究者的重视。它批判认知心理学注重实验室研究、远离日常生活的倾向，强调心理是人与环境互动的结果，主张心理学应当走出实验室、在现实环境中研究人的心理和行为，追求心理学研究的生态学效度，促进了认知心理学与实际生活的联系。

2. 人文主义心理学流派的历史演进

人文主义心理学亦称人文科学心理学，是指一种以人文科学为价值定向的心理学研究取向，它坚持心理学的人文科学观和现象学（存在主义、解释学）的主观经验范式，力图建构以人文科学为模板的心理学理论模式。人文科学心理学是非主流的心理学取向，它的发展有两条线索：一条从意动心理学开始，依次表现为格式塔心理学、现象学心理学、存在心理学、人本主义心理学、超个人心理学等流派，它们之间具有明显的连续性；另一条从古典精神分析心理学开始，依次表现为自我心理学、客体关系学派、自体心理学、社会文化学派、存在分析学、马克思主义精神分析学、后现代精神分析学等，它们之间也具有明显的连续性。当然，这种划分无论是时间上还是在思想渊源上都具有一定的相对性和交叉性。例如，存在心理学与精神分析学具有很大的关联性，存在心理学有时又称存在精神分析学或简称存在分析学。再如，作为存在心理学家的罗洛·梅和布根塔尔等人也可以归入人本主义心理学阵营。

(1) 意动心理学。

人文主义心理学从布伦塔诺的意动心理学（act psychology）①开始。意动心理学有狭义、广义之分。狭义的意动心理学主要是指布伦塔诺的意动

① 布伦塔诺开创了意动心理学的体系，但并未提出“意动心理学”这个概念。“意动心理学”进入心理学界，首先要归功于铁钦纳，他于1921年和1922年在《美国心理学杂志》上连续发表《机能心理学与意动心理学：Ⅰ》和《机能心理学与意动心理学：Ⅱ》，区分出两种心理学团体：关注生物学方面的机能心理学和关注意向方面的意动心理学。他明确指出，意动心理学以布伦塔诺、麦农、斯顿夫、立普斯、胡塞尔和屈尔佩为代表，英国的斯托特也受到布伦塔诺的影响。（Titchener，E. B.，Functional psychology and the psychology of act：I. *American Journal of Psychology*，1921，32，pp. 519～542）1921年，他又在《美国心理学杂志》上发表《布伦塔诺与冯特：经验与实验的心理学》，认为他们开创了不同的心理学取向。他说：“心理学的学生，尽管其得益是双倍的，但依然必须在这一个和另一个之间作出选择。在布伦塔诺和冯特之间，没有中间的道路。”（Titchener，E. B.，Brentano and Wundt：empirical and experimental psychology. *American Journal of Psychology*，1921，32，pp. 108～120）在铁钦纳之后，他的忠实的学生波林继承了老师的观点，将布伦塔诺和冯特视作两种阵营。他说：“19世纪后期和20世纪早期的系统心理学的分歧在于意动和内容，也就是在于布伦塔诺和冯特。”（波林著，高觉敷译：《实验心理学史》，商务印书馆1981年版，第406页）

心理学,广义的意动心理学除了布伦塔诺的意动心理学,还包括斯顿夫的机能心理学①、形质学派、符茨堡学派等。

布伦塔诺不同于冯特,他主张把意动作为心理学的研究对象,强调心理的意向性、活动性和整体性;提倡通过直接体验的方法,如内部知觉方法,来研究心理现象的组织规律和本质。布伦塔诺最先确立了意动心理学体系。在他之后,其学生斯顿夫提出机能心理学,麦农和厄棱费尔等人提出形质心理学,推进了意动心理学的发展。同时,冯特的学生屈尔佩站在意动心理学的立场上,领导符茨堡学派进行无意象思维的研究,并提出二重心理学,尝试调和意动心理学和内容心理学。此外,英国的沃德和斯托特、法国的里博和沙可也受到意动心理学的影响,推动了意动心理学在英国和法国的发展。

布伦塔诺等人的意动心理学与冯特等人的内容心理学相抗衡,开创了心理学中的人文主义路线与科学主义路线对立之先河。在意动心理学之后,弗洛伊德受到布伦塔诺的心理意动观的影响创立了精神分析心理学,惠特海默等人受到斯顿夫的影响,提出格式塔心理学,作为心理学中的"第三势力"的现象学心理学和人本主义心理学也回应了意动心理学。

(2) 格式塔心理学。

格式塔心理学(Gestalt psychology)又译"完形心理学",包括两个分支,一是格式塔心理学的格拉茨学派,二是格式塔心理学的柏林学派②。1890—1900年间,厄棱费尔和麦农将其老师布伦塔诺的意动心理学具体运用到形、形质问题的研究上,认为形、形质的形成有赖于意动。后来这一思想又通过威塔塞克和贝努西等人的努力继续传播于世。由于他们提出形质学说,故称为形质学派。这一学派是以奥地利的格拉茨大学为中心,又称格拉茨学派。

格式塔心理学的柏林学派由惠特海默、苛勒和考夫卡三位德国心理学家于1912年创立。这个学派最初以反对冯特的元素论作为出发点,强调经验和行为的整体性,认为整体不等于且大于部分之和,整体的性质决定部分的性质,部分的性质则有赖于它在整体中的关系、位置和作用。整体观贯穿

---

① 斯顿夫的机能心理学不同于美国心理学的机能主义,对后者也没有直接的影响。斯顿夫的机能强调的是一种逻辑的机能,而美国机能主义强调的是一种生物或适应的机能。

② 史密斯指出,格拉茨学派可以与柏林学派并列,作为格式塔心理学的两个中心。(Smith, B., *Austrian Philosophy: The Legacy of Franz Brentano*, Open Court Publishing Company, 1994, pp. 259～272)林登费尔德也指出:"格拉茨学派本来能够轻易地成为战争时期[指第一次世界大战]格式塔心理学主要的中心。"(Lindenfeld D. F., *The Transformation of Positivism Alexius Meinong and European Thoug*, *1880—1920*. University of California Press, 1980, p. 237)

于柏林学派体系之中，在对知觉、心身关系、思维、学习和人格问题的解释上都体现了这一观点。由此出发，柏林学派十分注重心理各成分之间的动力性、交互性和系统性。

柏林学派承认形质学派的地位与作用，在诸多方面与其保持一致：它们都坚持整体论观点，反对元素论观点；都把对形式和图形关系尤其是知觉作为核心主题。不过，格拉茨学派与柏林学派间存在着一定的差异。两个分支的争论反而成了格式塔心理学发展的动力，这反映在后来意大利的格式塔心理学发展上。

格式塔心理学的柏林学派除了三位创始人之外，后来受到柏林学派影响的勒温转向团体动力学，可以视作是对格式塔心理学的一种继承和发展。海德和费斯汀格等继承和发展了团体动力学，各自提出新的理论和学说，并在美国社会心理学界长期占据着统治地位，而格拉茨学派在一定程度上被冷落了。

(3) 现象学心理学。

在20世纪五六十年代，美国的现象学心理学、存在心理学和人本主义心理学以相似的人文主义心理学观点共同构成心理学的“第三势力”，它们共同反对心理学的“第一势力”行为主义心理学和“第二势力”精神分析心理学。在严格意义上，“第三势力”心理学都是心理学的一种共同研究取向，而非一个严格意义上的学派。当然，从起源上看，现象学心理学和存在心理学都比人本主义心理学出现得较早。

现象学心理学(phenomenological psychology)是产生于20世纪上半叶的一种心理学取向，它上承人文科学心理学最初形态的意动心理学，并受到现象学哲学的直接影响。它从直接呈现的经验出发，坚持意向性观点，对经验加以描述。胡塞尔的现象学心理学和哥廷根的实验现象学构成了现象学心理学的最早思想雏形。从地域上看，现象学心理学可分为欧洲的现象学心理学与美国的现象学心理学。前者主要有以萨特和梅洛—庞蒂为代表的法兰西学派、以伯伊滕蒂克等人为代表的乌特列支学派。后者兴起于20世纪40年代，到60年代逐渐形成了以乔治为代表的迪尤肯阵营。美国的现象学心理学的兴起过程主要是吸收与转化现象学哲学和欧洲现象学心理学的过程，这个过程实际上是现象学心理学在美国的本土化过程。1970年，乔治创办《现象学心理学杂志》，在现象学心理学发展中具有标志性意义。从理论形态上，现象学心理学可以分为三个维度六种形态：在研究方式上，表现为思辨的与实验的现象学心理学；在研究取向上，表现为经验与解释的现象学心理学；在研究领域上，表现为存在与超个人的现象学心理学。

(4) 存在心理学。

存在心理学(existential psychology)主要受到存在主义哲学和精神分析心理学的影响,以人的存在为核心观点,采用现象学方法,来理解人的爱、本真、自由、焦虑、孤独、死亡等存在状态。存在心理学家在坚持心理学的存在主义观点和现象学方法方面是一致的,但他们在研究主题上又各有侧重。存在心理学在20世纪三四十年代兴起于欧洲,并在五六十年代发展于美国和英国。早期的欧洲存在心理学的主要代表人物是瑞士的宾斯汪格、鲍斯和奥地利的弗兰克尔等人。美国的存在心理学以罗洛·梅为领军人物,此后还有布根塔尔、施奈德和雅洛姆等人。1958年,罗洛·梅等主编的《存在:心理学与精神病学中的一种新维度》是美国的存在心理学发展的一个里程碑。1959年,在美国心理学会的年会上举办了关于存在心理学的研讨会,会议论文由罗洛·梅主编并以《存在心理学》(1961)为题出版。1960年开始,美国陆续创办了几种存在心理学杂志,如《存在精神病学》(1960,后更名为《存在主义杂志》)、《存在心理学与精神病学评论》(1961)、《存在分析者》(1964)、《存在精神病学》(1964)等,这些刊物成为存在心理学最重要的阵地。英国的存在心理学以莱因等人为代表。

(5) 人本主义心理学。

人本主义心理学(humanistic psychology)诞生于20世纪五六十年代,是美国心理学中的一种新思潮和革新运动。它假定每个人的内部都存在着一种成长的机制,这种机制可以促使人们在环境允许的情况下实现他们的潜能,而心理学家的目标和责任就是关注这种内部潜能,并寻求各种方法来帮助人们实现这种潜能。奥尔波特、马斯洛、罗杰斯等人是其主要代表人物,此外,存在心理学家罗洛·梅和布根塔尔等人的思想也具有人本主义心理学倾向。在20世纪60年代末,从美国人本主义心理学中又分化出超个人心理学,它是人本主义心理学创始人马斯洛和萨蒂奇等人在对人本主义心理学进行自我扬弃的基础上提出来的。超个人心理学超越了人本主义以个人的自我实现为目标的狭隘认识,迈向以研究人类心灵与潜能的终极价值和真我完满实现为目标。人本主义心理学理论形态包括以奥尔波特、马斯洛、罗杰斯等人为代表的自我实现理论、以罗洛·梅和布根塔尔等人为代表的自我选择论和以马斯洛和萨蒂奇等人为代表的自我超越论。

(6) 精神分析心理学。

精神分析(psychoanalysis)由奥地利著名医生弗洛伊德于19世纪末创立,它既是一种治疗心理疾病的方法,又是一种潜意识的心理学说。精神分析最初是从神经症治疗实践中产生的,逐渐发展成为现代西方心理学的一个主要流派，被称为西方心理学的“第二势力”。自20世纪20年代以来，精神分析逐渐超越了心理学的范围，扩展到社会科学的诸多领域，开创了一场人类思想文化运动。可以说，精神分析心理学是西方心理学史上绵延最长、影响最大、分支派别最多的一个心理学流派。

自从弗洛伊德创建精神分析理论以来，精神分析运动已经经历了百年的发展历程，其发展循着内部和外部两条路径。内部发展路径指的是精神分析内部的不断分裂与重组、演变与发展。其逻辑线索是，弗洛伊德所倡导的驱力模式，经过荣格、阿德勒等人的过渡之后，进一步演化为自我模式、关系模式和自体模式，分别对应着以安娜、哈特曼和埃里克森等人为代表的自我心理学，以克莱因、费尔贝恩和克恩伯格等人为代表的客体关系学派和以科胡特等人为代表的自体心理学等，它们从学科内部推动着精神分析运动向前发展。外部发展路径指的是弗洛伊德之后的精神分析从外部学科，如医学、社会学、文化学、哲学、语言学等积极汲取养分，一些精神分析学家把传统精神分析学与其他学科相结合，分别出现了以霍妮、沙利文、卡丁纳和弗洛姆等人为代表的社会文化学派，以宾斯万格、鲍斯、罗洛·梅、莱因等人为代表的存在分析学，以赖希、马尔库塞和弗洛姆等人为代表的马克思主义精神分析学，以拉康等人为代表的后现代精神分析学等，它们推动了精神分析运动向外发展。

精神分析百年运动的发展历程是一个不断分裂与整合的过程。其整合过程就是不断地克服片面性、极端性从而逐渐地走向互相吸收、融合的历程，表现在它的不同发展阶段之间、其内部的各种模式之间以及它与外部诸多学科之间的相互吸收与融合。精神分析运动的整合逻辑与其发展逻辑相一致，也循着内部整合与外部整合两条路径。内部整合路径是指精神分析内部的各种模式之间的整合，即对驱力或本能、自我、客体关系与自体模式之间的不断整合，包括雅可布森的自我理论整合、克恩伯格的客体关系理论整合、科胡特的自体理论整合和米契尔的关系理论整合等。外部整合路径是指精神分析与外部邻近学科，如社会学、文化学、哲学、语言学、医学和神经科学之间的整合，包括社会文化学派的文化理论整合、存在精神分析的人本主义理论整合、拉康的语言学理论整合和神经科学的科学化整合等。无论是内部整合还是外部整合都推动了精神分析运动不断向前发展。

三、现代心理学流派的当代效应

20 世纪 80 年代以来，西方心理学进入“后体系时代”(postsystem era)[1]。尽管一些学派和思潮如行为主义心理学、认知心理学、精神分析心理学、人本主义心理学等依然存在，但是，学派纷争日益淡化，学派界限日趋模糊，大多数心理学家更倾向于具体问题的研究，提出一些微观理论模型，而不大关心学派建设。就宏观理论观点而言，当代心理学也出现了一些新的研究趋势。这些新趋势一方面延续着科学主义心理学与人文主义心理学的分野。例如，联结主义认知心理学、认知神经科学、生态心理学、进化心理学等主要体现了科学主义心理学精神，后现代心理学、女性主义心理学、叙事心理学、文化心理学、积极心理学等主要体现了人文主义心理学精神。同时，这些新趋势在一定程度上也体现了科学主义心理学和人文主义心理学之间相互吸收和融合的新特点。当代出现的这些心理学的新趋势，只能看成是新的心理学研究取向，还不能视为严格意义上的心理学派别，而且，它们各自的代表人物也没有打算创立什么新的学派。

1. 科学主义心理学流派的当代效应

以自然科学为价值定向的科学主义心理学的当代趋势主要有：联结主义认知心理学、认知神经科学、生态心理学和进化心理学等。表面上看来，虽然不断有新的特征纳入到这些趋势中，比如多学科的交叉性以及研究方法的多元化，但是这些趋势在总体上却都反映出了诸如坚持经验证实原则、强调量化研究等科学主义心理学所固有的研究特征。

(1) 联结主义认知心理学。

联结主义认知心理学(connectionist cognitive psychology)是联结主义模型研究于 20 世纪 80 年代在认知心理学领域的复兴。它的复兴既逢信息加工论认知心理学遭到怀疑与困难之时，又得益于脑科学和神经科学的飞速发展。1986 年，鲁梅尔哈特和麦克里兰编辑出版的联结主义“圣经”《并行分布加工：认知结构的微观探索》一书，标志着联结主义认知心理学进入发展的鼎盛时期。联结主义认知心理学以“心理活动像大脑”为隐喻基础，把认知过程类比为神经网络的整体活动，把认知系统看做是简单而大量的加工单元的联结网络，网络中的每一单元在某一特定时刻总是处在某种激活

---

[1] Brennan, J. F. (2003). *History and systems of psychology*. New Jersey: Pearson Education, p. 280.

水平上，其实际的激活水平与来自环境和其他与之相连的单元有关。在联结主义看来，知识并不存在于特定的地点，而是存在于单元之间的联结之中，学习就是建立新的激活模式或改变单元之间的联结强度，因此，不同的激活模式能够解释不同的认知过程。相对于信息加工论认知心理学，联结主义认知心理学所研究的人工神经网络与大脑的功能方式更为一致，因为人脑就是由大量神经细胞以复杂方式联结起来的。联结主义认知心理学为处于危机中的认知心理学带来了新的生机，被称作“在认知解释方面的一场哥白尼式的革命”①，但它以对大脑的同构型或同态型模型为研究对象本身就具有一定的局限性。

(2) 认知神经科学。

认知神经科学(cognitive neuroscience)是20世纪80年代末出现的一种主要研究趋势。这一趋势重在研究和探讨人类心理及其活动的脑基础，以便揭示出人类心理和大脑之间的关系。认知神经科学融合了多个学科，比如脑科学、认知科学、神经科学等。这一新趋势有两点基本主张：一是认为脑结构与脑功能具有多层次性的特点；二是认为虽然人脑的结构是脑功能的基础，但在结构和功能之间并非简单的对应关系。这一趋势以传统认知心理学的行为实验研究方法为基础，主要采用脑功能成像技术进行研究。这其中主要包括基于脑代谢或脑血流变化的正电子发射断层扫描技术(PET)、功能性核磁共振成像技术(fMRI)和基于脑电或脑磁信号的脑生理功能成像的事件相关电位技术(ERP)、脑磁图技术(MEG)。认知神经科学将认知科学中的精细、严密的实验设计和现代神经科学中的先进技术相结合，丰富了心理学的研究，促进了人们对心理学中的一些重要主题研究的深入。有观点甚至认为认知神经科学正取代认知心理学成为心理学发展的新阶段。② 虽然这一新的趋势目前还正处于进一步发展和完善之中，但相信它会给心理学研究带来更多的借鉴和突破。

(3) 进化心理学。

进化心理学(evolutionary psychology)是在20世纪80年代末期出现于心理学研究领域中的一种新的研究趋势，其主要代表人物有巴斯、考斯麦茨、巴库等人。进化心理学主要受到本能心理学、认知科学和精神分析理论的影响，在方法论上主要运用生物学的进化理论来探讨人类心理的起源和

① Andy Clark & Rudi Lutz(1992). *Connectionism in context*. Springer-Verlag, p. 9.

② 索拉索编，朱滢、陈烜之等译：《21世纪的心理科学与脑科学》译者前言，北京大学出版社2002年版，第12页.

本质，并尤其强调自然选择的机制。这一趋势的基本观点主要包括：理解心理机制的关键在于过去；功能分析是理解心理机制的最主要途径；人类在解决问题的过程中逐渐演化出心理机制；心理机制具有模块性；人类的行为和表现是外部环境和心理机制相互作用的结果。进化心理学的研究主要建立在多种方法和数据来源的基础之上，通常采用比较法和实验法对所提出的假设进行检验，数据资料主要来源于观察资料、自我报告、生活史、考古学记录、狩猎采集社会的数据等。进化心理学把心理学的研究融进了生命科学的研究范围之中，拓宽了心理学的研究领域，并对人性等问题做了深入探讨。虽然进化心理学目前尚存在诸多争议，但是它无疑启发并促进了心理学的深入研究和纵深发展。

(4) 生态心理学。

生态心理学(ecological psychology)是在20世纪80年代末最终确立并得以发展的心理学新趋势之一。它受到科学、哲学和心理学等多个学科的影响，但以心理学的影响为主。在心理学领域中，生态心理学既受到机能主义心理学、行为主义心理学、认知心理学等这些主要的科学主义心理学流派的影响，又受到格式塔心理学、精神分析心理学和人本主义心理学等人文主义心理学流派的影响。从这些影响中，我们可以看到生态心理学这一新趋势在总体上反映了科学主义心理学和人文主义心理学的融合迹象。生态心理学的特征主要包括：强调人类心理的整体性；主张心理学的研究应面向生活世界；主要关注生态危机。在研究方法上，生态心理学虽然倡导多元化取向，但在实际研究中往往以注重生态效度的实验法、以行为抽样记录为主的自然观察法、以背景评估为主的测量法以及档案法为主。由于生态心理学的发展处在以科学主义为主导的当代心理学氛围下，不可避免地对经验和实验尤为注重，这也在一定程度上限制了生态心理学的发展空间。

2. 人文主义心理学流派的当代效应

以人文社会科学为价值定向的人文主义心理学的当代趋势主要有：后现代心理学、女性主义心理学、叙事心理学、文化心理学、积极心理学等。它们主要以现象学为哲学基础，以质化描述和个案分析方法研究现实生活中人的整体经验世界，关注人的价值、尊严、情感的理解和体验等主题，重视社会和文化因素对人的心理的影响。

(1) 后现代心理学。

后现代心理学(postmodern psychology)是在20世纪80年代中后期，受到后现代文化思潮的直接影响，在西方主流心理学面临困境与危机的情势下产生的一种心理学新趋势。它直接缘起于在心理学界处于非主流地位的人文科学定向的心理学思想。它以批判和消解科学主义心理学，并从后现代视野重新审视和重构心理学为基本特征。后现代心理学反对把心理学视为一门自然科学，从总体上倾向将心理学划为人文科学阵营；反对只研究可观察的对象，主张扩大心理学的研究对象；反对以实证方法为中心和量化分析，主张质化研究；反对原子论、还原论、客观论、决定论，倡导整体论、建构论、去客观化、或然论；反对追求普适性真理、价值中立和把人视作机器的观点，主张淡化对普适性真理的追求，关注事实与价值的融合，张扬人性；反对将知识视为客观实在，主张把知识放到社会背景中，视其为人际互动和社会建构的结果。后现代心理学作为后现代文化思潮的重要组成部分，体现出人文科学的精神，对人文主义心理学领域具有积极意义。

(2) 女性主义心理学。

女性主义心理学(feminist psychology)产生于20世纪60年代末以来的西方女性主义思潮背景之下。其发展逻辑体现为三种研究取向：20世纪六七十年代出现的经验论女性主义心理学，20世纪80年代出现的立场论女性主义心理学和20世纪90年代出现的后现代女性主义心理学，其中后现代女性主义心理学占据主流地位。女性主义心理学的主流观点是：消除心理学中男性中心的偏见，建立“性别公平”的“好科学”；反对实证霸权，主张采用适于女性的多元方法，如质化方法；反对传统心理学的客观和价值中立的研究模式，提倡在社会文化背景下对女性的主观经验如价值、情感和信念的深度理解；主张从社会性别视角革新咨询关系，尊重女性能力、尊严及价值，强调赋予自我决定的治疗目标，建立平等的咨询关系。女性主义心理学对我们全面认识人类心理和关注女性心理起到独特作用。

(3) 叙事心理学。

叙事心理学(narrative psychology)诞生于20世纪80年代中期，它受到后现代文化思潮的影响，是现代文学中的叙事分析与社会心理学相结合的产物。它是通过分析神话、民间故事、小说等虚构文本来探讨和理解我们精神世界的意义系统和结构的一种人文主义心理学取向。叙事心理学以自我叙事表征心理过程的核心特征，主张用话语分析等质化方法研究人的意义、价值、情感和人格，研究人的生活故事，其目标是理解，而非实证和解释；它强调人的心理的情景性和生成性，既关注日常生活世界中人的发展过程的连续性，又注重对人生链条上每一个故事内容的分析；它认为心理问题产生的原因在于外界事物导致个体生活故事的连续性遭到破坏，心理治疗的目的是帮助个体“修复故事”或重构一个新故事。叙事心理学以其独特的研究方法和视角，启示我们重新审视传统心理学的目标和方法。

(4) 文化心理学。

文化心理学(cultural psychology)是20世纪末产生的一种心理学取向,是对主流心理学困境与危机的一种反应和结果。它主要通过人文科学模式研究特定文化中人的心理或行为,重视实际语境,强调生态学研究方法,重视主位研究、同文化研究和本体论解释学研究。它强调文化与心理的创生关系和互动关系,力图改变传统文化与心理学领域研究中的文化决定论模式。文化心理学主要有三种取向:符号理论取向、活动理论取向和个人主义理论取向。它对科学主义心理学进行了全面的批判和建构:反对物性,张扬人性;反对经验—理性理论模式,主张文化研究范式;反对传统心理学的本体论和普遍知识观,坚持文化相对主义与建构主义;反对二分主义和以此为基础的本质主义、基础主义和归因主义,倡导整体主义、非本质主义、非基础主义。文化心理学重视人性,突出心理学的人文科学性,弥补了科学主义心理学的不足。

(5) 积极心理学。

积极心理学(positive psychology)是利用心理学目前已比较完善和有效的实验方法与测量手段,来研究人类的力量和美德等积极方面的一种心理学思潮。它产生于20世纪末的美国,是相对于主流心理学中的"消极心理学"而言的。它反对传统心理学以消极、问题、障碍、病态心理为研究重点,反对本能驱力论、环境决定论和悲观人性论,强调对主观幸福感、美德、力量和潜能等积极品质的研究;反对心理学研究只关注对"问题"的修补,主张心理学关注和鼓励人保持积极心理品质。积极心理学的主要研究内容包括:积极情感体验,如主观幸福感、满足和快乐等;积极人格,如自尊、虔诚、宽恕、善良、爱、正直、感恩等;积极的社会组织系统,如工作制度、家庭关系和学校管理等。积极心理学虽然沿用了实证主义的研究方法,但也逐渐尝试借鉴质化研究方法,更重要的是它继承和发展了人文主义心理学的人性观与心理观,其目标在于寻求人类的人文关怀和终级关怀,它在总体上属于人文主义心理学,同时也体现了科学主义心理学与人文主义心理学的融合迹象。

在当前西方心理学中,科学主义心理学与人文主义心理学逐渐开始对话与交流,出现了相互融合的新迹象。例如,上述生态心理学和积极心理学两种研究趋向就表现出这种融合的特点。又如,精神分析心理学通过借鉴认知神经科学的研究方法和成果向科学主义心理学融合。神经精神分析学(neuropsychoanalysis)是一门将传统精神分析学与神经科学的理论和方法相结合的新研究领域。其领军人物马克·索姆斯指出,神经精神分析学"联系心理与大脑，以详细探究因不同大脑结构受损而带来的人格、动机和情绪变化的内部心理结构。如此，我们可以辨别引起这些症状和症候群的多重潜在因素，并将它们与其解剖的'活动场景'联系起来”①。1999 年《神经—精神分析学》杂志创刊，2000 年国际神经—精神分析学协会创建，标志着神经精神分析学的正式建立。神经精神分析学试图通过结合精神分析学与神经科学的理论与方法，实现精神分析的科学化，被称为 21 世纪精神分析研究的新范式。再如，认知科学通过借鉴现象学的方法向人文主义心理学融合。1996 年，认知科学家瓦雷拉提出神经现象学(neurophenomenology)构想，试图将认知科学与现象学结合起来。② 神经现象学是研究意识体验的神经科学，在理论上寻求对意识的神经生理层面进行具身化(embodied)与大规模(large-scale)的动力学研究；在方法上广泛而严格地使用现象学的第一人称主观经验报告策略，来量化和描述意识的大规模的神经动力活动。神经现象学鲜明地体现了实证方法与现象学方法的结合。

四、现代心理学流派的理论特征

现代心理学流派的发展与演进并非杂乱无章，而是有其内在的理论逻辑。这种理论逻辑从心理学的科学观、对象论、方法学和理论观等方面体现了科学主义心理学与人文主义心理学的分歧与争论。心理学史学家华生③、科恩④、金布尔⑤等人都曾对此进行过研究。我们在这里分别从科学观、对象论、方法学和理论观方面总结科学主义心理学和人文主义心理学的不同理论特征，以进一步深化对现代心理学流派的理解。

1. 科学观

心理学科学观是指心理学家关于心理学的学科性质、定位及其建构方式的理论观点，体现为心理学家对心理学研究对象的理解、对心理学研究方

---

① Kaplan-Solms, K. & Solms, M. (2000). *Clinical studies in neuropsychoanalysis*. London: Karnac, p. 62.

② Varela, F. J. (1996). Neurophenomenology: A methodological remedy to the hard problem. *Journal of Consciousness Studies*. 3(4), pp. 330～50.

③ Watson, R. I. (1967). Psychology: A prescriptive science. *Americcan Psychologist*. 22(5), pp. 435～443.

④ Coan, R. W. (1979). *Psychologist: Personal and theoretical psthways*. New York: Irvington Publishers, Inc.

⑤ Kimble, G. A. (1984). Psychology's two cultures. *Americcan Psychologist*. 39(8), pp. 833～839.

式的确定以及对其理论本身的表述。心理学家持有什么样的科学观，决定着他们怎样看待心理学，怎样研究心理学，致力于将心理学建构成什么样的科学。科学主义心理学与人文主义心理学在科学观上表现为自然科学观与人文科学观的差异。

科学主义心理学自冯特起，就确立了心理学的自然科学观，以物理学、生理学和生物学等自然科学为模板，反对旧的思辨的形而上学心理学，将心理学打造为自然科学的一个分支。这种科学观遵从17世纪以来流行于物理学等学科中的数学和机械观点，将世界视作遵循物理规律的自然物的世界，力图通过客观的实验研究发现自然物的成分及其运动规律。铁钦纳将冯特的内容心理学观点推向极致，认为心理学类似形态学，它通过类似于“活体解剖”的工作发现心理的元素及其结合规律。行为主义者华生曾明确宣称：“心理学是自然科学的一个分支，它将人的活动及产物作为主题。”①华生将心理学的研究对象限定在可观察的行为范围内，同时将心理排除在心理学大门之外。认知心理学虽然实现了心理的复归，但仍将可客观操作的信息符号作为研究对象，来发现其中的运转规律。科学主义心理学通过采用自然科学模式，极大地推动了心理学的发展，但同时也存在过于强调自然科学观点、忽视心理的原本面目的不足。心理学史学家科克对此批评说：“物理学的语言成了心理学的理想术语。科学的脸面远比真知灼见更具魅力。心理学史成了对自然科学的模仿史。”②

与科学主义心理学不同，人文主义心理学自布伦塔诺起，就确立了心理学的人文科学观，将心理学打造为人文(社会)科学的一个分支。这种科学观重视人的世界的整体性与独特性，将世界视作有意义的世界，力图在忠于心理现象原本面目的前提下，通过描述和理解阐发其中所蕴含的意义与价值。人文主义心理学强调心理的整体性、主观性、动态性和独特性，主张以人文(社会)科学的理论模式来研究心理学，以达到对人的心理生活的理解。狄尔泰通过区分描述心理学(descriptive psychology)与说明心理学(explanatory psychology)，明确提出人文科学的心理学观点。格式塔心理学提出“整体大于部分之和”的口号，强调心理现象的整体性。精神分析心理学力图通过理解与解释来考察人类心灵深处的潜意识现象。“第三势力”心理学则明确自己的人文科学立场，通过研究人的存在、潜能、意义、价值等主题，

① Watson, J. B. (1919). *Psychology from the standpoint of a behaviorist*. Philadelphia: J. B. Lippincott Company, p. 1.

② Koch, S. (1959). *Psychology: A study of a science* (vol. 3). New York: McGraw-Hill, p. 783.

彰显心理现象的整体性与独特性，揭示其中的意义源泉。人文主义心理学采用人文科学模式，丰富了心理学的主题和领域，推进了心理学的发展，但在方法落实等方面存在着不足。

2. **对象论**

心理学的对象论是指心理学家在研究对象上的主张与阐释，它对于心理学的研究主题和领域等具有重要的指导意义。科学主义心理学与人文主义心理学在对象论上表现为人性观和心理观两个具体层面上的分歧。

人性观是指对人的本性的理解。科学主义心理学在人性观上坚持自然科学的立场，表现出自然化倾向。这种人性观把人从各种背景中隔离出来，视其为纯粹物理世界中的自然存在。冯特在创立科学主义心理学时，就将人和物等同，通过考察心理的元素及其结合规律，把人降为自然的化合物。行为主义将人和动物等同，通过考察刺激—反应的联结来推断人的适应行为，把人降为大白鼠。认知心理学将人视作物理符号系统，通过计算机模拟来推导人的内部心理过程，把人降为机器。科学主义心理学的人性观有利于掌握人的心理机制和规律，但忽视了人的自身独特性及其社会性。而人文主义心理学在人性观上坚持人文科学的立场，强调人在世界中的独特地位，提倡从社会、历史、文化和精神的视角去理解人。格式塔心理学重视具体情境中的人，精神分析心理学侧重从人的生活史考察人的内心世界，存在心理学则从人在世界中的存在来展现人的精神面貌。人文主义心理学拓展了心理学对人性的丰富性理解，但对人的自然属性重视不够。

心理观是指对心理学研究对象的看法。科学主义心理学将研究对象视作具有物理特征的自然物，尤其强调研究可观察的对象，如认知、行为等，而那些不能观察或无法实验证实的经验都被排斥在心理学的研究对象之外。冯特的内容心理学和铁钦纳的构造心理学都将各种复杂的心理过程分析为基本的心理元素，结果导致严重脱离实际的“砖块和水泥”的心理学。华生和斯金纳等人的行为主义心理学因为排除了意识和心理而成为“无头脑”的心理学。信息加工论认知心理学从信息的输入与输出来推论人的内在认知加工的规律。而人文主义心理学重视研究心理的主观体验，如情感、潜能、创造、价值等，强调心理学研究对象的主观性、意义性、整体性以及与情境的独特关联。布伦塔诺通过提出心理的意向性本质，强调了心理现象与对象的关联性。精神分析强调过去经验的独特意义，由此来发掘潜意识的奥秘。现象学心理学力求从人所体验到的生活世界出发，来考察心理的本质。人本主义心理学关注人的内在体验，如潜能、需要和自我实现等。

3. **方法学**

从方法学上看，科学主义心理学与人文主义心理学无论在哲学方法论上还是在具体研究方法上都存在较大的分歧。科学主义心理学以实证主义为哲学基础，使用自然科学的研究方法，如实验室研究、量化研究和共同规律研究；人文主义心理学以现象学为哲学基础，使用人文（社会）科学的研究方法，如现场研究、质化研究和特殊规律研究。

(1) 实证主义与现象学。

科学主义心理学与人文主义心理学在哲学方法论上存在分歧。科学主义心理学以实证主义为哲学方法论。实证主义坚持客观立场，强调研究对象的可观察性，提倡通过经验的验证来发现心理现象的机制和规律。实证主义包括孔德的激进实证主义、马赫和阿芬那留斯的经验实证主义以及维也纳学派的逻辑实证主义三代，它们分别为华生的行为主义、铁钦纳的构造主义以及新行为主义提供哲学方法论。在实证主义哲学的影响下，科学主义心理学提倡实验、测量等量化方法，力求得出心理的本质。人文主义心理学以现象学为哲学方法论。现象学从生活世界出发，强调忠于心理现象本身，提倡通过经验的描述和理解，来揭示心理现象的原本面目。现象学包括胡塞尔现象学、存在主义和解释学三代，它们分别为格式塔心理学、人本主义心理学、现象学心理学、存在心理学和精神分析提供哲学方法论。在现象学哲学的影响下，人文主义心理学提倡个案、现场等质化方法，力求理解心理的意义。

(2) 实验室研究与现场研究。

科学主义心理学强调严格控制的实验室研究，而人文主义心理学注重日常生活的现场研究。科学主义心理学深受自然科学观和实证主义哲学的影响，信奉实验方法，主张通过精巧的实验设计、严格的变量控制来研究心理现象。例如，冯特把生理学和心理物理学的实验方法引入心理学，并把传统的内省法改造为实验的内省法，对感知觉、联想等进行了大量实验研究。行为主义更是笃信客观实验法，认为只有运用严格的实验程序与仪器设备，才能进行科学的心理学研究。信息加工论认知心理学也主要是在实验室内进行研究，运用反应时实验、眼动实验和计算机模拟等方法，并在使用中特别强调实验变量及其控制。与之相对，在人文科学观和现象学哲学的影响下，人文主义心理学认为心理学研究应当走出实验室，走进日常生活情境，采用访谈和自然观察等现场研究方法。精神分析心理学在临床背景下探究人的潜意识，对梦、口误、笔误、遗忘和疏忽等现象进行分析。格式塔学派主张采用实验现象学和自然观察法来研究人的直接经验。人本主义心理学采用个案、访谈等方法揭示个体的独特性。

(3) 量化研究与质化研究。

科学主义心理学侧重量化研究，而人文主义心理学突出质化研究。科学主义心理学关注研究的精确性，强调定量分析。铁钦纳说过："在科学中，一切解释对我来说，都是依存变量和独立变量的相关性。"①行为主义心理学通过数量分析来确定刺激与反应或环境与行为之间的关系，这在赫尔的逻辑行为主义和斯金纳的操作行为主义中表现得尤为突出。认知心理学用反应时作为感知觉、记忆、思维和语言等多种心理现象的主要指标，任何复杂的心理活动都可以转化为反应时指标或测验分数。而人文主义心理学并不排斥量化方法，但对科学主义心理学过于追求量化的倾向进行了批评，大力倡导质化研究。布伦塔诺以内部知觉方法研究心理的活动，精神分析心理学运用自由联想和梦的分析揭示潜意识的意义，格式塔心理学通过实验现象学方法揭示心理的本质，人本主义心理学和现象学心理学通过现象学方法发掘经验的意义。

(4) 共同规律研究与特殊规律研究。

科学主义心理学坚信客观的普适性原则，认为通过经验观察和实验就能归纳出适合所有人的共同规律，以此对心理与行为进行统一性解释。例如，行为主义者认为心理学可以发现人类行为的一般规律，并据此对人类的行为进行预测和控制。华生指出，心理学"在某种程度上成为探索人类生活的基础……为所有的人理解他们自己行为的首要原则做准备……应该使所有的人渴望重新安排自己的生活"②。认知心理学通过严格控制的实验室研究，得出人类认知的一般规律。而人文主义心理学主张，普适性的共同规律并没有多少意义，心理学研究不应离开特定的个体和具体的情境，而应重在发现适合个体的特殊规律。精神分析心理学从临床案例观察出发，得出适于某类病症的理论解释。人本主义心理学采取折中融合的方法论原则，马斯洛和奥尔伯特等人坚持在共同规律研究之外，一定要运用特殊规律研究法对个案进行深入研究。

4. **理论观**

(1) 客观论与主观论。

科学主义心理学将实证主义哲学的实证性原则贯彻到心理学中，追求客观化，强调以量化方法研究可观察的对象。例如，机能主义心理学把人的

① 郭本禹主编：《西方心理学史》，人民卫生出版社 2007 年版，第 350 页。
② 华生著，李维译：《行为主义》，浙江教育出版社 1998 年版，第 304 页。

心理整体视为一种机体有效适应生活条件的活动过程，使心理学的研究重心转移到有机体与客观环境的适应关系中，进行开放、客观的研究。行为主义心理学是客观心理学的典型代表。华生反对把心理封闭在主体之内，主张以客观可观察的行为作为心理学的研究对象，以严格的客观法代替主观内省法。斯金纳把自己的新行为主义体系定性为："从科学的角度看，这个体系是实证主义的。它的任务以描述为限，不企图提出解释，它的一切概念都由直接观察的结果来给以定义，不涉及身体部位或生理的特点。"①信息加工论认知心理学也信奉客观主义，强调在严格控制的实验条件下，使用精密仪器观察自变量与因变量之间的关系。人文主义心理学则受现象学哲学的影响，认为心理学要抓住统摄经验的有意义的结构，以现象学的方法研究主体的意识活动。布伦塔诺以直接体验为方法研究人的内在的意动。格式塔心理学主张采用实验现象学方法与自然观察等方法研究人的直接经验，反对人为的抽象和元素分析。而人本主义心理学则突出了人的主体性和主观性在心理学中的地位，倡导以整体分析法、现象学方法研究人性、价值、创造性和自我实现等高级心理过程。

(2) 方法中心论与问题中心论。

科学主义心理学认为，要想使心理学真正成为一门实证科学，就必须采用曾经使自然科学获得巨大成功的研究方法和研究范式，坚持"以方法为中心"的研究思路。马斯洛指出："方法中心就是认为科学的本质在于它的仪器、技术、程序、设备以及方法，而并非它的疑难、问题、功能或者目的。"②方法中心论根据研究方法确定研究问题。这种观点在行为主义心理学那里表现得最为突出。华生宣称，行为主义的目的在于方法论的革命，并以研究意识和心理缺乏科学的方法为理由而将其赶出了心理学。信息加工论认知心理学尽管不像行为主义那样极端，但也具有方法中心论的倾向，强调以实验法和计算机模拟法研究人的信息加工过程。而人文主义心理学则反对方法中心论的倾向，主张以问题为中心，根据研究问题选择方法，既可采用实验法等定量分析的方法，也可采用个案、自陈、描述等定性的方法。例如，精神分析心理学为了研究潜意识心理，抛弃了实验室研究，而使用自由联想、梦的分析、日常生活分析等方法。人本主义心理学家马斯洛也明确指出，方法和手段是为目的服务的，其意义为问题所规定，心理学应以对个人或社会有意义的问题，如潜能、价值和自我实现为中心，然后才是选择适当的研究方

① 章益辑译：《新行为主义学习论》，山东教育出版社 1983 年版，第 295 页。
② 马斯洛著，许金声等译：《动机与人格》，华夏出版社 1987 年版，第 14 页。

法。

(3) 元素论与整体论。

科学主义心理学继承了联想主义心理学的传统，采用元素论来研究心理现象，认为确定心理现象的构成元素及其结合规律是心理学的首要任务。冯特最早提倡对心理进行元素分析，铁钦纳也坚持这种观点，并且分析得更为精细，提出意识是由感觉、表象和感情三种元素构成的。古典行为主义虽然在研究对象上反对冯特和铁钦纳，但在元素观上与他们保持一致。华生把复杂的行为简单化，将其视为刺激与反应的联结。信息加工论认知心理学继承了行为主义的元素分析传统，将心理视为信息及其符号单元。而人文科学心理学则更多地受到现象学方法的影响，主张对人的心理现象进行整体描述，认为整体不是部分或属性的机械相加，整体不为部分所决定，相反还决定部分。格式塔心理学是整体论心理学的典型代表。格式塔心理学家苛勒指出："我们所需要的是那些可用以了解我们的直接经验的概念，至于感觉之类的分子，我们凭自己的观察没有发现这些分子。"①人本主义心理学也反对将人的心理和行为肢解为统计数字或数学公式的定量分析，强调将人作为一个整体来把握，如奥尔波特主张对人格进行整体的研究，马斯洛主张用整体分析法研究人的心理。

(4) 因果决定论与自由意志论。

科学主义心理学把人的心理现象看做自然现象，认为人的心理与行为都遵循因果决定论。决定论的观点认为，所有的心理事件都是有原因的，都是由某种先行的因素决定的，因而我们可以依据先前的心理事件来解释心理活动。科学主义心理学的创始人冯特指出，作为自然科学家，"我们必须把每一种行为中的变化都追溯到一种唯一可观察到的同一种东西，即运动。"②在后来的心理学发展中，行为主义在这方面的表现最为典型。行为主义强调行为分析的目的就是发现行为的原因，从各种各样的环境刺激中确定反应的决定因素，以便为预测和控制行为服务。尽管新行为主义包含着中介变量和行为目的等概念，但这些概念主要是对行为的刺激反应的操作化，与自由选择的意图和追求无关。与此相反，人文主义心理学强调人的自由意志和自由选择，认为人可以独立自主地做出决定，不受外在环境的干扰。存在心理学和人本主义心理学都坚持人具有自由意志，能够进行自由选择。如罗洛·梅指出，一个人若没有自由，他身上起作用的就只有达尔文

① 高觉敷：《高觉敷心理学文选》，江苏教育出版社 1986 年版，第 314 页。

② Ernst Cassirer(1950). *The problems of knowledge*. Yale University Press, p. 88.

的决定论原则了;心理治疗的目的是使人重获自由。弗兰克尔也指出,意志自由属于经验的直接性,即便是身体被囚禁了,人的精神也是自由的,意志自由赋予人新的生命体验。

(5) 机械论与生机论。

科学主义心理学固守“人是机器”的信念,主张研究物的范式同样适用于研究人的心理,并以机械论的观点解释一切心理事件。行为主义者华生认为,心理学的任务就是帮助和指导人这架机器能更快地适应新的环境、更好地运作下去。他公开宣称:“我们要把一个人之各方面的行为,完完全全地合拢起来,并把这样一个人看作一个复杂而又活动着的有机的机械。”①信息加工论认知心理学同样将人设想为机器,把人脑比作计算机,用计算机的信息加工过程来模拟说明人对外部世界的认知过程。与此相反,人文主义心理学则坚持生机论的观点,强调心理现象的有机性,重视人类意识的积极性和主动性,认为对于心理与意识的机械分析无助于对其本质的揭示。例如,格式塔心理学强调整体、组织作用、结构等在知觉过程及高级心理过程中的作用,注重人们对感觉信息输入的组织和解释的主动性。人本主义心理学肯定了价值、目的、意义等在人的心理活动和行为反应中的作用,认为个体的需要具有多种层次,人具有自主选择成长的倾向,在适宜的成长条件下会积极努力实现自己的潜能和价值。

(6) 价值中立论与价值负荷论。

在自然科学的研究中,许多人都信奉价值中立,主张科学只研究事实、知识,回答是不是的问题,不研究价值、意义,不回答该不该的问题。科学主义心理学以自然科学为模板,坚持价值中立论,其典型特征是强调心理研究的客观性,认为心理学研究探讨的是意识和行为的一般、共同的事实与规律,不掺杂任何个人的态度、情感,不涉及任何主观倾向和价值观念。例如,铁钦纳主张对人的心理进行纯粹客观的研究,并通过这种研究找到不受任何文化影响的一般心理元素及其结合规律。华生把人的行为看成客观的自然现象,认为可以对其进行严格的实验研究和价值中立的理论描述。信息加工论认知心理学因循了行为主义心理学追求实证性和价值中立的研究方式,试图通过计算机模拟揭示人脑的信息加工过程的普遍事实与规律,而不太考虑社会、文化、历史等因素的影响与制约。而人文主义心理学则采取了价值负荷论的立场,认为心理学的研究与所处社会的价值取向、意识形态有着密切的关系,心理学不能超越社会文化价值取向而进行纯客观的研究,心

① 华生著,陈德荣译:《华生氏行为主义》,商务印书馆1935年版,第427～428页。

理学研究必然负荷着所处社会的文化价值观。如人本主义心理学强调对人的需要、尊严和自我实现等的研究,这些经验体现人类真正的本性。马斯洛就曾指出:“科学过去不是,现在不是,并且也不可能是绝对客观的,科学不可能完全独立于人类的价值。”①

总之,现代心理学流派的百年历程是科学主义心理学与人文主义心理学各自的相对独立发展,其间表现出长期冲突与纷争的局面。两者之间的张力在促进科学心理学长足发展的同时,也使心理学陷入分歧的困境。尽管当代心理学出现了科学主义心理学与人文主义心理学相互融合的某些迹象,但两者的分野在未来相当长的时间内仍会继续存在。虽然我们也希望两者走向统合,但这种统合之路漫长而艰巨,绝非简单地用一种主义叠加或消解另一种主义。历史已经证明,企图将两种主义合二为一的做法是不成功的。例如,二重心理学对内容心理学和意动心理学的调和,正像波林所指出的,只是一种“懒汉的做法”。当前,我们对两者的分歧应持尊重和包容的态度,也欢迎不同心理学研究取向之间的对话与交流。对科学主义心理学与人文主义心理学的融合,我们将拭目以待!

郭本禹

2008 年 12 月 18 日

于南京师范大学

① 马斯洛著,许金声译:《动机与人格》,华夏出版社 1987 年版,第 21 页。

导言

内容心理学(content psychology)是西方心理学史上的第一个学派。德国著名心理学家冯特创立了内容心理学,德国的其他心理学家如艾宾浩斯和缪勒等人发展了内容心理学,铁钦纳在一定程度上歪曲了冯特的内容心理学思想,并在此基础上创立了构造心理学。可以说,冯特是内容心理学的创立者,艾宾浩斯和缪勒是内容心理学的发展者,铁钦纳是内容心理学的极端化者。

一、内容心理学的涵义

内容心理学是指冯特于19世纪下半叶创立的实验心理学,因冯特强调用实验内省法研究意识或心理元素即内容而得名,这是西方心理学史上第一个科学主义心理学流派。[①] 冯特认为心理学作为研究心理、意识事实的一门经验科学,其任务就在于分析出心理或意识的元素,并确定由它们构成的复合观念的原理与规律。正是从这个意义上说,冯特的实验心理学被贴上"内容心理学"的标签。他将心理元素分为感觉与感情两个元素,前者是直接经验的客观方面,是由外部刺激作用于感官所产生的客观元素;而后者是直接经验的主观方面,是伴随感觉而产生的,是客观元素的主观补充。冯特认为,任何复杂的心理现象都是由心理元素结合而成的,其结合的产物就是心理复合体。他用联想、统觉来说明心理元素结合的过程。他认为,联想是被动的、消极的,是一种低水平的心理组合方式;而统觉是积极的、主动的心

① 其实,冯特从未给自己的心理学体系命过名。作为创立者,他所做的仅仅是建立一种不加限定的心理学。因而,冯特心理学体系的名称五花八门,后人从不同侧面给它命名或指称,如实验心理学、生理心理学、新心理学、科学心理学、科学主义心理学、自然科学心理学、现代心理学、内容心理学、元素心理学、意识心理学、构造主义(构造心理学)、内省主义、意志主义、统觉心理学、民族心理学(社会心理学、文化心理学)等。这些名称都未能反映冯特心理学体系的全貌,只反映了其一个方面、一个侧面或一个角度。

理过程，是一种创造性的综合。

冯特强调把意识分析为元素，这种研究方式明显是受到了联想主义心理学思想的影响。但是冯特又超越了联想主义心理学思想，并没有因为意识元素的分析而忽视意识的整体性，这表现在他用“统觉”来说明意识元素的结合过程。冯特认为，意识具有一定的范围，任何心理内容只有进入这个范围才有可能得到理解。意识的范围内又有一个较小范围的中心区域，冯特称之为“注意的焦点”(focus)，进入注意焦点的心理内容获得最大程度的清晰性和明显性。统觉就是那种把特定心理内容由意识的范围提升到注意焦点的过程，后人发现冯特所说的统觉相当于我们现在所说的“选择性注意”。总之，统觉具有心理组合的功能，它使得各种心理元素以处于注意焦点的那些心理内容为中心，形成复杂的意识状态。统觉的组合功能具有创造性综合的作用，各种心理元素就是通过统觉形成与原来成分不同的具有新的性质的复合体。我们从冯特对统觉的说明来看，他一直主张意识是一种过程，而非一种静止的状态。尽管意识过程可以看成是由各种心理元素组成的，但这些心理元素本身也是一种过程，是动态的而不是静止的。

冯特的学生铁钦纳继承和发展了冯特的内容心理学思想，特别是在坚持心理学是一门实验科学的观点上，二者一脉相承。但铁钦纳却忽略了冯特的整体性思想，而把其元素论思想发挥得淋漓尽致，进而把内容心理学推向了极端，并在此基础上创立了构造心理学。构造心理学强调通过实验条件下的内省方法研究意识的结构，即研究构成意识经验的最基本的心理元素。铁钦纳的构造心理学体系远没有包含冯特心理学的全部思想，冯特也从来未用“构造主义”来标识其心理学体系。所以“构造心理学主要是铁钦纳的产物，并由他提出，完全可以称为‘铁钦纳主义’”①。美国心理学史学家韦恩·瓦伊尼(Wayne Viney)等人认为，就“把冯特的思想和研究中的科学方面传播到美国”这一点而言，铁钦纳胜过其他任何追随者。因此，铁钦纳传播的心理学常被误认为是贴近冯特的心理学观点。② 随着心理学史研究的不断深入，冯特心理学和铁钦纳心理学之间的区别越来越被澄清。我们认为，冯特是内容心理学的创立者，铁钦纳是内容心理学的极端化者。正如布伦南(James F. Brennan)所言：“这种体系(即内容心理学)把心理学界定为通过内省方法对一般成人心理的分析研究。该取向始自威廉·冯特并通

① Misiak, H. & Sexton, V. S. (1966). *History of psychology*. New York: Grune & Stratton. p. 318.

② 瓦伊尼等，郭本禹等译：《心理学史：观念与背景》，世界图书出版公司 2009 年版，第 259 页。

过他的学生爱德华·布兰福德·铁钦纳而在美国达到巅峰。”①

二、内容心理学的代表人物

1. 冯特

西方心理学由古希腊、罗马时期至现代心理科学的创立，经历了两千五百多年的时间。在漫长的岁月里，西方心理学一直附庸于哲学，内省、思辨的方法使心理学一直处于默默无闻的状态。冯特全面总结了哲学心理学、生理学和心理物理学的研究成果，把哲学心理学的思想和自然科学的研究方法与心理学有关的研究课题结合起来，把实验法引入心理学研究领域，建立了世界上第一个心理学实验室，创办了第一种实验心理学刊物，确定了一批典型的心理学实验项目，使心理学成为一门实验科学和一个独立的研究领域。可以说，冯特是传统哲学心理学的终结者和现代科学心理学的开创者。

冯特的心理学体系包括两个部分：一是研究个体意识过程的个体心理学，亦称内容心理学或实验心理学；二是研究人类共同生活方面的复杂精神过程的民族心理学，亦称社会心理学或文化心理学。冯特的内容心理学和民族心理学是相得益彰、相互补充的，共同构成了冯特心理学的体系。冯特在他1862年出版的第一部著作《对感官知觉理论的贡献》(*Theory of sensory perception*)中，不仅讨论了感官机能，发展了知觉理论，而且概略地提出了心理学的研究纲领。在这本书中，他认为心理学的研究主题包括三个方面：一是使用实验法来研究的意识经验；二是通过历史纪录、文献法来研究语言、神话、宗教等高级心理过程；三是要把心理学的经验发现与其他科学进行整合，从而建立关于宇宙的统一理论，冯特认为这是所有科学的理想目标。1863年，多产的冯特又出版了《人类和动物心理学的讲演录》(*Lectures on human and animal psychology*)，这部著作涉及范围非常广泛，冯特用了大量的篇幅阐述了民族心理学的内容。正如布鲁门萧(A. L. Blumenthal)所指出的，冯特的目标是要把心理学建成一门整合社会科学与自然科学的基础或预备科学。② 由此可见，冯特并不仅仅只是对心理构造感兴趣的元素主义者，他的心理学实际上是非常广泛的。长期以来，人们从铁钦纳那里接受

---

① Brennan, J. F. *History and systems of psychology*(影印版)，北京大学出版社2004年版，第161页。

② Hothersall, D. (2004). *History of psychology 4th*. Boston: McGraw Hill Companies, Inc. p. 118.

到了关于冯特的一些观念，而铁钦纳仅仅传播了冯特的内容心理学，再加上波林(E. G. Boring)《实验心理学史》(*A history of experimental psychology*)的影响[①]，这些都造成了对冯特心理学的误解。正如冯特的儿子马克斯·冯特(M. Wundt)所言："大部分心理学教科书对我父亲工作的描述都只不过是一副漫画。"[②]由于对冯特思想的歪曲，心理学忽略了一个丰富的思想渊源，本书将还冯特心理学思想的真实历史面目。

2. 艾宾浩斯和缪勒

在西方心理学史上，冯特被公认为科学心理学的建立者、组织者和系统化者，莱比锡大学是当时世界心理学的研究中心。与冯特同时代的心理学家如艾宾浩斯和缪勒[③]等人，他们在德国的其他大学从事科学心理学的研究工作，发展了冯特的内容心理学。由于他们的努力，使德国成为当时世界心理学无可争辩的中心。

艾宾浩斯的心理学观点接近冯特的内容心理学，但他不受冯特思想的限制，创造性地用实验法开辟了研究记忆的新途径，从而为实验心理学作出了特有的贡献。艾宾浩斯的研究是心理学史上第一次对记忆的实验研究，这是一项首创性的工作，具有重要历史意义：为实验心理学打开了一个新局面，即用实验法研究所谓高级心理过程，如学习、记忆、思维等，"艾宾浩斯开辟了一个新园地，G·E·缪勒等人便从而耕耘之"[④]。

缪勒虽受过良好的哲学训练，富于批判精神，但是他并不关注哲学和理论问题，而是专心致志地从事实验研究，强调实验、量化和逻辑上的严谨是他的一贯风格。他在哥廷根大学创建了一个设备完善的心理学实验室，仅次于冯特在莱比锡大学的心理学实验室，并且吸引了从欧洲和美国来的许多学生，取得了多方面的研究成果，还培养了不少有成就的学生。缪勒曾专门研究视觉和听觉的心理物理学，视听觉问题是其终生的研究课题。此外，他还对记忆做了许多研究。从1881至1921年，缪勒"将40年的学术生涯都奉献给了哥廷根大学的心理学实验室"，古德温(C. J. Goodwin)认为他是"一位实验心理学家的典范"。[⑤] 波林也指出："只有缪勒才能脱离其初恋的哲

---

① 波林在《实验心理学史》中只强调了冯特的内容心理学，而忽视了冯特的民族心理学。

② Hothersall, D. (2004). *History of psychology 4th*. Boston: McGraw Hill Companies, Inc. p. 136.

③ 波林指出：艾宾浩斯"主要不外为内容心理学家"，缪勒"显然和冯特同为内容心理学家"。参见波林著，高觉敷译：《实验心理学史》，商务印书馆1981年版，第440、442页。

④ 波林著，高觉敷译：《实验心理学史》，商务印书馆1981年版，第438页。

⑤ C·詹姆斯·古德温著，郭本禹等译：《现代心理学史》，中国人民大学出版社2008年版，第132页。

学，而专志于心理学。”①

3. 铁钦纳

铁钦纳作为冯特的一个学生，片面地理解了冯特的心理学体系，只继承和发展了冯特的内容心理学，并把内容心理学加以极端化，创立了构造心理学。以铁钦纳为代表的构造心理学(structural psychology)又称构造主义(structuralism)，其思想体系继承和发展了冯特内容心理学的思想观点，特别是在坚持心理学是一门实验科学的观点上，二者一脉相承。

铁钦纳不遗余力地在美国传播冯特的心理学思想。早在正式成为冯特学生之前，他就致力于翻译冯特的著作，到了美国以后，他成了冯特著作的主要英语翻译者。他先后翻译了冯特的《人类和动物心理学的讲演录》(1894，合译)、《伦理学》(1897，合译)、《生理心理学原理》(1902 年出版该书第五版的第一卷)等。他发表了许多论文，阐述冯特的心理学观点。当然，铁钦纳所阐述的是经过自己理解了的冯特心理学。人们通常认为铁钦纳和冯特的心理学体系是相互接近的，把铁钦纳描述为冯特在美国的真正代言人。而事实上，他们的心理学是有很大差异的，以至于美国心理学家黎黑(T. H. Leahey)曾将铁钦纳的心理学描述为冯特心理学的“错误的写照”②。铁钦纳的心理学比冯特的心理学更为局限和僵化。他将所有无法运用实验内省法加以研究的主题都驱逐出心理学的领域。因此，在铁钦纳的心理学体系中，冯特的民族心理学、比较心理学或者儿童心理学都没有立足之地。铁钦纳只继承了冯特心理学体系中的内容心理学方面，并将其极端化为他所谓的构造主义。由此可见，铁钦纳的构造心理学体系并没有包含冯特心理学的全部思想，冯特也从来未用“构造主义”来标识他的心理学体系。铁钦纳的构造心理学坚持心理学的实验研究方向，强调实验室是心理学研究的主要资料来源，为推动心理科学的发展做出了不懈的努力。

三、内容心理学的研究意义

1. 有助于把握现代心理学的理论特征

内容心理学是心理学作为一门科学的出发点。在内容心理学流派中，冯特是传统哲学心理学的终结者和现代心理学的开创者，他以其实验研究

① 波林著，高觉敷译：《实验心理学史》，商务印书馆 1981 年版，第 420 页。

② Leahey, T. H. (1981). The mistaken mirror: On Wundt's and Titchener's psychologies. *Journal of the History of the Behavioral Sciences*, 17. pp. 272～282.

使得科学心理学得以诞生，正如心理学史学家墨菲(G. Murphy)所说："在冯特出版他的《生理心理学》和建立他的实验室之前，心理学就像个流浪儿，有时敲敲生理学的门，有时敲敲伦理学的门，有时敲敲认识论的门，1879年，它才确立自己为一门实验科学，有了一个栖息地和一个名称。"[①]可以说，内容心理学是心理学作为一门科学的历史源头，它深刻体现了现代心理学的一些基本特征。例如，在内容心理学的理论体系中，心理学是一门经验科学而非思辨性的理论科学，它以经验性的心理活动为研究对象，而不去关注观念性的对象；它在研究方法上，依赖研究者的经验活动，而不去进行独立于经验的思辨活动。现代心理学在百年发展中，尽管经历了数次较大的变动，但依然保留了这些特征，同时，它自身的复杂变化，使得这些特征被掩盖起来，难以被当今学界觉察到。从源头入手，在内容心理学的研究中，就能够深刻地彰显现代心理学的原本面目。

2. 有助于梳理现代心理学的演变轨迹

内容心理学虽然是心理学的早期学派，在今天早已不复存在，但它却与现代心理学的发展有着密切的联系。在某种程度上，内容心理学的幽灵一直在心理学中徘徊。在心理学诞生之初，冯特的内容心理学就与布伦塔诺(Franz Brentano，1838—1917)的意动心理学构成了直接对立。尽管内容心理学作为一个学派，已经消失在心理学的历史图景中，但却与心理学中所发生的两次重大革命紧密关联。行为主义正是在反对内容心理学理论体系的主张中，将行为而非意识作为研究对象，掀起了心理学史上的第一次革命。20世纪下半叶，认知心理学的兴起，导致了心理学史上的第二次革命，它重新将行为主义所抛弃的意识作为研究对象，在一定程度上回应了内容心理学，实现了认知心理学等对意识研究的回归。在这种意义上，内容心理学是一个核心主题，现代心理学正是通过内容心理学及其对立面，以及之后的种种回应，逐渐发展起来的。

3. 有助于了解科学主义心理学的内在特质

冯特的内容心理学开创了科学主义心理学的先河。冯特的内容心理学旨在通过模仿自然科学，致力于将心理学打造成为一门类似物理学、生理学的规范科学；铁钦纳则将心理学比做生物学中的形态学。与内容心理学不同，布伦塔诺通过意动心理学，将心理学建设成为一门人文(社会)科学。心

---

① Murphy, G. (1929). *An historical introduction to modern psychology*. New York: Harcourt, Brace and Company, p. 172.

理学自此沿着科学主义与人文主义的两条路线各自相对发展。内容心理学所开创的科学主义路线，其后经过机能主义、行为主义和认知心理学的发展，一直在心理学中处于主流地位。尽管行为主义和认知心理学与内容心理学有着较大的差异，但它们都具备内容心理学的科学主义特质。例如，它们都与内容心理学一致，强调以观察等客观的现实检验为基础，使用实验法进行研究。在这种意义上，可以将内容心理学作为科学主义心理学的原初形态，在对它的研究中，能够展现科学主义心理学的内在特质。

4. 有助于总结现代心理学发展的历史教训

冯特的内容心理学和铁钦纳的构造心理学将心理学视为一门自然科学，主张以自然科学的模式来研究心理学，强调心理学知识的元素性、客观性、静态性和精确性，强调心理学研究对象的可被观察性，它们只对那些能被观察的、被实验证实的经验感兴趣，正如美国心理学史学家布伦南所言："在严格地坚持自然模式的努力中，构造心理学倾向于忽略难以适合其方法论框架的心理过程和活动。"①内容心理学及其极端形式的构造心理学将各种复杂的心理过程分析为基本的心理元素，结果只能是严重脱离实际的"砖泥"心理学。由于铁钦纳把冯特的内容心理学加以极端化，在心理学的研究对象和研究方法上越来越局限和僵化，这些都决定了铁钦纳构造心理学的封闭性和单一性。正如美国心理学家赫根汉(B. R. Hergenhahn)所言："其他一些学派正在显示出的重要的发展势头，构造主义将之拒之门外……构造主义者在根本上忽视了对人格、学习、心理发展和个体差异的研究，而其他人在这些领域里却做出了重大的突破。"②此外，铁钦纳坚持寻求纯粹的知识，而不关心将心理学原理运用到解决实践问题上。所有这些都决定了构造主义是短命的，而且基本上是随着铁钦纳一起消失了。这是现代心理学发展的历史教训。由此可见，心理学要想获得持久健康的发展，必须坚持心理学的开放性和多元化。构造心理学只是心理学的一种研究取向，实验内省法也只是心理学的有效方法之一。就像目前认知神经心理学的研究一样，也只是心理学的一种研究取向，而不能作为心理学的全部，否则心理学的研究就会出现当年构造心理学的命运。

① Brennan, J. F. *History and systems of psychology*(影印版)，北京大学出版社 2004 年版，第 165 页。

② 赫根汉著，郭本禹等译：《心理学史导论》，华东师范大学出版社 2004 年版，第 408 页。

四、内容心理学的研究主题与范围

从代表人物来看，本书主要涉及冯特、艾宾浩斯、缪勒和铁钦纳四位心理学家；从心理学体系来看，本书主要涉及冯特的内容心理学、民族心理学和铁钦纳的构造心理学这三种心理学体系。具体来说，内容心理学的研究主题与范围包括以下方面。

1. 科学心理学产生的背景

从古希腊到19世纪中叶这两千多年的漫长岁月中，哲学为心理学的独立提供了观点和体系，19世纪自然科学（主要是天文学、生理学和物理学）的研究成果及方法更直接地促进了科学心理学的诞生。可以说，哲学是心理学的父亲，生理学是心理学的母亲，科学心理学的创立者如冯特是助产士。德国的社会历史条件和教育、科学发展的状况为科学心理学的诞生铺平了道路。

2. 冯特心理学的形成过程和思想来源

主要探讨冯特的心路历程及其心理学思想的形成背景。在冯特的心路历程部分，阐述了冯特是如何带着他那爱幻想的特点奇迹般地创建了一门新的科学，追踪了他放弃医学转而开辟心理学这门学科的足迹，回顾了冯特探索不止、奋斗不息的一生。我们认为，是冯特的人生经历造就了冯特的心理学思想，其思想是其生活或生命的一种创造。在冯特心理学的思想来源部分，分析了冯特心理学思想形成的社会背景、哲学背景和科学背景。当时德国特定的时代背景不仅为心理学的产生与发展提供了丰富的社会内容，也提供了现实的可能性，促使了心理学的诞生。

3. 冯特的内容心理学体系

冯特的内容心理学体系主要包括内容心理学的科学观、对象观、方法论、任务论以及具体理论等内容。在内容心理学的科学观方面，冯特主张心理学是一门独立发展的自然科学，心理学是用实验的方法研究经验。冯特认为，心理学作为一门自然科学，它与生理学的关系最为密切，生理学的研究方法可为心理学所用，但是不能把心理现象还原为简单的生理现象。冯特并不反对心理学的应用研究，但认为应用研究应建立在科学研究的基础之上。在内容心理学的对象观方面，冯特认为心理学同其他自然科学一样都是研究经验，只不过心理学研究的是人的直接经验。在冯特看来，心理学正是采用直接经验的观点对经验本身进行直接如实的研究和描述。这种观点使心理学从旧哲学的思辨中摆脱出来,从而推动了心理学的独立。在内容心理学的方法论方面,冯特认为传统的内省法不充分,因此心理学的研究可以借鉴自然科学的实验方法。他将经验内省改造为实验内省,即把实验法和内省法结合起来,在实验条件下进行内省,以消除主观内省所带来的不利影响。在内容心理学的任务论方面,冯特认为心理学作为研究心理、意识事实的一门经验科学,其任务就在于分析出心理或意识的元素,并确定由它们构成的复合观念的原理与规律。他将心理元素分为感觉与感情两个元素,任何复杂的心理现象都是由心理元素结合而成的,其结合的产物就是心理复合体。冯特将心理元素结合的规律总结为三条,即创造性综合原理、心理关系原理和心理对比原理。在内容心理学的具体理论方面,重点阐述了冯特的心身关系论、感情与情绪理论、意志理论,此外还探讨了冯特有关意识的异常状态、动物心理学的问题以及本能理论,等等。

4. **莱比锡心理学实验室及其研究**

介绍了莱比锡大学心理学实验室的概况,包括实验室的建立、发展及其深远影响。莱比锡心理学实验室由冯特创建,规模从五间工作室扩建到十一间,其里程碑的意义和划时代的地位不可动摇。概述了莱比锡大学心理学实验室的主要研究领域,并对反应时、感知觉、注意、情感、联想等方面的具体实验研究进行了介绍,重点突出了冯特早期实验室的反应时研究(包括卡特尔、唐德斯等人的反应时研究,并通过实验介绍了简单反应时、辨别反应时及选择反应时之间的差异与联系),全方位地展现了冯特及其弟子如何将实验内省法贯彻到具体的实验室研究中。冯特的内容心理学研究成果主要是在实验室中完成的。莱比锡心理学实验室作为科学心理学诞生的摇篮,它的贡献在于其提供了实验心理学研究的基本范式,同时也成为各国心理学实验室可以效仿的对象,它的榜样力量和示范作用为科学心理学进一步发展奠定了坚实的基础。

5. **冯特的民族心理学体系**

阐述了冯特的民族心理学体系①的形成及其意义、主要内容以及对民族心理学的评价。冯特的民族心理学是一门揭示人类心理起源与发展规律的

① 冯特的民族心理学体系虽然不属于内容心理学的研究范畴,但由于这本书是介绍冯特心理学思想的学术专著,如果不介绍冯特的民族心理学体系,势必会造成对冯特的误解。我们知道,由于铁钦纳歪曲了冯特的心理学思想,再加上波林在他的《实验心理学史》中忽视了冯特的民族心理学体系,导致了人们对冯特心理学体系理解的不全面。为了不让这种历史的错误重演,我们在这本书中探讨了冯特的民族心理学体系。

学科，主要内容包括人类共同生活特征与集体意识、语言、艺术、神话、宗教、风俗、国家与社会等。冯特强调，“在对人类仍可显露出来的不同心理发展阶段的调查中，民族心理学引导我们走向真正的心理发生的道路。”[①]通过对冯特民族心理学的系统分析和介绍，我们得出这样的结论：第一，冯特的民族心理学冲击了当时的人类历史观；第二，冯特的民族心理学支持了社会心理学的研究；第三，冯特的民族心理学推动了心理学领域发展观点的应用。冯特的《民族心理学》不仅内涵丰富，而且意义也十分重大，正如舒尔茨所指出的，这本书的意义“远比冯特民族心理学中所写的内容重要，因为它把新心理科学分成了实验的和社会的两个部分”[②]。

6. **冯特心理学的评价**

主要论述了评价冯特应遵循的原则，澄清心理学界长久以来对冯特的误解，在此基础上对冯特心理学进行了全面的评价，并阐述了冯特对心理学的影响。评价冯特应遵循三个基本原则：第一，区分冯特的早期思想与后期思想；第二，区分冯特的哲学观点与其心理学贡献；第三，区分冯特的心理学原意与他人的误解。我们澄清了心理学界一直以来关于冯特心理学理论体系的误解、关于冯特对哲学态度的误解、关于冯特与铁钦纳关系的误解、关于冯特的心理元素观点的误解、关于冯特实验内省法的误解，以及关于冯特对心理学应用观点的误解。在冯特心理学的功过评说部分，阐述了冯特心理学的贡献及其局限性，如冯特开创了心理学新天地，促使了心理学的独立；建立了心理学实验室，创立了实验心理学；培养了无数心理学家，促进了心理学的发展。但是，冯特作为一个历史伟人，也有他的局限性。如他的心理学理论体系过于庞杂和混乱，以及他的实验内省法没有彻底摆脱传统内省法。

7. **冯特同时代的内容心理学家**

主要探讨冯特同时代的内容心理学家艾宾浩斯和缪勒。艾宾浩斯的心理学进一步发展了冯特的内容心理学，他突破了冯特体系的限制，在实验的研究工具和方法上取得了重大的突破。他编制的无意义音节促进了实验材料的创新；他创立的节省法大大拓展了记忆研究的手段；他制定的研究规则有效地排除了无关变量对实验的影响。铁钦纳认为他的无意义音节研究是自亚里士多德时代以来记忆研究中最重大的进展。缪勒是一位典型的实验

---

① Wundt, W. M. (2003). *Elements of folk psychology: outlines of a psychological history of the development of mankind*. Translated by Edward Leroy Schaub. London: Routledge. p. 4.

② 舒尔茨著，杨立能等译：《现代心理学史》，人民教育出版社 1981 年版，第 62 页。

主义者，强调实验和量化，他在哥廷根大学建立了仅次于冯特的心理学实验室，并培养了来自欧洲和美国的许多学生，取得了丰硕的成果。美国心理学史学家波林认为，缪勒"是完全的实验心理学家……作为一股力量和一个研究机构，他仅次于冯特"①。缪勒是一位硕果累累的实验心理学家，他同艾宾浩斯一样也关注学习和记忆的实验研究，但他反对艾宾浩斯为强调客观化而忽视内省的心理过程。缪勒还研究了心理物理学，他将费希纳的心理物理学作了量化和实验技术的改进。除此之外，缪勒提出了色觉相对历程论。缪勒还培养了不少才华横溢的心理学家。艾宾浩斯和缪勒从事的心理学研究工作，极大地丰富了内容心理学，为内容心理学的发展作出了不可磨灭的贡献。

8．**构造心理学的形成过程和思想来源**

主要探讨铁钦纳的心路历程及其心理学思想的形成背景。在铁钦纳的心路历程部分，展现了铁钦纳的心理学探索之路，回顾了他为捍卫心理学的纯科学地位而付出的艰辛努力。同时也着重叙述了铁钦纳特立独行的个性，他以铁的手腕统治着他的心理学研究领域。因此我们认为，是铁钦纳的生活经历及其人格特点造就了他的构造心理学，其心理学思想是其人格的集中展现。在构造心理学思想的形成背景方面，主要分析了构造心理学的思想来源。在哲学背景方面，铁钦纳既受到英国经验主义和联想主义传统的熏陶，又受到马赫和阿芬那留斯的经验批判主义的影响；在心理学背景方面，铁钦纳受到冯特等人的科学心理学的思想影响。

9．**铁钦纳的构造心理学体系**

铁钦纳的构造心理学体系主要包括构造主义的科学观、对象观、方法论、任务论以及具体理论等内容。在构造主义的科学观方面，铁钦纳将一般的科学观引入心理学科学观，坚持心理学是一门纯科学，他的目标就是建立一门以实验室研究为核心的科学心理学。在构造主义的对象观方面，铁钦纳认为心理学应以实存经验作为自己的研究对象，那些不能被观察、被证实的经验都被排斥在心理学研究对象之外。在构造主义的方法论方面，阐述了内省法的内涵、要求、极端形式及其评价，铁钦纳的实验研究以方法为中心，他坚持着心理学采用实验的、定量的、通则的内省方法。在构造主义的任务论方面，铁钦纳认为心理学的任务首先是对意识经验的分析，将其分析为最简单、最基本的元素，接着是确定这些元素如何结合以及结合的规律，

① 瓦伊尼等著，郭本禹等译：《心理学史：观念与背景》，世界图书出版公司2009年版，第275页。

最后把这些元素与它们的神经过程联系起来。最后阐述了构造主义的一些具体理论，包括心身关系理论、注意理论、联想理论以及情绪理论。

10. 康奈尔心理学实验室及其研究

介绍了康奈尔大学心理学实验室的由来、基本概况、实验设备、日常管理方式等信息，展现了该实验室的独特魅力。康奈尔大学心理学实验室的研究，从研究类型来看，分为定性实验和定量实验。就研究方法而言，铁钦纳对内省法的运用要比冯特严谨且复杂得多，通常情况下，冯特的被试只是简单地报告某种经验是否是由一个外部物体或事件所引起的，而铁钦纳的被试则必须找出他们经验中的元素经验。详细介绍了铁钦纳的情感特质实验、味觉对比实验以及错觉实验等，被试在实验中唯一的任务就是提供研究数据，内省过程极其艰苦，需要付出艰辛的努力。铁钦纳本人和他的学生，在实验研究过程中都有着一丝不苟、严谨治学的钻研精神，值得后人学习和借鉴。

11. 铁钦纳心理学的评价

在梳理铁钦纳构造心理学从发展到衰落的脉络基础上，重点挖掘了铁钦纳心理学留下的遗产，揭示了铁钦纳心理学对现代心理学发展的启示意义和价值。铁钦纳的时代已经过去了，他留下的构造主义体系任由历史评说。铁钦纳在异国他乡为巩固心理学的科学地位而进行艰辛的努力，甚至不惜曲解老师冯特的心理学思想，创立构造主义体系，视自己为其老师冯特在美国的代言人。在其独裁式人格特质的影响下，使得他所进行的心理学研究带有强烈的个人色彩，康奈尔大学的心理学实验室只研究铁钦纳认为合法的主题。铁钦纳把实验内省法极端化，成为千夫所指的研究方法。铁钦纳拒绝把他的心理学融入美国的社会现实，并最终导致他的心理学事业走向了衰败。在他逝世的时候，美国的心理学已经完全超出了其个人对于心理学的定义。因为美国的时代精神，因为铁钦纳本人对于应用心理学的不屑一顾，也因为精神分析、行为主义横空出世，铁钦纳的心理学体系最终失败了。既便如此，铁钦纳的心理学还是给后世留下了丰厚的遗产，例如，他坚持心理学的科学主义精神，开创了心理学史上真正意义的学派争鸣，充当了后继学派批判的靶子。正是因为铁钦纳的构造心理学，推进了心理学发展的历史进程。

第一章

科学心理学的诞生

1879年，德国著名的心理学家威廉·马克西米利安·冯特(Wilhelm Maximilian Wundt,1832—1920)在德国莱比锡大学建立了第一个心理学实验室，这标志着心理学脱离了哲学和生理学的庇护，作为一门正式的独立的学科登上了历史的舞台。德国另一位著名的心理学家艾宾浩斯在1908年这样说过："心理学有一个漫长的过去，但却只有一个短暂的历史。"①这句话很形象地将心理学的历史以1879年为界限划分为两大时期，即前科学心理学时期和科学心理学(scientific psychology)时期。

在前科学心理学漫长的历史长河中，心理学曾一度是灵魂的奴仆、神学的婢女和哲学的附庸。西方哲学心理学思想，是寓于西方哲学中的心理学思想，是科学心理学产生的思想来源，因为哲学给心理学研究提供了思想、观点以及方法论。19世纪自然科学，尤其是心理物理学的研究成果及方法更直接地促进了科学心理学的诞生。德国的社会历史条件和教育、科学发展的状况则为科学心理学的诞生铺平了道路。曾有人比喻，科学心理学的产生，哲学是父亲，生理学是母亲，生物学是媒人，冯特是助产士。因此我们要想了解科学心理学的诞生过程，首先就要了解心理学的哲学前提和科学基础。

① Ebbinghaus, H. (1908). *Psychology: An elementary textbook* (M. Meyer, Trans.). Boston: D. C. Heath. p. 108.

第一节 科学心理学的哲学前提

西方心理学的历史源头可以追溯到遥远的古代希腊，甚至比那更早的所谓古希腊前哲学时期。那时人们通过神话对宇宙进行描述和解释。对自然事件的传说是未来的物理学，对人性的传说则是未来的心理学。大约到了公元前6世纪，心理学才真正开始了具有活力的起源时期，因为这时产生了古希腊哲学。

人怎样能有知觉、记忆、想象和欲望等活动呢？睡眠时又怎样有梦呢？古代人们以为人体内有某种东西主宰人的活动，他们称之为“灵魂”。“灵魂”(psyche)一词指生命的气息，它在一个人死亡时离去，“心理学”(psychology)就是从这个词演变来的。古希腊时期的哲学家对灵魂提出了不同的学说，这些学说涉及到古希腊人对心理现象的解释，因此，古希腊是心理学起源的遥远故乡，那时，心理学是灵魂的奴仆。在公元5—14世纪的欧洲中世纪，基督教神学是占统治地位的意识形态。5世纪出现的教父哲学和12世纪出现的经院哲学都是系统化和理论化的基督教神学，它们企图用哲学的形式为宗教神学作论证，为封建教会的统治作辩护。哲学成为神学的婢女。因此，这个时期的心理学思想也免不了要染上宗教神学的色彩，心理学也成了神学的婢女。17世纪40年代爆发的英国资产阶级革命，标志着欧洲从古代社会进入近代社会，从封建制度进入资本主义制度。相应地，从17世纪到19世纪上半叶的西方近代哲学心理学思想，也从古代讨论世界本原是什么的本体论问题转变到近代讨论知识经验是怎样产生的认识论问题。这个时期心理学附属在哲学之下，是哲学的附庸。

一、西方古代哲学心理学思想

公元前6世纪至1640年英国资产阶级革命是西方古代时期，包括古希腊罗马时期、中世纪时期和文艺复兴时期。在西方漫长的古代时期，积淀了人类思想史的基本思想，其中包括心理学思想。在此我们仅探讨古希腊时期的三位杰出思想家的心理学思想。

苏格拉底(Socrates,公元前 469—前 399)是古希腊思想史上一位关键人物,以至于在他之前的哲学常常被称为前苏格拉底哲学。苏格拉底完全献身于哲学,他酷爱哲学远胜于对家庭、物质享乐或者社会成就的关注。他善于用辩证方式追求道德法律的根据,善于探索善、正义和美的一般意义。他认为知识是人的理性中固有的,教育只是设法把人所固有的知识引出来,这也是他在与别人讨论问题时爱用层层追问的"产婆术"的依据。他的这个观点被他的学生柏拉图演变为理念先于个别事物而存在的思想。苏格拉底强调,在人类的认识中有比单纯感性认识更多的东西,并认为人具有纯理性认识的能力。他认为灵魂和肉体从根本上说是不同的东西。苏格拉底的《对话》证明了灵魂是真实的,对于那些在灵魂看来是最宝贵和最相投的东西的认识也是真实的,即超越一切具体、个别的一般概念——代表永恒和终极真实的美、善、数学关系等。

柏拉图(Plato,公元前 427—前 347)是古希腊时代的哲学家、政治家和教育家,是哲学心理学思想中理念论和唯理论(或理性主义)思想的远祖。柏拉图受毕达哥拉斯学派的影响,扩展了苏格拉底的观点。他指出,原则、理念或概念如同毕达哥拉斯的数那样,是一种独立的存在。对柏拉图来说,理念或形式是最高的实在,惟有通过理性才能认识它们。他认为人性中有两个世界:一个是经由身体所处的现实世界,另一个是灵魂中存有的理性世界。身体感官所接触到的世界并不是真实的世界,而灵魂中的世界才是真实的。他认为灵魂有理性、意气和欲望三个部分,分别对应于人的三个等级,即哲学王、武士和劳动者。理性是最高级的灵魂,是永存的,其作用发挥在脑,相当于哲学王的灵魂;而意气和欲望两部分不是永存的,其作用发挥在胸部与腹部,分别对应于武士和劳动者的灵魂。在附入身体之前,灵魂寓居于纯粹而绝对的知识之中,如果人向内思维,并远离经验世界,便可以回忆起这种知识。对柏拉图来说,知识来源于对灵魂附入身体之前的经验的回忆。这被称为知识回忆说(reminiscence theory of knowledge)。柏拉图认为心灵的理性能力应该转向内部,以便重新发现与生俱来的理念。柏拉图的思想对此后两千多年心理学思想的发展,产生了极大的影响。近代哲学思想中服膺唯理论的哲学心理学家,几乎无一不受柏拉图思想的影响。

亚里士多德(Aristotle,公元前 384—前 322)是古希腊时代的哲学家和科学家,是哲学心理学思想中实在论和经验论(或经验主义)思想的远祖。他对古希腊的学术思想做了全面总结,并有所发展。他也是欧洲历史上对心理现象做过全面系统描述的第一人。他的《论灵魂》是西方心理学史上第一部关于心理学的专门著作。在心身关系问题上，亚里士多德认为灵魂与身体是合一的，是彼此相辅相成的，他相信灵魂的功能必须靠身体活动来发挥，这是以后心身交感论的理论基础。亚里士多德反对柏拉图对灵魂的三分法，认为灵魂是整体的，不能分为部分，它以整体性发挥它的功能。他把生物界的灵魂分为三个等级：植物只有滋长的灵魂，动物还有感性的灵魂，人则还有理性的灵魂。高级灵魂包含所有低级灵魂，人为最高级，所以人同时具有三种灵魂，这三种灵魂在人体中统一而不可分割地起作用。但灵魂的功能可以分为两类，一是认识功能，另一是动求功能。前者包括感觉、记忆、想象和思维，后者包括欲望、动作、意志和情感。他的这种划分方法是西方心理学史上最早的知与意的二分法。同时他认为，感觉、记忆、想象都是整体性灵魂的非理性功能，它们的总管区域在心脏，是被动的，与肉体同生死；而思维则是整体性灵魂的理性功能，它无一定的器官，是主动的，肉体死亡后，它归于纯粹的形式。后者为中世纪的基督教神学所利用。在知识来源问题上，他认为人类的知识来自后天经验，由感官经验得到资料，再经过理性处理，即得到知识。亚里士多德的实在论演变到 17 世纪以后，就成了经验论。他不满于早期希腊哲学家们对知识来源问题的分析解释，创立了形而上学，他认为，要想对某一事物有所认识，必先了解四个原因，即形式因、质料因、动力因和目的因，以此四个原因去认识世界，才会获得真正的知识。

二、西方近代哲学心理学思想

1640 年爆发的资产阶级革命，标志着欧洲从古代社会进入近代社会，从封建制度进入资本主义制度。相应地，西方哲学也从古代主要讨论世界的本原是什么的本体论问题转变到近代主要讨论知识经验是怎样产生的认识论问题。但由于近代欧洲各国的政治、经济和文化的发展是不平衡的，因此，围绕着知识经验如何产生的问题，反映在近代欧洲的哲学心理学思想上也具有不同的特点。在这些哲学思想中，有两种理论形态对后来科学心理学的产生起了非常重要的作用，即英国和法国的经验主义心理学（empiricism psychology）思想、荷兰和德国的理性主义心理学（rational psychology）思想。

经验主义心理学思想从英国的弗朗西斯·培根（Francis Bacon，1561—1626）开始。培根被马克思称为“英国唯物主义和整个近代实验科学的真正始祖"①。他认为，科学必须追求自然界事物的原因和规律，要达到这个目的就必须以感官经验为依据。他提出了唯物主义经验论的原则，主张知识和观念起源于感性世界，感觉经验是一切知识的源泉。他还提出了经验归纳法，主张以实验和观察材料为基础，经过分析、比较、选择和排斥，最后得出正确的结论。

理性主义心理学思想从法国的勒奈·笛卡尔(René Descartes，1596—1650)开始。他主张革新科学、发展科学。他提出唯理论原则，认为人的知识不是来源于感觉经验，而是来源于理性，理性的演绎是唯一的正确方法。作为理性表现的知识和能力是先天具有的，因此，他主张天赋观念论(innate ideas)。他还主张用理性来审查一切，提出了"普遍怀疑"的口号。他发现一件最可靠的事实是：他自己在怀疑。因此，心的存在是无可置疑的，而身的存在则须推论出来。他提出的"我思故我在"是西方哲学史的一个重要命题。笛卡尔认为身体和心灵是分开且相互作用、相互影响的。因此他的二元论(dualistic theory)也被称为相互作用论(interactionism)。笛卡尔对心理学的一个主要贡献是他提出了"反射"(reaction)思想，尽管这个术语不是他正式提出的。他从机械原理出发，把动物和人都看做是一部机器。他认为神经是一种空管，内有细线，一端连着感官，另一端连着脑内某些孔道的开口。一旦外物刺激感官时，便拉动细线，从而拉开孔道口的活塞，让脑室内的动物精气沿着神经管流到肌肉，于是肌肉膨胀而发生动作。这是西方生理学和心理学史上第一次按照严格的决定论所描述的反射论模式，对生理学和心理学的发展具有深远的影响。

1. 经验主义心理学思想

从培根开始的经验主义心理学思想，重视感官经验的作用，重在探讨人的心理如何获得知识，但通常忽视心理的主动性和理性思维的作用。经验主义心理学思想有两种形式，在英国表现为联想主义心理学(associationism psychology)思想，在法国表现为感觉主义心理学(sensationalism psychology)思想。

(1) 联想主义心理学。

凡认为知识来源于经验的人，都可以算是一位经验论者。经验论者往往强调经验的重要性，而不强调独立于经验的天赋观念。资本主义制度确立较早的英国，是近代经验论哲学的故乡。在心理学思想上形成了联想主义心理学，他们都以经验为基础，以联想为工具，试图揭示观念的形成和发

① 《马克思恩格斯全集》(第2卷)，人民出版社1957年版，第163页。

展的规律。

托马斯·霍布斯(Thomas Hobbes,1588—1679)是英国唯物主义思想家,经验主义的创始人,也是联想主义的先驱。他坚持知识和观念来源于感觉经验,反对笛卡尔的天赋论,因为人们思想中最初的想法无一不是完全地或部分地来源于感觉器官。[①] 可他却拒绝采用归纳法,而更倾向于使用演绎法。他认为人是物质的肉体的存在物,心理现象不是非物质的灵魂的活动,而是脑的物质的细微运动。人以及世界万物都是机器,所有的活动都是由外力引起的,人并没有自由意志,而通常我们所说的意志在他看来就是在深思熟虑之后的行为倾向。[②] 他也区分了两类联想:一类是无意识、无计划、非恒久的;另一类是有意识、有计划的。也就是后来心理学中的自由联想和控制联想,联想的方向和目的是由人的情感和冲动决定的。霍布斯著有《利维坦》(1651)和《论人性》(1657)。

约翰·洛克(John Locke,1632—1704)是英国近代著名的哲学家、政治家和教育家,他对随后的经验主义者影响最大。他第一个提出了"联想"的概念,也是联想主义心理学的创立者。洛克的"白板说(theory of tabularasa)"认为人的心灵好比是一块白板,观念来自于经验,没有什么天赋原则。虽然他抨击了笛卡尔的天赋论,但他却接受了二元论,随后的很多英国经验主义者都接受了这种观点。他认为观念有两个来源:一是感觉,来自于外部经验,是由外物刺激而引起的;另一类是反省,是人们观察自己内心活动而得来的。他认为联想是观念的联合,为联想主义心理学奠定了基础。洛克还区分了第一性的质(primary qualities)和第二性的质(secondary qualities)。第一性的质,是物体本身固有的,与物体不可分离,其作用于人的感官时,产生与它自己的原型相似的观念,如物体的体积、形状、数量等。第二性的质并不是物体本身的东西,而是一些在我们心中产生各种感觉的能力,如物体的颜色、声音、滋味等。他认为由感觉(sensation)和反省(reflection)得来的观念都是人心被动接受的简单观念,是基本的或不能分析的;而心中很多复杂的观念是经过综合、联系和分离作用,将简单观念联合而来的。洛克十分重视习惯的联合,完全是由机会和习惯得到的。[③] 这也是频因律的开端。洛克著有《人类理智论》(1690)。

乔治·贝克莱(George Berkeley,1685—1753)是英国近代的主观唯心

---

① Hobbes, T. (1651). *Leviathan*. New York: Macmillan. p. 21.

② Hobbes, T. (1651). *Leviathan*. New York: Macmillan. p. 54.

③ Locke, J. (1706). *An essay concerning human understanding*. New York: Penguin Books. p. 315.

主义者，继续发展了经验主义中的联想主义。在他看来，我们日常所见的物理现象是我们感觉的积累，习惯的力量使它们在我们的心中联合起来，因此经验世界是我们感觉的总和。他说过："既然观念起源于感性经验，而我们从这种感性内容里，完全得不到外物独立存在的观念，则所谓物质便只是一些观念的集合，它们是脱离不了人心的。"[①]即"存在就是被感知"[②]。他赞成人类的知识是建立在观念之上的，但他却反对经验是所有观念的源头。他不仅用联想来解释关于现实世界事物的知识，还用联想来解释距离知觉。他认为，是眼球的会聚和发散结合了其他的感觉，从而产生了距离。"我们随着物体的远近而调整眼睛，扩大或减小眼球之间的距离，我们所做的这些完全是依靠经验。这种调整是一种感觉，感觉似乎在我们心里产生了或近或远的观念。"[③]距离知觉并不是一种简单的感觉经验，而是一种必须经过学习才能得到的观念联合。贝克莱著有《视觉新论》(1709)和《人类知识原理》(1710)。

大卫·休谟(David Hume，1711—1776)是英国哲学家、实证主义者、历史学家和不可知论的代表，他促进了联想主义的进一步发展。休谟说过："一切科学或多或少与人性相联系，而且任何一门学科从表面上看无论与人性离得有多远，但总有一天会回到人性上来的。"[④]由于人性科学是建立在观察和经验之上的，因此他认为观念都是来自于经验，一切论点成立也必须在经验上是正确的，同时他对观念和感觉印象作了区分，认为它们是两种心理现象，前者是微弱的、不生动的知觉，而后者是有力、生动的知觉。休谟虽然没有否认物理世界的存在，但却否认可以直接认识世界的可能。他还提出联想中的相似律和接近律，并把因果律看成是经验的习惯。用他的话说："在我看来，观念的联系只有三条原则，就是相似性、时空上的连续性以及原因或结果。"[⑤]休谟著有《人性论》(1739—1741)、《人类理智研究》(1748)和《论灵魂不死》(1783)。

大卫·哈特莱(David Hartley，1705—1757)是英国唯物主义思想家，也是联想主义体系的建立者，他开创了心理学和生理学相结合的研究方法，此方法在日后的心理学研究中一直沿用至今。他只承认感觉是知识的唯一源

① 李汉松：《心理学的故事》，中央编译出版社 2006 年版，第 19 页。
② 李汉松：《心理学的故事》，中央编译出版社 2006 年版，第 19 页。
③ Armsrtong, D. M(ed.). (1965). *Berkeley's philosophical writings*. New York: Macmillan. p. 288.
④ Hume, D. (1962). *On human nature and the understanding*. New York: Macmillan. p. 172.
⑤ 黎黑著，李维译：《心理学史》，浙江教育出版社 1998 年版，第 239 页。

泉，反对洛克的反省说。另外他开创了生理与心理关系的研究，在神经传导等身心关系上做了生理学的说明，认为神经传导是极其细微的分子的振动，哈特莱将这种现象称为轻微振动（vibratiuncles）。他也打破了前人将联想只局限在观念的范围之内，他用联想解释了感知、记忆、想象、思维、推理、情感、随意动作与不随意动作以及人格等一切心理现象。同时又将联想分为同时联想和相继联想。哈特莱著有《观念的联想》（1746）和《对人的观察：其结构、其义务及其期望》（1749）。

托马斯·布朗（Thomas Brown，1778—1820）是苏格兰学派的代表。苏格兰学派维护宗教观念，恪守灵魂是一个统一的精神实体，既反对不可知论，又反对唯物主义和联想主义。而布朗却将联想主义心理学的成分运用到说明人具体的心理活动中，并提出了“心理化合说”，认为心理化合物并不是几个简单元素的相加之和，而是具有新质特点的复杂现象。另外布朗还提出了关系联想和九个联想副律，这些都对前人的联想主义思想做了进一步的发展。布朗著有《人的心灵哲学》（1820）。

詹姆斯·穆勒（James Mill，1773—1836）以及他的儿子约翰·穆勒（John Mill，1806—1873）都是英国联想主义的代表人物，但他们两人在某些观点上却持有相反的论点。詹姆斯·穆勒是19世纪英国著名的功利主义经济学家、伦理学家和教育思想家，他认为人的心完全是被动的，以一种机械方式运作，外在的物理力量使它启动，内部的物理力量使它运转，这就是“心理力学说”。而约翰·穆勒却认为人的心具有主动作用，并借用当时化学学科的成就，从化学元素结合起来组成了完全不同于其组成元素的东西中得到启发，他认为在心理过程中，基本观念可以融合，随即会产生不同于这些基本观念的一个新的观念。他将父亲的“心理力学说”改为“心理化学说”。这一学说对后来冯特提出“统觉”的观念有着直接影响。

亚历山大·培因（Alexander Bain，1878—1903）祖籍苏格兰，17岁那年已掌握几何、代数、三角，并曾研究天文学和自然哲学等。后经一个教会牧师的鼓动，考入马利萨尔学院（后为阿伯丁大学马利萨尔学院）。22岁那年，因希腊文、拉丁文、数学、科学和哲学等课程的成绩优异，获文学硕士学位。后被任命为格拉斯哥大学数理教授，但与他在心理学方面日益增长的兴趣不符合，终于在一年之后弃职而去。期间，他靠撰稿生活，并在伦敦结交了穆勒等当时学术界的知名人士。1860年，他受聘于阿伯丁大学担任逻辑学教授，并在那儿度过其学术生涯。1895年，他成为当时英国心理学界的领袖人物，也是19世纪后期英国著名的联想主义的代表人物以及系统化者。他应用了当时流行的能量守恒定律解释了身体和心理的关系，提出的身心平行论，对建立生理心理学有着很重要的影响。在他看来："每一个记忆动作、身体机能的每一运动、每一习惯、回忆和一连串的想法，都是感觉和运动的特定集合或协调，都要依靠细胞以及细胞连接部位的特定增长。"①他对联想的法则也提出新的见解，认为不能将联想简单地归结为一个接近律，同时提出了复合联想和构造联想。培因著有《感觉与理智》(1855)、《情绪与意志》(1859)、《心与体》(1872)，并于1876年创办了世界上最早的心理学杂志《心灵》。

以上都是近代英国联想主义心理学的杰出代表，在整个发展过程中，唯物主义认识论以及自然科学的研究成果都为联想主义心理学提供了方法论基础和研究手段，并推动其发展。

(2) 感觉主义心理学。

法国的感觉主义心理学是近代经验主义心理学思想的另一种表现形式。法国资产阶级启蒙思想家都是感觉主义心理学思想家，他们主要受到笛卡尔关于身体是机器的思想和洛克的唯物主义经验论的影响，强调感觉经验在认识中的作用。感觉主义心理学思想具有典型的唯物主义和机械主义倾向。和英国的经验论者一样，法国的感觉论者也认为一切观念源自经验，并且否认笛卡尔所提出的自主心灵的存在。

朱利安·奥弗雷·拉·美特利(Julien de la Mettrie，1709—1751)是法国的启蒙思想家、无神论者，也是法国唯物主义的创始人。他反对勒奈·笛卡尔的二元论，认为信仰上帝是错误的，却将笛卡尔的机械唯物主义思想贯彻到底，他本人曾说过，人就是机器②，和动物并没有本质上的区别，只存在脑体积的大小以及复杂程度的差别。他还主张将意识看做是人脑的属性，人脑就是意识的生理器官。他明确指出："脑部受重伤时，就没有知觉，没有分辨力，没有认识了。"③同时，拉·美特利也是一位彻底的感觉主义者，认为感觉是完全可靠的，他说："感觉是从来不会欺骗我们的。"④由此可见在感觉问题上，他反对贝克莱的不可知论。拉·美特利著有《心灵的自然史》(1745)、《人是机器》(1747)、《人是植物》(1749)。

埃蒂耶纳·博诺·德·孔狄亚克(Etienne Bonnet de Condillac，1715—1780)是法国的启蒙思想家。他认为人的心理能力都来自于感觉、记忆和一些基本的感受，心灵具有发展的能力，一切过程无论是简单的心理现象，还

① 赫根汉著，郭本禹等译：《心理学史导论》，华东师范大学出版社2004年版，第233页。

② La Mettrie(1748). *Man a Machine*. La Salle, IL: Open Court. p. 148.

③ 北大哲学系：《十八世纪法国哲学》，商务印书馆1979年版，第227页。

④ 北大哲学系：《十八世纪法国哲学》，商务印书馆1979年版，第213页。

是诸如记忆这种高级的心理过程都是由感觉转化而来的，而“快乐与痛苦的感觉决定了心理官能的活动”[①]。因此所有的感觉过程都是伴随着情绪状态的。孔狄亚克著有《人类知识起源论》(1746)、《感觉论》(1754)。

德尼·狄德罗(Denis Diderot，1713—1784)是法国启蒙思想家、百科全书学派的代表。所谓百科全书学派(the Encyclopaedists)，就是18世纪法国一部分启蒙思想家在编纂《百科全书》(全称为《百科全书，或科学、艺术和工艺详解词典》)的过程中形成的派别。狄德罗继承了传统的感觉主义思想，认为没有脱离物质、肉体的精神和心理，并将心理过程及发展看做是物质间相互作用的结果。狄德罗说过：“这些物质因素逐步产生的结果，便是个迟钝的生物，一个有感觉的生物，一个有思想的生物。”[②]狄德罗著有《对自然的解释》(1754)、《生理学基础》(1774—1780)。

克劳德·阿德里安·爱尔维修(Claude Adrien Helvétius，1715—1771)是法国唯物主义心理学思想家、百科全书学派的代表。他认为所有的知识以及心理过程都来源于感觉，情感也被看做是感觉，并把情感、需要与感觉联系起来。他提出了人可以控制经验，从而控制心理内容的思想，这对教育产生了显著的积极影响。他在人性中寻求“善性”，后来有人这样评论他：“爱尔维修的学说是乐观主义的学说，因为要想使人成为完善的人，只需要有完善的教育。”[③]他也将人与动物的区别归因于感觉印象的多少。爱尔维修著有《论精神》(1758)、《论人及其智慧和教育》(1773)。

保尔·亨利·霍尔巴哈(Paul Henry Hourbaha，1723—1789)是法国启蒙思想家、百科全书学派的代表，也是感觉主义心理学的集大成者。他强调了脑是心理的器官，是整个神经系统的中心，同时他也非常重视感觉在心理过程中的作用，他认为感觉是人身上的第一种机能，感觉也可以派生出其他机能。霍尔巴哈著有《自然之体》(1770)和《健全的思想》(1772)。

由此可见，法国感觉主义心理学思想坚持了唯物主义认识论，强调感觉经验的作用，也正是由于他们过分夸大感觉的作用，从而忽视了理性认识与感性认识的区别，同时他们也抹杀了人的主观能动性，犯了机械主义的错误。但值得肯定的是，他们重视心理与脑的关系，认为心理是脑的属性，脑是思想的器官，这对科学心理学的产生起了积极的作用。

---

① 赫根汉著，郭本禹等译：《心理学史导论》，华东师范大学出版社2004年版，第244页。

② 狄德罗著：《狄德罗哲学选集》，新知三联书店1956年版，第122页。

③ Russell, B. (1945). *History of Western Philosophy*. Simon and Schuster, INC. p. 722.

2. 理性主义心理学思想

理性主义心理学思想是近代哲学心理学思想的另一种理论形态。它虽最先产生于法国,但后来主要流行于荷兰和德国。德国是欧洲资本主义发展比较落后的国家,这就决定了出世过迟的德国资产阶级具有软弱性和妥协性,他们不敢采取实际的革命行动,只好专注于抽象原则的探索。正如恩格斯指出,"在法国发生政治革命的同时,德国发生了哲学革命","抽象的思维活动伴随了现代各国的发展"。[①] 因此,德国是近代唯理论哲学的大本营,反映在心理学上就表现为理性主义心理学思想这一理论形态。英国的经验论强调用感觉经验和联想规律来解释理智;而且如若真正假定心灵存在的话,它也是相对被动的心灵。法国的感觉论者往往走得更远,他们认为根本就没有必要提出一个自主的心灵,他们宣称感觉和联想规律足以解释所有的认知经验。而理性主义心理学在赞同感觉知识重要性的同时,提出了一个主动的心灵,它不但转换感觉提供的信息,而且还能发现并且理解感觉知识所没有的原理和概念。尽管在经验主义与理性主义之间有许多相互重叠之处,但两者之间有一个重要的不同:前者强调心灵的被动性(mental passivity),后者强调心灵的主动性(mental activity)。

巴鲁奇·斯宾诺莎(Baruch Spinoza,1632—1677)是荷兰的唯物主义唯理论者和泛灵论者(animism)。他主张世界上只有一个实体,就是自然界,自然界里所有的一切都是由物质组成的,上帝就等同于自然界,有人称"斯宾诺莎是沉醉于上帝之人"[②]。斯宾诺莎认为感觉是不可信的,可靠的是理性知识。人的身心是属于同一实体且不可分割的,是这个实体的两方面。身体上所发生的任何事情都被体验为情绪和思想,同时情绪和思想也都影响着身体,可见他将生理学和心理学结合为一个统一的整体。他的这种观点被称为"两相论(double aspectism)",同时他进一步对情绪理论做了新的描述,认为情绪有两类,即心的主动状态和被动状态,并对惊讶、爱、同情、嫉妒、胆怯、渴望等一些基本情绪做了相关的验证。斯宾诺莎对于心理学的贡献是开拓性的、实质性的,甚至有人认为他的思想影响远远超过了笛卡尔:"他也许是第一个站在严格的决定论立场上看待世界和人的思想家。"[③]斯宾诺莎著有《笛卡尔哲学原理》(1663)和《论知性改进论》(1677)。

---

① 《马克思恩格斯全集》(第1卷),人民出版社1956年版,第460页。

② Delahunty, R. J. (1985). *Spinoza*. London: Routledge & Kegan Paul. p.125.

③ Watson, R. I. (1978). *The History of psychology and the behavioral sciences*. New York: Springer Publishing Company. p.167.

戈特弗里德·威廉·莱布尼茨(Gottfried Wilhelm Leibniz,1646—1716)是德国哲学家、数学家和自然科学家。他拥护笛卡尔的天赋论,认为人具有天赋的理性能力和理性原则,而感觉只在心理过程中起媒介的作用。他是一个客观唯心主义者,认为世界万物都是由单子(monads)构成的,单子的排列是由上帝创造的,单子是无限的、不可分割的和能动的客观精神实质,物质只是单子的外部表现形式。灵魂就是人体中最高的单子,灵魂单子与身体单子互不干扰、互不影响,由此他提出了身心平行论。他还说明了单子的等级,并将其用于观念的等级,便有了微觉(petites perceptions)和统觉(apperception)的学说,在同一时刻可以感觉到足够多的单子就可以产生统觉。这些对后来的无意识说(unconscious)和统觉说产生了影响。莱布尼茨著有《人类理智新论》(1704)、《单子论》(1714)。

克里斯提安·沃尔夫(Christian Wolff,1679—1754)继承了莱布尼茨的唯心主义哲学思想,他也是近代官能心理学的系统化者。沃尔夫是个二元论者,主张单子有两种:一种是心的单子,也就是灵魂;另一种是物质单子,也就是物质原子。他还认为人心具有各种官能,从而具备了从事各种不同活动的能力。沃尔夫著有《关于人类理解能力的理性思想》(1712)、《关于上帝、宇宙和灵魂的理性思想》(1719)、《经验心理学》(1732)、《理性心理学》(1734)。

伊曼努尔·康德(Immanuel Kant,1724—1804)是德国古典唯心主义的创始人,也是莱布尼茨的追随者。他认为统觉是人的一种先天的综合统一的认识能力,他主张真理是确定无疑的且建立在主观经验之上的。他将人的认识能力分为三种形式:感性、悟性和理性。他尤为重视理性能力在认识中的作用,并把支配道德行为的理性原则称为绝对命令(categorical imperative)。他自己说过:"我一定要这样做,使我能够坚定意志要把我行为的准则变为普遍规律。"[①]康德对后来格式塔心理学有着直接的影响。康德著有《纯粹理性判断》(1781)、《实践理性批判》(1788)、《判断力批判》(1790)、《实用人类学》(1798)。

约翰·弗里德里希·赫尔巴特(Johann Friedrich Herbart,1776—1841)是德国唯心主义哲学家、心理学家、科学教育学的奠基人。他第一次宣称了心理学是一门学科,认为观念是活动的,同时他也吸收了英国联想主义的思想和当时力学中有关引力和斥力的概念,并由此来说明观念之间相互吸引和相互排斥的关系,他的这种观点被称为"心理机械论(psychic mechan-

① Kant, I. (1783). *Prolegomena to any future metaphysics*. Indianapolis: Hackett. p. 14.

ics)”。此外，他还提出了“意识阈(limen of consciousness)”和“统觉团(apperceptive mass)”的概念。他指出：“一个观念若要由一个完全被抑制的状态进入一个现实观念的状态，便需跨过一道界限，这些界限便是意识阈。”①而观念的整体则是统觉团，他将统觉团应用于教育中，使他成为了著名的教育理论家。赫尔巴特著有《心理学教科书》(1816)、《作为根据经验、形而上学、数学的科学的心理学》(1824—1825)、《关于心理学应用于教育学的几封信》(1831)。

鲁道夫·赫尔曼·陆宰(Rudolf Herman Lotze，1817—1881)是德国的哲学家、逻辑学家。他还精通生物学，拥有医学学位，他的医学研究为研究心理学奠定了基础。陆宰早年的学习兴趣集中在两个不同的方面：一个是科学领域的数学和物理学，受到了恩斯特·海因里希·韦伯(Ernst Heinrich Weber)和古斯塔夫·西奥多·费希纳(Gustav Theodor Fechner)的指导；第二方面的兴趣是审美和艺术方面。他同时被自然科学和格奥尔格·威廉·弗里德里希·黑格尔(Hegel，Georg Willelm Friedrich)的思想所吸引。他提出了空间知觉的部位标记学说，人的全身都有标记，刺激不同，部位标记所产生的强度也不同，刺激发生变化，部位标记也随之发生变化。他还强调人心理的主动性。弗朗茨·克莱门茨·布伦塔诺(Franz Clemens Brentano，1838—1917)就是受到了他的影响，开始重视心理的机能。

从前面介绍的理性主义心理学的思想中，我们可以看到理性主义心理学强调的是天赋论，心理活动的统一性、动力性、矛盾性，夸大了理性思维的作用和人的意志在心理过程中的影响，忽视了感觉经验在认识中的作用。

此外，浪漫主义心理学思想(romanticism psychology)也对科学心理学产生了一定的影响。哲学心理学思想上的浪漫主义，是指 18 世纪初在经验主义和理性主义之后，兴起于欧洲的一种哲学心理学思想。在对人性本质的解释上，浪漫主义既反对经验主义所持知识来自感官经验的观念，也反对理性主义所持真理来自理性的理念。浪漫主义思想家认为，单独强调经验会将人看成无情的机械物，单独强调理性会将人性本质窄化，两者都犯了决定论的错误。他们认为，经验主义和理性主义所解释的，都只是人性的片面(主要解释知识来源)，不是人性的整体。人性的整体是生命，是生存，不是什么天生理性等。浪漫主义者认为，要真正了解人性，必须从完整的个人着眼。人有感情也有自由意志，人的行为既不是感觉经验所能决定的，也不是内在抽象理性所能决定的，个人的动机、感情和意志也在一定程度上决定了

① 波林著，高觉敷译：《实验心理学史》，商务印书馆 1981 年版，第 288 页。

人的行为。与经验主义和理性主义相比,浪漫主义心理学思想家较少,而且在19世纪心理学趋向自然科学化发展以来,浪漫主义心理学思想发生的实际影响也比较微弱。但从整个心理学发展的历史来看,浪漫主义心理学思想的影响却十分深远,精神分析心理学、现象学心理学、存在主义心理学和人本主义心理学都受到了浪漫主义思想的影响。

这里主要介绍两位德国的哲学家,一位是阿瑟·叔本华(Athur Schopenhauer,1788—1860),另一位是弗里德里克·威廉·尼采(Friedrich Wilhelm Nietzsche,1844—1900)。他们两人都一致认为人类有很多欲望是非理性的,而这种本身固有的非理性的本能(instincts)强烈影响了人类自身的行为方式。不同的是叔本华认为此种本能是应该受到压制的,精神分析学派(psychoanalysis)的创始人西格蒙德·弗洛伊德(Sigmund Freud,1856—1939)就接受并发展了这种思想,弗洛伊德本人就曾说过:"精神分析并不是首先迈出这一步的。要指出我们的前辈,可以指出一些著名的哲学家,尤其要首推伟大的思想家叔本华。"[①]而尼采认为人性的本质是求生本能,由本能所促动行为的动机,就是权力意志(will to power)。人的这种本能是具有主动性的,且应该得到相应的释放,人的两面性都应该得到合理的发展。尼采的思想对精神分析学派的另一位心理学家阿尔弗雷德·阿德勒(Alfred Adler,1870—1937)的自卑与超越,以及人本主义心理学思想中所强调的自我实现,都产生了先导性的影响。

第二节 科学心理学的科学基础

科学心理学的诞生除了有哲学思想的必要前提之外,还必须具有自然科学的基础,特别需要生理学、物理学为它提供关于心理活动的生理机制和实验研究方法等方面的知识。到了19世纪,医学、天文学、解剖学、生理学和物理学等多门自然科学已获得巨大发展,这些学科的共同特点是采用系统的观察法和实验法。由于采用观察和实验的方法,这些学科巩固了自己

① 郭本禹主编:《心理学通史·第四卷·外国心理学流派(上)》,山东教育出版社2000年版,第426页。

的地位，获得了巨大成功。这些成功使得一些心理学家意识到，若要使心理学摆脱哲学的束缚而成为一门独立的学科，则必须把观察和实验的方法引入心理学，把心理学建成一门实验科学。

一、自然科学的三大发现

除了前面所提到的关于生理学、天文学等重大发现对心理学创立有直接影响之外，19 世纪欧洲自然科学的三大发现也为其做出了不小的贡献。恩格斯说："由于这三大发现和自然科学的其他巨大进步，我们现在不仅能够说明自然界中各个领域内的过程之间的关系，而且总的说来也能说明各个领域之间的联系了，这样，我们就能够依靠经验和自然科学本身所提供的事实，以近乎系统的形式描绘出一幅自然界联系的清晰图画。"①由此可见，细胞学说、能量守恒和转化定律以及进化论都与科学心理学的创立有着密不可分的联系。

1. 细胞学说

1665 年，罗伯特·胡克(Robert Hook，1635—1703)用显微镜观察到软木切片上有些小孔，并将其称为"细胞"(cell)。1805 年，德国生物学家哥特弗里德·莱茵霍尔德·特雷维拉努斯(Gottfried Reinhold Treviranus，1776—1837)对植物进行解剖时，发现细胞是组成植物的基本单位。1824 年，法国生理学家杜特罗歇(R. J. H. Dutrocher，1776—1848)明确指出："所有的组织，所有的动植物器官，实际上只是经过不同修改的细胞组织。"②到了 19 世纪 30 年代，英国植物学家布朗(Robert Brown，1773—1858)用显微镜观察发现了植物的细胞核。捷克生理学家浦肯野(J. E. Purkinje，1787—1869)发现了动物的细胞核，并在此基础上进一步发现了细胞质。19 世纪中叶，德国医生雷马克(R. Remak，1815—1865)和瑞士科学家寇力克(A.Kllik-er，1817—1905)等人进一步把细胞学和胚胎学结合起来，在鸡胚血细胞的分裂过程中，证实了卵子和精子只是简单的细胞，只有在形成受精卵之后才开始进行细胞分裂，而细胞分裂就是胚胎发育的过程。同时期，德国病理学家微尔和(Rudolf C. Virchow，1821—1902)把细胞学说运用于病理学的研究之中，进一步论证了细胞病变在病理现象形成中的作用。细胞学说的建立为感知觉等心理现象的研究提供了基本的生物结构，并为心理学运用自然

① 《马克思恩格斯选集》(第 4 卷)，人民出版社 1995 年版，第 246 页。

② 杨学仁等:《生命科学发展史》，武汉大学出版社 1990 年版，第 175 页。

科学的研究方法提供了理论和实践基础。

2. 能量守恒和转化定律

1842 年,德国医生罗伯特·迈尔(Julius Robert Mayer,1814—1878)在别人实验研究的基础上,通过自己的计算,得出了能量是不灭的、可以转换的和不可称量的结论,成为近代第一个系统地提出能量守恒定律(law of conservation of energy)的人。1848 年,英国物理学家詹姆斯·普雷斯科特·焦耳(James Prescott Joule,1818—1889)逐步公开了他所进行的三十多年的实验研究结果,他是最早用科学实验来证明能量是守恒的并可以转化的人。他认为,自然界一切物质都具有能量,能量有不同的表现形式,可以从一个物体传递给另一个物体。在这个转换和传递的过程中,无论其形式如何变化,其能量的总和是不变的。之后又经过很多科学家的共同努力,到了 19 世纪 60 年代终于确立了完整的能量守恒和转化定律,即"在任何孤立的物质系统中,不论发生何种变化,无论能量从一种形式转化为它种形式,或从一部分物质传递给另一部分物质,系统的总能量守恒。"①

3. 进化论学说

1831—1836 年,英国生物学家查尔斯·罗伯特·达尔文(Charles Robert Darwin,1809—1882)跟随英国海军测量舰"贝格尔"号去南太平洋考察,发现了许多生物进化的实例。回国之后,经过二十多年的研究,分别于 1859 年和 1871 年出版了《论通过自然选择或生存斗争保存良种的物种起源》(即《物种起源》)与《人类的由来及性选择》。达尔文的进化理论是从生物与环境相互作用的观点出发,认为生物的变异、遗传和自然选择作用能导致生物适应性的改变。生物界本身以及生物界和环境之间存在着普遍的生存斗争,在这个斗争中适者生存,不适者被淘汰;生物界普遍存在着变异,人就是从类人猿转化而来的。变异和生存斗争导致自然选择。这种"物竞天择,适者生存"成为进化论主要的理论基础。这种思想对其后心理学发展的影响是非常深远的。

二、天文学与心理学

天文学的一个重要职能是精确测绘星体图。现代机械的照相方法出现以前,精确测定星体位置一直依赖于所谓的"眼耳法",即通过钟摆声而默记

① 潘永祥、李慎:《自然科学发展史纲要》,首都师范大学出版社 1996 年版,第 69 页。

下星体通过望远镜视野内十字线交叉点的时间。准确注意星体通过交叉点的那一瞬间是关键的，因为当计算星体在银河中的位置时，微小误差会变成巨大的星际距离。1796 年，格林威治观察站的马斯基林(N. Maskelyne)辞退了其助手金内布鲁克(D. Kinnebrook)，因为他观察星体通过交叉点的时间总是比马斯基林的观察记录慢 0.8 秒。当然，马斯基林肯定以为自己的观察时间是准确的，而他的助手则错了。此事引起德国天文学家贝塞尔(Friedrich Wilhelm Bessel，1784—1846)的注意，他开始系统对比不同天文工作者的观察时间。贝塞尔发现，所有天文工作者报告星体通过的速度都有差异，而这种误差来源于个别差异。1823 年，贝塞尔根据人们观察时间上的个别差异计算出“人差方程式”(personal equations)，以便天文工作者之间的差异能在天文计算中消去。例如，贝塞尔将自己与另一个天文学家阿革兰特尔共同观察的人差方程式定为：A－B＝1.223 秒。人差方程式的发现刺激了人们对反应时间研究的兴趣，也给早期的实验心理学提供了直接的研究课题，如复合实验和反应实验。1861 年，冯特设计了一个简单的钟摆，此摆随刻度而摇摆，使一弹簧在摆到某一点时发出“咔哒”之声。这是最早的复合实验的设备，这个钟摆就被称为“冯特复合钟”。

天文学家对绝对人差方程式的测量实际上就是反应时间的观察。反应时研究是早期实验心理学的一项主要研究。但是，从天文学家那里获得反应实验的是荷兰生理学家唐德斯(Franciscus Cornelius Donders，1818—1889)，他对视觉的研究是从简单反应开始的。简单反应实验就是被试用一个预定的运动对一个预定的刺激做出反应。1862 年，唐德斯在简单反应的基础上增加其他心理过程而使之复杂化。他认为如果反应时间加长，那么这个增加的数目就是任何加入的过程所花的时间。首先，唐德斯测量选择的时间反应。他不是使被试用一种运动 a 反应刺激 A，而是加上了其他刺激，每一种刺激都要引起不同的预定的反应：刺激 A 引起反应 a，刺激 B 引起反应 b，刺激 C 引起反应 c，依此类推。由于时间因这种变化而增加，他便以加长时间减去简单反应的时间而算出纯粹选择的时间。其次，唐德斯认为这些选择时间应当包括辨别和选择。因此，他随机采用许多刺激如 A、B、C、D，但只许用反应 a 对应刺激 A，借以测量辨别。因此被试必须在反应以前从其他所有刺激中识别出刺激 A，唐德斯借助于减除得到了选择、辨别和反应的时间，这就是“减除法”(subtractive method)。这种方法是现代认知心理学所用的一种重要的方法。

总之，天文学家的人差方程式的发现及其后来他们测量绝对人差方程式的成就，不仅证明了人的心理活动存在着个别差异，还直接导致了新的实验心理学的复合实验和反应实验。在后来冯特的内容心理学体系中，这种方法就是其理论体系的重要方法之一。

三、生理学与心理学

到了 19 世纪 30 年代，生理学已经成为了一门成熟且独立的实验学科，此时的生理学家们认为："心灵主要等同于脑。"①他们同时也将其研究范围扩展到了心理学的领域里，并取得重大突破，形成了介乎生理学和心理学之间的生理心理学。这些研究成果不仅丰富了人类对生理现象的科学认识，同时也为科学心理学的诞生奠定了生理学的理论和实践基础。

1. 关于脑机能的研究

(1) 颅相学说。

德国解剖学家弗朗茨·约瑟夫·加尔(Franz Joseph Gall，1758—1828)通过对大脑形状与功能的研究，提出了面相学说和头骨学说。他的颅相学(phrenology)观点认为脑的各个区域与人的各个生理器官有着密切的关系，如果能把心灵划分为若干官能或功能，证明某种特定功能的过度发展与头颅内相应部位的增大有关，就能通过对头颅外部结构的了解来理解人的内部心理活动。颅相学说虽然对研究大脑的功能有积极的学术价值，但是如果说"加尔对证据的解释是漫不经心的，那么他的追随者将这种倾向提升到诈术形式"②，因此颅相学说受到很多科学家的反对。虽然颅相学最终没有得到科学的证实，但它确实刺激了后人对大脑心理机能定位的研究，也更有力地证明了大脑是心理活动的器官。

(2) 大脑机能统一学说。

皮埃尔·弗卢龙(Pierre Flourens，1794—1867)是法国著名的生理学家。他赞成加尔理论中某些关于特殊机能在大脑内部有狭义定位的主张，另外通过解剖他把神经系统划分为大脑两半球、小脑、四叠体、延脑、脊髓和神经这六大部分，并运用局部切除法检测大脑各部位的机能，最终得出结论认为，神经系统依照其功能可以划分为几个不同的区域，但大部分的心理机能是统一的，即便切除大脑的某一部位，这种机能仍然能够运作。这个研究发现否定了传统的大脑机能分区说，并对脑科学的研究产生了重大的影响。

---

① 波林著，高觉敷译：《实验心理学史》，商务印书馆 1981 年版，第 47 页。

② Fechner, G. (1990). The little book of life after death. *Journal of Pastoral Counseling: An Annual*. p. 79.

(3) 大脑定位分区学说。

19 世纪中叶以后，法国的外科医生保罗·布罗卡(Paul Broca，1824—1880)运用了他首创的临床法(clinical method)解剖人脑时，发现了左脑额下回后部言语中枢，这一区域直接影响人的语言能力。1870 年，古希塔维·弗里奇(Gustav Fritsh，1838—1927)发现大脑皮层的某一部位与侧肢体运动有联系。同一时期，艾德尔德·希奇格(Eduard Hitzig，1838—1907)利用电流作用，发现了眼动与大脑皮层某部位的关系，这些新的发现又进一步激发了生理学家们对大脑机能定位研究的兴趣。在后来很多研究者的努力下，最终形成了当前学术界普遍认可的大脑定位分区说。

2. 关于神经生理学的研究

(1) 贝尔—马戎第定律。

1807 年，英国生理学家查尔斯·贝尔(Charles Bell，1774—1842)发现脊髓后部的后根只传导感觉刺激，因而称为感觉神经纤维。1819 年，法国生理学家弗朗索瓦·马戎第(Francois Magendie，1783—1855)发现位于脊髓腹部的前根只传导运动神经冲动，因而称为运动神经纤维。虽然这个发现是两人分别独立完成的，但由于结论相同，因而合称为贝尔—马戎第定律(Bell-Magendie law)。这个发现证明了脊髓中存在着感觉和运动两种不同的通路，同时也证明了在大脑中存在着不同的感觉和运动区域。它不仅消除了人们对神经传导性质的错误认识，而且为神经的单向传导、感官神经的特殊能说和反射弧的研究提供了重要的生理学依据。

(2) 神经特殊能学说。

1826 年，约翰内斯·缪勒(J. P. Müller，1801—1858)通过研究证明，存在着五种不同的感觉神经，每一种神经都有一种特殊的神经能，感觉反映的不是外物的性质，而是关于感觉神经自身的性质或状态的认识。缪勒说："一个外界的原因的作用，经由神经传导而影响脑部感觉中枢，感觉就是整个中枢这样得到的关于感觉神经自身的某些性质或状态的认识，这些性质在各感官彼此不同，每种感官的神经都有它自己的特殊性质或能。"①他的神经特殊能说(a doctrine of specific nerve energies)对于感觉的研究是一大进步。后来，赫尔姆霍茨又进一步发展了这个学说，认为在每一种感官内有不同数量和性质的神经特殊能。

(3) 反射动作的研究。

1736 年，阿斯特律克(J. Astruc，1736)首次提出"反射"这个概念，他把

① 兰德著，唐钺译：《西方心理学文选》，科学出版社 1959 年版，第 62 页。

反射分为感觉神经、中枢神经和运动三部分，认为动物的感觉是通过脊髓和大脑而反射出来的。到了19世纪对反射动作贡献最大的学者是荷尔(M. Hall,1790—1857)和缪勒。荷尔不仅对随意和不随意运动、意识和无意识及其与大脑和脊髓的关系做了明确的分类，而且为后来反射弧概念的研究奠定了神经生理学的理论基础。缪勒在大多数观点上是赞同荷尔的，但缪勒还指出，某些反射动作是依赖大脑的。这些观点促进了后来的巴甫洛夫对条件反射的研究与弗洛伊德对潜意识的发现。

(4) 神经冲动的电的性质。

1780年，意大利生理学家伽伐尼(L. Galvani,1737—1798)通过青蛙的实验，最先提出了神经冲动具有电的性质的观点。1831年，英国物理学家迈克尔·法拉第(Michael Faraday,1797—1867)发现了磁电感应，可以运用电流来刺激神经，进一步促进了对神经冲动电性质的研究。在前人的基础上，法国生理学家杜布瓦·莱蒙(E. du Bois-Reymond,1818—1896)完成了动物电的研究，并提出了电流的极化概念，证明神经冲动确实具有电的性质，这对赫尔姆霍茨关于神经冲动速度的研究有极大的启发。

(5) 神经冲动传导速率的研究。

1850年，德国著名的生理学家和物理学家赫尔曼·路德维希·弗汀兰德·冯·赫尔姆霍茨(Hermann von Helmholtz,1821—1894)利用蛙腿做实验，发现神经冲动的传导速率为每秒钟不到50米。后来他还对人的神经传导速率进行了测量，结果发现人的神经传导速率为每秒50～100米，这些发现为心理现象可以用实验方法来进行测量提供了重要依据。到20世纪初，生理学家关于不应期的发现和全或无传导原理的提出，都使神经冲动传导速率的研究更加精确。

3. 关于感觉生理学的研究

(1) 几种主要感觉的研究。

由于神经生理学和大脑机能研究的进展给感觉生理学提供了可借鉴的方法，因而，19世纪的生理学家开始注意研究视觉和听觉等感觉现象。在视觉方面，发现了棒状细胞和锥状细胞，光的反映在网膜中心和边缘是不同的，还发现了盲点、色盲、色混合、视后像等各种视觉现象。在研究技术上创造了实体镜，在理论上提出了色觉学说等。在听觉方面，知道了耳的某些构造，测定了声波的频率，提出了听觉共鸣说。在皮肤感觉研究上作了分类，如压觉、温觉和冷觉等，在接触皮肤的感觉上作了测量，成为以后心理物理学的开端。当时还发现味蕾和鼻黏膜分别是味觉和嗅觉的器官，也对它们的刺激物做了分类的实验研究。

(2) 几种主要的感觉学说。

第一,关于视觉的"三色说"与"四色说"。在1856年出版的《生理光学纲要》中,赫尔姆霍茨进一步扩充并发展了英国生理学家托马斯·杨(Thomas Young,1773—1829)的色觉学说。根据色光的混合规律,赫尔姆霍茨确定了三原色为红、绿、蓝。他指出,视网膜上有三种神经纤维末梢器官,它们分别具有能感受红色、绿色和蓝色的色素。当这些感光色素受到刺激起化学作用时,神经细胞就产生神经冲动,然后传到大脑皮层的视觉中枢就分别产生红色、绿色和蓝色的感觉。这就是赫尔姆霍茨的视觉"三色说"。与此同时,德国的另一位生理学家海林(Ewald Hering,1834—1918)则提出了红、绿、黄、蓝的"四色说"。他认为视网膜上有红绿质、黄蓝质和白黑质三种视质,这三种视质受到刺激后即产生异化和同化的作用,例如,红绿质受红光刺激因异化而产生红色感觉,受绿色刺激则因同化产生绿色感觉。海林的四原色中的红绿和黄蓝都是颉颃成对的,因此能较好地解释颜色对比、后像和红绿色盲等现象。"三色说"和"四色说"后来都得到了实验的证明,可见这两种学说是相互补充的。

第二,关于听觉的"共鸣说"。1863年,赫尔姆霍茨提出了他关于听觉的学说——共鸣说。他指出,听觉是由声音的不同频率与耳蜗内基底膜上相应的纤维发生共鸣而产生的。基底膜上横排的辐射纤维共有二万根左右,短的只有4～5毫米,最长的有32毫米,从底部到顶部纤维逐渐增长。短纤维感受高频率的声音,长纤维则感受低频率的声音。这个学说虽能解释听觉的机制,但由于声音的频率(20～20000Hz)与纤维长短的比例并不适应,因此后人认为声音频率与纤维不是一一对应的关系,而是不同的频率与一组纤维发生共鸣。

生理学的发展表明,各种研究技术和发现都是支持心理学采用科学方法来研究心理现象的。哲学为关于心理的实质研究铺平了道路,而生理学则开始用实验方法来研究作为心理现象之基础的生理机制,然后就是把实验方法应用于心理学。

四、物理学与心理学

物理学对心理学的影响,一方面是物理学中的实验方法通过生理学研究这一中介而为科学心理学的诞生创造了重要的条件;另一方面则是物理学与心理学直接结合而形成的心理物理学(psychophysics)对科学心理学的诞生产生了直接的影响。心理物理学先由韦伯奠定基础,后由费希纳正式建立。

1. 韦伯定律

恩斯特·海因里希·韦伯(Ernst Heinrich Weber,1795—1878)是德国生理学家和解剖学家。他首创了研究皮肤和肌肉感受性的实验测量方法,证明了赫尔巴特的阈限(limen)概念,以及用数学公式来表示差别阈限值。韦伯利用圆规的两端来测量人对皮肤不同部位的两点感觉阈限,结果发现,在皮肤的不同部位,人感觉的阈限值是不一样的。他在掂重实验中研究肌肉感觉和动觉时,最初的目的是验证个体刚刚可以区分出两个重量之间的最小差别(即最小可觉差)。随着研究的逐步深入,他发现差数的值与原来重量的比值是一个常数,它们之间的关系可以用数学公式来表述,即 $K=\Delta I/I$,I 代表标准刺激的强度,ΔI 代表引起感觉的刺激增量,K 代表常数,史称"韦伯定律"(Weber's law)。这个定律表明心理现象是完全可以用物理学的方法来进行研究的,同时也为后人建立心理物理学奠定了坚实的基础。

2. 费希纳定律

古斯塔夫·西奥多·费希纳(Gustav Theodor Fechner,1801—1887)是德国物理学家和哲学家,莱比锡大学教授。由于患有神经衰弱,费希纳开始关注宗教和灵学,试图通过对心灵、灵魂和意识的探讨来解释意识和物质的关系问题。他的观点代表了"泛心论",费希纳相信,"身体和心灵的相伴遍及整个宇宙,因此,没有一种心理的东西是没有其物质基础的,反之,在物理上所发生的大量事情都反映在相应的心理经验中"①。为了证实这种哲学观点,就必须研究心灵和大脑之间的关系,他称此研究为"内在的心理物理学"。而费希纳在心理学上的贡献却是研究出外部事件与它们所引起的内在经验之间的关系,即研究刺激的大小与所引起的感觉之间的关系。费希纳进行了大量的实验和数学的推演之后,扩展了韦伯的研究,并在其基础上,他运用了一个公式表示了心理感觉与物理刺激之间的关系,即 $S=K\log R$。S 表示感觉强度,R 表示刺激强度,K 是常数,log 代表对数。意思是说,当刺激呈几何级数增加时,感觉则以算术级数增加。费希纳心理物理法的贡献在于把自然科学的方法引入心理学,提供了心理学实验研究和数量化测量的新方法,对后来冯特建立实验心理学起到了奠基的作用。美国

① Arnheim, R. (1986). The other Gustave Theodor Fechner. In: Arnheim, R. *New essays on the psychology of art*. Berkeley, CA: University of California Press, pp. 40~41.

著名心理学家詹姆斯(William James,1842—1910)评价道:"费希纳的书是新心理学著作的起点……使心理学变成一门精密的科学,这就是他不朽的荣誉。"①波林也曾指出:"没有费希纳或类似于费希纳的人物,固然仍可以有实验心理学,仍可以有冯特和赫尔姆霍茨。但在实验里,可绝没有科学的气息,因为一个学科,若没有测量为其工具之一,则必不能成为科学的……他建立了数量的实验心理学……我们称费希纳或冯特为实验心理学的'创始者',这是毫无问题的。"②

第三节 科学心理学的社会氛围

哲学为科学心理学的诞生提供了思想、观点以及方法论,自然科学(尤其是生理学和物理学)为科学心理学的诞生提供了材料、理论和实验技术,在哲学与自然科学的联姻之下,一个新生儿——科学心理学终于诞生了。然而从前面的介绍我们也能看出,在科学心理学诞生之前,经验主义心理学思想和理性主义心理学思想在英、法等国已经相当成熟了,可为什么科学心理学却是在德国诞生的呢?这与当时德国的社会历史条件和科学发展的状况紧密相关。

一、德国的经济背景

纵观资本主义的发展历史,我们知道早在1840年英国率先开始了工业革命,紧跟其后法国也开始了资本主义的变革。这些不仅给英法两国的经济发展带来了生命力,也为推动知识与科技的进步打下了一针强有力的兴奋剂。英法两国由原来的蒸汽时代进入了电汽时代,它们与欧洲其他各国间发展状况的差异也逐渐拉大了。而德国的资本主义直至1860年左右才开始有些发展,为了发展本国的工商业以及赶超欧洲其他发展较快的资本主义国家,具有妥协和软弱性的德国资产阶级却不能再安于唯心主义的思

① 车文博:《西方心理学史》,浙江教育出版社1998年版,第200页。
② 波林著,高觉敷译:《实验心理学史》,商务印书馆1981年版,第333页。

辨方法了，就像恩格斯所说："在法国发生政治革命的同时，德国发生了哲学革命。"①利特曼(Richard Littman)也指出："德国开始了获得和运用知识的工业化进程。"②正是德国资产阶级这种特殊的要求给了心理学发展一个新的机遇。此时的心理学不能再继续满足于传统的观察和内省，这种背景直接影响了心理学的建立。虽然英法两国在心理学的研究上抢占了先机，并取得了长足的发展，但它们在文化领域里却是相当保守的，而德国的思想氛围是非常富于变化的，它恰巧给了心理学一个比较宽松开放的发展空间，使它能有更大的潜力去提升，以致达到进一步的学科创新。

二、德国的教育背景

美国心理学史学家舒尔茨(Don Schultz)说过："德国人的气质比英国人和法国人更爱好细心的和精确的分类和描述工作。英国人和法国人喜欢用演绎和数学的方法研究科学，而德国人则重视对观察到的事实进行认真的、彻底的和谨慎的搜集，他们爱好分类或归纳的方法。"③这种差异和德国非常重视教育尤其是高等教育是分不开的。19世纪初，德国各个大学都追求质量，当时德国大学就进行了落实自由精神的教育改革，为科学的发展创造了得天独厚的条件。改革之后整个德国大学的教学表现出了两个明显的特征：教学自由和学习自由。④ 教师和学生均可以按照自己的兴趣进行研究、学习和探索。这便保证了教师可以自由地进行心理学研究，从而也推动了学生对于心理学的学习。当其他国家的科学家还在犹豫是否该用科学的手段来研究心理现象时，德国的科学家早已经开始尝试研究自己的想法，探索出了新的研究之路。不仅如此，德国的大学也为教师提供了特殊的优厚条件，使教师能够作为研究型的科学家为生，生活在此时代的冯特就"创造了一种新的可辨认的社会角色——有别于哲学家、生理学家或内科医生的心理学家的角色"⑤。相反，在英法等国家由于各自的原因，科学家在教育体制

① 《马克思恩格斯全集》(第1卷)，人民出版社1956年版，第460页。

② Littman, R. (1979). Social and intellectual origins of experimental psychology. In: Hearst, E. J. (Ed.) *The first century of experimental psychology*. Hillsdale, NJ: Lawrence Erlbaum Associates. p. 51.

③ 舒尔茨著，杨立能等译：《现代心理学史》，人民教育出版社1981年版，第43页。

④ Bruce, D. V. (1972). The German university and the development of experimental psychology. *Journal of the History of the Behavioral Science*. No. 2. pp. 204～207.

⑤ 黎黑著，刘恩久等译：《心理学史——心理学思想的主要趋势》，上海译文出版社1990年版，第244页。

之外开展研究工作，气氛十分沉闷，上述情况在他们的大学里是难以实现的。19 世纪的英国仅有剑桥和牛津两所大学，它们在很长一段时期内对心理学保持距离。剑桥大学直到 1897 年才有一所勉强像样的心理学实验室，该实验室曾被描述为“冷宫”。

三、德国的科学背景

德国科学家在理解“科学”这一概念上与英法两国的科学家存在着很大的差异，他们认为科学的定义是非常宽泛的，它可以包括语音学、语言学、历史、考古学、美学、逻辑学甚至文学批评等。他们并不同意英法两国科学家对于科学所做出的定义，他们认为科学不仅仅包括那些只能用定量方法来研究的学科，也包括那些无法用定量方法研究的学科。因此在德国，缺乏演绎基础的生物学学科很早就被纳入了科学的领域，并且得到了足够的重视。与之相反，英法两国却很晚才将生物学当做一门学科来对待。这也为德国后来在生物学上取得重要成就提供了一个契机。19 世纪中叶，德国的生理学家创造性地将先进的科学方法用于研究生命过程，使德国的生理学的研究水平赶超了英法等国。在感觉生理学的研究上，在当时就达到了世界科学的最高水平。缪勒在神经生理学领域提出神经特殊能学说；赫尔姆霍茨在神经生理学领域，测定了神经传导速率，在听觉领域里提出了共鸣说；在视觉领域里，赫尔姆霍茨和海林分别就视觉提出了“三色说”和“四色说”，这些都推动了后人对感觉的研究。另外德国物理学也取得了突出的进步，德国的科学家韦伯和费希纳经过长期不懈的努力，将物理学应用于心理学的研究，并将两者很好地结合在一起，从而产生了心理物理学。这些自然科学上的成就为科学心理学的建立奠定了坚实的基础。

由此可见，德国虽然在心理学上起步较晚，但却给心理学的独立提供了更好的环境，就像布伦南所说：“心理学作为一门正式学科首先出现于德国是令人感到好奇的，这是因为英国的思想氛围实际上更容易响应对它的接受。相对同质的经验模式在英国被广泛接受，并且那里的自然哲学家将心理联想作为认知和情感的中介动因加以研究。此外，达尔文的自然选择进化理论的影响导致进一步接受心理学研究动物活动的全部领域的可能性。然而，正是这种宽容的气氛阻止了心理学从自然哲学中的诞生。很简单，那里不需要一门独立的学科。”[①]换句话说：“英国的哲学传统对心理学问题的研究相当开放，并且能够适应新的问题和方法论取向。相反，德国的思想氛围富于变化；德国的哲学反映了这一多样性并且未承诺心理学探究的单一模式。”[②]显而易见，心理学最终在德国成为一门独立的学科是一件顺理成章的事情。

心理学从哲学母体中分化出来成为一门独立的学科以后，围绕着心理学的学科性质、研究对象和研究方法等基本理论问题展开了激烈的争论。科学心理学建立之初，就出现了两种不同的研究取向：一是冯特开创的自然科学心理学研究取向，一是布伦塔诺开创的人文科学心理学研究取向。自然科学心理学的研究取向，坚守心理学的自然科学观和客观主义的研究范式，这种研究取向把研究对象局限于心理现象的自然特征方面，采取自然科学的研究方法，依赖于实证和数据，试图建立一门像物理学那样的具有客观性和精密性的统一的心理学学科。1874 年，冯特出版的《生理心理学原理》(下卷)标志着自然科学心理学的开始。人文科学心理学的研究取向是与自然科学心理学的研究取向相对的，坚守心理学的人文科学观和主观主义的研究范式，试图建立一门像人文(社会)科学那样的具有体验性和理解性的统一的心理学学科。这种取向注重心理现象的整体性、主动性和创造性，采用非实证的研究方法。也是在 1874 年，布伦塔诺出版了《经验观点的心理学》一书，标志着人文科学心理学的开始。自此，科学心理学的历史便是两种不同研究取向心理学相对独立发展的历史，由冯特和布伦塔诺所开创的两种不同研究取向心理学之争，贯穿于整个西方心理学的发展。

自然科学心理学的研究取向由冯特所创立，但其他人如约翰内斯·缪勒、赫尔姆霍茨、韦伯和费希纳等人也为自然科学心理学的建立做出了重大的贡献。为什么自然科学心理学创立的荣誉最终归功于冯特呢？费希纳等人的确为心理学的创建立下了汗马功劳，可他们只能是创始人，而非心理学的建立者。美国心理学家波林曾提出：“当中心思想已经全部产生，某一个提倡者便掌握它们，组织它们，补充那些在他看来是基本的东西，宣传和鼓吹它们，坚持它们，总而言之，就是‘建立’一个学派。”[③]而冯特就是这样的一个人，他总结了哲学中的研究成果，将自然科学的研究方法运用到了心理学

① Brennan, J. F. *History and systems of psychology*(影印版)，北京大学出版社 2004 年版，第 160 页。

② Brennan, J. F. *History and systems of psychology*(影印版)，北京大学出版社 2004 年版，第 160 页。

③ 舒尔茨著，杨立能等译：《现代心理学史》，人民教育出版社 1981 年版，第 56～57 页。

的研究当中，他还做了大量有关心理学科的宣传组织工作，编辑出版了世界上第一种刊登心理学实验报告的学术刊物，还在德国莱比锡大学建立了世界上第一个心理学实验室，在那里他培养了一批又一批的心理学家，他毕生想做的那件事情就是要建立一门新的学科，使心理学成为一门新的学科，这是任何一位前人都没有做到的。是冯特给了心理学一个新的生命，是他将心理学纳入了科学的领域，成为一门新的独立的正式的学科。

第二章

冯特:内容心理学创立者

威廉·马克西米利安·冯特(Wilhelm Maximilian Wundt,1832—1920)是传统哲学心理学的终结者和现代科学心理学的开创者,是科学心理学的缔造者、组织者和系统化者。在心理学史上,冯特的名字是与科学心理学的独立和实验心理学的创立联系在一起的。冯特出版的《生理心理学原理》(1873—1874)一书,试图勾画出一个新的科学领域,因而被美国心理学家卡特尔(J. M. Cattell)誉为"心理学的独立宣言书"①。在冯特之前,有心理学思想,却没有心理学家。冯特是心理学史上第一位真正意义上的心理学家。

图 2-1　冯特(Wilhelm Maximilian Wundt,1832—1920)

德国,一个严谨作风的代名词;冯特,一个典型的严谨的德国人;实验,一种靠严谨态度考究科学的方式;冯特,实验心理学的代言人和内容心理学的创立者。1879 年,他在德国莱比锡大学创建了世界上第一个心理学实验室,这标志着现代实验心理学的正式开始,同时也标志着心理学正式迈入科学之林。从某种程度上说,冯特成为实验心理学的创建者和科学心理学诞生的助产士就是一件很必然的事情。瓦尔特·迪尔·斯科特(W. D. Scott)将冯特的贡献总结如下:"在他开始研究时,心理学被认为是哲学的一个分支,而他的研究将其变成了一门实验科学。"②因此,冯特在心理学史上占据了独一无二的地位。

① 刘恩久等:《心理学简史》,甘肃人民出版社 1986 年第 2 版,第 94 页。

② Scott, W. D.(1921). In memory of Wilhelm Wundt. *Psychological Review*, 28, p. 183.

任何一个人的思想都必然与其人格和人生体验有着内在联系,而冯特的生活经历和人生体验恰恰造就了冯特的心理学思想。因此,我们有必要回顾一下他的成长过程和学术历程,这既有助于我们加深对他的心理学思想的理解,又能使我们从中获得有益的启示。

第一节 冯特的心路历程

一、孤独的童年体验

1832 年 8 月 16 日,在曼海姆(Mannheim)一个叫做内卡拉(Neckarau)的小村庄,在一位路德教牧师家中,第四个孩子呱呱降生了,家人给这个男孩取名为威廉·马克西米利安·冯特。他是马克西米利安·冯特(Maximilian Wundt,1787—1868)和玛丽·弗里德里克·内·阿诺尔德(Marie Friederike née Arnold,1797—1868)家中最小的孩子。在那个时候,四个孩子中只能存活两个是很普遍的,威廉和他的哥哥路德维希(Ludwig,1824—1902)幸存了下来。父亲马克西米利安是一位新教的牧师,他因持有温和的、自由的神学观点而出名。母亲玛丽是一个能力较强、精力旺盛、健壮的人,她牢固地掌控了家庭的经济。

冯特生长在一个书香门第,父亲的家族中有历史学家、神学家、经济学家、地理学家和海德堡大学的两位校长。他母亲的家族也同样显赫,有科学家、医生和政府官员。祖辈上出过的这些令人仰慕的名士被一些学者断言,"当时德国没有哪个家族拥有如此多才智敏锐的成员"①。因而,这样杰出的家庭背景看上去应该会给小冯特提供一个很好的成长环境,应该会激励小冯特好好学习的。然而在童年和少年时代,他始终都没有显示出一丁点的才华。过度的白日梦和勉强及格的成绩构成了他早年学习生活的特征,这使得他看上去完全不像是个有出息的人,没有动力,也缺乏那份才气,很难

① Bringmann, W. G., Balance, W. D. G., & Evans, R. B. (1975). Wilhelm Wundt 1832—1920: A brief biographical sketch. *Journal of the Behavioral Sciences*, 11, p. 288.

想象出他会成为心理学史上第一位真正意义上的心理学家。所以关于冯特最令人吃惊的事情恐怕就是这孩子长大后怎么会成为这样一位了不起的人！

小冯特有一个孤独而且不快乐的童年。在冯特出生后的第一年就患上了严重的疟疾，这使得他早年身体虚弱。在他4岁时，父母搬到一个名叫黑德森(Heidelsheim)的小城。在这里，小冯特度过了他大部分的童年生活。戴蒙德(Diamond)指出："事实上，冯特在成长过程中就像是'独生子'。"[①]他的哥哥比他大8岁，在冯特童年时就离家就学(并住在寄宿学校)，另外两个同胞在婴儿期就夭折了。小冯特没有什么朋友，也没有游戏的习惯。孩提时唯一的玩伴是一个比他略大的几乎不会说话的弱智男孩，他每天都在门外等着冯特，虽然他性情温厚，但由于先天上的缺陷，冯特总是要忙于照顾他，似乎从来都没有机会去尽情地玩。偶尔与镇上的其他男孩玩游戏也只是一场苦难而非愉快的经历。即使是每年一次的鸡蛋游戏，他也是失败而归。小冯特在其他男孩那里失去了他所有的鸡蛋，弄得两手空空，然而那些孩子并不严格地遵守规则。爱玩的天性长期得不到满足，这导致了冯特上课时会习惯性地走神，经常神情恍惚；学习成绩一直很差，根本看不出这个好似有些问题的小孩与科学心理学的诞生会有什么联系。

同其他孩子一样，小冯特也需要朋友来分享属于他自己的喜与悲，获得一些心理上的满足。然而，这种需要由于他很少与镇上其他男孩接触而受到阻碍。只能在与那个弱智同伴的关系中得到一点点的满足，虽然这个同伴是如此依赖他，但是小冯特在更大程度上还是通过自己的幻想来获得满足。他没有告诉我们他幻想的内容，我们也不奇怪，他有保留幻想隐私的权利。然而，他告诉我们幻想通常伴随着他的笔有节奏地上下移动。他多年后曾写信给岳父说："我有抱负而不自负。"[②]这些陈述暗示我们，在幻想中他是积极的而非消极的角色。

二、无味的学校经历

1836年，父亲马克西米利安接到黑德森一个大教区的任命。由于父亲潜心于宗教事业，所以经常无暇顾及小冯特的教育。

---

① Rieber, R. W. (1980). *Wilhelm Wundt and the making of a scientific psychology*. New York: Plenum Press. p. 10.

② Rieber, R. W. (1980). *Wilhelm Wundt and the making of a scientific psychology*. New York: Plenum Press. p. 16.

6岁时，冯特进入文法学校，但由于与其他孩子的隔离和内心的孤独，小冯特不能很好地专心于上课的内容，只沉迷于自己的幻想世界，加上学校这种压抑的氛围也使得他更加退回到自己的思维中，冯特显得有些神情恍惚。有一天他父亲来学校看他，发现他心不在焉的样子，盛怒之下竟当着同学的面煽了他几记耳光。当小冯特从课堂的幻想中惊醒过来，发现父亲正怒视着他。冯特永远也忘不了这件事，可这并没有改变他什么。从这一天起，父亲对于小冯特来说就是一个完全没有爱的父亲了。事实上，后来他做白日梦的习惯明显地干扰了他高中和大学早期的学习。在这些年里，冯特都对学习没有什么兴趣，还是经常性的任意幻想，做白日梦。由于没有其他小朋友一起玩耍，小冯特就找了另一种方式来打发时间——读书。这一时期，父亲的图书馆就成了他消磨时间的好去处，这恰恰帮助了小冯特养成了读书的习惯。从浪漫的再到历史的一系列小说，给予了他无止境的文学灵感，还激发了长期的兴趣。当他10岁时，他便带着自己的理解去翻译莎士比亚的著作。

冯特8岁的时候，父亲患了严重的中风，家庭的艰难对小冯特的早期教育产生了重大的影响。父亲将8岁的冯特托付给其助手弗里德里希·缪勒(Friedrich Müller)，这位助手对年幼的冯特产生了兴趣，并承担了家庭教师的责任，他给冯特布置作业，给他打分，并经常谈论小冯特的表现。缪勒还教了小冯特拉丁文，所以冯特的拉丁文一直学得很好。根据布林曼、布林曼和巴兰斯(W. Bringmann & N. Bringmann & W. D. G. Balance)的研究，"当这个小男孩承受巨大压力的时候，缪勒出现了。当时他的祖父刚刚去世，哥哥离家很远，母亲的时间都用来照顾她的残疾丈夫了"[①]。冯特与这位牧师兼老师的缪勒朝夕相伴，吃住在一起，很少见到父母。这位牧师便成了小冯特最亲密的朋友，小冯特敬爱缪勒超过爱自己的父母。当缪勒调任邻村就职时，小冯特依依不舍，父母只好允许他去与缪勒同住，并继续接受教育。其中最重要的原因可能是冯特在童年期缺乏与同龄小朋友的友谊。但是，小冯特还是喜欢幻想。有时他盯着打开的书，却没有读进去一行字，他偷偷地、无节制地沉溺于自己的"白日梦"。有时，他甚至渴望这位家庭教师离开去处理其他的事情，这样他就可以放纵自己，尽情地活在他所虚拟的世界里。可以说，尽管冯特喜欢这位家庭老师，但是他更喜欢幻想。斯科特说

① Bringmann, W. G. & Bringmann, N. J. & Balance, W. D. G. (1980). Wilhem Maximilian Wundt 1832—1874: The formative years. In: Bringmann, W. G & Tweney, R. D. (Eds.). *Wundt Studies: A centennial collection*. Toronto: C. J. Hogrefe. p. 18.

道："这个男孩用了大量的时间去追随他的思想，这个引导他将注意转向内在生活的习惯，为后来回归到心理学上的兴趣做了基础性的准备。这种白日梦成为一种乐趣，导致了他清醒后，对于周围发生的关于他自己的事情也变得漫不经心。"①

13岁时，冯特进入布鲁沙尔文科中学(Bruchsal gymnasium)学习，这是一所大学预科学校，是为学生准备大学入学考试的学校。对于大多数说德语的欧洲人来说，大学预科学校是招收10岁及10岁以上学生的一种收费中学。大学预科学校按照严格的课程表教学，以使学生为大学学习作好准备。教师具备较高的素质，通常拥有博士学位，并且他们都全身心地投入到教学中去。大学预科学校的声誉依赖于其学生在大学入学的竞争性考试中的成绩。父母安排冯特住在路德维希的阿姨家里，这样，冯特就逐渐地远离家人。但他仍然是一位不长进的白日梦者，学校的老师也常常公开地惩罚他或当着其他同学的面嘲笑他，但这些惩罚并没有起到任何作用。冯特不仅不能适应新的环境，也不能很好地完成学习任务。他是一个胆怯畏缩的少年，他发现在这样的环境中很难与同龄人建立友谊，也得不到情感上的支持。当他遇到挫折和失败的时候，只能独自面对，而这又使情况变得更糟。曾有一次他跑回了家，却仅仅被他决断的母亲再次送回到学校。这一年，他所有成绩都很糟糕，一位很"热心"的老师对他的抱负水平做了这样的评价：他的未来，其中之一是在田间劳动。在布鲁沙尔高中，冯特是彻底失败的，他的生活、学习都很糟糕和痛苦。这里的老师既没有教他足够的智慧，也没有养成他严格遵守纪律的品格。由于在学校难以合格，所以第二年他被转入海德堡文科中学(Heidelberg gymnasium)学习，并与他勤奋的表哥在同一间屋子里一起学习。这一年冯特发生了一些明显的转变，在这里他结识了一些趣味相投的同学，并且获得了友谊，还参加同龄人所期待的一些课外活动。小冯特感到自己获得了重生，慢慢地学会控制住自己走神的毛病，养成了专心读书的习惯。在这里冯特常常幻想着成为一名作家，他对幻想的着迷转变成了他对阅读的激情，有一个老师很看重冯特并且一直鼓励他写作。虽然他欣赏这位特殊的老师，但冯特一直都对教师这一职业持不好的态度。这无疑是因为他在布鲁沙尔高中那一年的痛苦遭遇所造成的。此时的冯特，仍没有表现出特殊的才能，仅属于比较用功、善于思考的一类学生。冯特成绩平平地度过了整个中学时代，此时冯特的学业前景还是暗淡的。戴

① Rieber, R. W. (1980). *Wilhelm Wundt and the making of a scientific psychology*. New York: Plenum Press. p. 11.

蒙德说："冯特的家人——确切地说，是他母亲的家人——确保给了他另一个机会。在13岁时，他和路德维希一起住到了阿姨家，以进入海德堡大学预科学校，并与他勤奋的哥哥在一个房间学习，不允许有做白日梦这样的愚蠢举动。"[①]身边的人给他树立了行为上的榜样，冯特学着控制自己的幻想并且用心去完成作业，不管由于什么原因，冯特目前的状况改善了。他的注意力逐渐指向了外部，这可以由他新发展的交友能力得到证明。尽管冯特认为自己只是一个成绩平平的普通学生，可他的拉丁文、希腊文、希伯来文以及历史都非常出色，他的学业成绩虽然低于预期的标准，但比起原来已有明显提高了。

三、人生的重要转折

1851年，冯特经过了六年中学学习，从海德堡莱休姆(Lyceum)学院毕业并获得大学入学资格后，就面临着一个专业选择的问题，可是冯特不能决定自己的职业。冯特家庭的许多代人都在海德堡大学学习过，很多人包括冯特的外祖父还在学院里工作过，但这些并不总是个人自由的选择。冯特并不喜欢像自己的父亲以及外祖父那样成为一个新教的牧师，他更倾向于选择文学专业，但他也明白其中不确定的因素。当冯特的父亲于1845年去世时，母亲就只能依赖微薄的牧师抚恤金来维持家庭。虽然这个家庭从来不富裕，但是现在的经济压力却更严峻。特别是考虑到他的母亲作为一个牧师的寡妇，靠着极少量的钱来生活，不能提供给他经济支持的事实，就只能将文学上的工作排除在外了。当父亲在小冯特去海德堡上学的第一年去世时，母亲就立即搬到了海德堡，同时冯特便离开阿姨家和母亲住在一起了。此后冯特一直都是靠外祖父阿诺尔德(Arnold)家庭的经济支持，这就意味着，无论他做出什么样的选择，都必须是阿诺尔德家庭委员会可以接受的。冯特不愿意做一个教书的教授，因为学校的环境是他所憎恶的。事实上，他的首要动机是离开海德堡，离开家，离开那个城市，最终成为一个独立的人。但他的学习成绩如此平庸，没有资格进入海德堡大学。这个失败或许会使他的母亲失望，但是，对于冯特来说是个好运气，他私下里感到高兴，这样他就可以进入外地大学。事实上，他的舅舅弗里德里希·阿诺尔德(Friedrich Arnold)，那时已经是杜平根(Tübingen)大学的解剖学和生理学

① Rieber, R. W. (1980). *Wilhelm Wundt and the making of a scientific psychology*. New York: Plenum Press. p. 13.

教授,想到如果自己选择了医学作为职业,那么他很自然就能够在那里开始学习。并且这样一来就给他提供了一个离开母亲、离开家的机会了。尽管杜平根大学在自然科学方面的地位更高一些,但他还是宣称医学是他的意愿。家庭委员会同意了这个决定,条件是他要在最短的 4 年时间内完成学业。

冯特被杜平根大学接受为医学预科生。如果冯特的母亲意识到当他去了杜平根,回来时就已经变为另外一个人,她就不会失望了。冯特和几个亲密的伙伴决定加入一个学生团体,但是他发现小组的成员大多没有什么抱负。当这个团体因为吸引了太多的成员而被解散时,他反而感到很轻松。然后他就加入了另一个团体,不过他很快就收回了自己的心,"屈服于孤独的生活"。一心一意地抓紧解剖学的学习,这是冯特对于文学之外的另一个兴趣。同时,学校里还有舞会,最好的是每周的院系舞会,只对拥有学院邀请函的那些幸运的学生开放,这方面弗里德里希舅舅可以提供一些帮助。那里还有音乐和戏剧.甚至还有已经被禁止的决斗,比在海德堡的时候好玩得多。但在这些活动中,冯特仅仅是作为一名观众参与的。

冯特选修了学校的植物学、化学和生理学课程,在所有的课程中,教师的教学都被不合适的、过时的仪器所阻碍。第一学期的美学课程是他整个学习生涯中唯一学习过的哲学,而在夏季的这一学期没有继续学习这门课程,并不是他没有兴趣,而是冯特对大脑解剖学更加感兴趣。在弗里德里希舅舅的指导下,整个学期他从早到晚都在看书学习,获得了这一领域的很多知识,这也许是他今后职业的决定性转折。并不是因为大脑解剖学在他所感兴趣的生理心理学上的价值,而是因为他在生命中第一次感受到了自己固有的那种说不清的神秘的乐趣。突然间,他变成了勤奋的、似乎不知疲倦的冯特。在未来的几年里发表了大量的作品。也许是对弗里德里希舅舅的效仿,冯特在这学期下决心要将生理学作为他终生的职业兴趣。

在杜平根学习一年后,冯特被海德堡大学接受为医学预科生。冯特在海德堡完成了三年的医学课程。这个改变其一是由于他的费用已经超出了预算,其二是海德堡在自然科学方面的设备要比杜平根好得多;其三是弗里德里希舅舅接受了海德堡的工作,在接下来的二十年中他成为解剖学机构的院长。无论如何,冯特在海德堡,他的舅舅是可以提供帮助的。来海德堡学习的第一年,随着生理学课程、化学及化学实验课程的深入学习,冯特发现数学在物理和化学中起着重要的作用,因此冯特在学习必修课理论和进行实际操作的同时,他还私下花了一些时间补习了数学课程。

冯特与罗伯特·本森(Robert Bunsen)到达海德堡的时间刚好巧合。据说,本森作为一名伟大的老师在于"世界上任何一个区域的学生跟随他学习,最终都在化学世界中留下他们的成就"①。冯特几乎被本森由生理学引向了化学,但是他在这条路上并没有走的太远,仅仅是通过生理学的实验接触了化学的问题。本森和冯特都对限制食盐摄入量对尿液成分的影响感兴趣。由于他们不能找到志愿者愿意消除全部食物中食盐的摄入,冯特就在自己身上进行实验。从此,他继承了在医学研究中持续到今天的自我实验的传统。连续几天,他尽可能少地摄入饮食中的盐,结果弄得自己新陈代谢紊乱,并且在持续一段时间之后对盐的需求增加。冯特的实验获得了成功,他带着无比满意的心情完成了他的第一篇文章,并且在《应用化学杂志》(*Journal of Practical Chemistry*)上发表了这篇描述实验结果的论文。一段时间后,他的文章被卡尔·路德维格(Carl Ludwig)的人类生理学教科书引用。看到其论文在文献中被引用,他获得了非常大的鼓舞,并决定从事学术和研究生涯。

在后来两年的医学学习中,冯特在必修课程的不同领域都进行了医学训练,这需要大量的时间,所以他要压缩他的课程,他选择了相应的课程与临床课程同时进行。他再一次获得了一个实验的机会,研究迷走神经(vagus)在呼吸器官中的作用。依赖于一本教科书的指导,他在母亲的厨房进行了这个实验,让母亲做他的助手,并发表了质量很好的文章。他的秘密行动表明了他想要证明自己,而不是依靠他的舅舅。

1855年的夏天,在离开布鲁沙尔十年之后,冯特通过了该州的相应考试,获得了药品使用权。在他整个的学业生涯中,大学阶段的冯特第一次让自己全身心地投入到了学习中。于是,他三年就完成了医学课程,他从海德堡大学以最优异的学业成绩获得了医学博士学位,而且还参加了为期两周的全国医学委员会考试(state board-certifying exam),在12名考生中名列第一。② 他谦虚地解释道:"这个结果事实上是因为考试是由内科医生而不是大学教授策划的,成功取决于考核的是表面的技能知识和一些药品的历史知识的综合,而不是最近发现的知识。"③

然而,尽管考试的结果证明他已经掌握了大量的书本知识,冯特感到还

---

① Rieber, R. W. (1980). *Wilhelm Wundt and the making of a scientific psychology*. New York: Plenum Press. p. 18.

② Bringmann, W. G., Balance, W. D. G., & Evans, R. B. (1975). Wilhelm Wundt 1832—1920: A brief biographical sketch. *Journal of the Behavioral Sciences*, 11, pp. 287～297.

③ Rieber, R. W. (1980). *Wilhelm Wundt and the making of a scientific psychology*. New York: Plenum Press. p. 20.

没有准备好承担医学操作的责任。如果可能的话，他想获得一个军队医生的职务。但是在调查之后，他发现根本就没有这样的职位存在。

冯特很快发现，他对医学实践并不感兴趣。在学习过程中，冯特发现他对医学的兴趣不如生理学强烈，他对理科课程更感兴趣。当时著名的解剖学家阿诺德(Arnold)教授和病理学家哈塞(Hasse)教授正在海德堡大学执教，他们对冯特的科学素养产生了积极的影响。

冯特于1855年毕业留校教了一年生理学之后，收到当时最负盛名的“实验生理学家之父”约翰内斯·缪勒的邀请信。由于一直向往着成为一名生理学家的缘故，他便前往柏林大学跟随缪勒和埃米尔·杜波伊斯·莱蒙德(Emil Dubois Reymond)研究生理学，并且提高了生理学研究的能力。此后，冯特的研究兴趣又逐渐转向病理解剖学。同年又回到海德堡大学作为哈塞的临床助手专门从事学术研究。1856年，冯特以《炎症引起的变形器官的神经变化》的论文，获得博士学位。

一年后，他回到海德堡，被聘用为拥有教学和研究机会的生理学讲师。这标志着冯特生理学的学术生涯的开始，此后也就是被其学生铁钦纳称作“萧条的十七年”[①]的这段时光。而事实上，尽管困难重重，加上一些不确定因素，这十七年却是冯特成果丰硕的岁月。1857年4月，他开始教授实验生理学并招收到4名学生。尽管报酬很少，但冯特最终发现了适合自己兴趣的工作。他至少避开了进行医疗操作，而且他还可以继续他的生理学研究，这点在他从柏林写给母亲的信中谈到：“我将教书以便可以保留生理学家的身份。”[②]他非常努力地工作，安排了演示实验来补充和证明他的演讲。他下定决心要取得成功，但是，一天早晨，正在授课的他突发大出血，病情一直延续很长时间，这门课程很快由于这次突发事件而中断。由于劳累过度，冯特患上了严重的疾病，甚至有一段时间濒临死亡。冯特感觉到医生对他的康复都不抱希望了，这使冯特感觉到死亡的临近，正如他所说的：一份“完美的平静”导致“他对生命的完全彻底的看法”[③]。客观上，这份平静对他的新观点有深刻的影响。在一定程度上，作为一种感觉在他的主观与客观经验、自我意识与外在世界之间有着密切的联系。这个新观点包括科学的知识与哲

---

① Titchener, E. B. (1921). Wilhelm Wundt. *American Journal of Psychology*, Vol. 32, No. 2. (Apr.) p. 171.

② Rieber, R. W. (1980). *Wilhelm Wundt and the making of a scientific psychology*. New York: Plenum Press. p. 23.

③ Rieber, R. W. (1980). *Wilhelm Wundt and the making of a scientific psychology*. New York: Plenum Press. p. 24.

学的知识是不能分开的。无论是否像冯特所暗示的那样,这些态度都可以从他这次极为痛苦的经历中寻到踪迹,也是冯特后期大部分作品的特征。这时25岁的冯特还不能达到像88岁那样坦然地接受死亡。

为防止旧病复发,冯特调整了自己的生活习惯,使生活更加有规律。在与病痛斗争的一年时间里,冯特并没有放下研究工作。1858年,冯特出版了第一部著作《肌肉运动的学说》(*The Doctrine of muscular movement*),副标题提及的是在作者自身实验基础上的治疗。这对于一个年轻的科学家来说是大胆的一步,毕竟在这个有许多杰出学者工作的领域,他仍然是一个新手。同年,当著名的赫尔姆霍茨来到该校建立生理学研究院的时候,他申请了赫尔姆霍茨生理实验室的一个职位——实验室助手,并得到了这份工作。冯特的任务就是训练学生做肌肉收缩及神经冲动传导测试。他所做的工作进一步激发了自己对生理心理学的兴趣。得到任命后,他担任了六年赫尔姆霍茨的助手。这期间,冯特不仅进行研究,教授医学院的学生,而且他还开设自己的课程。1862年,他教授了一门名为"作为自然科学的心理学"的课程。在这段时间里,冯特的研究兴趣从生理学转向了心理学。

在担任赫尔姆霍茨助手期间,他还写了一本名为《对感官知觉理论的贡献》的著作,出版于1862年。此书是冯特从事心理学研究的处女作,他在导言里宣告了需要建立一门新的学科——实验心理学。他在"导言"中,从观点、方法、学科领域等方面提出了一幅详尽的心理学研究工作蓝图。该书第一次表达了冯特的实验心理学思想,报道了自己的最初实验,呼吁建立一门实验的和社会的心理学,主张"凡心理学都始于内省",而方法则有两种:实验法和历史法。[①]在这本书中,冯特讨论了感官机能,发展了知觉理论,而且根据铁钦纳的说法,概略地提出了一项倾其余生的心理学纲领。该书与费希纳的《心理物理学纲要》(*Elements of psychophysics*)一起被视为新心理学诞生的标志。冯特认为,心理学位于自然科学和社会科学之间,心理学这门新科学有三个主要部分。一个分支是归纳实验科学。冯特阅读过约翰·斯图亚特·穆勒(John Stuart Mill)的著作并对之印象深刻。但是穆勒的方法是一个推究和思考心理生活的哲学家的方法;而冯特的方法则是一个使用实验法研究心理生活的科学家的方法。冯特认为,语言、神话、美学、宗教和社会习俗都是我们的最高级心理过程的反映,因此也就应该成为心理学第二部分研究的主题。但是由于这些过程不能被操纵或控制,因此它们不能用实验来研究。相反,冯特认为,可以通过历史纪录、文献以及凭借自然

① 波林著,高觉敷译:《实验心理学史》,商务印书馆1981年版,第362页。

主义观察法对它们进行研究。冯特将心理学的第三个分支界定为心理学的经验发现与其他科学的整合。科学的形而上学，他如此称呼这一部分，最后会发展成为冯特看做是所有科学的理想目标的东西，即关于宇宙的统一理论。冯特的目标是要把心理学建成一门整合自然科学与社会科学的基础或预备科学。

1863 年，就在他出版第一部著作一年后，多产的冯特出版了另一部重要著作，即两卷本的《人类和动物心理学的讲演录》。正如题目所表明的，这部著作涉及范围非常广泛，用了大约一半的篇幅继续了冯特对民族心理学的论述。冯特报道了许多与实验心理学有关的问题，如人差方程式和反应时实验、心理物理法等。如果说《对感官知觉理论的贡献》一书只是一位青年生理学家对心理学革新的一种设想的话，那么，《人类和动物心理学的讲演录》则是这一设想初具雏形的新心理学体系的著作，是一位"生理学家的未加点缀的心理学"①。

1864 年，冯特辞去了赫尔姆霍茨的助手工作，专心进行自己的研究。离开赫尔姆霍茨的实验室后，冯特继续留在海德堡差不多 10 年。他不再有机会进入赫尔姆霍茨的实验室，因此他就在家里进行研究，收集并自己动手制作必需的仪器，并进行自己的心理学实验。他继续教授实验生理学课程，但他的课程里已经出现越来越多的心理学材料了。1864 年，冯特晋升为副教授，并为学生开设"自然科学的心理学"讲座，后来更名为"生理心理学"讲座。在此期间，冯特开始设想用实验生理学的方法研究心理学的问题，试图把传统的哲学心理学改造成为独立的实验科学。冯特一共在海德堡大学呆了 17 年，这 17 年是冯特逐渐由生理学家转变为心理学家的一个重要阶段。

1865 年至 1874 年是冯特创作非常多的时期。这段时间，从另一个方面来讲也是值得一提的。在冯特 40 岁时，他才用足够长的时间去追一位女郎，经过几年的交往后，与她订婚了。不过，因为经济方面的原因，他们只得推迟婚期，最后于 1872 年，冯特与索菲·莫(Sophie Mau)结婚了。冯特在写给未婚妻索菲·莫的信中，坦诚地评估了自己的事业："一开始研究医药学，后来决定做一个追求理论科学的生理学家。在过去的几年里，我确实有机会拥有一个稳定的学术职业，但我不想去做这些碰巧能让我获得肤浅地位的科学工作，而是像生活中一样倾向于做我感兴趣的事情，这样做都不是

① 李汉松：《西方心理学史》，北京师范大学出版社 1988 年版，第 146 页。

一个正常的世俗聪明人能接受的。"[1]他比以前更加刻苦地工作，长时间撰写他的《生理心理学原理》(*Principles of physiological psychology*)一书，指望这本书能够让他离开海德堡大学。他真的做到了，冯特毫不含蓄地说："本人在此奉献给公众的作品，是想要划出一门科学的界线。"[2]这最值得一提的学术成就《生理心理学原理》的第一卷于1873年出版，第二卷出版于1874年。《生理心理学原理》一书在出版后的37年中先后修订6次，1911年最后一版修订成3大卷，长达2353页。该书是冯特实验心理学思想成熟的标志。他在该书的序言里明确说明了他的目标是"勾画出一个新的科学领域"[3]。冯特的生理心理学就是实验心理学，他用"生理心理学"作为书名，目的在于强调以生理学的实验方法研究心理学的问题，使心理学能成为一门独立的实验科学。该书是心理学史上第一部有系统、成体系的心理科学专著，曾被誉为"心理学的独立宣言书"。费格尔(Herbart Feigl)则将它比作"实验心理学的《圣经》"[4]。

这部著作带给了他所希望拥有的东西，1874年，冯特接受了一项任命，到苏黎世大学担任哲学教授，这时他的学术兴趣已由生理学转向心理学。但不到一年，他就接到了更具有声望的莱比锡大学的邀请，在莱比锡大学得到了更好的教职，于1889年被任命为莱比锡大学的校长。在莱比锡长达40多年的时间里，冯特一直致力于心理学方面的研究和著述工作。

四、莱比锡的学术生涯

莱比锡大学之所以邀请冯特，是因为他在心理学领域日益增长的声誉。在布林曼(W. G. Bringmann)等人看来，莱比锡的校长希望冯特给大学带来声望和认可。校长在给他的一封信中写道："我希望将来有一天，你的到来能被看做是德国哲学，尤其是心理学和认识论的历史上一个新时代的开

---

① Robinson, D. K. (1987). *Wilhelm Wundt and the establishment of experimental psychology, 1875—1914: The context of a new field of scientific research*. Ph. D Of University of California, Berkeley, p. 46.

② 熊哲宏主编：《西方心理学大师的故事》，广西师范大学出版社2006年版，第40页。

③ 舒尔茨著，杨立能等译：《现代心理学史》，人民教育出版社1981年版，第60页。

④ Flugel, J. (1933). *A Hundred Years of Psychology* (1833—1933). New York: Macmillan. p. 178.

始”。①

冯特到莱比锡的初衷是教授实验心理学，但实验设备没有合适的场所存放，他只好先讲授其他课程，冯特在莱比锡开设的第一门课是生理心理学。1876年，莱比锡大学分配给冯特一间孔维克特(Konvikt)大楼房子，存放他从苏黎世带来的演示器材和实验设备，他便开始教授实验心理学。在莱比锡的前四年，冯特平均每个学期要教授两门课程，包括心理学、人类学、逻辑学和方法学、现代哲学史、脑和神经生理学以及宇宙论。同时，冯特还要指导博士学位论文，并进行自己的研究。这期间，他平均每个月都会发表文章或著作——四年总共有88篇，其中包括四本著作。

三年后，孔维克特的房间已经成为了冯特的私人研究院，这就是冯特莱比锡实验室的前身。早期的大部分设备是冯特自己提供的，冯特亲自购买了大量的新型器材，装满了孔维克特建筑中越来越多的房间。冯特的心理学成为一门使用速示器、计时器、电刺激器、钟摆、时钟和感觉映射装置的真正的实验科学，一种“黄铜仪器”的心理学。1879年秋，冯特开始做一些不属于他自己课程的心理学实验，这些独立的实验促使了心理学实验室的建立，从此心理学作为一门独立的实验科学创立了。这个实验室一经建立，就吸引了世界各国的青年学生前来学习。不过直到1883年还没有被认可和列入莱比锡大学的在编目录，直到当冯特示威性地去接受布雷斯劳大学的一个职位时，这个迟到的认可才到来。本杰明·沃尔曼(Benjamin Wolman)曾提出：“建立这个实验室是冯特有勇气的行为。”②因为保守的大学行政人员对此并不热心，同时他必须面对来自同事的反对——他们对心理学作为一门实验科学的合理性提出了质疑，并且坚持认为连续的自我观察会导致年轻人的精神紊乱。尽管有这些反对，冯特的实验室还是在不断扩大，“直到19世纪80年代中期，它已经占有8到10个房间”③。1897年，冯特的心理学研究所迁至一个新的由冯特特地为心理学研究而设计的建筑物中。

冯特意识到有必要创办一种学术杂志，以发表大量来自于他的新实验室的研究成果。已有的生理学或哲学杂志都不太适合发表这些新的研究。

① Bringmann, W. G. & Bringmann, N. J. & Ungerer, G. A. (1980). The establishment of Wundt's laboratory: An archival and documentary study. In: Bringmann, W. G & Tweney, R. D. (Eds.). *Wundt Studies: A centennial collection*. Toronto: C. J. Hogrefe. p. 128.

② Hothersall, D. (2004). *History of psychology* 4th. Boston: McGraw Hill Companies, Inc. p. 121.

③ 比利时心理学家朱利斯—让范·比尔弗利特1891年在冯特实验室里接受培训。1892年他发表了一篇关于自己经历的报道，描述了他所修的课程、研究、他所使用的器材和图书馆。

于是，1881 年，冯特发行了第一本刊物《心理学研究》(*Psychological Studies*)。1884 年，此刊物改名为《哲学研究》(*Philosophical Studies*)。这本杂志是莱比锡实验室研究成果的主要发表阵地，专门用来发表心理学的实验报告，这是实验心理学的第一本杂志。

尽管起步较晚，但冯特的研究延伸到了以后的 40 年，而且前四年的高创作性也预示了接下来的研究前景。乔治·米勒(George Miller)称冯特的才华是"托马斯·爱迪生(Thomas Edison)所描述的百分之一的灵感加百分之九十九的汗水的那种类型"①。在任何历史时期的任何领域，就创作量而言几乎没有哪一个学者是可以和冯特相比的。1875 年至 1920 年，冯特在莱比锡指导了 186 篇博士论文。冯特六次修订了他的巨著《生理心理学原理》，最后一版于 1911 年出版。他还在 1896 年出版了《心理学大纲》(Outlines of psychology)，这是一部通俗简明的心理学读物。在书中，冯特对其心理学体系作了最明确的说明，并第一次在该书中提出了著名的情感三度说，这本书可以说标志着冯特心理学体系的完全确立。如果所有这些还不够，冯特还教授了大班的课程。事实上，安吉尔报告说："大学里没有哪一个报告厅可以容纳'订购'心理学讲座的听众。"②冯特还出版了《心理学导论》(An introduction to psychology，1911)和《民族心理学》(Völkerpsychologie)(10 卷，1900—1920)。冯特晚年的大部分时间都用在他长期感兴趣的民族心理学(社会或文化心理学)上，并在生命的最后 20 年中完成了 10 卷本的《民族心理学》，其成果涵盖了人类学、心理语言学、司法心理学、宗教心理学、人格和社会心理学等领域。冯特从语言、艺术、神话、宗教、社会风俗、法律和道德等方面来研究人类心理发展的各个阶段。在心理学史上，冯特的民族心理学实际发生的影响相对较小，然而它的重要性正越来越被人们所认识和肯定。涉及的主题包括信仰上帝的起源、奖赏和惩罚的复杂性发展、司法制度的发展、婚姻和家庭制度、语言的产生和原始社会等广泛主题。

冯特的其他著作还有《人类生理学教科书》(*Textbook of human physiology*，1865)、《物理学公理及其因果原理的关系》(*The physical axioms and their relation to the principle of causality*，1866)、《医学物理学手册》(*Handbook of medical physics*，1867)等。

可见，冯特的著述十分丰富。据他的女儿统计，冯特一生的著述有 500

① Miller, G. A. (1962). *Psychology: The science of mental life*. New York: Harper & Row. p. 243.

② Angell, F. (1921). Wilhelm Wundt. *American Journal of Psychology*, 32, pp. 161～178.

多种，共 53735 页。从 1853 年到 1920 年即冯特刚 20 岁到他去世的 68 年中以 24836 天为计，他平均每天要写 2.2 页文章；而且是昼夜不停地写，每两分钟写一个字。如果一个人以每天平均阅读 60 页的速度，大约要花 30 个月（两年半）的时间才能读完冯特的著作。

霍尔（G. S. Hall）直率地描述了一个他在莱比锡所遇到的冯特："一个不知疲倦的工作者，我们很少看到他在实验室外面，甚至即使在那儿，他也只花很少的时间和做很少的工作，大部分研究都是在家里的书房中进行的。他动手能力差也给我留下了深刻的印象。"①冯特孜孜不倦地写作，最终成为一位多产的心理学家。鉴于他大量的学术创造，有人可能会顺理成章的推断，冯特肯定是一位社会隐士，但事实并非如此。在创建心理学实验室的前 20 年，他积极参加政治活动。在海德堡，他甚至被推上了议员的席位，从 1866 年到 1869 年冯特都拥有这一席位。他对当时急需解决的社会问题诸如提高教育和工作条件等都非常感兴趣，他的社会议事日程很繁忙。冯特对政治保持着一种强烈的兴趣。在第一次世界大战期间，他还热情地写小册子和文章支持德国的参战，坚持德国是被迫参与这场战争的，因为德国作为一个伟大国家的存在已经受到了威胁。在一份 93 个人签名的支持宣称德国入侵比利时是自卫行动的声明中，冯特也是其中的一员。

虽然他很少旅行，但他和妻子非常喜欢举行招待实验室助手的晚宴或音乐晚会，并喜欢与孩子们在一起。铁钦纳也赞扬冯特是非常大方的，他描述了曾经在莱比锡和冯特一家人共同度过的那个圣诞节。铁钦纳记忆中的冯特是"谦逊的、热忱的、宽容的；从来不滔滔不绝地讲话；时常表现出一种令人愉快的神态，完全是学术性的幽默。当一个人和他一起坐在他自己的书房里时，丝毫没有狮子咆哮般的争论或者科学和哲学权威人士的那种威严"②。

冯特成年后的人格是非常让人感兴趣的，尤其在考虑到他那有问题的、退缩的童年时更是如此。尽管他发生了巨大转变，并且在医学博士课程中取得了成功，但这位年轻的科学家仍然是不适应环境的。事实上，儿童期和成年早期的岁月并没有给冯特的后期发展提供乐观主义投射的基础。冯特早年的困境是否留下了显著的伤疤？答案并不简单。"冯特确实与同事相

① Hall, G. S. (1924). *Life and confessions of a psychologist*. New York: Appleton. p. 206.

② Titchener, E. B. (1921). Wilhelm Wundt. *American Journal of Psychology*, Vol. 32, No. 2. (Apr.) p. 175.

处有困难,而且对批评的反应也非常激烈。"①但是这些负面的特点可以和他的许多积极个性品质扯平。冯特对学生很有耐心,乐于帮助他们。冯特的唯一女博士安娜·伯利讷(Anna Berliner)回忆说:"他是我所见过的最仁慈的和有帮助的主考。"②他真诚地关心学生的进步和成长。卡特尔也曾经在一封信说道:"今天早上冯特教授来看我。他呆了45分钟,并且非常热情,他近来总是那样。他对待我非常好,认为我唤起了他对自己工作中一些错误的注意。"③尽管友好而且温和,但冯特从来不允许学生漠视正式的师生关系。对于花在学生实验室项目和论文上的时间,他从不吝惜。作为一个活泼而有促进作用的教师,讲课时,他不是读现成的讲稿,这吸引了非常多的莱比锡本科生听众,冯特以这种方式教过的大学生超过两万人。他在莱比锡是首先使用幻灯和把演示实验器材带进课堂的教师之一,冯特使用这些演示和实验来补充和支持他的讲演。铁钦纳对冯特的讲课风格作出了如下的描述:"冯特会在最后一分钟准时出现——准时至关重要——穿着一身黑色的衣服,拿着一小札演讲笔记,他咔哒咔哒地沿着走廊边慢慢地走向讲台,这声音听起来就好像他的鞋底是由木头做成的。讲台上是一张用来操作演示器材的长桌子。他做出一些姿势——食指从他的额前掠过,重新调整他的粉笔——然后面对他的观众并且把他的肘放在阅书架上。当他讲课时,他的胳膊和手在上下不停地指着和挥舞着,使用一些神奇的说明性的方法。他的头和身体很少弯曲,仅有手不时地指向前后。他很少翻阅那几张讲演笔记。当下课的钟声敲响时,他停止了讲课,并且微微弯腰,像他进来时那样咔哒咔哒地走出教室。"④

1889年,冯特出任莱比锡大学校长。1902年,由于他的成就和贡献,他被推选为莱比锡市的荣誉市民。然而,在他生命的最后20年里,冯特逐渐从实验心理学这个领域退了出来。1908年,维尔海姆·韦尔斯(Wilhelm Wirth)被任命为莱比锡研究所的共同主管,这使得冯特有时间专心于自己的写作。1917年,冯特从莱比锡大学退休。

---

① Rieber, R. W. (1980). *Wilhelm Wundt and the making of a scientific psychology*. New York: Plenum Press. pp. 3~70.

② Berliner, A. (1971). Letter to Professor F. Wesley of Portland State University. In: Arvidson, R. M. More about Wundt's doctorate students. *American Psychologist*, 26, p. 516.

③ Sokal, M. M. (1981). *An education in psychology: James McKeen Cattell's journal and letters form Germany and England, 1880—1888*. Cambridge, MA: MIT Press. p. 139.

④ Miller, G. A. (1962). *Psychology: The science of mental life*. New York: Harper & Row. pp. 19~20.

1920 年 8 月 31 日，在他 88 岁生日的两周后，冯特安静地离开了人世。但是正如我们看到的，他的许多学生还在继续创建着心理学实验室和心理学系。冯特所创立的这门正式学科已经牢固地植根于全世界的主要大学中。在那个时候，心理学不仅仅是一门实验科学，也是一门初出茅庐的专业学科，它的分支延伸到了教育、工业、军队和临床领域。可以说，冯特对心理学的创立具有里程碑的意义，为了纪念他，德国政府铸造了冯特纪念碑（如图 2-2 所示）。

图 2-2 冯特的纪念碑（位于莱比锡南部公墓）①

1980 年 7 月 6 日至 12 日，第 22 届国际心理学大会在莱比锡的卡尔·马克思大学（即莱比锡大学——笔者注）②召开，大会主题是"纪念冯特创建心理学实验室一百周年"。卡尔·马克思大学设有冯特纪念馆，馆中的冯特档案室陈列着冯特时期使用过的实验仪器③，以及冯特的出版物、信件、手稿和个人纪念物品等。该纪念馆在第 22 届国际心理学大会期间作为重要项

① http://de.wikipedia.org/w/index.php? title=Datei:Wilhelm_Wundt_Gravestone.jpg & filetimestamp=20071010092751.

② 第二次世界大战后德国分为联邦德国和民主德国，莱比锡大学位于民主德国，1953 年至 1991 年间，莱比锡大学曾名为"卡尔·马克思大学"。德国统一后，卡尔·马克思大学又改用原来的校名——莱比锡大学。

③ 莱比锡大学的心理学实验室在第二次世界大战期间毁于炮火，现在冯特档案室陈列的实验仪器只是当时的部分复原物。

目对与会者开放,颇受欢迎和重视。在此次大会上,国际心理科学联合会(简称国际心联,IUPsyS)主席萨默弗里德(A. Summerfield)肯定了冯特建立第一个心理学实验室100周年后在莱比锡大学召开大会的特殊意义。①

我国心理学家陈立率领代表团以中国心理学会的名义参加了这次大会,并做了《威廉·冯特与中国心理学》的报告,这是中国第一次正式参加国际心理学大会。这里尤其值得一提的是,1980年7月6日,国际心联代表大会经过讨论,一致通过中国心理学会作为第44个会员国加入国际心联,这标志着中国心理学从此开始走向世界,并在国际心理学界占有一席之地。

第二节 冯特心理学产生的历史背景

一、社会背景

任何一门学科的创立都不是偶然的,无一例外都有其产生的基础和背景。作为自然科学和社会科学的交叉学科或称边缘学科的心理学,能够于19世纪70年代末期在德国从哲学中分化出来成为一门独立的学科同样也是有其独特的背景。

冯特生活在19世纪30年代至20世纪初期,当时德国比西欧一些国家的发展要晚一些,长期处于分散的封建的落后状态。德国的资本主义直到60年代后才开始有了较快的发展,为了进一步发展工商业与欧洲先进的资本主义国家进行竞争,就迫切要求发展科学和技术。经济发展的要求呼唤了科学的产生与发展,资本主义生产方式更加迫切需求科学的运用。因此,要想发展现代的工业生产,不仅需要有探究大自然物体特性和活动方式的科学,而且还需要有研究人的心理和行为的独立科学。

冯特的心理学是19世纪以来资本主义运动发展的产物,是心理学领域所取得的积极成果。冯特建立的实验心理学正是当时社会发展和生产实践

① 冯特曾是第一届国际心理学大会(1889)的发起人之一,当时大会的发起人有包括赫尔姆霍茨、詹姆斯、高尔顿在内的来自13个不同国家的著名心理学家和相关学科的成员。

迫切需要的产物。

二、哲学背景

从古希腊到19世纪这两千多年的历史里，哲学为心理学的产生提供了必要的条件，它确定了心理学的研究范围，为心理学提供了思想、观点和方法论。心理学是随着近代哲学的发展而产生的，它与哲学有着密切的联系。在西方心理学史上，德国的赫尔巴特第一个宣称心理学是一门科学，而冯特则使心理学从哲学中分化出来成为一门独立的科学。一方面，心理学的发展为哲学揭示心理、意识这种精神现象的本质，如阐明认识过程提供了科学的依据；另一方面，哲学不仅对心理学的发展提供了重要的指导原则和哲学依据，而且决定了现代心理学的发展路线以及具体研究方法和操作技术。心理学百余年的历史也已证明，任何心理学流派都是以一定的哲学为其方法论的基础，要想理解心理学的发展脉络以及一个心理学学派的理论，首先要理解其依托的哲学基础。尤其对冯特的内容心理学的理解更是如此，因为它是心理学从哲学脱胎出来成为独立学科的第一步，是哲学与心理学的分水岭。黎黑(Leahey)曾指出："重要的心理学问题原来是哲学问题，所以，如不理解哲学，特别是认识论，就不可历史地理解心理学。"①

总体而言，冯特的内容心理学的哲学背景是自17世纪以来的欧洲机械主义和经验主义哲学，它有三个渊源，即法国笛卡尔的机械主义和英国洛克、贝克莱和休谟的经验主义以及法国孔德(Auguste Comte，1798—1857)的实证主义。自19世纪开始，以机械主义、经验主义和实证主义为发展线索的被人们称为"科学主义"的哲学思潮，成为一股影响各个学科发展的强大力量。对此，舒尔茨作了具体的描述，他认为，通过笛卡尔，"机械主义哲学传播得如此广泛，从而，迟早要把人的心理只是归结为一架机器。而且对人的心理作这样的解释，这是一件影响深远的事情。"②而"在影响新的科学心理学方面，经验主义所起的主要作用是明显的，因为我们将看到经验主义所强调的这些领域形成了心理学研究对象的基础"③。随后，伴随着实证主义的观察、实验在科学领域的广泛运用，心理学的研究开始使用自然科学中的实验、观察、统计、归纳等方法，为其成为像自然科学那样的科学奠定了基

---

① 黎黑著，刘恩久等译：《心理学史——心理学思想的主要趋势》，上海译文出版社1990年版，第36页。

② 舒尔茨著，杨立能等译：《现代心理学史》，人民教育出版社1981年版，第25页。

③ 舒尔茨著，杨立能等译：《现代心理学史》，人民教育出版社1981年版，第37页。

础。于是,生活在德国古典哲学时期的冯特强调一切知识必须建立在观察和实验的经验事实基础上,应当抛弃关于经验以外的物质与精神何者为第一性的玄学争论,创立了科学心理学的方法和理论,也是符合哲学和历史逻辑的必然结果。

然而,尽管冯特企图举起真正科学的大旗,超越唯物主义与唯心主义,但实质只是把各种哲学加以混合。冯特的心理学不是一个完整严密的思想体系,其中包含了多种多样的诠释与视角。在他的理论体系中,既有英国贝克莱和休谟的唯心主义经验论,又有奥地利马赫和阿芬那留斯的经验批判论;既有荷兰斯宾诺莎和德国莱布尼兹的身心平行论,又有罗马奥古斯丁的内省法;既有法国孔德的哲学实证论,又有德国叔本华和尼采的意志论。

三、科学背景

19 世纪生理学、物理学和生物学的研究成果,为实验心理学的建立及心理学的独立奠定了必要的科学基础,“实验心理学的创立主要得益于实验生理学和心理物理学的帮助”①。

自然科学对心理学的形成和发展的影响是明显而深刻的。从 1879 年冯特的莱比锡实验室算起,现代心理学已走过一百多年的历程。推动心理学迅速发展的重要力量,一方面是如前所述的时代哲学思潮的影响,另一方面则来自于现代自然科学和技术的进步。自然科学与心理学在中世纪以前都属于哲学的范畴,然而心理学从哲学的框架中摆脱出来要比自然科学晚得多,并且自然科学的每一次重大发展总会带来心理学的进步。近代科学在 19 世纪的最大成就是恩格斯所说的三大发现,即能量转换与守恒定律、细胞学说和生物进化论。这些伟大的发现不仅彻底改变了人们对世界的总体看法,而且对心理学最终从哲学的附属变为一门具有独立体系的学科,起到了决定性的推动作用。自然科学和技术不断地为心理学提供自然科学知识和技术手段,并改变着心理学的研究方法。德国的赫尔姆霍茨、缪勒、韦伯和费希纳等人首先将生理学的实验方法与物理学的测量方法和数量原则引入心理学实验,为冯特建立第一个实验室打下了基础。19 世纪末,科学的标志就意味着理论必须建立在观察和实验的基础上,为此,冯特把分析和测验作为心理学的首要任务,从一开始就明确地以自然科学为范例来建立心

① 郭本禹主编:《心理学通史・第四卷・外国心理学流派(上)》,山东教育出版社 2000 年版,第 18 页。

理学体系。正如巴甫洛夫所指出的,现代科学心理学以其是实验的而自豪。这是想告诉人们心理学的原理是建立在精细的、可以重复的实验基础之上的。现代心理学实验是仿效生理学和物理学实验建立的,科学心理学起始标志的说法也是仿效物理学起始标志的说法。科学物理学起始标志是伽俐略引入实验,使用实验证明建立力学理论;生理学同样是诞生早而由严谨的实验支撑的科学。冯特自身所具备的关于物理学的实验理论和生理学的实验经验,是他将实验引入心理学的重要科学背景。1858 年,冯特受聘担任赫尔姆霍茨的助手期间,在生理学实验室对肌肉的痉挛和神经冲动的传导作了标准化的实验。在从事生理学研究的同时,冯特关于心理学应该是独立的实验科学的概念开始形成。经过多年的努力之后,冯特于 1879 年在莱比锡大学建立了世界上第一个心理学实验室。该实验室的建立,是心理学史上的一个里程碑,标志着新心理科学的诞生。

综上所述,19 世纪自然科学的迅猛发展,科学实验方法的长足进步,为冯特内容心理学的创立和心理科学的独立奠定了十分重要的科学基础。冯特心理学的产生和发展有其历史的必然性,而且当时的哲学和科学发展水平也为其提供了现实的可能性。

第三章

冯特的内容心理学体系

冯特在他去世前出版的自传《经历与认识》一书中指出，从他出版第一部心理学著作《对感官知觉理论的贡献》之初，就设想把心理学分成实验的和社会的两部分，并计划把他的前半生贡献给前者的研究，而把后半生贡献于后者的研究。冯特的确恪守这一人生目标，从 30 岁起，花了 38 年时间去研究实验心理学。在他 68 岁时，又用生命的最后 20 年去研究民族心理学。因此，冯特的心理学体系实际上包括两大部分：一是运用实验内省法(method of experimental introspection)，研究个体意识过程的个体心理学，即实验心理学，也被称作生理心理学或内容心理学。值得一提的是，冯特从未给他的心理学体系命名。作为创立者，他所做的仅仅是建立一种不加限定的心理学。"内容心理学"一词并不是冯特本人提出来的，而是由后人提出的。因为冯特强调心理或意识的内容、结构、要素及其组合规律，布伦南将冯特的实验心理学体系称为"内容心理学"①。二是采用分析和研究语言、艺术、神话、宗教、社会习俗、法律和伦理等社会历史产物的方法，研究人类共同生活方面的复杂精神过程的民族心理学，亦称为社会心理学或文化心理学。虽然冯特本人认为他的民族心理学和他的个体心理学同等重要，但实际上，冯特心理学体系的这两大部分一直是彼此孤立的，在他有生之年也未能把它们综合到一个统一的体系之中。波林曾推测："假使冯特的年龄较轻，也许他的《生理心理学原理》能出第七版，并慎重地使这个研究结果(指民族心理学)能与其体系的其余部分协调一致。"②但是，就冯特的心理学体系及其对后来心理学发展的影响而言，他的内容心理学体系占据着更重要的地位。在本章中，我们将主要介绍冯特的内容心理学体系。

---

① Brennan, J. F. *History and systems of psychology*(影印版)，北京大学出版社 2004 年版，第 161 页。

② 波林著，高觉敷译：《实验心理学史》，商务印书馆 1981 年版，第 373 页。

第一节　内容心理学的科学观

一、冯特科学观产生的历史背景

19 世纪以前，西方心理学是思辨的或形而上学的，属于精神哲学的一个分支。到 19 世纪中叶，学术研究的各个方面都为心理学成为独立的科学开辟了道路。在哲学中，已经开始要求用精密的科学方法对人性进行研究。特别是这一时期的经验主义和联想主义哲学，兴趣更是集中在知识的来源和经验的构成等问题上。从早期的哈特莱到后来的费希纳和达尔文，他们都从各自领域出发涉足了心理学的领域，他们为心理学的进步做出了一定贡献。此外，生理学的发展为心理学的成长更是提供了巨大的推动力量。贝尔、缪勒、赫尔姆霍茨的研究工作给心理学提出了需要进一步研究的课题。而韦伯和费希纳关于感觉阈限的研究是一项非常有意义的工作，他们将测量的方法带入心理学，从而开辟了以后心理学实验研究的路径。总之，各学科领域的知识相互补充、相互推动，丰富了心理学的研究内容，为心理学的独立运动铺平了道路。

但是，心理学作为一门将要离开哲学的新学科，其基础还很不牢固。特别是 17、18 世纪以来科学把自然对象分解为个别部分，孤立地对待问题的形而上学方法，到 19 世纪还保留着深刻的影响。1825 年德国的赫尔巴特出版了《科学心理学》一书，首次宣称心理学是一门科学，但他反对实验，认为那是物理学的方法，而认为其基础是形而上学和数学。费希纳把数学方法与实验方法相结合，创立了心理物理学，使实验心理学有了一个开端，却又保留了形而上学。赫尔姆霍茨和韦伯用实验方法对生理心理学做出了重大贡献，但他们缺乏心理学的全局观点。最终，冯特继承了费希纳的心理物理学，而抛弃了他的形而上学，并反对把心理现象还原为生理现象，于 1862 年第一次提出“实验心理学”这一名称，并于 1879 年在莱比锡大学创立第一个正式的心理学实验室，从而使心理学成为一门独立发展的实验科学。

二、心理学与哲学的关系

在心理学与哲学的关系方面，冯特的态度非常明确。首先，他认为心理学不同于哲学，心理学是一门独立的学科。心理学拒绝在任何意义上视心理学的研究依赖于过去形而上学的结论，他甚至宁愿颠倒心理学与哲学的关系，也不同意心理学是建立在哲学基础上这一假设。他拒绝任何形式的思辨心理学，不管它是二元论的还是唯物论的。他反对笛卡尔将精神或心灵作为独立存在的实体这一假设，认为这种做法将违背现代科学。冯特坚持心理学不是形而上学的，所以不能借助形而上学来谋求自己的发展，心理学的发展要远离哲学体系的纠纷。但同时，他也承认心理学在一定程度上受哲学的影响。因为哲学在研究人类的感觉、情感、思维和意志等方面有着悠久的历史，所以心理学的经验研究不能割裂开哲学的历史。在作为经验科学的心理学产生之前，哲学家已经付出各种努力力图解决有关思维的各种问题；并且未分化的哲学为了安排和处理心理生活事实而提出了一些概念和一般观念，这些概念和一般观念已经成为普遍的教育意识，并且一直阻碍着人们对事物的无偏见考察，因而我们有义务描绘我们倡导的观点和立场，并为我们所倡导的观点和立场提供理由。但是心理学毕竟不同于哲学，与哲学相比较，心理学的立场和方法有了很多改变。哲学的立场是思辨的，方法是形而上学的；而心理学的立场是经验的，方法是实验的。冯特认为，心理学应该是一门独立发展的自然科学。他把心理学定义为研究意识并探索控制心灵的独特规律。

尽管冯特主张心理学是不同于哲学的一门独立科学，但是他仍然承认心理学同哲学的历史联系，不主张心理学与哲学彻底分离。我们从一件史实中可以看出冯特的态度。1913 年，德国一些大学的哲学教授联名上书联邦政府，要求把心理学家从哲学系中分离出去。这些哲学教授认为，心理学在经过长期的发展之后，其研究的内容已经脱离哲学的领域，因此，让从事实验的心理学家占有哲学的教席是不恰当的。对这件事，冯特的反应非常强烈。他认为心理学的研究领域虽然相对独立于哲学，但是心理学与哲学之间存在天然的依赖关系，心理学的发展也确实受到哲学的强烈影响。因此心理学与哲学不可割裂，心理学家也不应离开哲学教席。

三、心理学与生理学的关系

在心理学同生理学的关系方面，冯特认为生理学的研究给了心理学很多启示，心理学可运用生理学的研究方法和实验精神。实际上，冯特原本就是一个生理学家，到后来才转向研究心理学。他早在海德堡大学时期就把自己开设的心理学讲座命名为“自然科学的心理学”。在冯特看来，心理学作为一门自然科学，它与生理学的关系最为密切。他后来将其心理学讲座更名为“生理心理学”讲座，把自己的第一部系统心理学著作也命名为《生理心理学原理》。该书想“勾画出一个新的科学领域”，也就是他的实验心理学。冯特认为，从书名中就可以看出两个学科的联系：生理学和心理学合起来就包括生命现象的全部，它们研究一般生命的事实，认为生理学是关于生命的一切，是那些由我们感官知觉到的身体过程；心理学是研究我们意识过程的相互关系。冯特指出：“‘生理心理学’这个名称暗示两个问题：(1) 方法问题，即利用实验；(2) 心物学的补充问题，含有对于心理生活的身体基础的知识。就心理学本身而言，第一个问题比较重要；第二个问题主要是与关于一般生命过程的统一性的哲学问题有关。”①

尽管冯特认为生理学与心理学关系密切，但是我们也不难看出，随着冯特《生理心理学原理》一书的一版再版，冯特关于心理学与生理学之间联结的观点逐渐削弱了，他反对把心理现象还原为生理现象。在最早的译本里，心理学与生理学不仅在方法论上有联结，而且在本质上也有联结。然而在1893年戴蒙德翻译的第四版中，他只保留了方法论的联结。冯特指出，心理学只是应用了生理学的实验方法，但是心理学与生理学还是有区别的，心理学不是生理学的一个分支，尽管可以从神经系统的生理学与解剖学中获得有用的知识，但这绝不是研究心理现象的唯一途径。心理现象有其自身的特性，我们不能从生理活动中发现对心理现象的解释。从后来他对心身关系问题的探讨中我们也可以发现，冯特并没有陷入“生理学化”或“生物还原论”的泥潭，他认为心理过程虽然总是伴随着生理过程，但是心理过程与生理过程是两个独立的因果系列，心理过程并不受生理过程的支配。

① Wundt, W. M. (1907). *Principles of physiological psychology* (I) (Titchener, E. B. Trans.). New York: Macmillan. p. 2.

四、心理学的学科性质

在学科性质问题上，冯特的内容心理学把心理学看做是一门自然科学。他说，只有直接经验的实验研究才是自然科学，其他的都是精神的科学。[①]冯特特别重视实验方法在心理学中的应用，他仿效约翰·穆勒的观点，认为心理学能够通过实验的方法而被带入自然科学的范围，他说："实验乃是自然科学取得决定性进步的源泉，它使我们的科学产生了革命。现在，让我们把实验应用于心理科学吧。"[②]在冯特早期的心理学定义中，没有像他后来所做的那样把心理与意识画上等号。相反，他认为实验的目的是去收集材料，这些资料允许对无意识进行推论。正如他所说："心理学实验是一种主要的方法，它指引着我们从意识和事实，走入那些潜藏于我们漆黑的心底，并为意识生活做准备的历程中。"[③]他认为："实验的根本性质，在于我们能够随意地把一件事情的条件改变，并且假如要得到精密的结果，必须能把这些条件加以从数量测定上的改变。"[④]因此，在自然科学的范围内，观察、比较各种对象，分析各种现象，都少不了实验法。尤其是意识过程比物质现象具有更不稳定的特点，是稍纵即逝的事实，不断在流动、变化。所以，要研究意识过程，实验方法是基本的工具；只有利用这个方法，才能做到科学的内省。

冯特把他的实验心理学看成一门纯科学，但他并不反对甚至支持进行心理学的应用研究。他认为，应用研究应该建立在科学研究的基础之上，在科学的心理学发展成熟之前，不应该重点关注心理学的应用研究。因此，在他的《人类和动物心理学的讲演录》一书中，他既花了大量篇幅论述感觉、知觉的特性，以及诸如感情、意志、联想等心理过程，同时也对变态心理、动物心理[⑤]等应用学科给予了足够的关注。

冯特的功绩在于他把 19 世纪各种自然科学的交叉影响在心理学中体现出来。他认为心理学有权运用物理学与生理学中同样的方法进行研究工

---

① 墨顿·亨特著，李斯译：《心理学的故事》，海南出版社 1999 年版，第 173 页。

② 冯特著，李维等译：《人类与动物心理学论稿》，浙江教育出版社 1997 年版，第 11 页。

③ Graumann, C. (1980). *Experiment, statistics, history: Wundt's first program of psychology*. In: Bringmann, W. G & Tweney, R. D. (Eds.). *Wundt Studies: A centennial collection*. Toronto: C. J. Hogrefe. p. 37.

④ Wundt, W. M. (1907). *Principles of physiological psychology* (I) (Titchener, E. B. Trans.). New York: Macmillan. p. 2.

⑤《人类和动物心理学的讲演录》一书中的第 21 讲、第 22 讲论述了变态心理的有关内容，第 23 讲、第 24 讲、第 27 讲和第 28 讲均涉及到动物心理的有关内容。

作，冯特主要对感觉、知觉、注意、情感、反应时、联想等进行了实验研究。这些仍然是当代实验心理学中的重要研究课题。实验心理学对心理学的发展起了很大的推动作用，在之后很短的时间内，心理学实验室在欧美纷纷建立起来，心理学这一广泛领域也被细分为若干具有明确意义的问题，以精密的方法进行实验研究。从这一点来说，冯特对开辟心理学这门幼年学科的未来方向所起的作用是不容忽视的。

第二节　内容心理学的对象观

一、冯特之前的观点

在古代，科学的发展还处于萌芽状态，人们对自然现象的理解是从常识和传说开始的，对生命现象更缺乏严格的解释。最早的古希腊思想家把心灵划分为若干官能就是这一问题的很好的说明。例如，柏拉图把灵魂看成是由理智、意志、意欲三种官能组成的，三种官能各占身体的一定部位：理智在头部，意志在胸部，意欲在身体下部。而亚里士多德认为灵魂在心脏，把灵魂的功能分为认识功能和动求功能。这种非科学的官能心理学都假设有一种心理实在的存在，并且由于科学发展水平的限制而流传了很久，一直到莱布尼茨、沃尔夫、本尼克（F. E. Beneke）才宣告结束。显然，官能心理学是不能令人满意的，心理学家开始从他们自己的体验出发来探究心理学的对象问题，认为心理学的对象是描述和说明个体的经验。经验本是主观的东西，要描述它便出现了一个问题，就是当我们观察自然现象的时候，如在看颜色和听声音的同时，自己也意识到自己是在看和听，而我们是怎样体验到自己的知觉活动的呢？早期哲学心理学家如柏拉图曾经假设感官具有一种体验感官本身活动的能力，并把它称作"认识的认识"，而亚里士多德则把它称为各种感官所共有的共同感觉。于是在心理学中就提出一个新问题，即内部知觉的问题。如果说内部知觉就是体验自己心理活动的能力，那么这是对心理活动的事实的描述。但是到17、18世纪，英国的经验论心理学因分裂而走上两条不同的道路。首先是培根和霍布斯认为心理就是经验，经验起源于感官对外界的认识，这是唯物主义经验论。几乎在同一时期出现另一种倾向，这种倾向是把内部知觉看成是经验的独立来源，其代表人物有笛卡尔、洛克、沃尔夫等。此后经验的内外两方面被对立起来，并且获得两个不同的名称。感官对外界的认识叫做外在经验，而经由内部知觉所获得的经验叫做内在经验。后来的贝克莱和休谟则将感官知觉的经验方面完全抹杀掉，而只片面强调内在经验，他们同培根、霍布斯不同，走向完全相反的道路，摒弃了关于外物客观属性，甚至于否认外物之存在。因此，他们的哲学是唯心主义经验论。

二、内容心理学的研究对象

冯特竭力反对把内在经验和外在经验对立起来，理由是主观方面和客观方面是统一在经验之中的。他认为"把心理学看成是内在经验的科学"这一定义是错误的，正如他所说的"任何自然现象，从另一个观点来看，都可以变成心理学的对象。一块石头、一棵植物、一个声音、一条光线，当作为自然现象来对待时，便是矿物学、植物学、物理学等科学的对象。然而这些自然现象同时又都是观念，所以也是心理学的对象"。[①] 冯特认为，科学的而不是"形而上学"的心理学应该是一门经验科学。心理学与其他自然科学一样，都是以经验作为自己的研究对象，只是它们的出发点各不相同。冯特指出："在自然科学和心理学内，我们所研究的经验现象只是以不同的观点来考察同一经验的现象。在自然科学内我们把经验看成是客观现象的相互联系，由于抽去了知觉着的主体，它也就被看成了间接的经验；而在心理学内，我们则把经验看做直接的和非派生的。"[②]换句话说，冯特认为，一切科学都是研究经验的，不同之处在于心理学研究直接经验，而其他科学研究间接经验。他认为，经验包括经验的主体（或自身）和经验的客体（或对象）两个因素。从经验的主体来看，感觉、感情、意志等心理过程是主体直接经验到的，属于直接经验（immediate experience），即所给予我们的内容，这是心理学的研究对象。而从经验的客体来看，人对外部世界的经验是通过间接经验推论而认知的，是间接经验（mediate experience），即我们对这种内容的理解，

---

① Wundt, W. M. (1907). *Outlines of psychology* (Judd, C. H. Trans.). St Clair Shores, MI: Scholarly Press. p. 2.

② Wundt, W. M. (1907). *Outlines of psychology* (Judd, C. H. Trans.). St Clair Shores, MI: Scholarly Press. p. 36.

它是自然科学的对象。例如对于"光"这一经验来说,心理学研究的是人对光的感觉,而物理学研究的是光的粒子、波动和波长等。可见,冯特把经验分为两个因素,即所给予我们的内容和我们对这种内容的理解。前者被他称为经验的对象,后者被他称为经验的主体。为了更清晰地理解冯特对直接经验与间接经验的区分。再举一个我们熟悉的例子:当你看到窗外的温度计上的读数是$-15℃$,你并没有直接经验气温现象,但是你知道外面很寒冷。更确切地说,气温是通过一个科学仪器测量出来的,这是间接经验。另一方面,假使你不穿外套走到室外,你对寒冷就有了直接经验,这是一个直接的意识经验。也就是说,没有温度计居于你和天气的中间,你正亲身感受着它。对于冯特来说,他的实验心理学的研究对象正是这种直接意识经验。正如冯特所说:"自然科学的观点,就它必须从每一种实际经验所包含的主观因素中进行抽象的作用,才有实现的可能这一点来说,也可以称之为间接经验的观点;而心理学的观点,由于它有意地排除这种抽象的作用和一切由此所产生的后果,则可以称之为直接经验的观点。"①在冯特看来,心理学正是采取直接经验的观点,对经验本身进行直接如实的研究和描述,因此,他把心理学界定为直接经验的科学。

冯特把心理学的研究对象和自然科学的研究对象统一起来,认为两者都是研究经验。这种看法否定了旧的哲学心理学历来把灵魂作为自己研究对象的观点,克服了过去"心理官能"和"心理实质"的错误概念,也使得冯特把心理学从旧哲学思辨中摆脱出来,加入科学行列,从而推动了心理学的独立和进步。但是,冯特认为一切科学都以经验为研究对象,把物理学研究的经验对象和心理学研究的经验本身混为一谈,抹杀了心物之间的界限,这又走向了主观唯心主义的道路。譬如冯特强调物理科学的对象是"从经验着的主体身上抽象出来以后的经验内容"②,事实上,如果科学都是以人的经验为对象,这就意味着科学对象都是由人的直接经验推论出来的东西,而客观的现实事物都不复存在,且整个物质世界都化归为经验了,这显然是主观唯心主义的观点。他主张心理学是一门经验的而非描述的科学,认为意识是个体心理事实组织起来的复合体,除了经验过程之外不包含其他的东西。用冯特自己的意思来说,心理活动是"实际"的,具有自身独立的价值,应按原来实际的样子去考察,而不必另外假定心理实质的存在。按照冯特的说法,

---

① Wundt, W. M. (1907). *Outlines of psychology* (Judd, C. H. Trans.). St Clair Shores, MI: Scholarly Press. pp. 1~2.

② Wundt, W. M. (1907). *Outlines of psychology* (Judd, C. H. Trans.). St Clair Shores, MI: Scholarly Press. p. 2.

心理过程既然不依靠客观对象,那么只能是先验的存在,心理学的任务是对经验的先验"直接现实"的观察、解释和分析,这与布伦塔诺提出的"心理学是关于心理现象的科学"的提法完全相反,这也正是他们二人的根本分歧所在。

第三节 内容心理学的方法论

一、冯特心理学方法论的提出

从前面的论述,我们已经看到,既然有一种精神脱离物质而存在,那么就必然有一种认识这种精神的独特方法。内省法就是这样一种方法,它是从内部知觉和外部知觉对立起来后,把内部知觉看做是获得知识的独立方法而发展起来的。正如其他科学一样,纯粹思辨的观点在心理学研究中同样是站不住脚的,因为一旦我们站在经验的立场上,我们就必须从对心灵自身的直接考察来开始我们的研究,而不是探讨那些主要涉及客体的经验。实际上传统哲学心理学所使用的内省法从来没有给心理学带来真正的成果和进步,它像一个阴影似的跟踪着心理学的发展,使心理学不能踏上科学的康庄大道。而自然科学的发展则大大不同,在17、18世纪实验科学取得了空前的成就,英国的工业革命即是这一方法推行的产物。实验是推进自然科学取得进步和科学观革命的源泉,当时的哲学家、科学家没有一个不是实验家。而德国这时候却把注意力集中在精神活动方面,学者们沉溺于康德和黑格尔的哲学中,只思索精神和物质的关系。直到19世纪中叶,德国的自然科学才有了惊人的发展,尤其是生理学方面的进步,使得德国一跃而居于其他国家之上。于是德国的精神哲学和自然科学就孕育出感官生理学和心理物理学这对孪生混血儿,就如冯特所说,费希纳在心理物理学方面的工作"是自然科学和精神科学联结在一起的路途上的巨大里程碑。"①因此,感官生理学和心理物理学栽种下实验心理学的种子,实验方法通过这两门科

① 荆其诚:《冯特和铁钦纳的构造心理学派的理论基础》,科学出版社1958年版,第18页。

学的媒介而移植到心理学中来。

在这种历史条件下，冯特被迅速发展的自然科学惊醒，开始感觉到传统心理学有改革的必要。自然科学的榜样作用促使他把心理学从空想引向脚踏实地的科学研究。心理学和物理学以及其他自然科学一样都是研究经验，因而心理学也可以借鉴物理学和其他自然科学的研究方法，把心理学和自然科学在方法上统一起来，以使心理学真正成为自然科学的一个独立分支。冯特认为心理学必须借鉴自然科学的实验方法，因为传统哲学心理学所使用的内省法是不充分的、不可靠的和主观性的，经常使人误入歧途。在1882年的《实验心理学的任务》一文中，冯特曾把传统的内省主义比作德国民间故事中的喜剧人物巴伦·封慕西豪森(Baron von Munchhausen)。封慕西豪森掉进泥沙里以后，试图通过抓住自己的头发而跳出泥沙，冯特以此来讽刺传统内省法对心理学毫无帮助。在1883年的《论心理学的方法》一文中，冯特也详细讨论了内省作为一种研究方法的各种弊端。冯特承认意识的科学只能建立在客观的、可以重复的结果之上，而这个结果的获得过程又必须符合可以复制和系统变化的标准化条件。冯特区别了纯内省和实验内省，前者是为早期哲学家所运用的、比较缺乏组织的自我观察，后者是他相信的、具有科学价值的自我观察。正如希尔加德(E. R. Hilgard)所说："实验内省运用实验室仪器来改变条件，并因此使得内部知觉的结果更精确，就像在费希纳率先做的心理物理实验或在赫尔姆霍茨的感知觉实验中一样。在大多数例子中，所需要做的就是说'是'或'否'，不需要对内部事件作任何的描述。有时，被试是通过按一个信号键进行反应的。最终目标是使以内部知觉形式的内省就像外部知觉一样精确。"[①]因此，冯特所称的内省与自苏格拉底到休谟以来的哲学家们的内省有很大不同，它由对他们的思想和感觉的思考构成。冯特的内省是准确的、有限制的和受控制的，它限制于冯特称作灵魂生命"要素"的东西——由声音、光线、颜色和其他刺激引发的直接和简单的感知及感情。实验者提供这些刺激，并观察受试者的视觉反应，当受试者集中注意力到感觉和感情上时，刺激会在他身上形成。

二、内容心理学的研究方法

尽管冯特不赞同传统的经验内省，但是由于他的二元论观点，他又认为

① Hilgard, E. R. (1987). *Psychology in America: A historical survey*. Orlando, FL: Harcourt Brace Jovanovich. p. 44.

心理学不能完全抛弃内省法，因为个人的直接经验只能为自己所察觉，只有通过个人对自己的心理活动的自我观察（self-observation）才能接近直接经验。冯特曾在1862年宣称“自然观察法”是研究心理现象的唯一方法。[①] 在《逻辑学》一书中他又说：“一切心理学都是基于自我观察的。”[②]1887年，他把心理学分为两种：第一种是完全以内部知觉（internal perception）为依据的主观心理学；第二种是客观心理学，它的方法是在客观方法辅助下实行内部知觉。客观心理学包括实验心理学（即生理心理学），它的方法是在实验控制条件下进行内部知觉。[③] 从中可以看出，冯特早已为心理学立下一个法则，那就是心理学是内省的，内省法是心理学特有的研究方法。他认为，所谓内省法（introspection）就是通过个体对自己内心活动进行观察、体验和陈述来研究其心理活动的方法。丹齐格（K. Danziger）认为，自我观察和内部知觉这两个术语多年来由于都被译为内省，因此两者之间的界限一直是模糊不清的。但实际上冯特将心理观察的这两种方法作了严格区分。他认为，内部知觉涉及的是前科学的空想、主观、内省等方法，如同笛卡尔和洛克所实施的方法。这种内省是由任意的、无控制的方法来实现的，它对科学心理学不会产生有用的结果。而实验的自我观察被认为是科学的内省形式。在这种内省形式里，被试被置于标准的、可以重复的情境之中，并要求用简单的、确定的回答来作出反应。

但是冯特又认为传统的内省法不科学，它所得来的材料不可靠。因为心理现象稍纵即逝，不易把握，因此无法对它加以精确观察。在他看来，内省法只有与实验法结合起来，称为实验的内省或实验的自我观察，才是科学的和可靠的。第一，可以造成外部情况，使一个有确定性的心理过程在一定的时刻发生；第二，可以使观察者控制一般情况，做到陪伴这个过程的意识状态几乎不变。因此，冯特毅然伸出左手从自然科学中取过实验的方法，并插上生理心理学和实验心理学的旗帜，而同时用右手紧紧握住传统的内省法，主张把实验法和内省法结合起来，以实验条件控制内省，即在实验控制的条件下观察自我的心理过程，以消除主观内省所带来的不利影响，增强了心理学研究的科学性。由于实验内省需要严格控制，因此冯特为实施实验内省法制定了几条规则：第一，要让被试了解自我观察开始的时间，以便使被试做好一定的心理准备；第二，观察自我的过程开始以后，被试必须集中

① 荆其诚：《冯特和铁钦纳的构造心理学派的理论基础》，科学出版社1958年版，第20页。

② 荆其诚：《冯特和铁钦纳的构造心理学派的理论基础》，科学出版社1958年版，第20页。

③ Wundt, W. M. (1907). *Principles of physiological psychology* (I) (Titchener, E. B. Trans.). New York: Macmillan. p. 5.

注意于内部的心理活动，避免各种无关刺激的影响；第三，必须控制实验条件，使自我观察的过程能重复进行以便于验证；第四，经常变换刺激条件，如增加或减少刺激，或调整刺激的强度，以便被试能把刺激和自己的心理过程分离开来。

即便为实验内省法制定了严格的规则，冯特还是清醒地意识到实验内省法的不足，因为在自我观察的过程中，观察者观察的是自己的经验，观察者与观察物是混淆在一起的。冯特的观察并不仅仅依赖被试对自我观察所作的报告，为了做到观察者与观察物的分离，他还利用各种客观实验技术记录被试的反应，在这一原则的指导下，冯特搜集了示波器、速示器、测时仪等工具，这些工具构成了冯特实验研究的基础。事实上，冯特实验室里的大部分实验都包括反应时、词语联想这类测量。丹齐格研究了冯特实验室1883年至1903年间的将近180份实验报告，发现只有四篇文章属于纯内省的报告。并且冯特批评了没有使用实验内省法的4人中的2人。因此冯特式的研究者们无论何时使用内省法，他们都会为训练有素的观察者呈现严格控制的感觉事件，并要求他们描述自己的心理经验。为了获得有效的内省，他们坚决执行某些规则。观察者必须是“情境的控制者”，也就是处于一种“紧张注意”的状态，知道刺激何时会被呈现和观察应何时做出。所有的观察都会重复许多次。最后，实验条件会被有规则地改变以便对心理内容做出全面的描述。

冯特认为在心理学研究中，只有那些直接受到物理过程影响的心理现象才能成为实验的对象。我们并不能对心灵本身进行实验，而是对心灵的外部工作、感觉器官和从机能上与心理过程相关的运动进行实验。从某种意义上说，每一个心理实验同时也是一个生理实验，因为感觉、观念和意志的心理过程总是与相关的物理过程相伴随，但这绝不是否认心理学方法的实验特性。

总之，冯特的历史功绩之一就是把生理学和心理物理学的一套实验方法引入心理学，把传统的经验性内省改造为实验性内省，即在实验条件下进行内省，特别是注重利用各类仪器和工具等客观实验技术，来获取有关受试者有意识的内心反应的计量信息。这使得心理学的研究方法获得明显的进展，也使心理学走上新纪元，成为一门独立的实验科学。冯特将感官生理学和心理物理学的方法吸收到心理学中来并将其充分发展。实验仪器第一次在心理学书籍中被系统而全面地介绍，甚至对每件仪器的历史和构造、实验设计，以及实验结果的处理都作了详细的说明，这些著作因此成为今后实验手册的典范。在这样的基础上，实验者可以有计划地控制和改变客观条件，产生和变化所要观察的心理活动，从而探讨心理过程发展变化的规律。但是实验内省也有其局限性，首先，冯特将实验内省局限于个人经验，主观性大，难以得到相互印证的结果，因而引起内省派内部不断的争论。其次，冯特只把实验内省限制在简单心理现象的研究，如感知觉、联想和反应时间的实验研究上，而反对把实验内省用于复杂的心理过程，如记忆、思维等课题。这不但显示出实验内省法的极大局限性，也引起了冯特的同时代人以及他的学生对他的不满，以至于在学术上分道扬镳了。第三，冯特的实验内省只要求被试分析和描述心理元素的强度、性质，而抛开所观察心理的客观刺激和实际意义，因而这种内省令人感到枯燥、不习惯和难以做到，必须经过专门的训练。

其实，各门科学的方法论原则是一致的，不同科学所采用的不同方法是由各种科学的对象的特点所决定的。心理学的对象的特点在于意识生活的主观性。科学心理学的方法本着客体与主体之间的因果关系，变化作为原因的客观条件，观察作为结果的反应过程，也就是在承认了心理的物质制约性前提时，才能达到对心理学对象本质的客观分析。冯特肯定直接经验的先验存在而拒绝客观的东西，但是在进行实验研究时又不能避免客观的东西，因而必然会产生矛盾和混乱。冯特的实验工作是这样进行的：在实验中，所控制和改变的是外在条件，被试报告自己对外在刺激的体验，主试所了解的是被试对外界的反应过程。而这种做法与内省法的理论原则是相违背的。因为内省法是要求向内观察，而不是对刺激物的观察。因此在某种意义上说，冯特在实验工作中所做的贡献，所积累的事实材料恰恰是由于违背自己的理论原则而达成的。

第四节　内容心理学的任务论

18、19世纪，科学中广泛采用将物体分解为单元，对物体的构造进行孤立的描述和分类的方法，特别是化学元素的发现轰动了整个科学界。这时候，德国学者微尔和的细胞学说也和化学元素分析的思想相呼应，更助长了复杂事物可以分解为少数单元的看法。在以后的一个阶段内，许多伟大的科学发现,特别是能量守恒和生物进化的发现,以及从细胞中看出生物界的联系,恢复了世界的完整面貌。可想而知,这种由分析方法而取得的灿烂成就对正在争取独立的心理学是多么大的诱惑和鼓励。

尤其冯特在早年也曾从事过化学研究的工作,因此他用化学的观点来对待心理学的任务问题也就不足为奇了。冯特认为,"实验方法是为了分析更简单的心理过程"①,心理学作为研究心理、意识事实的一门经验科学,就应像自然科学那样,其任务就在于分析出心理或意识的元素,并确定由它们构成的复合观念的原理与规律。他早先在《心理学大纲》(1896)中,将心理学研究概括为需要依次加以解决的三个问题:"(1) 分析复合的过程,(2) 弄清由分析得出的元素所产生的结合,(3) 探索在这种结合的形成中起作用的规律。"②后来他在《心理学导论》(1911)中又表达了同样的看法:"心理学的全部任务可以概括为两个问题:(1) 意识的元素是什么?(2) 这些元素所产生的结合是什么以及支配这些结合的规律是什么?"③

一、心理元素的分析

冯特认为,一切心理经验的内容都具有一种复合性的特征,因此,作为研究"直接经验科学"的心理学,首要的任务是把经验内容分析为不可再分的、绝对简单的心理元素(psychical element)。正如他所说:"所有心理经验的内容都是具有复合的特性的。因此心理元素亦即心理事件的绝对简单和不可分解的心理现象的组成成分,乃是分析和抽象的产物。"④这里的抽象是指这种元素在不同的方面都具有真正的一致性。他认为心理复合体是心理元素的联合,而心理元素是最终不可再分的心理结构单位。他举例说,假设一种元素 a,在一种情况下联系于元素 b、c、d;在另一种情况下联系于 b′、c′、d′,那么,我们仍然能从所有的其他元素中抽象出这种元素 a,因为它总是一

① Wundt, W. M. (1907). *Outlines of psychology* (Judd, C. H. Trans.). St Clair Shores, MI: Scholarly Press. p. 27.

② Wundt, W. M. (1907). *Outlines of psychology* (Judd, C. H. Trans.). St Clair Shores, MI: Scholarly Press. p. 28.

③ Wundt, W. M. (1973). *An introduction to psychology* (Pintner, R. Trans.). New York: Arno Press. p. 44.

④ Wundt, W. M. (1907). *Outlines of psychology* (Judd, C. H. Trans.). St Clair Shores, MI: Scholarly Press. p. 31.

致的。[①] 冯特通过实验内省的分析,发现最基本的心理元素有两个,即感觉元素(sensational element)与感情元素(affective element)或简单的情感(simple feeling)。只要感觉器官受到刺激并且产生的冲动到达大脑,感觉就产生了。因此,他认为感觉是心理元素的基本单位,是直接经验的客观方面,它是由外部刺激作用于我们的感官所产生的客观元素;感情或简单的情感则是直接经验的主观方面,它伴随感觉这一客观元素而产生,是客观元素的主观补充。因此,感情并非像感觉那样同外部世界发生关系,它仅仅是感觉的伴随物。这正是感觉与感情的区别所在。冯特强调感情的主观性是正确的,但他因此而割断感情同外在世界的联系,则又变成主观唯心主义的观点了。冯特认为,感觉与感情除了具有区别性,也是相互联系的,简单的情感是伴随着感觉而产生的。如吃糖,我们不仅感觉到甜,同时也会产生愉快之感。此外感觉与感情都具有强度(intension)和性质(quality)两种属性。他说:"感觉和简单的情感既有共同的特性,也有特殊的区别。共同的特性是每一种元素都具有两个决定性的项目:性质和强度。每一种简单的感觉,每一种简单的情感,都具有一定性质的属性,可是这种性质的属性永远是和一定的强度并存着的。"[②]并且他认为按照性质属性,我们可以把每种简单的感觉、情感从所有的其他感觉和情感中区别开来。例如,把感觉区分为温觉、冷觉、光觉(如蓝色、灰色、黄色)、触觉等,把感情区分为严肃、愉快、悲哀、忧郁、阴沉等。每种心理元素的不同性质构成性质系统(systems of quality)。按照强度属性,每种心理元素都可以根据相应的大小观念来表示,如微弱、强烈、相当强烈、非常强烈等。总之,他认为每种心理元素的不同强度构成一种维度上的连续体,连续体上的两个极端,我们称之为最小感觉和最大感觉或最小情感和最大情感。后来他又补充说,有时候除了性质和强度外,人们还区分出鲜明或不鲜明,以及清晰或不清晰。

二、心理元素的结合

冯特认为,尽管任何心理现象都可以分析为元素,但纯粹的心理元素也是没有意义的。例如,黑只是黑,白只是白,单凭感觉不能知道黑、白为何物。因此,任何复杂的心理现象都是由心理元素结合而成的,他把由简单的

---

① Wundt, W. M. (1907). *Outlines of psychology* (Judd, C. H. Trans.). St Clair Shores, MI: Scholarly Press. p. 32.

② Wundt, W. M. (1907). *Outlines of psychology* (Judd, C. H. Trans.). St Clair Shores, MI: Scholarly Press. pp. 36～37.

心理元素结合的产物称为心理复合体(psychical compounds)。他指出:“所谓的心理复合体是指我们的直接经验的每一种复合性的成分。这些成分按照其自身的特性区别于这种经验的其他内容。在这种意义上说,心理复合体被理解为相对独立的单元。当它有实际需要时,它就被指定为一个特殊的名称。一般的心理复合体如观念、情绪、意志等,特殊的心理复合体如视觉、观念、愉快、愤怒、希望等。”①他认为,心理复合体是由纯粹的感觉、简单的情感或感觉与感情的联合所组成的,但是心理复合体的特性并不局限于组成它们心理元素的属性。正如他所说:“由于实际的心理经验的内容,总是由感觉元素和感情元素的多种多样的结合所构成的,因此个别的心理过程的独特性质,在极大程度上绝不是取决于那些元素的特性,而是取决于它们形成的复杂的心理复合体的结合情况。”他进而举例说:“一种空间观念、一种音韵、一种情绪、一种意志过程,都是心理经验的一些独特形式,绝对不是从感觉元素和感情元素就能够加以了解的。一种心理的复合体在这一方面特别类似于一种化学的化合物。……由此可见,心理过程的独特性和元素的性质完全是不同的概念。每一种心理元素都是一种独特的经验内容,可是每一种独特的内容并不同时都是一种心理元素。例如,空间观念、时间观念、情绪、意志动作,都是独特的过程,但却并非元素性的过程。”②从他的论述中我们可以清晰地看出冯特“心理化学”的基本观点。简单来说,冯特认为心理复合体的特性不是各种心理元素的属性的简单相加,而表现出其自身的新特性。例如,一个视觉的观念,不仅含有光感觉的属性,其中还包括了眼球的位置感觉及运动感觉的属性,而且额外还含有各种感觉的特殊空间秩序的特性,而这一特性却并不是包含于各种感觉的本身之内的。同样,一个意志过程不仅是由从各个动作所分解出来的观念和感情所组成的,而且是由这些动作的组合所产生的那些为这一意志过程所独有的新特性所组成的。总之,冯特把他所谓的“心理复合体”比作化学的化合物来加以理解。简而言之,心理复合体就是由心理元素的化合物所产生的具有独特的新特性,并且作为直接经验的相对独立单元的复合性心理成分。冯特认为,心理复合体的分类,在性质上是以组成它们的元素为依据的。凡是完全或主要由感觉所组成的复合体,如外部客体的表象(image),我们称之为观念(ideas);凡是完全或主要由感情所组成的复合体,如我们的心灵对这些观念

---

① Wundt, W. M. (1907). *Outlines of psychology* (Judd, C. H. Trans.). St Clair Shores, MI: Scholarly Press. p. 100.

② Wundt, W. M. (1907). *Outlines of psychology* (Judd, C. H. Trans.). St Clair Shores, MI: Scholarly Press. pp. 35～36.

的愉快或痛苦的反应，我们称之为感情(feeling)或感情过程(affective processes)；还有其他一些部分，我们称之为努力(efforts)或冲动(impulses)、意志(volition)等。冯特把完全或优先由感觉所组成的心理复合体，一律称之为观念。他所谓的“观念”和当时的许多心理学家所讲的“观念”有很大的不同。他认为当时有许多心理学家把“观念”一词仅用以表示那种并非直接起因于外在印象的复合体，也就是仅用以表示所谓的“记忆的表象”。至于那些由外在感官印象形成的观念，他们通常却用“知觉”一词来表示。在冯特看来，实际上这种区别在心理学方面是毫无必要的，因为在记忆观念和所谓的感官知觉之间并没有任何确切的差别。① 他认为观念一词能完善地表明所有心理复合体的本质特征。他举例说，绿色或红色、白色或黑色，都只能被称作视的感觉，而一个绿色的平面或一个黑色的物体，则被称作视觉的观念。可见，冯特把知觉之类的认识过程也都包括在观念的范畴之内。冯特把观念理解为某种心理状态或心理过程，这种心理状态或心理过程来源于外在于我们自身的东西，外在性可以理解为来源于直接呈现的对象，或者指过去直接呈现给我们的对象，甚至这也可以指仅仅是一个可能的，但实际上并不存在的对象。因此，观念主要包括：(1) 感知觉，它依赖于对感觉器官的直接刺激；(2) 对这些感知觉的记忆；(3) 想象，无论它们属于什么类型的表象。②

冯特把观念分为两种主要的形式：集中的(intensive)观念和延展的(extensive)观念。他认为集中的观念就是那些可能随意加以排列的感觉元素的结合体；反之，凡是由次序固定的各个部分所组成的观念就是延展的观念。他认为空间观念和时间观念都属于延展的观念。因为“它们的各个部分并不是按照随意可加以变换的方式，而是按照一种固定不移的次序彼此结合起来的，因此，只要这种次序在人们的思想中发生了变异，这个观念本身也就会随着发生变异”。③ 同样，他也把感情区分为“集中的”和“延展的”两大类。他认为：“所谓集中的情感，乃是指那种由一个观念的感觉元素的性质特性的关系所引起的情感；所谓延展的情感，则是指那种由元素的空间

① Wundt, W. M. (1973). *An introduction to psychology* (Pintner, R. Trans.). New York: Arno Press. p. 45.

② 冯特著，叶浩生等译：《人类与动物心理学讲义》，陕西人民出版社 2003 年版，第 32 页。

③ Wundt, W. M. (1907). *Outlines of psychology* (Judd, C. H. Trans.). St Clair Shores, MI: Scholarly Press. p. 122.

次序或时间次序所引起的情感。"[1]同时他指出,"集中的"和"延展的"这两个术语,都不是指情感本身的特性,而是指它们发生的条件。他举例说,由颜色的混合和声音的混合所引起来的情感属于集中的情感,而形式的情感和韵律的情感都属于延展的情感。因此,在心理复合体的分类方面,冯特也将其分为集中的和延展的两类。在冯特看来,凡是不依赖于组织成分排列次序的变异而发生变异的心理复合体,就是集中的心理复合体;反之,凡是随着组织成分的变异而发生变异的心理复合体,就是延展的心理复合体。

冯特指出,我们已经知道观念来源于正常发展过程中的各种感觉,且两者都有一个共同的目标,即对外部世界的了解。但心理生活中还有另外一些非常重要的方面,这些没有包含在观念过程中的现象可以概括为感情和意志。感情和意志总是伴随我们的感觉和观念,它们决定着我们的活动,而且正是由于它们的存在,我们的整个心理生活才具有了其偏见和个性的烙印。[2] 同时,冯特也指出,从严格意义上说,并没有纯粹的观念过程或纯粹的感情过程。我们只能在一定程度上将心理复合体抽象为观念的成分或感情的成分。[3]

各种心理复合体既然是由心理元素结合而成的,那么它们又是怎样结合成为复杂的心理复合体的呢?冯特主要用联想、统觉来说明心理元素的结合过程。

1. 联想

记忆观念和感知觉的相互联结,或记忆观念与其他记忆观念的联结被称为观念的联想。联想是英国传统联想主义心理学的一个核心概念。它最初被用来涵盖记忆的现象,但是后来却扩展到所有可能以意识为前提而产生的观念的联结。冯特利用这一概念来说明心理元素的被动的、消极的结合方式。他认为联想是一种被动的过程,不受意志的影响,因此观念的结合是机械的、盲目的,不能解释意识的完整性和统一性问题。从广义上说,联想包括整个联结的过程,在此过程中,联结的观念并不是相继的,而是作为同时发生的观念复合体进入意识之中的。在冯特看来,联想并不是一个单纯的过程,而是若干基本过程的复合性产物,他认为联想包括以下四个基本的过程。

---

① Wundt, W. M. (1907). *Outlines of psychology* (Judd, C. H. Trans.). St Clair Shores, MI: Scholarly Press. p. 197.

② 冯特著,叶浩生等译:《人类与动物心理学讲义》,陕西人民出版社 2003 年版,第 237 页。

③ Wundt, W. M. (1907). *Outlines of psychology* (Judd, C. H. Trans.). St Clair Shores, MI: Scholarly Press. pp. 103~104.

第一，同时联想(simultaneous association)或融合(fusion)。所谓同时联想或融合，即把若干个心理元素融为紧密的复合体，以致从这一复合体中很难再分离出个别的心理元素的联想过程。首先，简单感觉的融合，构成了我们的复合感知觉。如空间知觉就是网膜印象和眼球运动的位置及运动觉结合而产生的。其次，通过融合，不同的心理元素结合成一个紧密的复合体，从这一复合体中很难再辨认出个别的心理元素。也就是说，各个元素一经融合，便失去其独立性。例如，我们从一种音色里很难分离出其中所包含的基音和倍音；从一种触觉里很难分离出其中所包含的肤觉和肌肉感觉；从一种空间视觉里很难分离出其中所包含的网膜印象和眼球的位置及运动感觉。凡此种种，在冯特看来都是融合所造成的结果。

第二，同化(assimilation)。所谓同化，就是"一种心理复合体，由于另一种复合体的元素的影响而发生的变异"①的联想过程，意指由当前的感觉联想到先前的印象。例如，当前知觉到的桌子形象，会使人联想到先前获得的具有普遍性印象的"桌子"。当一个不为我们所熟悉的事物进入意识时，我们总是通过联想找出与之相似的事物，并将它们组合起来。这便是联想的同化机制在起作用。再如，我们通常把速示器所显示的一个错误的词句，误认为一个近似的熟悉的词句，我们也常会在阅读熟练的课文时，觉察不出其中排印错了的字句。凡此种种，在冯特看来都是同化的作用所造成的结果。同化作用包括类似的同化和对比的同化。例如视觉上的错觉，一条直线在现象上的延伸若因几何的延伸而增加，那便是类似的同化作用，这种同化活动可称为接近联想；反之，其延伸若因一延伸的动机而减少，那便是对比的同化作用。记忆表象称为同化因素，并把紧随感官印象出现的感觉称为同化感觉。同化的过程与复合的过程不同，它不能由偶然的内省来发现。当然，在同化过程中，通常并非单一的记忆表象与已知的印象相联结。当由联想所激起的观念要素获得了绝对优势，而使合成的观念整体上不适合于感知觉，此时，这种不可能性变得更加清楚，我们把这种类型的同化称为"错觉"。在错觉中，我们想象我们感知了某种并不在此的东西，那就是说，我们混淆了记忆要素和感官印象，一般只有当两组成部分不存在显著差异时，错觉才可能产生。

第三，复合(complications)。所谓复合就是使某些不同类别的感觉共同

① Wundt, W. M. (1907). *Outlines of psychology* (Judd, C. H. Trans.). St Clair Shores, MI: Scholarly Press. p. 274.

形成一个心理复合体的联想过程。冯特的这一概念，乃是借用于赫尔巴特的。① 他认为，与同时联想更接近的是不同感官知觉的相互联结。例如我们看到一种乐器时，就会同时在我们内部发觉一种微弱的声音的感觉，并从中听到一种乐音；我们的眼睛在理解一块具有白色结晶状性质的糖果的同时，我们的舌头正在体验一种甜味的味觉；当我们听到枪声时脑海里就出现枪的形象，同时也产生恐惧。以这种方式在如此密切的不同感官的感觉和知觉之间产生一种联结，只要一种感官印象偶然地呈现，或者一种印象的记忆意象仅仅在一种感官范围内唤起，那么其他感觉便立即在心理上与其产生联系。我们听到钢琴声，只要一听到该声音，我们便会在脑子中产生该乐器的视觉意象。或者，我们在黑暗中吃糖，与糖的味觉联系立即使我们产生有关糖的外形的一般观念。这些不同感官观念的联结被指向同一物体，并且紧密地联结在一起。毫无疑问，它们是同时产生的联想。在这里，一种感官印象和另一种感官印象如此密切地联系在一起，或者至少两者的发生在时间上如此难以辨别，以至于毫不相干的组成成分在意识中把它们自身仅仅显示为单一观念的相关部分。在各种复合中，最经常、最重要的是言语观念。因为"通常，言语观念处于双重联结状态：听觉印象首先与运动感觉相联系，然后——至少在许多情形里——与印刷体或书写体的视觉印象相联系"。② 例如，当你认为你可以回忆起一朵玫瑰花的香气时，在大多数情况下这是一种幻想。仔细地观察一下你在记忆活动时的心理运作，你就会发现诸如此类的情况。首先，你或多或少具有玫瑰花的独特的视觉形象；其次，是与吸入的空气相一致的鼻子里的运动感觉；第三，产生于实际吸入的空气的触觉和温度觉。这时，你的运动感觉已经被一种实际的运动所伴随。嗅觉本身并不完全存在，或者至少是如此地模糊，以至于被"复合"中的其他组成成分投上了阴影。以此方式，存在于味觉印象的记忆意象中的复合几乎不包括味觉的任何东西，然而，这种味觉由运动感觉十分适当地反映出来，它随着不同的味觉物质而变化，同时也伴随着模仿表情的一些变化。

第四，相继联想(successive association)。所谓相继联想，即记忆的联想，它把过去的感觉、感情回忆起来，并与现在的心理元素相结合。相继联想与同化的唯一区别是相继联想的观念不能合并为一种同时产生的观念，而是在时间上保持分离以服从于我们要讨论的条件。相继联想由两种过程

① Wundt, W. M. (1907). *Outlines of psychology* (Judd, C. H. Trans.). St Clair Shores, MI: Scholarly Press. p. 275.

② 冯特著，李维等译：《人类与动物心理学论稿》，浙江教育出版社 1997 年版，第 306 页。

复合而成：不同观念相似要素（elements）的直接联结，我们称之为相似联想；以及与那些相似的组成成分有着外部接近的先前观念的要素的联结（这种联结直接依附于相继联想），我们称之为接近联想。例如，当一幅风景画使我们想起实际观赏风景那样的现实时，这便是相似联想。尽管这幅风景画可能实际上不同，视网膜映像也可能实际上不同，但是仍然有某些轮廓是一致的。这些东西使我们想起早先知觉的记忆表象（memory-images），并使我们向这幅风景画迁移许多该画实际上并不拥有的要素。而风景画所没有提供的那些要素的恢复显然是一种接近联想。在这些接近要素中，有些要素以同化方式起作用，它们使该画与原来风景的相似性显得比该画原有的相似性更大。其他一些要素则与同化相对抗，正是通过这些对抗作用，我们能够将风景画和现实相区分——整个过程的结果不是同时发生的同化，而是相继的相似联想。再如，如果我们读了 a、b、c、d 这几个字母，我们便能倾向于继续读出 e、f、g、h，这是接近联想的例子。不过，也可以说，原始的过程是相似之间的直接联结。当阅读这几个字母时，我们想起先前读到过或听到过的类似字母。冯特认为，同化的最简单情形是对一个物体的认识，而相继联想的最简单的情形是对一个物体的再认。简单的认识活动是同化过程。当前的印象唤起了先前的观念，存在着由相似性和接近性建立起来的联结，但是不会分解成一系列相继的观念；呈现的要素和记忆的要素立即结合成单一的观念，它涉及实际的印象。然而，事实是，作为结果而产生的观念不是新观念，而是一个相似的观念，以伴随着情感的特征来表达它自己，冯特将这一特征称为认识情感（feeing of cognition）。冯特认为，从这种认识过程发展出的再认过程主要有三个步骤：第一是与认识活动联系最紧密的直接的再认（immediate recognition）过程。在这个过程中，我们没有意识到或者仅仅模糊地意识到那些联结的环节，借助这些环节，再认得以实现。这里，又有两种选择成为可能：其一，再认是在没有任何回忆参与的情况下发生的；其二，尽管这种再认是直接的，但它涉及对伴随情况的回忆。在这两种情形里，再认的活动伴随着情感。直接再认的第二种形式提供了向该过程的第三种形式的过渡——过渡到中介再认（mediate recognition）。在这方面，我们一开始便清楚地意识到再认是由次级观念的中介产生的。在中介再认的情形里，再认情感所依赖的次级观念实际上存在于意识之中。不论再认是直接的还是中介的（也即由清晰意识到的次级观念为媒介的），再认的情感基本上是相同的。

此外，冯特还提到了间接联想的概念。所谓间接联想，是指有些幻象在没有任何已知原因的情况下，而且与先前的经验没有任何直接的可觉察的关系时进入我们的心灵。这种情况已经导致观念自发起源(spontaneous origin)的假设。一个无中介的观念已被其他一些观念所抑制,一旦这些观念轮到被另外一些观念抑制时,这个无中介的观念便主动地进入意识之中。例如,刺激系列由 a、b、c、d、e、f……组成。在接着进行的第二个实验中,这些字母与其他字母发生联结,联结的方式使每个字母都配上一个同样的次级观念:aα、bβ、cγ、dε……。过了一会儿,该系列中一些主要字母 a、b、c 等以不同顺序重新呈现,而没有次级物体 α、β、γ 等相伴了,例如,以 f、b、a、g、e 等方式呈现。如果在每次印象以后有充分的时间去形成一种联想,那么可以发现,在相对来说大量的情形中,存在着来自同样系列的联想观念,它们与一致的次级观念相联结,例如,e 将与 a 联系,g 将与 b 联系,等等。当主要观念 a、b、c、d……是熟悉的物体(如屋子、树等),而次级观念 α、β、γ、ε……是任意的符号(如来自观察者并不熟悉的一种语言的字母)时,该结果是十分引人注目的。在这一情形里,对联想来说极有帮助的次级观念却极少能被清楚地记住。因此,当观察者被问到为什么他把明确的观念 e 与 a 联系起来时,他无法说明原因。如果你回顾一下我们在上面曾讲过关于认识和再认活动中这些次级观念的效应,那么你将会看到我们必须在目前这个例子中的假设,次级观念 a 在意识中朦胧地呈现,并激发了先前曾与之联结过的 e,而这个 e 由于具有有利的频率和熟悉的程度,其本身就出现在意识的显突部分之中。那就是说,这一过程与普通联想之间的唯一差别是,在这里联想系列中的某些成员是未知的,结果,联结似乎在被联想系列的某些成员中介的地方中断,这种间接的联想形式的发生并不罕见。因此,我们经常用它来意指意识中观念自发起源的例子,这将证明是正确的。从这种情形的性质来看,虽然这是唯一的例外,但我们可以证明无法感知的中间条件的效应。

2. 统觉

冯特认为,无论是哪一种形式的联想,都是一种被动的、消极的过程,是一种低水平的心理组合方式。通过联想,儿童可以流利地背诵诗文,对内容却毫不理解;成人也可以鹦鹉学舌般地复述一个困难的概念,却不理解它的意义。只有通过一个更为积极主动的心理过程,使进入意识的内容得到清晰的注意,才有可能理解这一内容和意义,这一过程冯特称之为统觉(apperception)。正如冯特所说:"除了由于一定的心理内容的统觉作用,使业已形成的组合附有活动的情感外,在联想过程内是永远不会发生活动的情感的,而活动的情感正是意志过程和注意过程的特征。所以联想乃是一种虽然能够引起意志过程,但其自身却并不受意志过程的直接影响的经验,这一点,在我们看来正是被动经验的准绳。”[①]统觉是德国理性心理学中的一个重要的概念，在冯特之前，莱布尼茨、康德和赫尔巴特等人都使用过统觉这个词。康德认为统觉是先验的纯粹意识的主观的同意，莱布尼茨认为统觉是精神的自我意识，而赫尔巴特的统觉则更多的是观念的清楚意识的过程。冯特借用、继承和发展了先前的统觉概念，将之系统化、理论化，并把它运用于心理学以说明人的心理现象。在他看来，统觉是个人使用或把握经验元素的过程，是把各种元素联系成一个统一体的过程，是组合感觉的中心力量，是一种创造性的综合(creative synthesis)。之所以是创造性的，是因为联合以后的心理经验完全是新的东西，跟原来的成分迥然不同。正如冯特所说："无论是最广意义上的'心理组合'的过程，还是一般的心理现象，我们时时刻刻都注意到这样一个突出的特点，即由一定数量元素所组成的产物总是多于元素的简单总和，并且也不同于这些元素的，只在组织的质或量方面略有差别的复合。这个产物是一个新的，按其本质来说是与所组合在一起的因素根本不可比拟的产物。我们把心理过程的这个基本性质叫做创造性综合的原理。”[②]在冯特看来，统觉是超越自然规律的创造性的精神本源，心理元素通过统觉联系和创造性综合而成为高级心理产物。[③] 他认为统觉是把印象提高到注意焦点或意识中心的过程。他说："我们把那种以独特的情感为特征，伴随着一种心理内容的清晰领会的状态称之为注意；而把那种使一定的心理内容获得清晰领会的独特过程称为统觉。”[④]他认为意识也和视力中的视野一样，是一个以一定的域限为境界的有限领域，中心极为清楚，周围则较模糊。在他看来，意识有两个层面，意识的注视点是最清楚的部分，冯特把这个领域称为“意识中心”。其他部分虽不处于注意焦点上，但也在视野之中，称为“意识域”(field of consciousness)。在意识的范围内又有一个较小范围的中心区域，冯特称之为“意识的注视点”(fixation-point of consciousness)或“内在的注视点”，任何心理内容只有进入这个领域，才能获得最大程度的清晰性(clearness)和显明性(distinction)，才有被领会的可能。清晰性是指印象本身组织而言，显明性是指它和其他印象的关系。围绕注

---

① Wundt, W. M. (1907). *Outlines of psychology* (Judd, C. H. Trans.). St Clair Shores, MI: Scholarly Press. p. 307.

② 荆其诚:《冯特和铁钦纳的构造心理学派的理论基础》，科学出版社 1958 年版，第 45 页。

③ Titchener, E. B. (1922). A note on Wundt's doctrine of creative synthesis. *Amer. J. Psychol.* 33. pp. 351～360.

④ Wundt, W. M. (1973). *An introduction to psychology* (Pintner, R. Trans.). New York: Arno Press. pp. 16～17.

视点有无数印象,感觉集中于中央部分就是“注意”(attention)。某一时刻,有一要素较其他要素表现得特别明显,这就是“注意焦点”(focus of attention)。外界印象进入意识域而集中于注意点就叫做统觉。在这里,冯特又区分了统觉和理解(apprehension),他认为统觉的内容是有限的和固定的,而理解的内容则较广和易于变化。冯特把注意看做是一种心理过程,他认为意识有清楚和模糊之分,清楚的部分是统觉,模糊的部分是知觉。知觉只能粗略地感知事物,而统觉则能精细明了地感知事物。他认为统觉就是那种把特定心理内容由意识的范围提升到注意焦点的过程,后人发现冯特所说的统觉相当于我们现在所说的“选择性注意”。总之,统觉是在集中注意的条件下产生的,受意志的影响,是一种主动经验的过程。在冯特看来,统觉就是带有个人感情的一种强烈的注意。统觉的组合包括许多心理过程,这些过程涉及思维、反省、想象和理解,它们都被认为是比感官知觉或纯粹记忆过程更高的一类心理过程。

冯特认为统觉有两种基本形式,即被动的统觉形式和主动的统觉形式,前者是冲突的活动,后者是选择性活动。正如冯特所说:“当我们为印象所控制,在外部刺激的紧迫影响下,观念直接由外部刺激所唤起,此时我们的行动是冲动的;从提升至较高显著性水平的同时存在的所有观念中选择某个特定的观念,长期以来确立的心理倾向使得我们相信这个观念在这个时间是最合适的,此时我们的行动则是有选择性的。”①总之,冯特强调统觉的主动性和统合性,统觉具有心理组合的功能,它使得各种心理元素以处于注意焦点的那些心理内容为中心,形成复杂的意识状态。统觉的组合功能具有创造性综合的作用,各种心理元素就是通过统觉的创造性综合而组成与原来成分不同的、具有新的性质特点的心理复合体。

冯特认为,统觉的组合和联想具有本质的区别,因为“在统觉的组合方面,活动的情感和伴它而起的变异的紧张的感觉,不仅会发生于这种组合形成之后,而且会发生于这种组合之前”。② 冯特指出,统觉的组合涉及大量的心理过程,这些心理过程通常的经验是惯于用思维、反省、想象和理解的活动等这类普遍的名称来加以区分。根据统觉组合的主要性质,冯特把统觉分为简单的统觉作用和复杂的统觉作用。前者是指关联和比较,后者是指综合和分析。从统觉所包括的这四部分的心理过程可以看出,冯特把统觉

① 冯特著,叶浩生等译:《人类与动物心理学讲义》,陕西人民出版社 2003 年版,第 285 页。

② Wundt, W. M. (1907). *Outlines of psychology* (Judd, C. H. Trans.). St Clair Shores, MI: Scholarly Press. p. 307.

看做是认识的全过程。

第一,关联(relating)。它是确定两个心理内容的相互关系,这种关联作用的根据总是包含在各个心理复合体和它们所引起的联想之内。例如,认出一个物体与从前感知过的物体相同,记起某一事件与眼前的印象有一定的关系,这些都与关联的统觉作用和联想相联系。

第二,比较(comparing)。它把两个元素之间的相同点与相异点进行对照。比较不仅可以在感觉和观念之间进行,而且也可以在感觉和简单的情感之间进行。经过多次比较,才能够把这些心理元素排成系统,并使每个系统都包含极其密切相关的元素。在一定的系统内,可以做关于性质、强度的比较,也可以做清晰度和心理量(psychical magnitude)的比较。比较作用是由两个要素组成的,知觉到相同之点和知觉到相异之点。统觉的比较作用在不同的条件下遵循着两个共同的原理:一个是相对的比较原理(即韦伯定律),另一个是绝对的比较原理。对比是比较的一种特殊形式,对比又分生理的对比和心理的对比。心理的对比才是真正的对比,完全是比较作用的产物,在时间和空间知觉上有明显的表现。当关联和比较这两个简单过程重复并配合了多次之后,就会发生综合和分析这两个复杂的心理过程了。

第三,综合(synthesis)。它首先是关联的统觉作用的产物,其组合作用是基于融合和联想,但统觉的综合与关联和联想又不同。区别在于统觉的综合作用使个体有意地对联想所呈现的观念成分和感情成分中的有些成分予以注意,对各成分赋予有所轻重的动机。由于这种有意的作用,这个综合的产物就成了具有特别性质的复合体,在这些复合体之内,一切成分都是由从前的感官知觉和联想而来,但这些成分的配合与原有形式不同。由统觉的综合产生的这个复合体,通常称为集合观念(aggregate idea)。集合观念是由统觉作用依据有意的综合而产生的。假如成分的配合很特别,与联想的结果不大相同,那么这个集合观念和它所含有的各个比较独立的观念成分,就叫做想象的观念或想象的意象。有意的综合与感官知觉和联想所呈现的配合,其间的差别或大或小,所以想象的意象与记忆的意象之间实际上不可能有明显的界线。统觉作用依据有意的综合,这是统觉的积极性。

第四,分析(analysis)。它首先是比较统觉作用的产物。由统觉的综合产生的集合观念,通常引起想象(imagination)和理解(understanding)两种统觉分析。想象可以分为知觉的和组合的两种,理解可以分为归纳的和演绎的两种。这两种作用的方向是相反的,但其作用又是密切相关而且总是联系在一起的。它们的区分是由于基本的动机不同,在"想象"作用内,基本的动机是要再现真实的经验复合体,或再现与真实世界相类似的经验。这是比较早期的统觉分析，并且是直接由联想而来的。这种分析由集合观念开始，这个观念是由许多观念成分和感情成分合成，并且包含有一个复杂经验的总内容——在这个经验之内，各个成分只能做不明确的区分。这个集合观念随后又由一组先后继起的作用把它分成几个更确定、更相联系的复合体——一部分具有空间性、一部分具有时间性的复合体。这样，原有的有意的综合之后，就继以分析作用。这个作用也许引起再作新综合的动机。这样，整个过程又重现一次，只是所得的集合观念会一部分改变，或是更受限制。与想象作用相对的是“理解”，理解的作用在于知觉到经验内容之间的相同、相异和其他派生原因引起的逻辑关系。理解也由集合观念开始，在这个观念内，我们有意把若干个真实或可设想为真实的经验互相关联，把它们组合成整体。但在理解内的分析作用，因为其基本的动机不同，就转向另一个方向。这种分析不仅要对集合观念内的各个部分理解得更明晰，而且要了解用比较方法发现的那些存在于各个部分之间的复杂关系。这样，统觉的分析过程产生判断(judgment)，由判断的分析的结果产生概念的观念(conceptual idea)。经过关联的分析作用的集合观念叫做思想(thought)。判断把思想分成各个成分，概念就是这种分析的产物。不仅如此，冯特还进一步将这些统觉作用的心理过程变成若干固定的倾向，形成人的素质。作为智慧的素质，构成记忆的、想象的和理解的类型，情感素质构成具有情绪的“气质”和具有意志的素质的“性格”。可见，统觉在冯特的心理学中成为无所不包的概念，是说明一切心理现象的中心力量。

综上所述，统觉在冯特体系中占据着极其重要的地位，它不仅担负着把元素主动综合为整体的重任，而且还被用来解释更高级心理的分析活动和判断活动。统觉不论是简单的还是复杂的，都是人们有意的活动，关联、比较、综合、分析都是有意的，都是受“目的”的支配。总之，意志支配统觉，也就是说，统觉是在意志的支配下人们感知客观世界的心理活动。统觉是所有高级思维形式(如推理、语言应用)的基础，因此它也成为冯特关于个体和社会两分法的心理学的核心。我们从冯特对统觉的说明来看，他一直主张意识为一种过程，而不是一种静止的状态。尽管意识过程可以看成是由各种心理元素组成，但这些心理元素本身也是一种过程，是动态的而不是静止的。正如他本人指出：“意识过程正是与常在对象相反；它是过程，是稍纵即逝的事实，不断在流动，在变化。”[1]这一点也是人们过去对冯特的误解之一。冯特对统觉的强调反映出其体系的“唯意志论”性质。在他看来，由于“心

① 兰德著，唐钺译：《西方心理学家文选》，科学出版社 1959 年版，第 192 页。

灵”和“自我”都不涉及某一特殊实体,因此他把我们的自我感觉和我们有一个心灵的感受归因于感受(feeling)这个词。统觉是意志的随意运动,通过这种随意运动,我们控制我们的心灵,并赋予它综合的统一性。也就是这种活动感、控制感和统一感界定了自我。正如冯特所说的:“我们所谓的‘自我’,就是意志统一性,再加上因意志的统一性而使我们对心理生活实施全盘控制。”①

三、心理元素结合的规律

冯特认为,心理元素结合或心理复合体形成遵循三条基本的规律,它们分别是创造性综合原理、心理关系原理和心理对比原理。而且,创造性综合原理或心理生成物原理是最基本的原理,另外两个原理是对它的补充。实际上,这三条原理都是冯特的统觉活动原理的具体贯彻。

1. 创造性综合原理

创造性综合原理(principle of creative synthesis),又称心理生成物原理(principle of psychic resultants)。由各种不同的心理元素组成的心理复合体并非原有元素的简单相加,实质上,元素的组合产生了新的性质。这个原理的含义用冯特的话来说就是:“每一种心理复合体都会表现出一定特性,这些特性就其本源来说,固然可以从它的元素的特性来加以理解,但绝不能把它们看做是那些元素所具有的特性的简单总和。”②例如,一个声音复合体,就其观念和感觉属性来说,是多于个别声音的简单总和。在空间观念和时间观念方面,空间的次序和时间的次序,固然都是毫无例外地以组成这一观念的各个元素的协作为基础,但绝不能因此就把那些次序看做是各个感觉元素本身所固有的特性。正如冯特自己指出:“研究在一复杂的心理过程中所包含的诸部分和它们所形成的统一生成物的关系……简称为‘创造性生成原理’。它试图说明,在一切心理组合中,其产物并非构成这种组合的孤立元素的简单总和。它代表一种新的创造(a new creation)。”③从表面上看,这一原理体现了“心理化学”的思想,但冯特并不是一个心理化学主义

① Wundt, W. M. (1894). *Lectures on human and animal psychology*. Thoemmes Continuum. p. 234.

② Wundt, W. M. (1907). *Outlines of psychology* (Judd, C. H. Trans.). St Clair Shores, MI: Scholarly Press. p. 398.

③ Wundt, W. M. (1973). *An introduction to psychology* (Pintner, R. Trans.). New York: Arno Press. pp. 163～164.

者，在创造性综合的过程中冯特强调了统觉的作用，在这一点上冯特超越了心理化学主义者。可见，创造性综合原理或心理生成物原理说明了冯特重视意识整体的内在关系而不是元素自身。

2. 心理关系原理

心理关系(psychic relations)原理，又称制约性关系(conditioning relations)原理。这一原理意指统觉的分析比较。冯特认为这一原理乃是对心理生成物原理的一个补充，因为它所涉及的并不是一个心理统一体的成分与这个统一体所表现的价值内容之间的关系，而是各个成分之间彼此所具有的关系。他说："正如心理生成物原理适用于意识的综合过程，心理关系原理则适用于意识的分析过程。"①心理关系原理的基本含义是："每一个个别的心理内容，都通过它与其他的心理内容所处的关系而获得它的意义。"②依据该原理，不同元素之间的相互关系决定了各个元素的意义，换句话说，每一种基本的意识状态总是在与其他意识状态所处的关系中获得它的意义。例如，按照韦伯—费希纳定律，对于两种感觉的差异量值的判断与这些感觉的大小成比例。也就是说，感觉的差异依存于其绝对大小的关系。冯特在另一个地方又对这个原理做过如下解释："一种心理产物的元素彼此处于一定的内在关系……所谓内在关系，是指那种依存于个别内容的质的构造的关系而言的。"③他举例说，若干声音元素所构成的整体的组合，完全是以这些声音彼此所处的质和量的关系为依据的。同样，一个视觉的空间意向，乃是依存于网膜感觉和眼球紧张感觉的质的和量的元素的各种关系。由此看来，冯特非常重视意识整体的内在关系而不是其各组成元素自身。

3. 心理对比原理

心理对比(psychic contrasts)原理，又称强度对比(intensifying contrasts)原理。这一原理的基本含义是："在适当的条件下，方向相反的心理过程可以相互加强。"④冯特认为这一原理"又是对心理关系原理的一个补

① Wundt, W. M. (1907). *Outlines of psychology* (Judd, C. H. Trans.). St Clair Shores, MI: Scholarly Press. p. 401.

② Wundt, W. M. (1907). *Outlines of psychology* (Judd, C. H. Trans.). St Clair Shores, MI: Scholarly Press. p. 402.

③ Wundt, W. M. (1973). *An introduction to psychology* (Pintner, R. Trans.). New York: Arno Press. pp. 170～172.

④ Wundt, W. M. (1907). *Outlines of psychology* (Judd, C. H. Trans.). St Clair Shores, MI: Scholarly Press. p. 403.

充。因为它也和第二个原理一样，是与心理内容的相互关系有关的”。[①] 这条原理实际上是心理关系原理的特例。根据这一原理，两种相反或相对抗的意识状态在一定范围内可以相互加强。冯特曾以我们所熟悉的对比性错觉为例，论述了这个原理在“观念组合”方面的作用。不过，在他看来这一原理在情感的过程和情感的组合方面表现得最为明显，之所以如此，是因为每一种感情都和另一种感情相对立。例如，愉快与不愉快相对立，激动和平静相对立，紧张与松弛相对立。他举例说：“如果愉快的情感在不愉快的情感之后发生，那么这种愉快的情感就会显得特别强烈，同时它的特殊性质就显得特别明显。”[②]在激动和平静之间、紧张和松弛之间也都存在着类似的关系。

从以上论述来看，冯特强调把意识分析为元素，这种研究方式明显是受了联想主义心理学的影响。但是他超出了联想主义心理学的水平，他并没有因为心理元素的分析而忽视意识的整体性。而后来他的学生铁钦纳却忽略了冯特的整体性思想，而把其元素论思想发挥得淋漓尽致。以至于人们通常把冯特看做一个元素主义者，这是一种不公正的观点。实际上他的许多观点，如创造性综合观念，预示了格式塔心理学的整体论概念，但是这一点却被人们忽视了。

第五节　内容心理学的具体理论

一、心身关系理论

关于心与身的关系历来争论已久。中世纪的柏拉图认为灵魂至上，灵魂是身体的主宰，躯体处于最低地位。随着解剖生理学的发展，这一学说最

① Wundt, W. M. (1907). *Outlines of psychology* (Judd, C. H. Trans.). St Clair Shores, MI: Scholarly Press. p. 402.

② Wundt, W. M. (1973). *An introduction to psychology* (Pintner, R. Trans.). New York: Arno Press. p. 175.

终被推翻。笛卡尔是近代心理学思想中对柏拉图的观念进行批判的先驱者,他将身体提高到与心灵同等的地位,这是心理学史上的一大进步,因为从这个时期开始,人的行为可以由身体构造、生理活动得到部分说明,而灵魂已经不是行为的唯一原因了。自从笛卡尔把身体和心灵分开后,最困难的问题就是说明它们二者之间的关系。斯宾诺莎认为身与心是同一本质的两个不同方面,虽互不影响,但是一方面的变化和连续性却与另一方面的变化和连续性相同。而莱布尼茨进一步把身体和心理比作两座时钟,虽没有联系,然而能保持吻合的时间。斯宾诺莎和莱布尼茨都主张身体的作用和心理的作用同时进行而各不影响。

到冯特时期,生理学又向前发展了一步,弗洛伦斯、贝尔、缪勒以及赫尔姆霍茨等人在脑及神经生理方面的研究取得很大进展,人们对神经系统和脑的机能有了一定认识,因而,若公开否认身体的作用显然是荒谬的。虽然冯特经常被贴上二元论的标签,但在心身关系上冯特坚信心理过程与生理过程之间的统一性和相互依赖性。他不相信任何叫做意识的东西能够存在于人体之外。并且冯特说过,意识的现象与神经系统的过程是平行的,但是,他认为前者是基于实际神经现象的。因此,冯特并不是一位心身二元论者。他的观点与斯宾诺莎的双重一元论在许多方面都很相似。

在身体与心理关系上,冯特也主张身心平行论。所谓身心平行,就是身体和心理、物质过程和精神过程是完全不同而对立的东西,它们虽然没有内在联系,但却相互平行。冯特在其著作中是这么表述的:“属于客观物理过程的一定现象和直接主体体验是处于确定的关系中。……我们不能说,过程的物理方面转化成为过程的心理方面……物理过程和心理过程的这种关系必然要求一个启发性的原则,它的论点是:在心理现象和物理现象之间存在确定关系的一切场合下,二者既不是统一的,也不是一个由另一个转化而来的。因为它们本身是不能相比的。但是它们是这样地彼此安排的,即一定的心理过程有规律地相应于一定的物理过程,或者,正像人们所形容的那样,‘二者相互平行’。”①他认为,人的心理过程与生理过程是两个独立的、平等的过程。心理现象不可能像结果对原因那样涉及身体现象,这是自然科学不可避免的一个前提,即自然的过程构成了不变的要素的运动循环,并受一般的机械规律的支配。除了另一种运动之外,从一种运动中不能获得任何东西。换句话说,这些呈现在我们主观观察面前的自然过程的循环不能

① Wundt, W. M. (1907). *Principles of physiological psychology* (I) (Titchener, E. B. Trans.). New York: Macmillan. p. 746.

导致任何东西。认识到这一点，我们就认识到从某种其他过程中获得每种心理过程的必要性，更复杂的过程是从更简单的过程中产生的，并使它成为我们的事业，就像心理学家发现这种相互联结的心理定律一样。与此同时，我们发现了一个普遍真理，即心理过程与体内的确定的生理过程是相互联结的，特别是与大脑的生理过程相联结，这两者之间存在着一种一致的协作。如果像前面已陈述过的情形那样，不把它看做是因果关系，那么我们如何来构想这种联结呢？只能把这种联结看做是同时存在的两个因果系列的"平行论"，但由于它们条件的不可比较性，不会直接发生干扰。无论我们在何处碰到这种原理，我们都将其命名为"身心平行论"。这一原理的有效性是不容置疑的，就是那些坚持可能存在某种从身体到心理或从心理到身体的形而上学观的人也不例外。如果感觉自身是由生理过程所伴随的，那么与由某些观念所组成的感觉变化相联结的观念改变也同样是由生理过程所伴随的。在集中注意的情况下，我们必须给这些变化加上联想的肌肉感觉，当然，这些肌肉感觉必须遵循在一般情况下支配感觉的规律，这显然是难以想象的。

心身平行论是冯特心理学理论体系中的一个基本问题，他认为这是一个基本的心理学假设，是心理学赖以进步的依据，而且是"我们实际生活以及我们关于外在世界理论知识的基础"①。冯特的心身平行论具体包括四个方面的内容。

第一，对同一经验两种观点的平行。冯特认为他的心身平行论是立足于经验基础之上的平行论，因为他认为心理学是一门经验科学。他把经验区分为间接经验和直接经验，一个是生理的和物理的，另一个是心理的。两者平行存在，其间不发生相互作用。他说："我们所探究的必须是同时属于自然科学的间接经验和心理学的直接经验的事实之间的关系。单个经验的成分只有从两种不同的观点来处理，否则它们就没有意义。因为这些事实同时属于两个领域，一种基本过程的生理方面必须对应于这同一过程的心理方面。这个普遍的原则就是著名的心身平行论原则。"②

第二，两类因果系列的平行。冯特的平行论还包括生理和心理两类因果系列的平行。在他看来，心身平行论这一提法充其量只有一半是正确的，因为它仅表明二者不相同的一面，而未表明二者不可比较的一面。如果心

① Wundt, W. M. (1907). *Outlines of psychology* (Judd, C. H. Trans.). St Clair Shores, MI: Scholarly Press. p. 50.

② Wundt, W. M. (1907). *Outlines of psychology* (Judd, C. H. Trans.). St Clair Shores, MI: Scholarly Press. pp. 317～318.

身相等，当然就会取消其中的一个而谈不上什么平行了。因此，他认为身心的不等，指心理不依赖于身体，不依赖于大脑。也就是说，人的心理不是大脑生理过程产生的结果，心理过程与生理过程是两个独立的、平行的因果系列。虽然心理过程总是有生理过程相伴随，但心理过程并不依赖生理过程，心理过程有自己的规律性，不受生理过程支配。例如，他一方面说："大量的经验毋庸置疑地表明了生理上的大脑机能同心理活动的联系，而且用实验和观察的方法去研究这种联系，肯定是值得从事的一项任务。"但另一方面他又说："大脑过程没有为我们指出关于我们心理生活如何产生的任何情况，因为这两种系列现象是不可比较的。"①因此冯特批评唯物论者"已满足于提出关于心理机能依赖于身体过程的无根据假说，或者关注于将心理能量的本质归之于某种已知的躯体能量"。② 可见，冯特所持的身心之间的联系只能是平行的对应关系而不是什么依存关系，即心理不依赖于身体，不依赖于大脑。他认为身心这种关系主要是由于二者在性质上为不同的因果系列所造成的，二者根本不能加以比较。他认为这两个系列是各不相干的，不能相互影响也不能相互转化的，但二者又是相应的和相互协调一致的，这就是他说的两种因果系列的平行。正如他所说："心理过程与身体过程特别是与脑内物理过程相联系，这是普遍的真理。二者有一致的协调"，但"这一联系只能被认为是两种并行存在的因果序列的平行"。③ 他又说："身体的因果性与心理的因果性是两极对立的：前者始终意味着一物质实体的假说，后者决不越过心理经验中的直接给予的界限。"④

第三，平行论的有效范围。平行论的有效范围有多大？它可在什么地方应用？冯特认为可以从身体或心理两个方面去看。从身或物的方面来看身心平行论，他认为其有效范围是很普遍的，他不同意"心理活动是某些高度有组织的物质的机能"这一唯物论的命题。他认为这样一来平行论应用的范围就太小了，并说它是个"明显的假说，不符合因果解释的需要"⑤。其

① Wundt, W. M. (1894). *Lectures on human and animal psychology*. Thoemmes Continuum. p. 7.

② Wundt, W. M. (1894). *Lectures on human and animal psychology*. Thoemmes Continuum. pp. 7～8.

③ Wundt, W. M. (1894). *Lectures on human and animal psychology*. Thoemmes Continuum. p. 442.

④ Wundt, W. M. (1894). *Lectures on human and animal psychology*. Thoemmes Continuum. p. 427.

⑤ Wundt, W. M. (1894). *Lectures on human and animal psychology*. Thoemmes Continuum. p. 442.

论据是，心理的存在不会突然发生于生命发展史的某一点上。从而提出这样的假定：每一种物质运动过程均伴有原始的心理即间断感觉与感情的状态。他认为这一假说虽不能证明，但也不能被否定，且又符合着“无中生有的”格言。从心到身来看平行论的有效范围，他认为这既有普遍性的一面，又有局限性的一面。从前者来看，冯特认为一切复杂心理过程均由简单心理过程所形成。最基本的心理元素是感觉和感情，而他又认为一切物质运动均伴有感觉与感情，因此在这一共同点上，平行论具有普遍性。从局限性来看，冯特认为在我们主观意识中的那些特殊意识内容、复杂的心理活动以及心理价值等则无相应的身体活动与之平行。为此，他举出以下的事例：强度相近而内容不同的两种记忆表象在身体方面所出现的感觉兴奋并无相应于内容的差异。关于心理的价值问题，他说：“有价值的东西仍然属于心理方面。平行论实难影响这种价值。”他又说：“一件具有不朽之美的艺术品，其价值并不依赖于制造它的物质，此物质之所以能变成有价值之物，只是因为它能表达出艺术家的思想。”①

第四，平行性与互补性。如前所述，冯特认为一切物理的或生理的事件都是与一定的心理事件相应的。正因为如此，他认为心理学和生理学之间就存在着一定的相互辅助的和相互补充的关系。其中一方如果在因果系列中缺失了某个环节，另一方就可以辅助或相应的补充。以心理的因果系列为例，冯特认为在无意识的情况下缺失了某一环节。如记忆，他认为记忆不是由神经过程的痕迹作用引起的，而是由于处于无意识中的观念到达于意识中的结果。从未能记忆到记忆开始之初，用什么心理过程来说明呢？就只有假设有一种观念存留于意识阈限之下，这时心理系列因果处于无意识中而不能不终止，但身体系列却能继续进行。在这种情况下，就可以身体过程的术语来补充心理的东西了。因此，冯特所说的身心的互补，实际上也无非是以一个系列的术语来代替另一个平行系列的术语而已，并非真正的互补。冯特否定心理与生理的相互影响，正如他所说：“一种直接的因果影响，并不是由于心理方面施加于生理方面，而只能施加于心理过程，但由于平行，身体代表了心理。因此，一种外部的随意运动并不是由于意志的内部行动产生的，而是由于它相关的大脑过程产生的，一种观念并不是从感觉中枢的生理兴奋中得来的，而是从和兴奋平行的感觉和联想过程得来的。”②

① Wundt, W. M. (1894). *Lectures on human and animal psychology*. Thoemmes Continuum. p. 446.

② Wundt, W. M. (1894). *Lectures on human and animal psychology*. Thoemmes Continuum. pp. 449～450.

冯特的心身平行论观点受到莱布尼茨的影响，是一种唯心主义二元论的观点，而且他对其平行论的论证也是牵强附会的。但是，他的心身平行论学说对于当时心理学的创立却具有一定的积极因素，而且其本身的发展对以后的心理学的发展道路也产生了一定的影响。首先，冯特的这一学说捍卫了心理学的独立存在权。一方面，冯特的立足于经验的心身平行论在一定意义上把心理学作为一门经验科学，从而与哲学划清了界限；另一方面，冯特的两种因果系列的平行论，在一定意义上区分了心理过程与生理过程，从而使心理学成为一门独立于生理学的学科。冯特认为，尽管生理学的研究给了心理学许多启发，它的研究方法和实验精神可为心理学所应用，但是冯特反对把心理现象还原为生理现象。他认为心理学并非生理学的一个分支。尽管我们可以从神经系统的生理学与解剖学中获得有用的知识，但这决不是研究心理现象的唯一途径。他甚至认为脑生理学永远不会是解决心理学问题的有效手段。他说："唯物主义摒弃了心理学，并且用一个假象的未来的脑生理学来替代它。当唯物主义企图提出正面的理论的时候，便陷入了脑生理学有疑问的且不可靠的假设之中去了。在这样取消了正确意义的心理学的同时，这个理论也就完全放弃了为精神科学提供实际基础的企图。"[①]他认为，心理现象有其自身的属性，我们不可能从生理生活中发现对心理现象的解释。冯特早期是一个生理学家，他也把自己的心理学称为"生理心理学"，但冯特之所以没有陷入"生理学化"的泥潭，就是因为他持有心身平行论的观点。不过，冯特在心理学实验室的研究中却没有贯彻他的心身平行论。因为假如认为心身是平行的，是两个独立的系列，那么刺激身体怎么能引起心理上的变化呢？假如刺激导致的生理过程的变化不能引起相应的心理过程的变化，那么又怎么去用实验法来研究感觉、知觉等心理过程呢？因此，在实际研究中，心身平行论的观点是行不通的，这是冯特心理学体系中无法克服的理论与实践的矛盾。

对于外在客体的感觉总是以知觉的形式而不是以纯感觉的形式出现在意识中的。感知同外部世界相联系，它们代表着直接经验的客观方面。但是在心身平行论观点的指导下，冯特又认为感觉经验和外部刺激引起的中枢神经兴奋是两种平行的现象，后者并非前者的原因，前者也并非后者的结果。冯特在这里陷入了深深的矛盾之中，因为一方面说感觉由作用于感官的外部刺激所引起，另一方面又说感觉经验与外部刺激引起的中枢兴奋是

① Wundt, W. M. (1907). *Outlines of psychology* (Judd, C. H. Trans.). St Clair Shores, MI: Scholarly Press. pp. 360～361.

两种平行的现象,那么感觉经验究竟是怎样产生的呢?精神现象的物质根源一经否定了,那么心理现象又从哪里发生出来的呢?既然身与心互无关系,那么心理现象所表现的规律性怎样说明呢?为什么一定的心理现象必有与它相平行的生理现象呢?对于这一系列问题,冯特均无法回答。

二、感情与情绪理论

冯特指出,观念是来源于正常发展过程中的各种感觉,但是我们忽略了心理生活的一个非常重要的方面。实际上,我们从来没有发现过一个人在理解事物过程中没有喜怒哀乐的心灵,也没有发现思考问题却又能无动于衷的精神。在识别物体时,我们感觉自身被吸引,或产生拒斥,抑或依据其特性而激发某种类型的活动。因此,我们可以把所有这些没有包含在观念过程中的现象概括在"感情"和"意志"这两个术语里。感情与意志总是伴随着我们的感觉和观念,它们影响着我们的活动。而且正是由于它们的存在,我们的整个心理生活才具有了它的偏见和个性的烙印。

冯特认为感情是一种心理元素,也是一种心理过程,并且是伴随感觉而产生的一种心理体验。如在尝沙糖时,我们不但感觉到甜,同时还会产生愉快之感。在日常生活中,我们经常在各种意义上使用"感情"一词,但无论它们在各种具体的场合下有多么大的差异,有一点却是一致的:它们都是感受着的主体的一种情绪状态,即自我的情感或活动。感情总是主观的,而观念则具有客观的参照。当我们在称呼高兴和关怀、爱与恨为感情时,语言所隐含的含义就是它们都被理解为主观状态,而不是作为外在于我们的客体性质。

冯特在1896年出版的《心理学大纲》一书中首次提出他的著名感情三度说(tridimensional theory of feeling)。他是根据自己的内省观察提出这一学说的。实验用一个发出节律嘀嗒声的节拍器来进行,冯特报告说,在一组有节律的嘀嗒声结束时,有一些节奏比另一些节奏听起来好像更愉快或更悦耳。他得出结论说,任何这样一种节奏的经验的一部分乃是一种愉快—不愉快的主观感情。当等待每一相继的嘀嗒声时就出现紧张的感情,而在所期待的嘀嗒声后就产生松弛感。于是,构成这种经验的第二部分是紧张—松弛的主观感情。另外,他还报告说,当嘀嗒声的速率增加时,会引起适度的兴奋感情,而在速率减少时则引起较为沉静的感情。于是,构成这种经验的第三部分便是兴奋—沉静的主观感情。通过这种耐心地变化节拍器速率和细心地注意体验的艰辛的步骤,冯特得出三种彼此独立而不同的情感维度:愉快—不愉快;紧张—松弛;兴奋—沉静。每个维度代表一对感情元素沿相反两极的不同程度的变化。感情的三个维度相交于一个共同的零点,即冷漠无情的零点(an indifference-zone)。每一种具体的情感体验就可以按照这三个维度而确定它的位置。感情的三个维度的构成情况见图 3-1。因此,每一特定的情感都是这三种维度以不同的方式组合而成的。感情是动态的,它既可能在一个维度上发生变化,也可能在三个维度之间发生变化。例如,最初的搔痒可能是令人愉快的,随着搔痒程度增加,逐渐令人感觉紧张和激动,再继续增加强度则会令人感到痛苦。对于那些更为复杂的感情来说,冯特赋予它们更大的价值,因而给它的每一种特殊形式一个单独的名称。非常复杂的观念联想可以产生一种简单的、一致性的感情,因此,冯特倾向于用主观的结果——感情来代替作为其客观背景的那些各种各样复合的过程。而对于简单的感觉性感情来说,其客观性基础就是一种感觉,这种感觉同它一样简单,而且通过它同外界客体的关系更易于被辨别。如果感情的特征仅仅在于它同感受的主体的关系,那么它同感觉或观念之间的区别在任何意义上都不可能是原始的。特别是简单的感觉性感情,它包含在感觉之中,所以冯特说:我们既感觉又感受。感情从感觉中的逻辑分离只有在我们区分了主体和客体之后才有可能产生,尔后感觉的基本过程才可分析成一个主观因素——感情和一个客观因素——感觉。

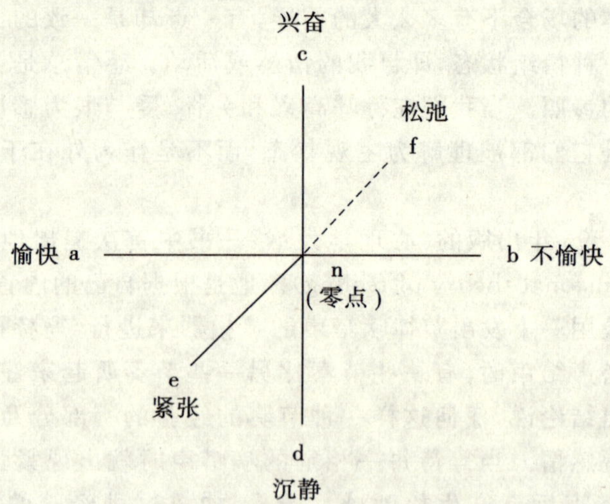

图 3-1 冯特的感情三维度说

在一个特定的时间里作用于意识的感情总和被称之为共同感情(common feeling)。之所以这样定义它,是因为就起源来讲,它是同时存在的不同性质的器官感受的总和,它们结合起来,形成一个具有确定性质和强度的感情特征的组合体。但冯特并不打算用这个术语来表示在特定的时刻，存在于意识中的各种各样独立感情的大杂烩，而表示由这些感情所产生的新感情，且这个新感情的性质是由它们共同决定的。这些单独感情的结合形成了一个复合的整体，其倾向性在组合的总体感情中表现出来。类似的总体感情与其相伴随的特殊感情构成了高级的理智感、美感和道德感。这些高级感情的性质是不可穷尽的，因为新的性质不断地从同时存在的感情的彼此影响中产生，从先行感情的再次参与中产生。随着它们相互之间的关系变得更为复杂，感情的价值也在不断增加，正是这种关系决定了任何一种特定感情对我们整个心理生活的影响。从感情与观念的关系来看，我们一直把感情看做是伴随观念形成的一种过程。其实，所有的观念过程，不管它们是什么性质，不管它们是否组成了一个外部对象观念，也不管它们是否组成了这一观念中的内部变化，同时都是感情过程。这从感情的不一致性上可以得到佐证。在怀疑音乐失调时，导致的感情在很大程度上是由观念的独特交替，而不是观念本身的特性所决定的，特别是总体感情更是如此。

冯特认为，情绪是比情感较为复杂的感情过程，它是由不同的感情元素结合而成的。他指出："在意识中，依附于观念联结的感情过程通常称为情绪(emotion)。"[①]每种情绪中总有一种或几种感情元素占据支配地位。例如，在欢乐和高兴的情绪中，愉快居于支配地位；在愤怒的情绪中，不愉快和紧张居于核心地位。冯特还认为，情绪和感情一样都是不直接关联外部物体的主观过程，情绪与感情的区别在于，情绪还包括观念的变化和运动器官的反应，因此情绪是容易接受外部观察的，而感情则不能接受外部观察，至少只有在它们转化为情绪时方才可以进行外部观察。情绪的发生具有三个阶段：首先是初始的感情；其次是随后在观念系列中的改变，即在强度上和质量上改变初始的感情；最后是最终的感情，它具有或长或短的持续时间，可能产生一种形成初始感情的新的情绪。由此可见，感情与情绪的主要差别是发生在第二阶段，即观念系列中的改变。按照这种改变，冯特认为可以把情绪划分为两类，即兴奋性和抑制性情绪，前者如快乐和愤怒，后者如恐惧与害怕。此外，他认为情绪还可以按其强烈的程度进行分类，他把不太强烈的情绪称作心境(moods)，而把激烈的情绪称作激情(passions)。前者是一种持续时间较长的情绪状态，后者是指情绪在频繁爆发中找到表现机会。

冯特的感情三度说，在当时曾引起人们对感情的研究和争论。他的学

① Wundt, W. M. (1894). *Lectures on human and animal psychology*. Thoemmes Continuum. p. 372.

生铁钦纳就坚决反对这一学说,他认为冯特所补充的感情的另外两个维度是不合理的,也是完全没有必要的。在他看来,无论兴奋—沉静还是紧张—松弛,都不像愉快—不愉快那样是一种心理上截然相反的过程,也不是单纯的感情元素,而往往是包含内部感觉(主要是运动感觉)的一种复杂的心理经验。就松弛而言,它只是处在紧张的零点上,而不是处在紧张的对立的一极上。因此,铁钦纳反对冯特的感情三度说。不过,冯特对感情和情绪的研究还是有一定积极贡献的。他对感情的对立两极的划分,实际上已被后人所接受。现在心理学家一般都用感情的两极性来概括情感的特点,如情感的肯定性与否定性、积极性与消极性、紧张性与松弛性、兴奋性与抑制性等。他提出的心境、激情等情绪类型在现今的心理学教科书中也仍然使用。冯特还从身心平行论观点出发,把情绪既看做一种心理上的主观体验,又看做是伴随着有某种身体的反应,导致他试图通过实验从生理方面如脉搏、呼吸等找到相应的指标和曲线,尽管没有成功,但却对情绪的生理基础的研究起到了积极的推动作用。特别是1954年美国心理学家奥尔兹(J. Olds)和米尔纳(P. Milner)用微电极探测在白鼠下丘脑发现了快乐与痛苦中枢,这在某种程度上证明了冯特的感情学说。此外,冯特还把他的统觉原理贯彻在感情学说之中,认为感情就是统觉对感觉经验的一种主观反应,并认为依赖于统觉就能使单一的感情有可能复合成为复杂的情绪,具有单一感情所没有的新的性质。这样,冯特就把感情看做一种基本的心理过程,而不把它看做是认识或意志的某种作用的结果,从而使感情问题在心理学中的地位提高了,并引起了进一步的研究与争论。

三、意志理论

冯特是一位意志论者,他倾向于称其思想体系为意志主义(voluntarism)。意志主义不同于自由意志,冯特一开始就指出其中的区别。在他的《伦理学》中他写道:"要自由,则活动必须是随意的。"①但这并不是说,所有的随意活动都是自由的。冯特尤其声明,意志并不是自由的充分条件。因此,"一个极其愚蠢的人可能会通过支持一个、反对另一个来平衡动机,并经过慎重考虑才开始,但我们并不能称他的决定是自由的"。② 事实上,冯特确

① Wundt, W. M. (1892). *Ethics* (Titchener, E. B., Guilliver, J. H., & Washburn, M. F. Trans.). New York: Macmillan. (Original work published). p. 38.

② Wundt, W. M. (1892). *Ethics* (Titchener, E. B., Guilliver, J. H., & Washburn, M. F. Trans.). New York: Macmillan. (Original work published). p. 38.

实相信，有些人具有自由意志，但只有当我们超出纯粹的自我意识以获得真正的反思性自我意识时，自由意志才是有可能的。在冯特看来，真正的反思性自我意识并不是既定的，它以在经验中获得广泛而深刻的认知为基础。儿童、精神错乱者、心理障碍者或那些处于异常威胁下的人是不可能有这种自由意志的。

唯意志论心理学是一种强调心理因果关系的心理学。例如，一个人可能会站在冰淇淋柜台前选择了巧克力味的冰淇淋而不是香草味的。如果问他为什么，他可能会说："哦，我两种都喜欢，但是我很久没有吃巧克力的了，而且我喜欢它的味道，它有特别鲜美的巧克力香味。"冯特并不否认这一选择具有潜在的、重要的且有效的生理学和生物学原因。但是，作为心理学家，我们要研究心理动机，或者用冯特的话说，是"伴随随意动作的观点"[①]。这样的观点是心理因果关系的要素。从某种意义上说，冯特的意志主义仅仅证实了经验世界以及我们在这个世界上遇到的会引起某种结果的力量的合理性，甚至是首要性。

冯特的意志主义指明了心理学的研究范围。我们研究的是以过去学习为基础的，随情境变化而发生变化的，或者正如冯特所说，是与"先前确定的感觉印象有关联的"[②]经验和行为。冯特认为，随意动作不是机械的，而是以灵活的方式适应变化情境的。根据这个定义，许多物种寻求食物就是随意行为的例子。成功的狩猎者必须表现出恰当的伪装感觉、计时、抑制和适当的速度。猎犬必须要灵活且快速地适应细微的线索。狩猎行为具有高度的目的性，而且是目标导向的，但它未必就是自由意志的例子。然而，这种行为是随情境变化而变化的，因此，它们是随意行为的例子。

冯特在强调意志时用了适应的概念，这可能暗示了达尔文对他的影响。但是，如果不进行进一步的研究，这样一种结论是没有根据的。尽管达尔文的理论与冯特的体系之间存在一些类似之处，但达尔文的思想是否被冯特的体系吸收这一点还并不清楚。冯特的主要著作中对达尔文的参考很少，而且真正参考的有时却是批判性的。例如，冯特在《人类和动物心理学的讲演录》中就对达尔文作了批判性论述。冯特赞成达尔文关于适应原则重要性的观点，但他又提出，他的随意活动概念补充了达尔文的适应概念。他指出，达尔文构想的适应是一个被动的概念，它并不一定会指向一个对象。例

---

① Wundt, W. M. (1892). *Ethics* (Titchener, E. B., Guilliver, J. H., & Washburn, M. F. Trans.). New York: Macmillan. (Original work published). p. 52.

② Wundt, W. M. (1907). *Principles of physiological psychology* (I) (Titchener, E. B. Trans.). New York: Macmillan. p. 28.

如,植物会因环境力量的相互作用而改变、适应或灭绝,对动物来说也是如此。但是除了被动适应外,动物还表现出更主动的适应。在动物身上,意志力有一个它所指向的对象,并且“外部刺激与情感的、随意的反应之间存在相互作用”①。因此,动物并不仅仅是被动的,而是会根据自己建立在情感和过去联结基础上的世界来作出行动。当然,根据自己的世界行动未必就表示动物具有自由意志。

总之,意志理论是冯特心理学体系中的重要内容,占有特殊的地位,他甚至称自己的理论为“意志论心理学”。冯特主要从意志与情绪的关系上讨论了他的意志理论。在他看来,每一种情绪都是由一组相互联结而又具有统一性的情感过程所构成,因此情绪的终结有两种情况:一种是没有特别结果的感情作用的情绪,这是严格的所谓情绪;另一种是由情绪作用引起观念的与感情的内容上的突然变化,这个变化使这个情绪立刻终止,这种以情绪为先导而又使情绪突然终止的观念状态和情感状态的变化,叫做意志动作或意志行为(volitional acts)。这一情绪和由它所引起的这种后果总和起来就成为一个意志过程。② 意志过程和情绪的关系就像情绪和感情的关系一样。可见,冯特把意志与情绪看做是一个统一的过程,意志是情绪作用的结果,是最复杂的感情过程,是由感情、情绪构成的。意志与情绪的区别在于,“意志除含有情绪成分以外,又加上外部行为;这个外部行为引起一些感情,而因为这些感情与那个情绪所含的感情相反,就使那个情绪终止”③。外部行为是意志的主要特征,也是意志区别于其他心理过程的最大标志。

在探讨意志时,冯特仍从其元素分析的立场出发,他认为意志是一种复合的感情过程,而心理学的根本任务在于确定意志的构成元素。冯特认为感情组成情绪,而情绪又导致意志。因此,感情成为意志的发端,并发展了意志。冯特认为,最初的意志过程发源于不愉快的情感,而不愉快的情感引起外部的运动性反应,这种反应的效果又引起对比的愉快的情感。他说:“抓取食物以求充饥,对敌斗争以求发泄复仇的情感,凡此类似的过程都属于这种原始的意志过程。由感官的情感所产生的情绪以及类似亲爱、憎恨、愤怒、报复等最常见的社会情绪,不论就人还是就动物来说,同样都是意志

① Wundt, W. M. (1894). *Lectures on human and animal psychology*. Thoemmes Continuum. p. 409.

② 兰德著,唐钺译:《西方心理学家文选》,科学出版社 1959 年版,第 197～198 页。

③ 兰德著,唐钺译:《西方心理学家文选》,科学出版社 1959 年版,第 199 页。

平凡而又原始的来源。”[1]某些感情因强度不够，可能不足以引起意志，但在缺乏感情的条件下决不可能产生意志。可见，冯特把情绪和意志都视为由感情组成的心理复合体，情绪是作为感情与意志的中介而起积极的作用。总之，在冯特看来，情感组成情绪，情绪导致意志。用他自己的话来说就是：“情感是意志的开头，意志是复合的情感过程，而情绪则是介于二者之间的通道。”[2]这样，冯特的意志就与感情有特别的关系，他的意志心理学贯彻了意志的感情论。但冯特并不否认在意志结构中也有感觉即认识的成分。冯特认为，意志行为的最根本原因是动机(motive)，而动机是由观念和感情构成的，属于观念成分的叫做意志行为的发动理由(moving reason)，属于感情成分的叫做意志行为的推动感情(impelling feeling)。当然，在含有观念和感情成分的所谓动机之中，领导意志行为的主要动力还是感情，而非观念。因为感情是意志的基本成分，而观念只是间接由它与感情关联才有影响。冯特用元素分析方法，把意志分析为感情和感觉的成分，反过来又认为意志是这两个元素复合的产物，意志中既包含着感情也包含着感觉，成为意识状态的一个重要成分。不仅如此，冯特还进一步用意志概括一切心理的过程，他说：“意志活动在最广泛的理解之下，其中包括冲动动作、有意行为和选择行为，我们把这些——从变形虫的最简单的自发运动一直到人类的最高级的生命表现——都看成是典型的身心过程形式。”[3]因此，意志在冯特的整个心理学体系中占有特殊地位。为了把他的心理观同生理观相区别，冯特甚至称自己的心理观为意志主义。

在意志的起源上，冯特一方面认为：“我们不能随意要引起任何一种意志过程，就引起它；我们只能观察那种容易受外部方法影响的意志过程，例如起于外部刺激而止于外部行为的意志过程。”[4]这也就是说，意志最初是由外部刺激引起的。但另一方面，他又根据其身心平行论的观点，同意“意志的自源说”，认为人的心理是各元素的综合，是一个封闭的系统，所以意志只能来源于意志本身；意志是这个封闭系统中的一种固有的特性，是与意识一起赋予我们的。由此可见，冯特的二元论思想使他陷入了自相矛盾的困境。

在意志分类上，冯特认为，意志有简单与复杂之分，它们分别由不同的动机引起。简单意志引起冲动动作(impulsive act)，复杂意志引起有意行为

① Wundt, W. M. (1907). *Outlines of psychology* (Judd, C. H. Trans.). St Clair Shores, MI: Scholarly Press. p. 219.

② 杨清：《现代西方心理学主要派别》，辽宁人民出版社 1980 年版，第 95 页。

③ 兰德著，唐钺译：《西方心理学家文选》，科学出版社 1959 年版，第 206 页。

④ 荆其诚：《冯特和铁钦纳的构造心理学派的理论基础》，科学出版社 1958 年版，第 41 页。

(voluntary act)和选择行为(selective act)。在冲动行为中最初的意志起源于原始的感情,在有意行为中表现出立志感情(feeling of resolution),而选择行为则包含着相反动机竞争,形成了意志的决断感情(feeling of decision)。冯特认为,决断感情比立志感情强烈,这是因为它与对几个不同动机游移不决的怀疑心态互相对比(contrast),就使松弛感情更加强烈。

在意志自由问题上,冯特认为自由论和决定论都各有其依据,但二者都把原因和强迫混为一谈,因而都是错误的。自由论认为,我们不必受内外强迫,自能活动;活动不必有原因。决定论认为,一切现象均由法则支配,意志必有原因,所以意志必受强迫才能活动。自由论认为意志不是受强迫的行为,因为它的产生没有原因。冯特认为我们一切有意志的行为均有原因,但不得把意志看做最后的原因,而无意识的现象往往决定我们的意志,成为我们意志的原因。他认为意志行为有内因和外因,必须结合这两个因素才能了解意志这一心理过程。由此可见,冯特对意志自由的看法有一定的合理性。

在对意志过程的分析和研究上,冯特认为,要对人生经历中自然发生的意志过程作准确的观察是不可能的,只有用实验的方法才能进行彻底的心理学研究。因此,他用反应时实验对意志过程进行了研究和分析。被试从对灯光或声音的感觉的简单反应、辨别反应和选择反应,表现出被试的反应时间的延长和主观感受的增多。这样,情绪变得缓和,内部意志变得独立。冯特以此说明意志过程由简单到复杂的前进的发展。冯特还用肌肉型反应,证明通过多次练习,有意行为逐渐转化为冲动行为和自主行为(automatic act),意志过程变成了简单的反射过程。在这种情况下,被试的反应时间趋向于缩短,主观感受趋向于消失,从而表现出意志过程的倒退(retrogradation)的发展。

冯特还论述了感情与意志的关系。冯特指出,感情和意志紧密联系,而它们两者又与观念联结在一起。感情过程、意志过程与观念过程的分离仅仅存在于心理学的抽象之中,在现实生活中并没有任何基础。感情导致冲动,冲动又能转变为意志行动,而意志行动又总是指向于产生观念的那些对象。冯特主张意志的情感说,他认为意志在本质上是情感性质的。情感是意志的动因,是意志的决定因素。他认为若某些情感强度不够可能不足以引起意志,但在缺乏情感的条件下意志绝不可能产生。当然,冯特并不否认意志结构中也有感觉的成分。他认为意志中既包含情感也包含感觉,实际上意志概括了一切心理过程。关于感情与意志的联结,冯特认为可以从两个角度予以考虑。首先,感情只有作为一种具有意志成分的心理状态才是可以加以考虑的，愉快和不愉快的感情倾向于指导意志过程。感情是否过渡到实际的意志力是由内部和外部条件所决定的，但如果没有意志的能力，这种选择就不可能。其次，意志是一种内部过程，在这一过程中，我们可以意识到明确的动机，而动机又始终由感情伴随着。在这里，感情似乎成了包含着动机所激发的活动的真正的原因和动力因素。也就是说，如果没有感情所提供的兴奋，我们就不会选择任何东西。

冯特认为，不仅人有意志的作用，就连动物甚至是原生动物也同样具有意志的作用。冯特主张在机体的低级发展阶段，在动物初期，生物的一切行为都已经为意志所支配。到后来，冯特甚至认为人和动物的反射活动，也都是由意志过程演变而来的。也就是说意志活动变为自动化而成为机体的反射活动。他说："外在刺激原来引起一个强烈的情感观念，这个情感观念起着动机的作用。但是现在刺激在产生观念之前便发生动作。就这样，冲动动作最后变成自动动作。这个自动动作次数重复越多，它就愈容易发生，即使这是在没有感觉到刺激的时候，如熟睡的时候或分散注意力的时候。动作现在以纯粹生理的反射表现出来，意志过程变为简单的反射过程了。过程逐渐机械化的实质，乃在于开头和结尾之间的一切心理中介成分的消除，这种逐渐机械化的作业既可能发生于原始的冲动运动，也可能发生于由随意动作的缩减所形成的第二性的冲动运动。很可能，动物和人类的反射运动都是这样发生的。"①冯特明确指出，反射活动的生物学适应性是意志目的性的表现，并且低级动物的运动也是意志动作。他认为，在反射动作的刺激反应之间有一个决定性的中间环节，外在刺激不是反射的真正原因，它仅起着一个开始的媒介作用，反射是由意志发作的由内向外的过程。意志动机、意志冲动支配着反射活动的方向。

总之，冯特的心理学是意志主义的，意志是一切生命现象活动，即从最低级的变形虫的运动到最高级的人类智慧的第一个原因。冯特把意志看做是一种复合过程，认为意志与感情有密切的关系，将两者联系起来考察，不囿于前人的狭隘之见，这是值得重视的。他反对对意志作玄学的讨论，反对思辨哲学的心理学家把意志看做超自然的精神力量或灵魂的一种特殊机能，而主张从心理学角度来研究意志行为，试图通过实验来剖析意志过程，这无疑给后人在意志心理的研究上开辟了一条新思路。此外，他关于意志自由的观点也有一定的合理因素。但是，冯特把一切心理包罗在意志之内，

① Wundt, W. M. (1907). *Outlines of psychology* (Judd, C. H. Trans.). St Clair Shores, MI: Scholarly Press. p. 231.

抹杀了外在世界对于意志的决定性作用。在他看来，每个人的行动不取决于客观现实，反而取决于他的意志、愿望和目的，意志是完全不依赖于物质和社会实践的纯粹精神的力量。这显然过于夸大了意志的作用。而且他仅从实验内省来分析意志过程，企图说明意志的变化发展规律，也很难得出合乎实际的科学结论。此外，他把自主行为和反射行为都看做是意志过程的倒退的看法也是错误的。

四、对其他具体心理学问题的看法

1. 意识的异常状态

虽然冯特重视的是普通人的正常心理，但他并没有忽略意识的异常状态的研究，他探讨了心理错乱、梦、梦游、催眠和暗示等问题，并提出了对这些问题的看法。他认为观念和心理过程的变化的结果就是不同形式的心理错乱(mental disturbance)，而这些心理错乱的最明显的标志和最持久的表现就是各种各样的精神病(insanity)。冯特认为，心理错乱不仅包括智力过程和联想过程的改变，而且也包括其他心理生活的变化，尤其是感知觉错乱和情绪错乱。他认为任何一种心理障碍都意味着观念的偏离和情绪的变化。例如抑郁症和麻痹症者，其观念是间断地运动的，易被明确的印象和记忆所制约；而在精神兴奋和躁狂者中，观念运动加速，没有次序或不受控制地从一个题目跳至另一个题目。冯特还探讨了我们现在所称的“精神分裂症”，他观察到这种疾病与注意过程遭受破坏有关。精神分裂症患者丧失了正常意识所特有的对思想的统觉控制，相反，他们受被动的联想过程所摆布，结果，他们的思想变成了一连串简单的联想，而不是受意志指引的协调过程。冯特的学生和朋友、伟大的精神病学家克雷佩林(Emil Kraepeln)后来发展了这一理论，并将冯特的实验方法推广到精神病理学领域。

冯特认为梦是一种暂时性的精神错乱。梦的产生与睡眠时的感觉刺激有关，这些刺激引起了记忆中某些观念的活动，因而导致了梦。他认为做梦者绝对地受制于轻度的身体失调的摆布，其观念系列随着影响他感官的每一种偶然的印象而转向，也随着每一种偶然的联想而转向。正如他所说：“梦的基本特征是一种幻觉(hallucination)，它的强度与直接知觉中提供的感觉强度一样大，而且与做梦者所认为的一样。梦的主要组成成分是记忆意象(memorial images)，但是这些记忆意象通过联想的无规则的作用而被任意地交织在一起——不论它们涉及的是刚刚过去的事件还是涉及更为遥远的经验，不论它们属于一类还是完全无关。”[1]冯特认为梦游的机制跟梦一样，只不过在梦游状态下，刺激不仅引起了观念的活动，而且引起了意志的活动。

冯特认为催眠与暗示有关，但他认为催眠作为一种治疗力量，是一把双刃剑。当患者在身体上和心理上事先倾向于催眠时，它的效果就越强，但是催眠后幻觉和抗拒暗示影响的力量会减弱，乃至“经常受催眠的个体，当完全清醒时，可以使他们相信最荒唐的寓言故事，并且把这些故事当做来自他们自身经历的事情”[2]。因此，冯特倾向于反对催眠的研究，因为他认为催眠状态是一种异常状态，其研究不能给普通人的正常心理提供任何有用的帮助。

2. **动物心理学的问题**

冯特虽然主张研究普通人的正常心理，但他并不反对动物心理学的研究。他认为人与动物在进化的阶梯上尽管处在不同的水平，但是两者在心理特征上并不是完全不同的，而是具有某种连续性，换句话说，动物心理的研究有助于了解人类早期的心理特点。正如冯特所说：“对动物心理学的研究也是一件非常重要的事情，人类被看做是其中的一种，当然是作为动物发展阶段中的最高级的那种阶段而被考察的，通过对动物心理的揭示可以使人类心理的进化过程更清楚地表现出来。”[3]

冯特认为，动物心理的研究有两个出发点：一是从心理的比较生理学的观点出发，对动物的心理构造作全面的比较研究；二是以了解人类心理的根本为目标，对动物心理的研究仅仅局限于那些有助于了解人类心理进化的方面。在动物心理的研究中，冯特反对罗曼尼斯(G. J. Romanes)的拟人论的观点。他指出这种流行的心理学的一个重大的弊端是：它不是以客观的观点把心理过程看成心理过程自身所展现的样子，“而是由于观察者的想象，是把观察者的观点强加给心理过程，把观察者的想象和动机投射给动物”。[4] 冯特认为，动物心理学应该采用客观的实验和测量方法来记录动物的行为，避免拟人化的倾向。冯特支持摩尔根(C. L. Morgan)的吝啬律(lex parsimonice)，认为应该采用简单的原则说明动物的心理特点。他认为动物同人一样具有形成联想的能力，但是充其量只能称其为对一个物体起

① 冯特著，李维等译：《人类与动物心理学论稿》，浙江教育出版社 1997 年版，第 347 页。
② 冯特著，李维等译：《人类与动物心理学论稿》，浙江教育出版社 1997 年版，第 358 页。
③ 冯特著，叶浩生等译：《人类与动物心理学讲义》，陕西人民出版社 2003 年版，第 375～376 页。
④ 冯特著，叶浩生等译：《人类与动物心理学讲义》，陕西人民出版社 2003 年版，第 379 页。

着重要作用的"认识",而"再认"则几乎是不可能说明的。存在于狗、大象、信鸽等动物中的记忆现象只是由于它们得到本能的或特殊感官发展的帮助。狗能通过气味在漫长而复杂的道路上找到自己的路线,信鸽能再认它先前飞过很久的方向,这些都应归功于它们的记忆训练和远距离视觉。所有这些现象都跟某种神秘的"定位感觉"(sense of locality)有关,也即依赖于在某一特定方向得到高度发展的回忆并借助于感官特征的帮助。

冯特认为认识活动和再认活动是代表了当前印象和过去观念之间的最简单的联结过程。这一观点曾使桑代克(Edward Lee Thorndike,1874—1949)深受启发,提出动物学习中的"联结"概念。但是冯特认为动物还不具备人所具有的智慧能力。冯特指出,"从联想到严格的智慧这一步无疑是心理进化过程中花费时间最长的","任何低于人的高等动物由于其心物组织(psychophysical organization)的一般性质而不可能跨过这极其重要的一步"。[①] 因此,冯特认为绝不可以用人类的心理特点来解释动物的心理。

冯特认为,对动物心理学而言,必要的结果是:动物的心理活动——从最高级到最低级——都被解释为理解的活动。如果机体的任何一种生动表现可能是从一系列反应和推理中获得的,这就被看做是这些反应和推理实际导致了这种表现的充分证据。在最低等的动物中,只有最简单的联想过程,我们称其为对一个物体起着重要作用的"认识"。动物了解其特定的食物,而且可以通过其先前的印象、根据食物的知识来决定,这被看做是动物存在的首要标志——即心理生活。动物也像我们人类一样,自然地在时空方面进行相似联想和接近联想,而且,我们经常在低等动物中发现我们在人类当中所观察到的东西——联想产生活动,其结果与通过智力功能的运作而产生的结果是相同的。

冯特认为关于动物心理学的两个核心问题是:第一,今天的动物是否有可能跨越人与动物的分界线?第二,人类本身是否在其发展的某一时期能够跨越今天把他们与动物分开的鸿沟呢?对于第一个问题我们必须做否定的回答,而对第二个问题则要做肯定的回答。从联想到智力本身的步骤无疑是心理进化过程中所采取的最漫长步骤,一旦心理达到逻辑思维和建设性想象的水平,在它前面就展现了无限的前景,这种前景不可避免地在某一时间在文明和历史中得以实现。正如每个人在其发展的过程中从联想到由联想所产生的智力的意识活动中所采取的步骤一样,人类一定在世界的某一点上最大限度地做到了这一点,这是从野蛮到文明的第一步,而且肯定没

① 冯特著,叶浩生等译:《人类与动物心理学讲义》,陕西人民出版社2003年版,第402页。

有贬低心理发展的价值。

总之，冯特在动物心理学的论述中所表现出来的是一种客观化和实验化的倾向。这种倾向明显表明了冯特为追求心理学的自然科学化所作的努力。从这一角度来看，把冯特的心理学当成一种主观心理学的观点是失之偏颇的。

3. 本能问题

冯特在《人类和动物心理学的讲演录》一书最后几章中对本能进行了很多探讨。他将原先伴随着简单的或复合的随意活动的运动，但在个体的生命历程或遗传的进化历程中变得完全机械化或部分机械化的运动，称之为本能活动(instintive actions)。他认为本能与冲动意义接近但是又有区别，本能是更复杂的冲动活动。因此本能活动处于反射活动和更纯粹的随意活动之间。冯特反对将本能看做是纯粹机械化的结果的观点，也反对达尔文将本能看做是遗传的习惯的观点。前一种观点以赫伯特·斯宾塞(Herbert Spencer)为代表，他认为本能活动只是简单的复合反射活动，是由生理组织的规律决定的。达尔文认为遗传习惯在某种程度上也是由智力所决定的。而冯特认为动物的所谓智力只是根据联想而来的个体经验。

冯特认为通过本能活动，我们可以了解有目的的、不随意的、半冲动的和半反射的一些情况，在这个意义上说，人类的许多活动可以归入本能活动的类别之下。他举例说，我们笑和哭是在不受我们愿望和知识的支配下，甚至在违背我们的愿望和知识的情况下做出的最复杂的模仿动作，并且我们的大多数活动是由情绪决定的，而有关活动的节制和抑制中意志的执行反映的却是本能。许多活动开始时需要实践和意志努力，一旦它们变得熟悉时就可以在专门的本能控制下实施。冯特认为从随意活动向本能活动的转化受到环境的极大影响。他说："如果把来自个人选择和智力反映的活动总和置于天平的一端，而把来自本能和模仿的活动总和置于天平的另一端，那么毫无疑问，天平会斜向本能的一端。"①

冯特将本能分为获得性本能和先天本能两类。他将在个体生活过程中发展起来的本能，以及在缺乏明确个体影响的情况下可能得不到发展的本能称为获得性本能(acquired instincts)。他举例说，熟练的钢琴家的本能性手指运动以及建造庇护所和为御寒而穿衣服的本能都取决于两种条件，一种是生理的，另一种是心理的。前者存在于我们的神经组织的特性之中，这种神经组织使复杂的随意运动逐步机械化；后者存在于模仿冲动的动作之

① 冯特著，李维等译：《人类与动物心理学论稿》，浙江教育出版社 1997 年版，第 423 页。

中，它们是获得性本能。另一种与获得性本能相对的是先天本能(connate instincts)。在人类中，这些先天性的本能由于文明和教育比其他动物的先天性本能有更多的改变，但是对于最重要的器官来说，它们仍然是必不可少的，特别是性冲动和营养冲动。冯特认为先天的本能并非来自先天的观念。例如婴儿嘴唇的吮吸运动只是不愉快情绪即饥饿感的表达，当表达的运动成为个体情绪表达的手段时，它们的一般性质，尤其是产生自发展过程的目的性特征便延伸到个体之外。它们的生理条件是遗传的，或者说，是在早先的世代历程中获得的。

冯特还探讨了动物本能与人类本能的关系。他认为尽管动物本能和人类本能之间存在差异性，但是二者之间的基本的相似性也是不容置疑的。他举例说，无脑动物如青蛙仍能表现出随着特定条件而变化的那些反射。在饥饿的婴儿身上所表现出来的活动虽然并非纯粹的反射，但是以神经中枢内形成目的性联结为中介的情绪的表达。他说，像毛虫那样虽然其本能活动看起来有些奇怪，但是与人类婴儿的活动只有程度上的差别。冯特认为人类本能和动物本能的最大差异是，动物本能主要是对环境的适应，而人类本能是随意活动对生活条件的有目的的适应。此外，二者之间的差异还在于，大多数人类本能是获得的，而动物(受训的动物除外)的本能则限于先天的本能，其变化的范围较小。

冯特认为在本能的发展中，还有一些新的和特殊的条件存在于动物的共同生活中，他认为这是社会本能(social instincts)的产物。在动物的低级阶段，各种生物都在寻找自己的同类，例如昆虫和鱼类都喜欢聚集成群。在这些物种中，动物是通过某种感官印象的中介而相互吸引。而在物种发展的高级阶段，如在鸟类和哺乳类动物中，这种喜爱的情感本身表现为动物对动物个体的吸引，例如生活在同一屋子里的两条狗之间会滋生一种友谊，幸存者会对同伴的走失表示悲伤，甚至共同生活的不同动物之间也会产生友谊，例如一只狗和一只猫也会成为朋友。在这种情形里，喜爱纯粹是个体的。当个体的喜爱情感与性冲动结合，就产生了“动物婚姻”现象。在婚姻中，个体通过彼此归属的情感而结合在一起，当这种归属感遍布整个动物世界时，就形成了“动物社会”。

第四章
莱比锡心理学实验室及其研究

1879年,冯特在莱比锡大学建立了世界上第一个心理学实验室即莱比锡大学心理学实验室,它的建立是心理学史上的一座里程碑,标志着科学心理学的诞生。这个实验室吸引了许多国外学生来到莱比锡大学从事心理学研究,其中有不少人后来成为世界著名的心理学家,如克雷佩林、勒曼、屈尔佩、霍尔、卡特尔、斯克里普彻、安吉尔、铁钦纳等。很快,该实验室成了国际性的研究机构。为了发表实验结果,冯特于1881年创办《心理学研究》(1884年改名为《哲学研究》)杂志。

第一节　莱比锡大学的心理学实验室

一、实验室的概况

早在海德堡大学期间,冯特就积累了不少私人实验室的仪器用于自己的研究,用于讲演时演示各种现象。一抵达莱比锡,冯特就要求为他提供一个场所放置这些设备。传统解释是1875年冯特一来到莱比锡大学,学校就给他提供了实验室。但仔细查阅档案却发现,虽然冯特一再要求,校方直到1876年才分配给冯特一间房子存放他从苏黎士带来的演示器材和实验设备,这间房子位于孔维克特(Konvikt)大楼的自助餐厅大楼里。尽管当时场所非常有限,但这间大约400平方英尺的房间却最终成为了科学心理学的第一个实验室,而且成为许多模仿者的样板。

起初,冯特的实验室主要用于演示。冯特在莱比锡大学开设的第一门课是生理心理学,他强调这门新的科学分支是客观的和实验性质的。在上课期间,冯特演示如何去做实验,但从仓库到教室来回搬运仪器的确很麻烦,因此许多演示器材被永久地安装在孔维克特大楼的房间里。学生去那里观察演示,甚至参与简单的实验。冯特的心理学成为一门使用速示器、计时器、电刺激器、钟摆、时钟和感觉映射装置的真正的实验科学——一种"黄铜仪器"的心理学。新加入冯特实验室的学生通常会被指定使用一件仪器去做安排好的实验,去发展和适应将来的研究。刚开始,这个实验室并没有得到校方的认可,运作经费全靠冯特自己筹措,规模也不是很大,只有冯特和他的德国学生马克斯·弗里德里奇(Max Friedrich)以及美国学生斯坦利·霍尔(Stanley Hall)等人在那里默默地工作。

到了1879年,冯特开始做一些不属于其课程的心理学实验。因为他后来指出,这些独立的实验标志着其心理学实验室的正式建立,因此历史学家一般认可1879年是心理学作为一门独立实验科学建立的年份。1979年,美国心理学会批准铸造一枚特殊金质纪念章,纪念章正面是冯特的肖像,背面是"科学的世纪"。

1883年,学校为冯特增加薪水,同时校方也批准心理实验室为冯特专用,并给了他更多的空房间。这年冬天,"实验心理学"课程也被正式承认。冯特亲自购买了大量的新型器材,装满了孔维克特大楼中越来越多的房间。

很快,这个研究所就变得像磁石一样,吸引了众多来自欧洲各国和美国的学生。后来,实验室的房间不断增多,到了1897年,一个全新的、更加精心设计的实验室建成了,该实验室完全符合冯特的最初设想。

此时的莱比锡心理学实验室设置总共分三部分:第一部分是冯特原来37平方米的储藏室(即五号会议室);第二部分是三号教室,它是由两个新建的实验室工作间组成,一间为17平方米、另一间为37平方米;第三部分包括一间更小的暗室和设备储藏室。冯特的办公室和他演讲用的大礼堂(即四号教室)都离实验室很近。①

莱比锡大学心理学实验室的大部分日常管理工作都由冯特的正式助手来承担。15个人担任过他的助手,包括卡特尔和奥斯瓦尔德·屈尔佩(Oswald Külpe,1862—1915)等,学生们经常从事指定的实验。丹齐格把莱比锡

① Robinson, D. K. (1987). *Wilhelm Wundt and the establishment of experimental psychology, 1875—1914: The context of a new field of scientific research*. Ph. D Of University of California, Berkeley, pp. 74～76.

大学的心理学实验与当代研究性实验课中的心理学实验作了对比，发现被试和主试扮演的角色显著不同。其中一个不同在于如今在权力和地位上偏袒于主试。心理学家们指导着这些被试，被试经常为了达到完成课程要求的目的或接受很少的报酬来参加实验。主试明显处于主管的位置，被试按照主试的指示去做，然后得到一个参与的学分或者报酬。在冯特实验室里，被试的角色被认为比主试的角色更为重要，因为被试是资料的来源。被试是经过严格训练的、心理上非常老练的莱比锡心理学实验室的成员。有时他们要交换主试和被试的角色；在另外的一些时候，主试和被试是同一个人。尤其在实验室刚开始建立的几年里，冯特本人经常做被试。被试只是在莱比锡实验报告中使用的一个称呼而已，其他称呼包括诸如反应者、观察者、参与者和处于观察下的个体。冯特实验室里的研究是精细的、合作性的，是由一小群人实施的。丹齐格推断，当时心理学实验中的角色模式并不是来自莱比锡，而是来自法国，像让·沙可(Jean Charcot)这样的医学研究者关于实验性催眠的研究。莱比锡心理学实验室进行了范围广泛的各种实验，如果没有许多学生，那么进行如此大量的研究将是不可能的事情(图 4-1 是莱比锡心理学实验室的研究团队)。

图 4-1　莱比锡心理学实验室的研究团队

冯特的心理学实验室由最初的 5 个房间发展为后来的 11 个房间(如图 4-2 所示)。几年后，实验室的名声大噪，莱比锡因此成了心理学的圣地，世界各地的许多青年学生都慕名前来学习。这些学生学成回国以后，宣传冯特的心理学，创建自己的实验室，建立自己的心理学体系，成为各国心理学发展的奠基人物。据萨哈金(W. S. SahaRian)统计，到莱比锡跟随冯特学习心理学的人数如下：德国人(包括奥地利人)136 名，巴尔干人(罗马尼亚、保加利亚人等)13 名，英国人 10 名，俄国人 3 名，丹麦人 2 名，日本人 2 名。

其中有 34 人成为心理学界的知名学者，如霍尔、卡特尔、安吉尔，英国的斯皮尔曼、铁钦纳，俄国的别赫切列夫，欧洲的克雷佩林、闵斯特伯格、屈尔佩、克鲁格等。[①]

冯特的实验室于 1943 年 12 月 4 日晚间在美英对莱比锡的一次炸弹轰炸中被摧毁。

图 4-2　莱比锡主教学楼[②]

（1892 年，铁钦纳离开莱比锡前往美国，实验室的扩建工作便交由库佩负责，由莱比锡主教学楼的第二层搬到第三层（房间增至 11 个，并且配有电力设备）。1894 年，实验室进行了第三次扩建，从莱比锡主教学楼搬到了波林纳姆（Paulinum）和乔汉纳姆（Johanneum）两座大楼的最顶层。）

二、实验室的研究领域

莱比锡心理学实验室里进行的大部分实验都与第一次实验相差无几。1879 年 12 月的一天，在莱比锡大学一栋叫做孔维克特大楼自助餐厅三楼的一间小屋子里，冯特与他的两位年轻学生（弗里德里奇和霍尔）正张罗着一些器械准备实验。他们在一张桌子上装了一台微时测定器、“发声器”（一个金属架子，上部有一长臂，实验时有球从这里落到底下的平台上）和报务员的发报键、电池及一台变阻器。然后，他们把这五件东西用线连接起来。随着那只球“砰”的一声落在平台上，随着激起刺耳的发报键“喀”的一响，实验人员合上启动微时测定器的触点，用微时测定器记录下所耗费的时间。这些实验通常以两种形式进行。在一种形式里，被试被告知，一旦他清楚地感

① Sahakian. (1975). *History and systems of psychology*. New York: John Wiley & Sons, Inc., p. 138.

② http://www.comnet.ca/～pballan/section3(210).htm.

觉到自己听到响声后立即按下发报键；第二种形式是，他被告知，声音一响就尽快按下发报键。在第一种情况下，指令集中在他对自己的感觉的注意力上面；在第二种情况下，注意力在声音本身。

冯特及其弟子在莱比锡心理学实验室的头20年里，约进行了100种主要的实验性研究和许多小型实验。莱比锡心理学实验室里收集到的那些数据符合这样的知识标准："当你能够测量你正在说的话，并且能够用数字表达出来时，你就了解了其中一些东西；可是，当你无法测量它，当你不能用数字表达它时，你的知识就是贫乏和不能令人满意的那种。"①不经意的旁观者也许不会在这两种情况下看到任何差异，可是，研究者们经过屡次尝试和微时测定器的检测后都能发现两者的差异，莱比锡心理学实验室的研究通常都是指向可操控性的、界定很精确的问题，当时技术和设备很适合于这些问题的探究。

冯特更为广泛的研究视野包括诸多主题（如语言学、对行为的社会影响等），但这些主题并不适用于他所构想的实验心理学研究。不幸的是，冯特的心理学观点通常是依据实验室研究来阐述的，结果现在只能狭隘地根据内省法的主题来呈现其思想体系。因此，冯特的这些发现似乎微不足道，而且两种实验形式中还有其他的差异，比如说反应时更有揭示的价值。被试也已学会内省，他们报告说：当注意力集中在听到声音的意识上时，他们体会到一种虽有波动但很清晰的心理图式，这种图式就是准备好要去听的声音，一种轻微的、波动的紧张感，当他们听到这个响声时，会产生很短促的惊讶感，有很强的冲动试图想去按动发报键。另外，在这个实验的反应形式里，被试体验到即将听到声音的极微妙的心理图式，一种相当大的紧张感，当球落下去的时候会有很强的惊讶感，并产生按下发报键的冲动而几乎没有有意去按的意思。因此，这个实验不仅测量有意识的意愿和反射意愿之间的时差，而且还能辨识有意识的过程，这个过程是自我意识控制之下的简单行为表现。

尽管焦点集中于有意识活动的精神层面上，但被试只看这些过程的基本构成元素。早在几年前，冯特曾大胆宣布实验可以探索灵魂，可现在他感觉到只能对感知觉或者感情，即构成意识的基本元素以及它们之间的联系进行探索和研究。他提及到的较高级心理过程，包括复杂的思想和情绪、情感体验，这些都是"难以捉摸的心理现象，因而不适合做客观性的观察"。他认为语言、概念的形成以及其他一些高级认知功能只有通过观察才能进行研究和分析。

① 墨顿·亨特著，李斯译：《心理学的故事》，海南出版社1999年版，第172页。

由于心理学是对直接经验的科学研究,因此,只要把心理理解为某一特定时刻经验的总和,那么心理学就是研究人类的意识或心理。至于心理在某一特定时刻能够拥有多少观念,冯特认为传统的哲学内省不能提供可靠的答案。因为没有实验的控制,试图内省出某个人心理中的观念数目是徒劳的。为此,需要运用一种实验,用以弥补传统的内省,使之完备,并产生数量结果。鉴于这一理由,冯特把生理心理实验方法用于该领域,并用统觉学说予以解释。冯特的一次实验过程如下:被试坐在一间暗室里,面对投影屏幕,在约 0.09 秒的一瞬间,屏幕上闪现一组刺激物。刺激物是按四列四行排列的随机选择的字母。被试的任务是尽量回忆出字母。回忆出的数目提供了一瞬间内可以把握多少简单观念的指标,因而也就回答了上述问题。实验结果表明,未经训练的被试能够回忆出大约 4 个字母,经过训练的被试最多能够回忆出 6 个字母。这些数字与现代短时记忆容量的测验结果相符合。从这个实验中可以进一步观察到两个重要现象:(1) 假设每行 4 个字母构成一个单词,例如:work, room, idea 等。在这种情况下,有可能回忆出全部 4 个单词的 16 个字母。假设各个字母是孤立的,构不成一个单词,由于孤立要素的字母很快填满了意识,所以被试在一瞬间只能知觉到 4—6 个字母。但是,如果把这些要素组织起来,就可以把握更多的数目。用冯特的话来说,这些字母要素被"综合"为一个更大的整体,被理解为一个单独的复合观念,并被当做一个新的要素来掌握。(2) 在实验中,被试对有些字母可以清晰地知觉到,而对另外一些字母只能模糊地知觉到。意识似乎是一个巨大的场,其中分布着观念要素,场的一个区域处于"注意"的中心,那里的观念能够清楚地被感知,而处于中心区域之外的要素只能让人模糊地感到其存在,即不能辨认。

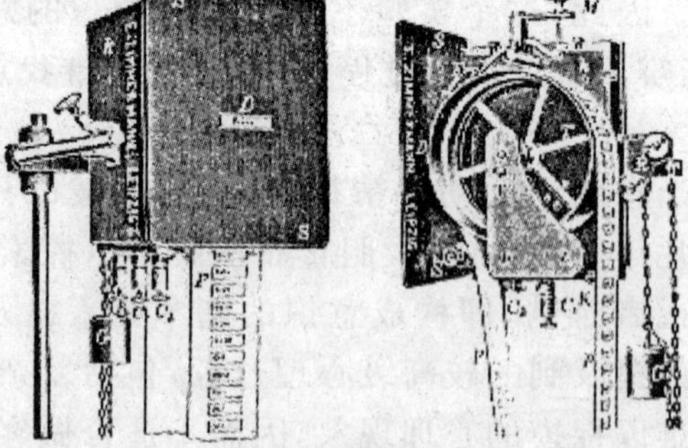

图 4-3　维尔特记忆设备①
(该装置通过不同的速度呈现言语刺激来测试被试的记忆水平)

① http://www3.niu.edu/acad/psych/Millis/wundtslab/gallery30.htm.

冯特对科学心理学实验的定义如下：在心理学实验中，一个已知的、受控的生理刺激被施加进来，一个人就会有被观察到的反应。赫尔姆霍茨和其他人都已经做过类似的事，可他们都局限于自己对被试视觉反应的观察上。冯特利用自己的内省法(introsepection)来获取被试内心反应的计量信息。

埃德温·加里格斯·波林(Edwin G. Boring)和罗伯特·华生(Robert Watson)把 21 年间在《哲学研究》上发表的大约一百篇莱比锡心理学实验室的实验报告进行了分类，并且发现 50%的研究与感知觉有关：对颜色视觉和对比、后像和视觉错觉的研究。① 通过让被试估计时间间隔来研究时间知觉，触觉的研究使用了韦伯和费希纳设计的心理物理法。

这些被分类的实验中大约 17%集中于反应时研究；在觉察或辨别出一个刺激之后，被试必须做出相应的反应。辨别反应时始终比察觉的反应时间要长。他们认为，这是由于在对刺激的初步察觉之后辨别过程所涉及的时间。这些方法和设想显得很合理，但大约在 19 世纪与 20 世纪之交的时候，人们发现它们是不恰当的。在不同被试、不同时间的同一被试以及不同的实验室所观察到的反应时间变化很大。反应时根本不能产生冯特所寻求的精确的心理过程测量法。尽管如此，这样的测量方法已逐渐普遍存在于心理学中。

还有约 10%的研究课题与注意有关。冯特把注意定义成“伴随着对任何心理情境的清晰把握的一种状态，并且以一种特定的感觉为特征”。莱比锡的观察者们接受了内省训练，以便能把注意领域的和注意焦点的感觉与观念区分开。冯特把使心理内容处于注意焦点的心理过程称为统觉，今天我们称之为选择性注意。

1919 年，冯特最出名的学生之一克雷佩林把一种注意模型应用于患有精神分裂症者的思维。克雷佩林把某些形式的精神分裂行为归因于注意力下降、高度不稳定形式的注意或者极端狭窄和缺少集中的注意。克雷佩林关于精神分裂症的“注意受损”理论引领了信息加工方法研究疾病的一种现代复兴。被诊断为精神分裂症的人甚至在康复后仍表现出注意缺陷。遗传上有患精神分裂症风险的儿童表现出同患有此疾病的成人相类似的注意缺陷。患有精神分裂症的成人很难过滤出相互竞争的各种刺激，所以在注意分配的任务中表现得很不好。

---

① Hothersall, D. (2004). *History of psychology 4th*. Boston: McGraw Hill Companies, Inc. pp. 128～129.

另外10%的研究项目与情感密切相关。把节拍器(如图4-4所示)有规律的节拍声播放给被试听,他们报告某些节奏模式比其他种类的模式让人感觉更加愉快:存在着愉快与不愉快这样的维度。被试还报告当他们期待下一个节拍声时会有轻微的紧张感。因此,情感包括紧张和松弛的第二个维度被确定下来。最后,在某个速率的节拍下,被试报告有轻微的兴奋感,而在其他速率的节拍下他们报告感觉平静。因此,情感的第三个维度——兴奋与沉静被区分出来。这三个维度在冯特的情感三维说中被结合在一起。冯特和他的学生做出了很多努力,基于这个三维模型划分出各种情感。在研究情感时,冯特式的研究者们还使用了一种"配对比较"的方法:情感被相互比较并且与一种标准的对照情感进行比较。这种比较是依照早期观察中形成的三个维度做出的。另外,脉搏的速率、呼吸和肌肉的紧张度作为情感特性的指标也被加以测量。这些研究预示了今天的生理心理学。

图4-4 冯特的节拍器①

(在一些研究中,冯特和他的学生将节拍器调成各种速度(有快有慢),然后在不同的时间长度里,让受试者听节拍器的声音。听的人需要仔细检查自己的感觉(内省),然后将自己的感觉报告出来。)

最后,《哲学研究》上约10%的研究报告涉及到联想。冯特认为联想是注意被动状态中的一个组合过程。单一的词语呈现给被试,要求他用单一的词语做出回应。冯特式的研究者们对反应词语的本身和它的潜伏期都做了相关的记录。冯特对建立在两个词之间内在联系之上的内部联想(例如,"狮子—动物"、"矛—盾"、"奶牛—牛奶"和"白—黑")和通常是具有偶然性的个人经验与外在世界建立的外部联结(例如,"曲线—意外事件"和"父亲—憎恨")做出了区分。克雷佩林为这些联想更深远的临床意义提供了启发性的支持,他发现一个受酒精影响的被试会增加外部联想的数量。

① http://www3.niu.edu/acad/psych/Millis/wundtslab/gallery24.htm

第二节 莱比锡心理学实验室的典型研究

一、反应时研究

莱比锡心理学实验室成立以后的前20年里进行了大约100种主要的实验性研究和无法计数的小型实验。许多实验都涉及到了感知觉，而且基本上与韦伯、赫尔姆霍茨和费希纳的传统相吻合。可是，这个实验室最有创意和最为重要的发现来自于它对“心理测时法”的研究，即测量某些特定心理过程及过程之间相互作用所需的时间。当时，冯特使用内省法与生理学家和心理物理学家所使用的大致一样——也就是说，把它当做一项判断一

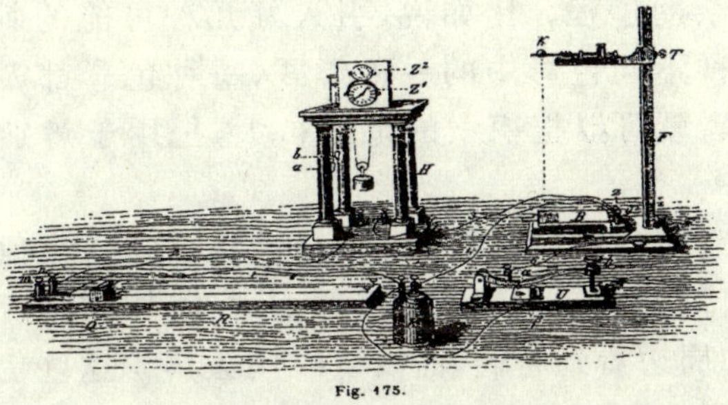

Fig. 175.

Wundt, Grundzüge der physiologischen Psychologie, 2nd ed., vol. 2 (Leipzig: Engelmann, 1880), 231.

图 4-5 听觉反应时研究设备①

个人是否正经历着一种特殊感觉的技术。实际上，冯特重复了许多生理学家所作的听觉和视觉研究，以及许多心理物理学家所做的绝对和差别阈限的研究。如果我们分析冯特研究的具体实例，那我们就能更容易地理解其实验心理学。当赫尔姆霍茨测量了一个神经冲动所持续的时间，并发现它比原来预料的要慢许多时，他的研究催生出一个研究方法，就是冯特实验中

① Robinson, D. K. (1987). *Wilhelm Wundt and the establishment of experimental psychology, 1875—1914: The context of a new field of scientific research*. Ph. D Of University of California, Berkeley, p. 99.

著名的心理时间测定法(mental chronometry),现在,我们称之为反应时。冯特早在到莱比锡之前就了解到这项研究。神经冲动的研究完成后不久,冯特就成了赫尔姆霍茨的助手,而19世纪60年代时,他对测量心理时间问题也越来越有兴趣。在此之前这个问题就曾在天文学家所面临的实际困难中出现过。建立计算经度的表格需确定各天体在一个月中某一特定时间的准确位置。确定这些位置涉及到一个复杂的程序,那就是测量天体“经过”望远镜目镜中的十字标线时所需时间。即使是训练有素的天文学家,即使他们的反应时仅存在小小的差异,可结果却大相径庭。为了解决这个问题,曾尝试通过确定每一个人的人差方程式,从而使天文学家的判断得以校正。因而,如果天文学家A总是比天文学家B慢0.12秒,他们测得的经过时间就可以用人差方程式的方法进行计算,从而使天文学家的判断得以校准。例如,如果天文学家A总是比天文学家B慢0.12秒,他们测得的时间跨度就可以用人差方程式进行比较:A=B+0.12秒。

我们可以通过马克斯·弗雷德里希在《哲学研究》第一卷中的心理学研究课题,即“简单的和复杂的视觉刺激引起知觉的持续时间”,来认识莱比锡心理学实验室最早的研究。在这项实验中,弗雷德里希发现,相对于简单刺激,被试对“刺激的联合体”知觉的持续时间显著减少。其他一些研究引入了一系列更为复杂的过程。比如说,引入好几种可能的刺激和反应——一个刺激也许有四种不同色彩中的一种形式,每种色彩都需要一个不同种类的反应——实验者就可以把探索的范围扩大,把用于辨别和选择的时间都包括进去。

其他一些研究涉及感觉和统觉之间的界限。有一个值得注意的例子如下:实验者将一组信件装在旋转鼓的孔眼里并让其飞速地闪过,被试“感知”到它们(在意识的周边看到它们,而没有时间去辨识这些信件),但在下次旋转时会对已经看到的东西产生“统觉”(有意识地记住并进行辨识)。最具代表性的发现在于注意力广度的大小上:在没有充裕时间去辨认的情况下,大部分被试仍可以看到4—6封信或说出几个单词,这就说明产生了统觉。

1. 唐德斯反应时研究

大约在赫尔姆霍茨放弃这项技术15年后,荷兰著名生理学家弗朗西斯科斯·科尼利厄斯·唐德斯(Franciscus Cornelius Donders,1818—1889)设计出冯特式实验所使用的反应时步骤,开始了一系列具有创造性的反应时实验。首先,唐德斯测量了简单反应时,其做法是对被试预定刺激(例如光)的反应(例如按动按钮)所需时间进行细致观察。其次,唐德斯推测,通过使情境更为复杂,他可以测量出各种心理活动所需时间。他认为,如果神经冲动所需时间可以测量,而心理活动又是由神经冲动所组成,那么,各种心理事件就极有可能被精确地测定。

例如，在一次研究过程中，唐德斯向其被试呈现几个不同的刺激，但指导他们只对其先前指定的刺激作出反应，这要求被试在反应前区别这些刺激。刺激的排列情况如下所示：

刺激：A　B　C　D　E

　　　　　　↓

反应：　　　c

进行这种辨别的心理活动所需时间，是总反应时减去简单反应时得到的。然后，唐德斯呈现几个不同的刺激并且指导被试对每一个不同的刺激进行反应，这使得情境更加复杂。这个实验的安排如下：

刺激：A　B　C　D　E

　　　↓　↓　↓　↓　↓

反应：a　b　c　d　e

19 世纪 60 年代末，唐德斯在假定心理事件是以相加方式结合在一起的前提下，进而提出了减数法（subtractive method）。首先，他测定一个简单反应所用的时间。例如，先按下一个电报的键，知觉到一个光刺激后，以最快速度松开电键。增加其他的心理任务后，这个方法将变得"复杂"些。比如，要求观察者只有在看到红光时才做反应；如果光是其他颜色，就不做反应。这里所花费的时间是"辨别反应时"（discrimination reaction time，简称 DRT），它是由简单反应时（simple reaction time，简称 SRT），加上辨别颜色的心理事件组成的，因此它们之间的公式是：

DRT＝SRT＋辨别时间；辨别时间＝DRT－SRT。

与此相类似，如果光是某一种颜色就松开某一个键，如果光是另外一种颜色就松开另外一个键，除简单反应时和辨别两种颜色所需时间外，观察者还必须选择松开哪一个键，做出这样的选择所需要的时间就是"选择反应时"（choice reaction time，简称 CRT）。简单反应时、辨别反应时和选择反应时这三种反应时之间的关系用公式表示如下：

CRT＝ SRT＋辨别时间＋选择时间；选择时间＝CRT－（SRT＋辨别时间）；选择时间＝CRT－DRT。

冯特热衷于唐德斯提出的方法，相信它可以提供一种心理活动时间测量的研究范式，或对各种心理活动所需时间精确地予以分类。莱比锡心理学实验室的早期研究约 20%是对唐德斯的有关反应时研究的重复或扩展。冯特坚信这样的研究相对内省法而言，提供了另一种方法，那就是用实验方法研究心理，而许多人都认为这是不可能的事情。以这样的实验方法来操作的实验也被称为复合式实验（complication experiment），这个研究方法盛行和风靡于冯特的实验室。然而，当这个实验所依赖的相加假定越来越凸显出其过于简单化的弊端时，相加法最终还是被研究者抛弃了。例如，在前面所提到的程序中，与较简单的反应相比，某个更加复杂的反应其时间应该总是要长些，但是在实际实验中，这个结果并不总是会出现。冯特重复和扩展了唐德斯的许多实验，而且起初对能够精确测量各种心理活动所需时间持相当乐观的态度，但他还是最终放弃了反应时研究。其中一个原因是，他像赫尔姆霍茨一样，发现反应时在不同研究和不同被试中变化太大，甚至在对同一被试在不同时段进行的测量也经常如此。反应时也随着以下情况而变化：接受刺激的感觉通道、刺激的强度、辨别项目的数量及其差异程度、被试所接受的练习量以及其他一些变量。情境太复杂了，不能获得可测量的心理"常量"(constants)。所以屈尔佩指出，通过增加辨别或选择改变程序，并不仅仅是增加了心理元素；更确切地说，它改变了整个实验状态。

2. **卡特尔反应时研究**

詹姆斯·麦基恩·卡特尔(James McKean Cattell)可能是跟随冯特学习的美国学生中最著名的一个。卡特尔是反应时研究方法的坚决拥护者，当他还在霍普金斯大学读书时，就开始了反应时的研究。他的一篇研究论文较好地用例子阐明了反应时方法的逻辑和开展此类研究时需要密切注意的细节。在这篇文章中，卡特尔描述了一些关于简单、辨别以及选择反应时的研究，都是和他的同事古斯塔夫·伯杰(Gustav Berger)共同完成的。这些研究构成了伯杰的博士学位论文的基础。当时，伯杰师从冯特研究刺激强度对反应时的影响。

在第一次实验中，卡特尔和伯杰测出了不同强度光刺激下的简单反应时。正如卡特尔所描述的："观察者坐在黑暗之中，透过一个伸缩管盯着光刺激将会出现的那个点"。卡特尔和伯杰把光的强度分为八个水平，在每一个强度水平都各做150次反应。他们发现，光的亮度增加时，反应时通常减少，同时也发现了个体差异——相对于伯杰，卡特尔的反应总是迅速一些。

用类似的方法，卡特尔和伯杰变化了对左前臂的电击强度，以探查其对右手反应时的干扰作用(如图4-6)。反应时再次随着强度增加而加快，尽管在最高强度时，"反应可能延迟了，因为这种电击太痛"。在数据总结中，卡特尔计算了平均数和变异单位(均差，即现代统计学上的标准差)。另外，要特别指出的是，研究中只有两个观察者——卡特尔和伯杰。这是早期实验心理学的共同情况：参与实验的每个人都要贡献一大堆数据，也就是说实验者和被试之间没有明显的界限。每一个被试包括为重复实验追加的被试，他们的所有数据都会被一一报告，而且几个实验参与者的数据并不是一起来求均值。报告完简单反应时后，卡特尔描述了复合实验思路，再次使用光刺激的八种强度水平之中的三种进行实验并汇总了实验结果，包括简单反应时、辨别反应时（“包括知觉时间”）和选择反应时（“包括知觉和意志时间”）。这里“知觉时间”就是辨别时间，“意志时间”就是选择时间。以下是他对复合实验的基本原理以及相关数据的描述：

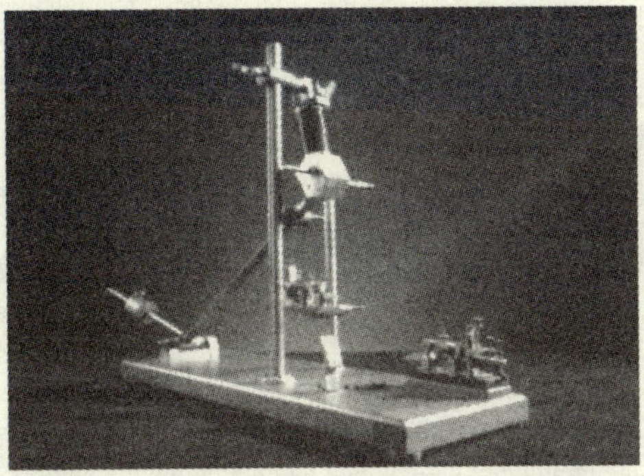

图 4-6　控制锤①

（控制锤呈现一种精确的时间间隔，可用来校准希普计时器的实施情况。）

如果做出反应前需区分颜色，那么时间就会延长。如果不要求反应总是尽可能地迅速，而是要求当呈现红色光时就做出反应，是蓝色光时就不反应，那么就能确定辨别时间。继续以相同的模式在简单反应时上做加法，可以进一步让被试在看到红光时举右手，而看到蓝光时举左手；那么，除简单反应和辨别颜色所必需的时间外，还得到在两次举手动作之间做出选择所需的时间。下表是运用光的三种强度（五、三、一）所做的实验结果（参见表4－1）。

表 4－1　一次复合实验的结果（单位：毫秒）

	伯杰			卡特尔		
	五	三	一	五	三	一
反应时	189	218	273	189	209	303
包括知觉时间的反应	238	293	373	274	328	417
包括知觉和意志时间的反应	287	320	393	356	388	495
知觉时间	49	75	100	85	119	114
意志时间	49	27	20	82	60	78

卡特尔运用唐德斯法得出了知觉时间（即辨别反应时）和意志时间（即选择反应时）。例如，卡特尔做被试，刺激强度为五级：

辨别反应时＝DRT－SRT ＝274－189＝85 毫秒，

选择反应时＝CRT－（SRT＋辨别时间）＝356－（189＋85）＝82 毫秒。

卡特尔在研究辨别反应时与选择反应时所发现的显著性差异正好与冯

① http://www3.niu.edu/acad/psych/Millis/wundtslab/gallery40.htm.

特本人的五部分心理反应模式相吻合。以下是冯特五部分心理反应模式的具体内容：

感觉，感官刺激引发对大脑的神经冲动；

知觉，外界信号进入到意识领域；

统觉，外界信号进入到注意的中心区域；

意志活动，在此阶段恰当的反应信号在大脑中得以释放；

反应行为，更精确地说是从大脑的反应信号转化为肌肉活动。

“当卡特尔继续用反应时法验证各种心理过程假设的有效性时，他同屈尔佩一样抛弃加法模型，采纳了反应时可用于比较各种不同复杂程度心理活动的理念，这使他研究个体差异时，采用的手段是探查反应时包括诸如对字母表中不同字母的认知时间和词语联想的时间等。”①

莱比锡心理学实验室的反应时研究，实验结果可总结如下：②

表 4－2　一次反应时实验的结果（单位：毫秒）

第一组实验	简单反应时	132～226 毫秒
	辨别反应时，两个刺激物	额外需要 50～79 毫秒
	辨别反应时，四个刺激物	额外需要 73～157 毫秒
第二组实验（有辨别反应时的反应时研究）	没有选择反应时	183～303 毫秒
	简单选择反应时	额外需要 152～184 毫秒
	多重选择反应时	额外需要 188～331 毫秒

二、感知觉研究

下面关于反射速度、联想和视觉的实例是冯特在莱比锡大学期间施行或指导的许多感知觉研究的典型范例。

1886 年，冯特在《哲学研究》杂志发表了一篇文章，其中呈现了他关于不同反射活动速度的研究。冯特采用摆肌动计器（pendulum myograph）（如图 4-7 所示），这是一种可以对刺激和反应进行相当精确测量的工具，关于反射活动的研究促进了这种趋势的形成。在这个实例中，刺激是电流，反应是一只青蛙的反射活动。在探究的主题中，冯特比较了单侧脊髓传导、横向脊髓传导和纵向传导。在单侧传导中，兴奋从感觉端传到同侧相应的运动端。横向传导是从一侧的感觉端传到另一侧的运动端。纵向传导是沿着脊髓轴

① C·詹姆斯·古德温著，郭本禹等译：《现代心理学史》，中国人民大学出版社 2008 年版，第 97 页。

② Robinson, D. K. (1987). *Wilhelm Wundt and the establishment of experimental psychology, 1875—1914: The context of a new field of scientific research*. Ph. D Of University of California, Berkeley, pp. 100～102.

从较低的感觉端传到较高的运动端，或者反过来。纵向传导可以遵循单侧的或横向的路线。冯特还进行了关于反射速度的体温效应的研究。而且，他还考察了同时刺激相邻神经时的反射过程。在这些研究中，冯特报告说横向与纵向反射比单侧反射的速度要慢。他还发现降低后的体温会增加反射的量，但反射的速度慢于体温正常时。冯特发现同时相邻刺激的神经会对反射活动产生叠加效应，同时刺激或刺激的叠加会导致兴奋性效应或抑制性效应。冯特认为抑制和兴奋在较低和较高心理过程中的作用是对等的，抑制的增长对适应行为和随意行为来说是非常关键的。

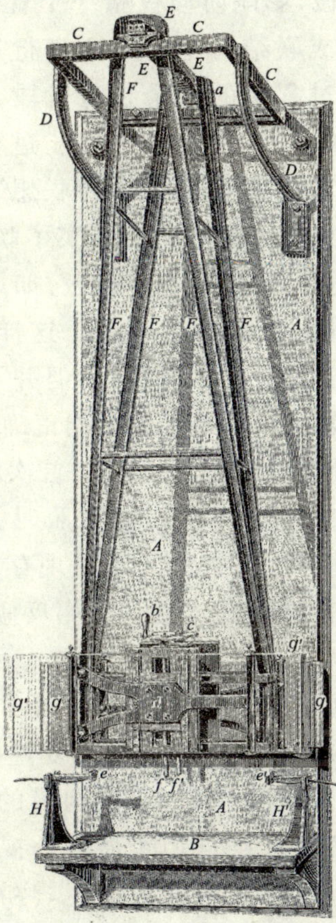

图 4-7　摆肌动计器①

爱德华·斯克里普彻(Edward Scripture，1864—1945)的博士学位论文是莱比锡心理学实验室的重要研究成果之一。斯克里普彻的研究涉及到向

① http://vlp.mpiwg-berlin.mpg.de/vlpimages/images/img5810.jpg.

舒服地坐在黑暗且安静的房间里的被试呈现视觉、听觉、触觉、嗅觉和味觉等感觉刺激,这个房间的设计是为了尽可能避免感觉的分散。斯克里普彻主要感兴趣的是测试刺激联想的本质和特性。他尤其希望发现联想过程的成分。在被试内省报告的基础上,斯克里普彻划分出联想的四个阶段,即准备、影响、扩展和后效四个阶段。准备阶段是四个过程中最精彩的一个。在呈现刺激的一刹那,人们的意识领域会同时出现几个观念为"中心位置"而角逐的情况。被试的细致内省表明除确实由刺激引发的观念外,还有其他没有突破阈限的观念。被试可能并不能说出其他观念,但他们的确能报告观念竞争的感觉。第二阶段,影响阶段仅指一个观念或联想突破阈限,并由此改变意识。当其他观念或联结对主要观念进行补充时,扩展阶段发生的现象就会显现。作为联想过程中的一个独特阶段,后效阶段可能是包括对扩展阶段本质性的思考或是对特定联结进一步进行诠释的过程。像"我想知道为什么我会有这样的联想而不是那样的联想"这样的自省可能是后效阶段反应中的一部分。斯克里普彻的研究证实了联想有无意识的影响。

在一定实验条件下,他呈现一种主要刺激,如一张图片,并同时短暂呈现另一个简单刺激,如一种颜色或一个字母。这样的呈现方式处于视觉边缘且非常短暂,被试只知道呈现了某种东西,但并不能肯定它到底是什么。斯克里普彻发现,次级刺激在34%的次数中能正确地和主要刺激建立联想。斯克里普彻还发现,与某种刺激(尤其是颜色)首次联结的并不是观念本身,而是一种感觉。这种发现支持了与认知相对照时关于感觉的地位的推测。一些早期理论家认为,感觉总是有条件的或是现存观念所附加的。因此,最主要的是被剥夺了有关情感的认知。另一种相反倾向是认为感觉与认知一样重要。

莱比锡心理学实验室中进行研究的另外一个典型范例是奥古斯特·基施曼(August Kirschmann)关于视网膜上光感受性的项目。他发现,围绕中央窝的中心视觉会产生更清晰的意象,但视网膜的外周部分对光的感受性更强。铁钦纳指出,这个发现有点自相矛盾——视网膜上对物体亮度的表象从中央到边缘是呈下降趋势的;或换句话说,注视时,影响视网膜外侧的反射光少于到达中央窝的反射光的强度。因此,我们可以预期,从外侧看到的物体会不如从中间看到的物体亮。铁钦纳还证明了暗适应的视网膜外周部分对光具有更大的感受性。如果晚上不直接盯着星星看,朦胧的星星会亮一些。也就是说,如果我们凝视星星模糊的边缘部分,星星的表面亮度就会增加。

基施曼的研究是典型实验室研究项目,它探究了与特定生理结构相关的意识或经验现象。冯特的研究激发了大量关于意识经验的生理结构的基础研究。许多系统研究尝试对具体感官经验范围进行了分类，然后确定与这些经验相关的生理基础。现在这种方法仍被用来探究心理过程与生理过程之间的关系。

这些“内部知觉”大多数在研究本质上是利用心理物理学的方式，考察诸如对呈现在视网膜不同位置的色彩的辨别能力和对所呈现的不同音高、响度的声音的辨别能力这类主题。在知觉方面，莱比锡心理学实验室的研究还涉及到了正负后像、视觉对比、错觉和大小知觉、深度知觉、运动知觉等主题。

三、其他方面的研究

冯特的实验室不仅关注感知觉和反应时研究，还对注意、情绪、联想、梦等主题进行了大量的研究。

1. 注意研究

1862 年，冯特进行了一项实验，这使他相信建立一门成熟的实验心理学学科是可能的。冯特证明了将一个人的注意从钟声转移到钟摆的位置需要花 1/10 秒，反之亦然。冯特认为，使用他的“思维仪表”(thought meter)，可以证明人类在某一时刻只能注意一种刺激，而且从一种刺激转移到另一种刺激需要花 1/10 秒。当“思维仪表”的钟摆在极限位置上时，金属棒能撞到铃铛。冯特发现，尽管他盯着刻度尺，当铃响时钟摆从来没有在位置 d 或 b 上，而是与它们有一段距离。因此，当铃响时确定钟摆的准确位置是不可能的。读数总是偏离 1/10 秒钟左右。冯特突然意识到他是在测量一个心理过程的速度，他认为人们要么注意钟摆的位置，要么注意铃声，但不能同时注意两者。将注意主动地从一种刺激转移到另一种刺激所需的时间已经测量出来了——它在十分之一秒左右变化。这个早期实验使冯特不仅认为实验心理学是可行的，而且认为这样的心理学必须强调选择性注意。

选择性注意的速度能够进行测量，这给冯特留下了深刻印象。从那以后，冯特心理学的一个重要主题就是区分随意运动和不随意运动。从 1888 年起，莱比锡心理学实验室的研究兴趣彻底从纯粹反应时研究转移到以注意力为中心的反应时研究上来。典型的实验是兰格将在两种实验情境下获得的反应时进行了比较：当一个主体的注意力集中于期待的刺激上(称为感官反应时)以及当一个主体的注意力集中于做出反应上(称为肌肉反应时)，实验发现主体在于看到和辨别某物比主体在于做出动作反应要多花费十分之一秒的时间。

2. 情感研究

在冯特看来，每一种心理要素都具有两个基本属性：性质和强度。据此，情感可分成愉快—不愉快、紧张—松弛、兴奋—沉静这三种维度。每一种情感既可能表现出其中的两个维度，也可能只属于其中的一个维度。这种情感三度说是源于内省观察。这里所用实验工具是一个节拍器，在一组有节律的嘀嗒声结束时，一些节奏型比另一些节奏型听起来好像更愉快、悦耳。于是，构成这种经验第一部分的便是愉快—不愉快的主观情感。第二类情感也是在听到嘀嗒声时发现的。当等待每一相继的嘀嗒声时出现紧张的情感，而在所期待的嘀嗒声发生后就产生松弛感。于是，构成这种经验第二部分的是紧张—松弛的主观情感。第三类情感是，当嘀嗒的速率增加时会引起适度的兴奋情感，而在速率减少时则引起较沉静的情感。于是，构成这种经验第三部分的便是兴奋—沉静的主观情感。

3. 联想研究

冯特探索了联想的心理机制。当然这不是英国联想主义者所讨论的那种高水平层次的联想，而是针对联想基本构成要素展开的研究。在一个典型的研究范例中，助手会念出单音节词，被试要听和分辨出每个词并立即按键；这可以测量到"统觉时间"。然后，助手会说出一些类似的词，而被试要在每个词唤起一个相关念头时按下那个键。这会花费长一点的时间。从总体时间中减去统觉时间将得出冯特所谓的"联想时间"，即意识到要找到一个与听到或者辨识出来的词汇相关的词所需要的时间——这个时间长度一般在常人身上是四分之三秒。一般认为，一方面冯特急于找到一种静态心理的认知、情感元素，而另一方面，他视心理过程是一种积极的、创造性的、动态的和有意志的过程。在对相关研究的解释中，冯特相信统觉是一个较为复杂的过程构成的，其中包括心理元素创造性综合所产生的积极的认知特性（评价、思想、概念）。与此相反，感知觉联想是消极、被动的过程。简单地说，统觉囊括了意识层面所有的特质，这远远超出了感知觉联想的范畴（如表 4—3 所示）。

表 4—3　统觉与感知觉联想的区别

分类	心理机制	典型例证
统觉	积极、主动的注意	评价，思想，概念
感知觉联想	消极的、自动化的注意	同化，感知觉融合，复杂化

实际上，他相信统觉过程对于正常心理功能是至关重要的，而且他推测

精神分裂症可能是注意过程出现故障的结果。如果一个人失去了统觉的能力，就如同精神分裂症患者一样，他的思维会变得杂乱无章并且显得毫无意义。精神分裂症可以理解为注意过程遭到破坏，这种理论观点被冯特的学生和朋友克雷佩林所扩展。克雷佩林认为，"中枢控制过程"的损坏可以导致注意力的减退、注意的不稳定或过分集中——任何一种都能导致严重的心理疾病。正如我们所看到的，冯特对感觉有兴趣，而且在解释感觉如何结合成知觉时，他仍与传统联想主义有着密切联系。但对于统觉来说，他却强调注意、思维和创造性综合。所有这些过程与理性主义传统的密切联系远胜于与经验主义传统的联系。

四、总结评价

冯特的内容心理学研究成果主要是在实验室中完成的。莱比锡心理学实验室早期关于视网膜刺激轨迹与亮度知觉的关系研究现在已被广泛接受，除此之外，我们注意到了其他研究项目的长久影响力。例如，情感因素分析研究结果与冯特三维理论的预测结果密切对应，他的研究还对应用认知心理学的发展产生了重要影响。遗憾的是，冯特关于记忆的严密观点并不精确，且过于通俗化，对科学心理学没有什么价值，这使他偏离了一些同时代的学者。

莱比锡心理学实验室对感觉过程和反应时的过分强调被批评为研究范围过于狭窄。但正如惠特海默（M. Wertheimer，1880—1943）所指出的那样："这种批评可能有点不恰当。毕竟，这只是真正的实验心理学的开始。我们几乎不能指责冯特在早期实验室中没有关于学习的研究；这种研究不是那个时代精神的产物。"[①]而且，冯特更大的视野确实包括了一种更广阔的、包罗万象的心理学。也许冯特的许多学生扩充了他的宽广视野也绝非偶然。

可以毫不夸张地说，莱比锡心理学实验室是科学心理学诞生的摇篮，它孕育着心理学发展和壮大的希望。历史已经证明，不少从莱比锡心理学实验室走出来的学生开辟了崭新的应用领域。为了遵循在莱比锡大学学习时的研究，威特默开始进行关于痛觉、心理障碍患者的特殊学习问题等主题的实验研究。他在这一领域的研究对早期学校心理学家来说具有实用价值。

① Wertheimer, M. (1987). *A brief history of psychology* (*3rd ed.*). New York: Holt, Rinehart and Winston, p. 69.

1896年3月,威特默开办了世界上第一个由心理学家领导的诊所。在运营的第一年,诊所大约处理了20多个病例,主要是学习障碍。后来,病例数增加,他们检查并治疗了各种各样的病人。1907年,威特默创立了一种新杂志,即《临床心理学》。在总结威特默的贡献时,麦雷诺兹(McReynolds)指出,他是第一个看到科学心理学可以充当帮助他人的专业学科之基础的研究者。除了创办第一个临床诊所和临床杂志外,威特默还通过自己对临床活动的参与,向我们证明了临床专业人员是如何独立于医学专业而起作用的。他还认为,科学心理学与临床心理学之间应该存在紧密的联系。有人甚至提出,他的研究预期了后来的工业心理学、组织行为学和咨询心理学的发展。

符茨堡学派代表人物屈尔佩发现要在实验室研究思维过程,就必须扩充冯特的内省概念,因此在他自己的实验室,内省更类似于冯特的自我观察概念,被称为系统实验内省法(systematic experimental introspection),即观察比冯特实验室的更复杂的事件,然后把有关的心理过程完整地报告出来,这可能产生记忆问题。正如武德沃斯(Robert Sessions Woodworth,1869—1962)后来所指出的那样,因为对于一个10秒内的事件,描述与之相关的心理事件可能要用10分钟时间。复杂事件的内省可能会被记忆歪曲,为了解决这一问题,屈尔佩和学生提出了分段法(fractionation),就是将任务分解为它的组成部分,而且每个部分都能够进行内省。例如,在瓦特(Watt)所进行的一项字词联想研究中(即看到一个刺激单词后,就说出第一个出现在脑海中的单词),任务分解为"实验准备阶段,刺激词呈现阶段,反应词搜索阶段(如果搜索发生的话),以及最后的反应词出现阶段"。

在冯特以前,心理学并没有对心理现象进行系统的科学分析和实验研究,主要是依靠笼统的推断和猜测。冯特在1879年创立了世界上第一个心理学实验法,亲自用实验法建立新的实验心理学体系,使得心理学有了自己独特的研究对象、方法和内容,宣告了心理学的独立。

第五章

冯特的民族心理学体系

在冯特看来，内容心理学的实验内省法只能研究个体的意识过程，不能用来研究人类共同生活方面的复杂精神过程。冯特认为，实验的个体心理学不能成为一门完整的心理学，它只涉及心灵的“外层”，民族心理学才能达到心灵的深层。冯特一直感兴趣于他觉得不能用实验法来研究的主题，1862 年，冯特在他第一本书《对感官知觉理论的贡献》的绪论中就给“民族心理学”下了定义，而且，在其整个职业生涯中，他都保持着对民族心理学的兴趣。

在冯特看来，民族心理学的研究对象不只局限于民族这一社会大群体的心理产物，它还包括家庭、部落、社区等比民族范围更小的社会群体的心理产物，以及比民族范围更大的社会载体（国家乃至全世界）的心理产物，因此民族心理学是揭示人类心理起源与发展规律的一门学科。正如冯特自己所强调的：“在对人类仍可显露出来的不同心理发展阶段的考察中，民族心理学引导我们走向真正的心理发生的道路。”[1]

第一节　冯特民族心理学的形成与意义

民族心理学（Völkerpsychologie）是社会心理学的分支学科，其研究对象

---

① Wundt, W. M. (2003). *Elements of folk psychology: outlines of a psychological history of the development of mankind*. Translated by Edward Leroy Schaub. London: Routledge. p. 4.

是特定条件下某一个民族心理活动的发生、发展和变化规律，研究的内容包括为某一民族所共同具有的感情、思想、嗜好、激情、性格、语言、文艺、宗教、神话、风俗等。由于对民族心理学的研究是以普通心理学和社会心理学的理论为基础，而且从社会学、人类学以及民族学中吸取了大量材料，因此亦可视其为一门独立的边缘学科。

民族心理学并不是由冯特本人所创造的，它的产生有着漫长的历史发展过程。民族心理学的产生应追溯到主张客观精神的黑格尔，从他的唯心主义哲学观看来，每个国家都有一个群体心理，这个群体心理有其自己生长与发展（辩证法的）的规律，由于它对个体有所影响，因此个体的心理生活也是不断丰富的。除了黑格尔之外，费希特（Johann Gottlieb Fichte，1762—1814）与洪堡（Alexander von Humboldt，1769—1859）也把哲学基础放置在民族的概念之上。民族逐渐在为统一德国的斗争中出现，并在 1860 年被心理学所运用。

民族心理学的研究兴起于 19 世纪后半叶，在此之前人们对民族已经有了不少研究。17 世纪意大利学者 G·B·维科（Giambattista Vico，1668—1744）指出，要称得上民族必须具备四个特征：(1) 具有一定程度的血缘关系；(2) 居住在同一地域；(3) 具有共同的文化和语言；(4) 群体成员具有民族意识。民族心理学的早期研究者接受了这种观点。1860 年德国哲学家 M·拉扎鲁斯（Moritz Lazarus，1824—1903）和他的朋友、语言学家 H·斯坦塔尔（Heyman Steinthal，1823—1899）共同创办了《民族心理学及语言学》杂志。他们企图通过研究民族精神所产生的语言、风俗、宗教、神话、艺术、法律等社会现象来探寻这些原始民族的心理机制，他们的这些努力被视为最早的民族心理学研究。其民族心理学，从概念来看，是社会人的心理学或是人类社会的心理学。他们认为民族是绝对必要的，并且是最重要的团体，因此这种心理学要冠以“民族”二字。此外，他们还把民族心理学分为两个部分：一是民族史的心理学；一是心理的人种学。而冯特的民族心理学就是从这种理论中发展而来的。但是正式作为心理学分支的民族心理学直到 20 世纪才诞生，其标志就是冯特在 1900—1920 年间发表的十卷本的《民族心理学》著作。

一、冯特民族心理学的形成

冯特受到拉扎鲁斯和斯坦塔尔两人思想的直接影响。早在 1862 年，他就认为心理学有两个分支，即生理学的与社会民族的。冯特用其心理学生涯的前20年致力于前者的研究，用其心理学生涯的后20年发展后者。他在1900年之后，一直到他去世的前一年，出版了10卷本的《民族心理学》。在这些著作中，他坚持并强调一切更高级的心理过程的研究都属于民族心理学的范围。冯特在名义上称之为民族心理学，而实际上则是一部关于语言、艺术、神话、宗教、风俗、法律、道德等多卷本的社会心理学，它不仅内涵丰富，意义也十分重大。舒尔茨指出，这本书的意义“远比冯特民族心理学中所写的内容重要，因为它把新心理科学分成了实验的和社会的两个部分”。①

按照冯特的思想，除了实验室对个体的研究之外，心理学还要重视研究“人类心理发展的历史”。在这一思想指导下，他探索民族心理学的问题，如民族的语言、艺术、宗教，乃至于婚姻与家庭、图腾制度、鬼神的信仰、道德与法律、劳动与生产、战争与武器等人类文化的要素。这些要素虽受到各种自然条件和社会环境的制约，但实质上是心理活动的表现。在这一领域中，冯特不仅重视实验室中对个体对象的研究，还把群体作为研究对象，他认为心理学被自己限制在个体意识上，是不能够全面理解人的心理现象并做出比较正确的解释的。于是他把研究与社会学、人类学、历史等学科结合起来，在民族（社会）心理学方面写了三种著作：一是从1900年3月到1919年9月写的十大卷《民族心理学——对于语言、神话和风俗的发展规律的探讨》；二是1912年出版的《民族心理学纲要》；三是在1911年出版的题名为《民族心理学的诸问题》（论文集）一书。其中他的十卷本《民族心理学》是一部鸿篇巨制，仅其前5卷就长达3000多页。在这部书里，第一、二卷是论述语言，第三卷论述艺术，第四、五、六卷是论述神话和宗教，第七、八卷是论述社会，第九卷论述法律，第十卷是冯特对文化和历史的总的个人看法，这一卷在探讨冯特民族心理学的观点和思想上是非常重要的。

冯特认为，民族心理学是“研究以人类集体一般的发展和有普遍价值的、共同的精神产物发生为基础的心理过程的。”②在这种意义上，所谓的“普遍”是把心理的特殊形式去掉，所谓的“共同”是把个人的精神产物除掉。所以，他指出：“今天心理学所处理的心理、精神，并不是哲学的实体概念，只不过是现实的概念，即实际的精神作用、意识现象。”③在人类普遍的、共同的精

① 舒尔茨著，杨立能等译：《现代心理学史》，人民教育出版社1981年版，第62页。

② 郭本禹主编：《心理学通史・第四卷・外国心理学流派（上）》，山东教育出版社2000年版，第51页。

③ 郭本禹主编：《心理学通史・第四卷・外国心理学流派（上）》，山东教育出版社2000年版，第51页。

神产物中，最重要的是语言、神话和风俗，民族心理学可能研究到的其他有关现象，如宗教、艺术、法律和社会组织等，由于其起源不同，因而不能列入组成民族心理的基本要素之中。

冯特民族心理学的研究内容涉及语言、神话和风俗等现象，它们都是集体意识的产物。像他在实验心理学领域中规定感觉和感情是组成个体心理元素那样，冯特认为语言、神话和风俗是组成民族心理的三要素。因此，他的民族心理学就是“对于语言、神话和风俗的发展规律的探讨”，这也是他的10卷本《民族心理学》一书的副标题。以后又因艺术对个人的影响很大，他又把艺术现象纳入民族心理学的研究范围。在冯特看来，语言是指表象作用，神话是指感情，风俗是指意志。或者把语言视为思考，把艺术和神话看做是想象的作用。特别是在《民族心理学》一书的第九卷“论法律”中，冯特论述了作为法律意志的意志，而且对于语言的表露运动，对于艺术的想象意义都有了心理学上的充分说明。

冯特认为社会产物的具体研究方法包括两种：一种是“分析的研究法”，另一种是“综合的研究法”。他认为，在论述语言、神话、艺术等问题时，以“分析研究法”来分别说明它们的发展情况，而以“综合研究法”来研究这些现象作为整体的发展情况。《民族心理学》一书的第十卷就是运用“综合研究法”的具体体现。

二、冯特民族心理学的意义

冯特对民族心理学的兴趣最早可追溯到1859年他在海德堡大学开设的“人类学(人的自然历史)”[1]课程。在其第一部心理学专著《对感官知觉理论的贡献》(1862)中，冯特进一步表达了利用民族心理学知识为心理学服务的愿望。他指出：“民族心理学仍然提供了一个丰富的公开的领域，这个领域在语言学、文化史及伦理史方面，巨大的初步的工作是早已存在了，但至今还没有利用来为心理学服务。”[2]在《人类和动物心理学的讲演录》(1863)中，已过“而立之年”的冯特则明确表现出对实验心理学和民族心理学的“双重兴趣”。

赫根汉(B. R. Hergenhahn)曾将《人类和动物心理学的讲演录》一书的

① Greenwood, J. D. (2003). Wundt, völkerpsychologie, and experimental social psychology. *History of psychology*, 6(1). pp. 70～88.

② 冯特：《对于感官知觉的理论的贡献》，见《西方心理学家文选》，人民教育出版社1983年版，第5页。

内容作了如下归纳：该书的第一部分包括心理学的历史，对感觉、空间和时间知觉研究以及人差方程式研究的回顾；《讲演录》的第二部分包括对审美的和宗教的情感、道德判断、社会发展、比较宗教、语言和意志等的讨论。实际上，这些主题中的大多数后来都出现在《民族心理学》(1900—1920)里。①

冯特的民族心理学同他的实验心理学一样，都是他所构建的完整心理学体系的重要组成部分。冯特构建民族心理学的本意是弥补实验心理学在研究思维与想象等高级心理过程方面的不足，从民族的语言、神话和风俗习惯中发现高级心理过程的基本规律。在他看来，把心理学局限在实验室里研究个体的意识和经验是远远不够的，所以还必须从更为广泛的意义上去研究社会经验和集体意识以及"人类心理发展的历史"。只有这样才能对人的心理现象做出比较正确而全面的解释。当冯特把自然科学的实验方法应用于心理学的研究时，他发现实验法仅仅能研究反应时、感知觉和联想等简单的心理过程，而对于复杂的心理过程，实验法就起不到作用。为了解决这一问题，冯特认为必须求助于民族心理学，因为人的高级心理过程不可避免地同语言、神话和风俗习惯等社会产物联系在一起。因此，可以通过对这些社会产物的分析，从中推演出高级心理过程的基本规律。

正如冯特指出："在实验法无能为力的地方，幸而还有另一种对心理学具有客观价值的辅助手段可供利用。这些辅助手段就是心理的集体生活的某些产物，这些产物可以使我们推断出一定的心理动机。属于这些产物的主要是语言、神话和风俗。由于它们不仅依存于一定的历史条件，而且也依存于普通的心理规律。所以那些引申出普通心理学规律的现象，就成为一个特殊的心理学分支——民族心理学的对象，民族心理学的研究成果给研究复杂心理过程的普通心理学提供了极其重要的辅助手段。"②同时，冯特在《民族心理学纲要》这本书中肯定了"民族心理学无疑是心理学的一个分支"，并指出，"由人类生活集体所创造的那些精神产品是不能仅凭个体经验对它们加以说明的，因为它们是以许多人的相互活动为先决条件的"。③

① 赫根汉著，郭本禹等译：《心理学史导论》，华东师范大学出版社 2004 年版，第 389～391 页。

② 郭本禹主编：《心理学通史·第四卷·外国心理学流派(上)》，山东教育出版社 2000 年版，第 51 页。

③ 郭本禹主编：《心理学通史·第四卷·外国心理学流派(上)》，山东教育出版社 2000 年版，第 50 页。

第二节　冯特民族心理学的主要内容

冯特根据早期关于心理学结构的设想，花了约 20 年的时间，采用分析和研究语言、艺术、神话、宗教、社会风俗、法律和伦理等社会历史产物的方法，专门研究民族心理学。他的《民族心理学》内容丰富，对后世的意义十分重大。

由于深受黑格尔的历史演化论和达尔文生物进化论的影响，冯特根据进化论的观点把民族心理学的发展分为四个阶段，即原始人（primitive man）阶段、图腾崇拜（totem）阶段、英雄与神（heroes and god）阶段和人性发展（the development of humanity）阶段。民族心理学不仅要研究每一阶段的心理发展特点，还要研究各阶段之间过渡状态的心理特点。冯特从人类学中寻找他所需要的事实和资料，并分析不同时期的文化产品，从而发现心理学的意义和规律。在他看来，只有通过这种方式，才能确定人类文化发展四个阶段的心理特点。

冯特认为，人的思考是被语言、习惯和神话所规定的，这些是他民族心理学的最基本的研究范畴。而且他用民族心灵代替了含义很客观的民族精神，并把民族心灵归之于精神实体的概念范围之内。此外，冯特在《民族心理学》中还论述了艺术、宗教、法律和社会组织等问题。冯特的《民族心理学》再版于 1990 年并受到了好评①，足见冯特民族心理学的研究内容具有重要的意义。

一、关于人类共同生活特征与集体意识

冯特认为，高等动物同生物一样都过着共同的生活。动物学家把蚂蚁生活和蜜蜂生活叫做“动物国家”的一种团体生活，但是它们之间的结合是始终如一的，彼此交换心理活动，既没有什么变化，也没有什么目的性，只是

① Brock，A.（1992）. Review of Christine M. Schneider's Wilhelm Wundt's Völkerpsychologie. *Contemporary Psychology*，37，p. 380.

为了满足物质的要求而已。而到了人类就大不一样了,人类并不仅仅为了满足某种物质上的需求,也经常进行心理上的相互作用,个人与团体之间因相互影响而发生变化,可见个人与团体之间的关系是非常密切的。

在集体意识的问题上,冯特指出,多数人生活在一个团体的时候,每个人的意识并不是孤立的。事实上,他们形成了一种统一的结合关系,其性质不同于个人的意识,冯特就把这种意识叫做集体意识。集体意识决不在每个人的意识之外,各个人的意识结合成一个整体,这个整体因指向一定的目的而统一起来,从而构成了集体意识,它并不是一个虚构的概念,而是同个人意识一样的实在。依照冯特的观点,多数人集聚的精神团体是有心理价值的,这就是社会学的问题。回溯到民族精神生活的初期,通过他们的集体生活便产生了各种心理的产物,我们通过这些产物就可以看到民族精神的特质。言语、神话和风俗在这些产物中是最重要的,冯特将这三者称为集体意识的产物。

二、关于言语

对人类语言起源及其发展的分析是冯特民族心理学的重要内容。冯特认为,语言与思维是密不可分的。语言是一种高度进化并得以习惯化的自然形成物,它既不是人类的一种特殊创造物,也不是人类尝试交流思想愿望的结果,这种形成物同哭叫、动物吼叫、聋哑人的手势、儿童呀呀学语时的发音类似。其之所以区别于低级的交流形式,在于它有思想内容。人类通过这些思想内容、情绪的运动表现着自己的观点,为他人所理解,并同他人交换思想,交流感情。这样,语言就超出了自然性的范围。冯特清楚地看出了语言的社会意义,他认为语言不仅是个体高级心理过程借以发展的工具,还是一种社会性活动,它是社会生活的产物。正是由于语言的使用,才使得个体集合成为人群,组成社区。因此,语言在理解个体心理和社会心理方面起着至关重要的作用。正因为语言具有这一属性,所以语言在冯特的心理学体系中起着联系个体心理学和民族心理学的作用。

冯特在他的《民族心理学》第一卷中,揭示了人类语言发展的两种重要的表现手段,即手势言语和发音动作。他认为人出生以后,除了把自己的感情、情绪表现于外部之外,还会想把自己所想的传给别人,这种表现手段最初使用的是"手势"。所以,在完全没有言语的情况下,手势就成为传达自己意志的一种重要方式。如聋哑人可以根据自己身体的各种手势来表达自己的意志,或通过别人的手势来了解他人的意志。所以说,人们表现自己的手势有两种，一种是“指示手势”，另一种是“叙述手势”，这和一切言语具有同等的价值，叫做“手势言语”。手势言语是一种很原始的语言形式，这种沟通的手段能在文化较低的民族中发现，特别是那些方言完全不同的部落组成的民族，他们之间的沟通就更需要用手势，如北美印第安人、澳洲人，甚至南欧的一些民族也把手势语作为一种秘密的沟通手段。手势言语最重要的特征在于不存在任何抽象概念的痕迹，只有感知的表象。在用手势言语的人的动作中，面部表情不仅有情绪反映，也有思想流露。

其次是发音动作。在冯特看来，广泛的动作是指表现自己的感情、意志，这种动作也是声音的一种动作。除了聋哑人之外，我们都有正常的发声器官，而我们根据发声向他人传达自己的意志，这叫做“发音动作”。它跟身体动作相比较起来更方便些，因为它变化多，对他人可以明确地传达自己的意志。发音动作最初是与身体动作联系在一起的，两者不能分开。根据这些事实，冯特断定言语的发展是“分化”的结果。

此外，在语言构成上，冯特把语言分为两个方面：一个是外部现象(outer phenomena)，这是由实际发出的音或感知到的音构成；另一个是内部现象(inner phenomena)，是指构成外部字串基础的认知过程。冯特把心理现象分为的这两个方面是“整体心理学”(ganzheit psychology)的核心，它的出现比认为实验只能触及心理外层而不能深入心理深层历程的想法更早些。冯特认为，语言是人的心理发展必不可少的中介，而语言就其起源和本质来说，又是社会的，因而个人的心理生活不可避免地同社会生活和群体心理生活紧密地联系在一起，人的心理也因此成为了社会的产物。

在语言表达上，冯特认为，说话过程始于一个想要表达的整体观念(gesamtvorstellung)或整体的心理构型(whole mental configuration)，然后转换到一个由词的有序结构组成的可表达的句子。考虑这样一个简单句：“这只猫是橙色的。”(This cat is orange.)它的基本结构分为主谓语，可以用图5-1冯特所引入的树形图(tree-diagram)来表示：

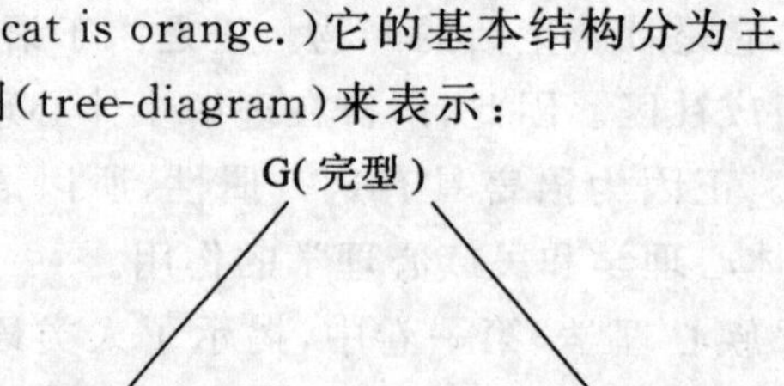

图5-1 树形图

设G为完型，S是主语，P是谓语。橙色的猫这一观念现在被分为两个基本观念，再加上特定语言所需的功能词（the，is），就可以用言语表达成“这只猫是橙色的”。更为复杂的观念就需要更多的分析，并且还需要用更为复杂的图形来表示。

在冯特看来，理解言语这一过程是逆行的，这时需要的是统觉的综合作用，而不是统觉的分析作用。对于所听到的有关句子里的单词和语法结构，听者必须在心中重新建构，从而形成说话者想要表达的心理完型。

冯特运用心理产品分析法对语言进行研究，明确提出了一种心理语言学的理论，他的这一理论与现代心理语言学家的很多理论解释非常接近，可以说，冯特是心理语言学的先驱。

三、关于艺术

艺术早在原始人阶段就出现了萌芽。原始人只有一种艺术发展到完美的高度——舞蹈艺术。起初，舞蹈以娱乐的形式演出，是用来达到巫术目的的一种手段，同时能引起人们的愉快。原始人的舞蹈是没有音乐伴奏的，而是以人声来伴奏。另外，原始人对乐器一无所知，一般较复杂的乐器差不多也都从外界引入。

到了图腾时代最突出的艺术活动是造型艺术。纹身在图腾文化开始时便已达到高度完美的地步，一直到衣服的出现，服饰才代替了这种身体修饰的方式。图腾时代缺少真正的雕刻和建筑艺术。一般说来，只有两种建筑，一种是锥形建筑，另一种是球形建筑。在美拉尼西亚沿海或河边出现了柱屋（pole hut），这种房屋尽力建在极高的柱子上，房屋很宽敞，并且由几个家庭联合使用。在祭祀舞蹈中，音乐舞蹈艺术得到了不寻常的发展。图腾舞蹈增加了一个外部特征——面具，面具直接来自图腾，所以常常被称为神物，人们也渐渐开始向崇拜对象表演面具舞蹈。与此同时，舞蹈的形式出现了多样性，开始有仪式舞蹈（ceremonial dance）和狂热舞蹈（ecstatic dance）。另外，歌曲也出现崇拜歌曲和劳动歌曲两种形式，崇拜歌曲或祭祀歌曲受图腾仪式制约而显得丰富多彩，它一般包括一个愿望，以有节奏的形式重复；而劳动歌曲则十分普遍，它的节奏和旋律由劳动决定，表达的是劳动时人们表现出来的高涨的情绪。民间神话故事（marchen）是图腾时代的特征，它是一种散文叙事，用说话的方式流传下来，传遍了广大地区，因而它是文艺作品中最为长久的一种，有些甚至流传至今。

在原始人之后的三个历史时代中，图腾时代是满足欲求的时代，英雄时代是艺术时代，而随后的人类发展时期是科学时代。英雄时代的艺术同祭神和赞颂人间英雄有联系，它包含着整个艺术史中两个最重要的时期，即真正宗教艺术的起源时期和美学的独立时期。在美学独立时期，艺术把它的影响延伸到人类生活的一切部门，因此庙宇、城堡和宫殿的发展，不仅唤起了人们对建筑形式的美感，而且对其他艺术形式的发展，特别是雕塑和装饰品也起了推动作用。艺术显然证实了神是由英雄人格与鬼融合而产生的观点，神的塑像第一次按人的典型特征复制出来。造型艺术的主题逐渐从神、统治者和英雄转到了较低阶层人民的日常生活中。绘画艺术的成就与类似安静的生活和室内装饰这样的图画一起，全都因为表达了他们的心境而有着心理上的联系。言语艺术(verbal arts)最忠实地反映了整个英雄时代特征的史诗，人类的英雄在这里站在战斗行动的最前列，他们的战斗和冒险以及对他们品质的赞赏式的描述，构成了史诗的主题。荷马史诗中的英雄和神未必都可信，但它是从民间神话和民间传说中吸取材料而写成的。

四、关于神话

作为集体意识产物之一的神话，冯特在他的《民族心理学》的第四卷中做了很好的论述。在这一卷中他主要论述了神话的心理起源，在他看来，民族精神同个体所具有的表象和感情一样，又是各人具有的共同的表象，这就是“神话的表象”和对这个表象具有的一种畏惧与希望的感情和情绪。

在原始的民族中，并不具有我们称之为“神”的概念。原始人用拟人化的方式去解释一定的自然现象，他们普遍宣称天地万物都和自己一样具有同样的意识，这是那个时代的人们所特有的统觉作用，可称作“拟人的统觉”。此外，他们还相信世间万物和自己一样都具有感觉、感情，并且相信世间万物具有有意的行为，例如石头和植物在美术作品中被认为有感觉和感情的存在，云和天体的运动被认为是某种活体的有意的运动。神的观念直接起因于天象，这种具体化了的观念指出，除了鬼住在地狱中以外，神仙都住在天上，如在太阳和月亮上、云里、雨里甚至暴风雨中。这些统觉作用也就是冯特的联想“同化”作用，有些表象开始在人们内心产生了想象，并把外物予以同化。最重要的是在尘世生活中这些情况都可以找到它的根源，因此，不管怎样神都以拟人化的形式出现。

当时原始的人类在想象方面表现出许多的错觉，也就是把云彩的形状看成真实怪物的形状。神话的表象虽然最初是产生于一个人的意识中，但通过语言可以扩大到整个民族，变成传说以至流传到子孙后代。

五、关于宗教

冯特在他的《民族心理学》的第五、六卷中论述了宗教的问题。在进化论思想指导下，冯特从心理学角度对宗教的起源、发展、本质等诸问题进行了分析。他认为，宗教起源于死亡和疾病带来的恐惧；经历了魔鬼崇拜、图腾崇拜、英雄和诸神崇拜以及人性宗教四个发展阶段；宗教在本质上是人类高级心理活动的产物，是民族智慧的结晶，其发展符合民族心理发展的一般规律；宗教和其他文化现象之间有着极为密切的联系。他的研究不仅丰富了宗教人类学理论，而且对宗教心理学的发展有深远的影响。

19 世纪下半叶，最有影响的宗教起源观大致有自然神话说、物神崇拜说、祖灵论、图腾论、万物有灵论、前万物有灵论和原始启示说。在冯特看来，要分辨哪种信仰是最原始的，首先必须确定哪些民族是真正意义上的“原始民族”。只有确定原始人心理活动的主要内容，才能真正明白最初的信仰是什么。冯特认为原始文化的标准从本质上讲应该是心理方面的，“如果我们对一种文化之前的心理发展水平无论如何都不能推测，那么这种文化就是最原始的文化”①。在冯特看来，那些原始的部落由于与世隔绝，再加上匮乏的自由，他们的心理发展水平尚处于极为低下的阶段，以至于他们根本没有什么逻辑因果关系。唯有那些能激起他们强烈情绪反应的生活事件，才能引起他们的注意，从而成为他们思维的主要内容。

从第一个立足点出发，冯特否认了图腾论、物神崇拜说、祖灵论和原始启示说。他认为图腾崇拜、实物崇拜以及祖灵论毫无疑问都是图腾时代的产物，而不是原始时代的信仰，因此把它们看做一切宗教的起源是错误的。冯特又从第二个立足点出发否认了自然神话说，此学说假设神话思想之所以产生是因为人们想解释自然界或自己生活中碰到的现象。而冯特却认为这个假设不符合原始人的心理特点。对于原始人而言，一方面，自然现象没有解释的必要，因为“现象出现的规律性足以解释和说明事物存在的原因”②；另一方面，原始人的心理能力还没有达到解释自然现象的程度。

冯特对原始宗教信仰的起源这样解释道：“在尸体中存在的肉体灵魂能够离开尸体并成为危险魔鬼的观念，是恐惧这种情绪的产物。控制病人并

① Wundt, W. M. (2003). *Elements of folk psychology: outlines of a psychological history of the development of mankind*. Translated by Edward Leroy Schaub. London: Routledge. p. 20.

② Wundt, W. M. (2003). *Elements of folk psychology: outlines of a psychological history of the development of mankind*. Translated by Edward Leroy Schaub. London: Routledge. p. 92.

致其死亡的恶魔,或使病人离开疾病获得康复的善魔,都是情绪的产物。”[1]这一解释把人们的注意力引向原始人的生存环境以及这种环境对原始人高级心理过程的决定性影响,这样就为正确认识原始宗教信仰的本质乃至人类心理的共同本质指出了方向。

冯特又以其情绪理论为立足点,他认为:“对于个体的心理生活、行为以及作为其基础的情感和情绪是先于观念的。”[2]在他看来,宗教观念和宗教行为的心理根源是人类面对死亡和疾病而产生的恐惧情绪。他的情绪理论使得他的宗教起源观有了一定的科学依据。但个体心理学的理论是否同样适用于群体心理,由个体心理去类推群体心理是否会存在着一些不确定的因素,这是值得进一步研究的。但无论如何,冯特用心理学中已得到实证研究支持的理论来解释宗教起源问题,丰富了宗教起源学说,为宗教起源说更接近科学做出了贡献。

与原始人阶段、图腾阶段、英雄与神的阶段、人性发展阶段这些人类心理发展的阶段划分相对应,冯特将整个宗教发展过程分为四个阶段:魔鬼和巫术崇拜时期、图腾崇拜时期、诸神崇拜时期和世界宗教时期。通常把冯特的这种划分称为“人类宗教意识演化的四阶段假说”[3]。他从观念、情绪、行为这三个方面入手,详细论述了整个宗教进化发展的过程。

在魔鬼和巫术崇拜时期,没有人格化的“神”的观念,也没有真正意义上的崇拜行为。原始人对死亡和突发的疾病有着极大的恐惧,死者异常的变化使原始人产生这样的观念:某种东西离开死者的身体了。他们认为,生命一方面以某种神秘的方式继续存在于人体之中,另一方面又无影无踪地盘旋在尸体的附近。肉体灵魂观和魔鬼观就这样产生了,这为后来图腾崇拜的发展奠定了基础,所以魔法与魔鬼信仰阶段可以被看做是依附于人的“前宗教时期”,或者可将其称为宗教产生的准备阶段。

在外界社会条件的影响下,图腾时代的人类心理能力发生了很大的变化。人类面对死亡的情绪发生了变化,人类的灵魂观和崇拜活动也得到了很大的发展。随着农耕技术和畜牧业的发展,原始人开始把信仰的重点从人自身转向动物、植物以及无生命的物体,由此形成了图腾崇拜。灵魂观念在图腾时期发生了非常重要的转变,冯特指出这一转变体现在两个方面:第

① Wundt, W. M. (2003). *Elements of folk psychology: outlines of a psychological history of the development of mankind*. Translated by Edward Leroy Schaub. London: Routledge. p. 2.

② Wundt, W. M. (2003). *Elements of folk psychology: outlines of a psychological history of the development of mankind*. Translated by Edward Leroy Schaub. London: Routledge. p. 417.

③ 世谨:《宗教心理学》,知识出版社 1989 年版,第 27 页。

一,肉体灵魂有了更多的形式,血液、心脏、肾脏、生殖器以及某些分泌物都成了肉体灵魂的载体,在肉体灵魂之外出现了能离开身体独立存在的"精神灵魂"(psyche soul),包括"呼吸灵魂"(breath soul)和"影子灵魂"(shadow soul);第二,战场上的死亡还使人们产生了精神灵魂观,人死后肉体灵魂转化为精神灵魂继续存在,精神灵魂甚至可以附着在无生命的物体(如石头或木片等自然物体,或弓箭等人造物体)上,成为有魔力的崇拜物(护身符和护符),这种灵魂观的转变与图腾崇拜、禁忌习俗紧密结合在一起,为后来神崇拜的诞生创造了条件。

在诸神崇拜时期,出现了私有财产和等级差别,同时由于部落战争加剧使得军事组织逐步发展成国家政权,这样就为英雄崇拜和多神崇拜奠定了基础。英雄时代因为对英雄人物的推崇,神话中的魔鬼逐渐获得了英雄的特征,成为具有人格特征的神。冯特认为神是魔鬼和英雄这两个观念综合的产物。魔鬼观念在原始时代就已经存在,并在不同的文化背景下产生了多种不同的形式。按照冯特所确立的标准,神的出现需要具备三个特征:一个特殊的住所;不朽;一个人格化的超人。[①] 在英雄时代,上述三个特征均已得到鲜明体现,所以,英雄时代是真正意义上的"神"的形成期,亦即宗教的正式形成期。

英雄时代最终被第四个阶段——人性发展的时期所取代。这个时代在心理发展的历史进程中具有重要意义,因为各民族在经济、风俗、艺术和科学之间的联系和影响逐渐增长,形成了人类社会综合的心理特征。与此相适应,在世界文化的背景下形成了人性宗教——世界宗教。在世界宗教阶段,由于大部分民族开始打破民族界限,寻求民族扩张,由若干国家组成的世界帝国相继出现,所以,在这种时代背景下,民族宗教也开始向世界宗教转变。

冯特从情绪、灵魂观、神灵观以及崇拜活动等角度,细致地描述了人类信仰及信仰活动的发展过程。冯特在民族心理学著述中所表现出来的宗教心理学思想,是这位毕生为科学心理学事业呕心沥血的伟大学者留给后人的一笔宝贵财富。尽管随着时间的流逝,冯特宗教心理学思想中的某些观点可能被历史证明存在局限甚至是错误的,但这些思想中的基本倾向乃至主要结论,迄今仍闪现着时代的光彩,非常值得我们珍惜。

---

① Wundt, W. M. (2003). *Elements of folk psychology: outlines of a psychological history of the development of mankind*. Translated by Edward Leroy Schaub. London: Routledge, p. 73.

六、关于风俗习惯

在冯特《民族心理学》的第七、八卷中论述了社会中风俗习惯的起源问题。他认为，神话的思想如果在整个民族共同的表象和感情中有所表现的话，那么，“风俗”则是整个民族共同的“意志规范”。风俗习惯的规范可以分为两大类：一是“个人的”，即个人从对于其他人的关系中产生的规范；二是“社会的”，是指各人把共同生活作为必要所产生的规范。民族在从事生活的时候，常以共同的动机来行动。

在冯特看来，风俗习惯的个人规范是在图腾崇拜时期流传下来的，但现在的风俗习惯已经完全没有了它本来的意义。过去，相遇的两个人彼此之间需要相互祈祷，而现在祈祷的意义完全消失了。冯特还认为风俗习惯的社会规范是人类为了保证自己满足生活的条件，必须过共同的生活。因为一个人无法维持生活，所以大部分人会集聚在一起形成“部落”，在一起互相帮助，一起生活。当这种部落生活不能满足他们共同生活的需要时，他们便希望永久的结合，从而又组成了集体的“家族”，而家族的构成要素就是男女。民族在组织家族的时候，不仅要防止个人的危害，还要为了满足生活需要去侵略其他的国家，这样的结合逐渐巩固起来，于是就构成了今天的“政治团体”。因而社会风俗习惯的规范就采用了法律、道德的形式。

七、关于国家与社会

在冯特《民族心理学》第十卷的第六编“文化与历史”的各章节中，完全暴露了冯特的历史唯心主义的世界观，特别暴露了冯特在政治上反对马克思列宁主义。冯特在国家形式上极力鼓吹世袭君主国的优越性，他认为传统的君主国的概念始于亚里士多德。他把君主国的形式分为三种，即世袭君主国、专制君主国和选举君主国。他为了强调君主国的优越性，把民主国也解释为君主性质的东西。他说：“民主国和世袭君主国一样，好处是能够防止重大的危险。世袭的君主国却可以不伴有党派势力交替的弊病。”[①]可见冯特在心里还是希望未来的德国国家组织仍然是世袭的君主国形式。此外，冯特指出阶级差别的起源是从两个原因引导出来的，一个是所有权出现

① 刘恩久：《冯特的成果，冯特的民族心理学思想》，南京师大教育科学研究所 1990 年版，第 89 页。

了新的制度,另一个是优越的民族征服了原住民。他还认为财产一开始是共有的,并不存在私有。最后冯特根据他的错误论断下结论:这种阶级差别并不严格,下等人由于其力量逐渐增加,也可以进入上等人的行列。

对于民主,冯特认为,作为国家或是作为党派的民主现在有两种形式:第一种是民主的人民党和社会民主党或称马克思的党。前者是因为从法国革命时代以来本质上没有变化就没有叙述的必要了;唯后者"对德国的未来只有社会民主主义或者是叫做马克思主义才具有重要的意义"①。即以"马克思题名《资本论》和《政治经济学批判》两书来为发展社会运动的理论"作为基础。② 第二种民主形式是代替召开制定宪法会议采用了所谓工兵会的会议制度。他认为现在的社会民主党并不是统一的,而是多党派的并列。

除此之外,冯特赞扬议会制度的民主,并把它错误地理解为社会主义。并对德国精神的复兴寄予希望,目的是重建德意志帝国。在他的《民族心理学》第十卷最末一段的最后一句话:"我们的全部希望都寄托在德国精神复兴之政治和道德的人类美好的未来上了,即:首先是寄托在宗教改革上,其次是寄托在德国的唯心主义上,最后寄托在建设德国的国家上。"③这一句话可以说是冯特对自己的民族心理学思想的最高概括和总结,在充分暴露冯特本人是一个纯粹的历史唯心主义者的同时,也完整地亮出了他的资产阶级的世界观。

第三节 冯特民族心理学的贡献

冯特在 1920 年也就是他去世前出版的自传《经历与认识》一书中指出,从 19 世纪 60 年代开始,民族心理学作为心理学体系中极其重要的一部分,在他的意识中渐渐被提到了首要位置。尽管冯特本人认为他的民族心理学和他的个体心理学处于同等重要的地位,但实际上,就冯特的心理学体系及

① 刘恩久:《冯特的成果,冯特的民族心理学思想》,南京师大教育科学研究所 1990 年版,第 91 页。
② 刘恩久:《冯特的成果,冯特的民族心理学思想》,南京师大教育科学研究所 1990 年版,第 91 页。
③ 刘恩久:《冯特的成果,冯特的民族心理学思想》,南京师大教育科学研究所 1990 年版,第 95 页。

其对后世心理学历史发展进程的实际影响而言，更为重要的还是他的个体心理学。

对于冯特的民族心理学的基本观点，后人看法不一。很多人指责冯特的民族心理学在基本假定上存在问题。杜威曾指出，冯特的民族心理学"一直受到某种假设的必要性——即应使社会心理学的方法和结论与人们所接受的内省心理学的分类一致起来——的影响"①。很多人指责冯特把个体心理学或普通心理学作为民族心理学的前提，从而将社会心理学（或民族心理学）降格到附属于个体心理学的地位。有的学者从历史唯物主义的观点出发，认为民族心理学暴露了冯特的历史唯心主义的世界观。这些批评当然有一定的道理，尽管如此，《民族心理学》仍不失为心理学史上的一部巨著，它为社会心理学的研究对象、研究方法等提供了重要的启示。

一、冲击了当时的人类历史观

冯特把他的民族心理学看成是一部人类心理发展的历史。在这一过程中，从原始人直到现代社会的各个阶段中的社会经验，诸如生产、语言、习俗、道德、婚姻、图腾、禁忌等都是心理现象。他认为仅仅从民族学、社会学和历史学等角度来研究人类历史，而不考虑心理倾向，可能会做出错误的解释。冯特把民族心理的发展分为四个阶段，即原始人阶段、图腾崇拜阶段、英雄与神的阶段和人性发展的阶段。在冯特看来，人类心理的发展并没有完成，它还在展开着、发展着，人性发展的阶段就是一个正在来临的阶段。民族心理学既要研究每一阶段的心理发展特点，也要研究阶段之间过渡状态的心理特点。从这个意义上说，民族心理学也可称之为发生心理学（genetic psychology）。冯特认为，儿童心理学不能解决心理发生（psychogenesis）的最终问题，只有民族心理学通过对人类所展示的各种心理发展阶段的研究，才能引导我们走向真正心理发生的途径。② 为了使他的民族心理学符合以事实为基础的原则，冯特从人类学中寻求他所需要的事实和资料。他选择不同时期的文化产品进行分析，从中发现心理学的意义和规律。这种观点无疑冲击了当时的人类历史观，促使人们更加全面地分析人类历史的

① http://tieba.baidu.com/f? kz=22294579.

② Wundt, W. (1916). *Elements of folk Psychology*. Translated by E. L. Schaub, New York: Macmillan, p. 4.

演变。

二、支持了社会心理学的研究

冯特认为研究高级心理过程的任务不可能由生理心理学承担，于是，民族心理学便承担起研究社会与文化的心理学的任务。民族心理学的根本对象是民族精神，这虽然与今天我们所说的社会心理学研究对象有很大区别，但是它促使人们开始从社会的角度来研究人类的心理现象，从而冲击了当时脱离社会孤立地研究人的心理的传统心理学。而且，由于他的民族心理学以群体心理为研究对象，强调了社会文化中的心理因素，因而支持了社会心理的研究，有利于社会心理学的形成。

在冯特看来，民族心理学较为合适的研究领域涉及由人类的共同生活所创造的那些精神产品，因此，仅凭个体意识是无法对它加以说明的。所以，与个体心理学的实验法相对应，民族心理学应采用语言分析和文化历史分析等方法。冯特关于语言过程的理论与现代心理语言学家的很多理论解释非常接近，将语言作为研究对象的方法一直沿袭至今天的社会心理学研究中，并且成果卓著。①

三、推动了发展观点在心理学领域的应用

把发展的观点应用于心理学领域首先应该归功于冯特，他的《民族心理学》就是运用发展的观点写成的一部巨著。本来人类的心理可以从两个方面去追溯：一方面是种族发展，另一方面是个体发展，但冯特只谈及种族发展而未谈及个体发展。重视历史的发展是19世纪德国知识分子的共同特征，按照德国人的观点，每个个体来自他或她的民族文化，与其民族文化有着有机的联系，而且各种文化都有着复杂的历史，它们决定了文化的形式与内容。冯特对神话和风俗的看法也不例外。他认为，历史走过了一系列不同的阶段，从原始部落到英雄和神的时代，以后产生了国家，最后以建立起一个在人类整体概念之上的世界国家而达到顶点。

此外，冯特的民族心理学思想还对哲学、伦理学、法理学、历史学、民族

① Sahakian, W. S. (1982). *History and systems of social psychology*. New York: McGraw-Hill Hemisphere, p. 39.

学、人类学、民俗学、考古学、政治学、美学、文学、艺术等产生了不同程度的影响。总之，冯特的民族心理学思想和他在民族心理学领域的研究不仅为心理学开拓了一个十分广阔的领域——民族心理学，而且还为社会心理学的诞生奠定了基础。

第六章

冯特心理学的评价

冯特是心理学史上一位杰出的心理学家。他不仅创建了世界上第一个真正的心理学实验室，而且创立了实验心理学，与此同时还培育了一支国际心理学专业队伍，使心理学脱离哲学范畴成为一门独立科学。多年以来，由于德文阅读和翻译上的困难，心理学界对冯特的认识长期停留在美国心理学史学家波林对冯特所做的描述水平上。① 然而波林由于种种原因没能够全面、准确地介绍冯特的思想观点，致使心理学工作者对冯特产生了许多误解。本章着重指出了评价冯特应遵循的原则、澄清心理学界长期以来对冯特的一些误解，以及冯特心理学思想的贡献与局限性，旨在对冯特心理学做出更为全面、更为客观的认识和评价。

第一节 评价原则

在对冯特的评价问题上，心理学界内部存在着一些争议。但总的来说要遵循三条基本的区分原则，即区分冯特的早期思想与后期思想、区分冯特的哲学观点与其心理学贡献、区分冯特的心理学原意与他人的误解。

① 波林曾将他的经典著作《实验心理学史》献给了铁钦纳，这本书认为冯特和铁钦纳的心理学观点相似，并为这种荒诞说法长期流传起了很大作用。

一、区分冯特的早期思想与后期思想

评价冯特时，要区别冯特的早期思想与他的后期思想。冯特早年特别是在海德堡大学期间，他主要从事自然科学的研究，发表了10多种论著，包括大量的生理学研究、一部分物理学著述及三部重要的心理学著作。他的《对感官知觉理论的贡献》力图用物理学仪器进行视觉的实验观察。这本书是冯特从事心理学研究的处女作，并且在导言中从观点、方法、学科领域等提出了心理学研究的工作蓝图。同时他具有自发的自然科学唯物主义思想，他的《人体生理学教科书》曾被恩格斯的《自然辩证法》所引用；他的《人类和动物心理学的讲演录》因具有明显的唯物主义进步意义，因此当他的俄译本出版时曾被沙皇俄国列为禁书。但是，在到达莱比锡大学以后，冯特不仅根据新的实验研究成果不断充实和修订《生理心理学原理》这本书，还撰写了一些能较为简明地阐述他的心理学体系的著作，如《心理学大纲》，此外他的研究兴趣也主要转向了逻辑学、伦理学和哲学等领域，特别是在其生命的最后20年，他又开始撰写《民族心理学》，这些研究和著作一方面对人类学术思想做出贡献，但另一方面也包含了许多混乱的唯心主义观点，而且这些观点也逐渐侵入他的心理学体系中。德国科学家海克尔指出，冯特的《人类和动物心理学的讲演录》的"第一版(1863)纯粹是一元论的和唯物论的，而第二版(1892)则纯粹是二元论的和唯心论的"①。因此，我们在评价冯特时要注意区别他的早期思想和后期思想，做到客观公正的分析。

二、区分冯特的哲学观点与其心理学贡献

评价冯特时，要区分冯特的哲学观点与他的心理学贡献。冯特是一位哲学家，同时又是一位颇有名望的心理学家。他把自然科学的实验方法引进心理学，使心理学脱离哲学成为一门实验科学。他被誉为近代实验心理学之父。他学识颇为渊博，有人把他比为心理学的亚里士多德。但冯特同马赫、彭加勒、毕尔生这些一流人物一样，在他们所从事的自然科学范围内，不失为卓有见地的科学家，但在哲学上却是糊涂虫。有人就指出，冯特是

① 海克尔著，上海外国自然科学哲学著作编译组:《宇宙之谜》，上海人民出版社1974年版，第96～97页。

“哲学史上的侏儒，心理学史上的汉子”①。这是对冯特的混乱哲学观点与其心理学贡献做出的十分准确的评价。1875 年，冯特出任莱比锡大学哲学教授之后，他把较多的精力投入到哲学研究上去，建构了一个庞大的哲学体系。冯特是一位生理学家出身的心理学家，因此在早期他也具有一些朴素的自然科学的唯物主义思想。后来由于受到德国古典哲学的浸染，而且 19 世纪兴起的实证主义思潮对他有很大的影响，因此使冯特后期的哲学观点基本上变成了唯心主义观点。关于冯特的哲学思想，列宁在《唯物主义与经验批判主义》中有较多的评价，认为他“抱着混乱的唯心主义观点”，“像只老麻雀”，经常在唯心主义和唯物主义之间跳来跳去。②“如果年轻的知识分子会上阿芬那留斯的圈套，那么老麻雀冯特决不是一把糖就可以捉住的。”③可见，冯特的哲学观点不仅是混乱的，而且是狡猾的。尽管冯特是哲学史上的侏儒，他的哲学观点是混乱的唯心主义，但这并不能否定他对心理学做出的重大贡献，不能否认他是心理学史上的汉子。这是我们在分析他的心理学观点时必须要注意的。

三、区分冯特的心理学原意与他人的误解

评价冯特时，要澄清冯特心理学思想中的一些误解。前文我们已经提到过铁钦纳等人对冯特一些概念的误解和曲译，直接导致人们对冯特整体心理学的误解。这一误解通过铁钦纳学生波林的名著《实验心理学史》得到进一步宣传，人们一直误以为冯特是一位元素主义者。其实，冯特并没有因为对心理元素的分析而忽视意识的整体性。又如，有人忽视了冯特对实验方法的重视，认为他完全是一位内省主义者。实际上，冯特不是传统意义上的内省主义者，而是把实验方法和内省方法有机结合起来，他是一位实验内省主义者。再如，传统上，许多心理学史家将冯特视为一位构造主义者，实际上，冯特从来没有用“构造主义”来标识其心理学体系，构造主义是冯特的学生铁钦纳提出的，构造主义完全可以称为铁钦纳主义。铁钦纳的构造主义仅代表了冯特的心理学体系的底层水平，即心理元素的分析与结合等内容，而没有接受冯特心理学的全部思想，特别是冯特关于统觉、意志等思想。因此，冯特不是一位构造主义者。

---

① 陈元晖:《论冯特》，上海人民出版社 1979 年版，第 16 页。

② 列宁:《唯物主义与经验批判主义》，人民出版社 1956 年版，第 48 页。

③ 列宁:《唯物主义与经验批判主义》，人民出版社 1956 年版，第 79 页。

第二节 澄清误解

德国心理学家冯特被尊称为科学心理学的创始人。他一生论著很多，阐明了对心理学的深刻理解。但后人对他的评价仅限于称赞其为心理学独立所做的贡献，却很少提及他的理论。“因为在许多心理学史专家眼中，他的理论不过是为别的心理学家树了一块供批判的靶子，仅此而已”①，这样的评价显然不全面。冯特对心理学的贡献远不止于此。冯特的论著有着丰富的内涵，他对心理学的理解、对当代心理学的发展有着十分重要的启示，然而冯特的理论贡献却长期被人忽视，“在心理学主要人物中，冯特最为人们所误解”②。

对冯特思想的歪曲由来已久，“对于那些出国去听冯特讲座的所有美国学生来说，冯特的心理学体系几乎没能够从返回的途中幸存下来”③。传统上，冯特似乎是一位元素主义者，他强调内省法分析下的元素；他被公认为内容心理学的建立者，铁钦纳作为冯特最忠实的学生，他的构造心理学是冯特内容心理学的延续和继承；冯特的观念更加受到英国经验主义的影响，把心灵看做是被动、消极的。这些都是对冯特错误的理解。美国心理学家赫根汉认为，冯特心理学思想被歪曲的一个主要根源是：冯特的心理学反映了理性主义传统，而美国的心理学却体现了经验主义—实证主义传统。幸运的是，自 20 世纪 70 年代以来，冯特真实的心理学正处于被重新发现的过程中。

一、关于冯特心理学理论体系的误解

冯特后半生出版了很多著作，但他出版的《心理学大纲》、《心理学导论》

① 波林著，高觉敷译：《实验心理学史》，商务印书馆 1981 年版，第 386 页。

② 黎黑著，刘恩久等译：《心理学史——心理学思想的主要趋势》，上海译文出版社 1990 年版，第 240～254 页。

③ Rieber, R. W. (1980). *Wilhelm Wundt and the making of a scientific psychology*. New York: Plenum Press. p. 130.

和《民族心理学》却较少受到关注和重视，特别是受冯特在美国的主要代言人铁钦纳的一些影响，其心理学理论体系的本质内涵往往被忽略或遭受误解。造成对冯特体系的误解，主要有两方面的原因：其一，冯特论著过于丰富，大大超出常人阅读的能力。冯特是一位学识渊博、著述丰富的学者。他的著作数量非常多，将近 500 种，且涉及面非常广，除心理学外，还发表了大量有关生理学、物理学、哲学、逻辑学、语言学、伦理学、宗教学等方面的著作。另外由于冯特的著作都是德文，其大部分心理学著作没有翻译为英文，被翻译的也只有少数几本，如初级的教科书以及销量较好的几部作品，而他的主要系统作品和大量的理论论文没有被翻译，更重要的是对他著作的翻译都带有选择性。因此大多数心理学家对冯特的理解仅仅是通过他人的转译和描述，因此不能排除他人持有一定偏见的描述，会使人们对冯特产生刻板印象。

其二，铁钦纳及其弟子波林造成的。铁钦纳曾追随冯特学习两年，而后在美国康奈尔大学创立了构造心理学。为了论证其理论的正确性，他从冯特的著作中选择与其观点一致的内容进行翻译，对冯特的理论体系进行有利于自己的解释。例如，铁钦纳对民族心理学不感兴趣，就把冯特花费近 20 年的心血写成的这部十卷本巨著的动机解释为满足冯特晚年的业余爱好，贬低了研究文化与社会群体因素的民族心理学在冯特的心理学理论体系中的地位与贡献。《实验心理学史》①一书的作者波林是铁钦纳的最忠诚的学生之一，这本书完全依据铁钦纳的观点描述冯特的心理学，并且把铁钦纳说成是冯特心理学在美国的最忠实代表。这本标准化的心理学史教科书的歪曲描述影响了几代心理学家。

二、关于冯特对哲学态度的误解

一直以来人们都相信，心理学经过长期的发展之后，在冯特的带领下，于 19 世纪末摆脱了孕育它很久的哲学母体而成为一门独立的科学。在这场心理学独立运动中，冯特起着领袖作用，否定了哲学在心理学中的作用。事实是这样吗？我们可以在 20 世纪初的哲学与心理学的一场论战中发现真相。

在 1912 年至 1913 年间，德国一些大学的哲学教授十分重视并且用了很多的时间和精力去讨论实验心理学在德国大学课程中的地位问题。这场

① 波林在写《实验心理学史》时，写完一章铁钦纳就看一章，并提出自己的修改意见（笔者注）。

争论的主题是由一篇由米切尔·G·阿希(Mitchell G. Ash)所写的关于考虑心理学的体制地位问题的文章引起。① 另外包括著名现象学哲学家胡塞尔(Edmund Husserl,1859—1938)在内的6名德国哲学教授发起题为"反对实验心理学者占有哲学教授教席的声明"的107人签名活动,这一声明被送往奥地利、德国、瑞士的许多大学,一家德文哲学杂志也全文刊登了这一声明,他们要求把心理学从哲学系赶出去。这些人认为心理学在经过长期的发展之后,其内容已相当独立,同哲学的联系日趋减少。甚至还有人认为,心理学家只是学过实验室的操作技术,让这些仅仅懂得实验操作的人占有哲学教授的席位,有损于哲学的形象。

面对这一威胁,冯特坚决地予以回击。在1913年出版的《为生存而奋斗的心理学》小册子中,冯特严厉地批评了上述声明及其发起者。冯特认为:"所有科学都源于哲学,可以说哲学是科学的科学。"②他不但不否认哲学对心理学的指导作用,并且还进一步指出心理学和哲学具有一种特殊密切的关系和联系。他说:"心理学说要接触的问题同时也是哲学的问题。"一方面心理学"将有助于哲学理论的建造,为哲学所要见识的第一批证据之一";另一方面,"哲学必须超出经验,并且力图达到一切科学的理想目标。""哲学的目的就是以这一方式补充经验世界",必须重视哲学对心理学的指导意义。③ 从这里可以看出冯特关于哲学的态度是清晰的,这就否定了"冯特认为心理学可以脱离哲学"的观点。这场纠纷的本身我们并不需要给予太多的关注,重要的是我们可以从这场纠纷中发现冯特对哲学的态度:心理学虽然成为一门独立的学科,仍然需要哲学的指导。

三、关于冯特与铁钦纳关系的误解

国外一些心理学史家认为,造成对冯特误解的一个最直接的因素是铁钦纳的忠实学生、《实验心理学史》的作者波林对冯特和铁钦纳关系的错误描述。波林出于师徒之情,力图把铁钦纳描述成实验心理学创始人冯特忠实的追随者和继承者,以提高铁钦纳在美国心理学界的声誉和地位。黎黑

① Ash,M. G.(1980). *Wilhelm Wundt and Oswald Külpe on the institutional status of psychology: An academic controversy in historical context*. In: Bringmann, W. G & Tweney, R. D. (Eds.). *Wundt Studies: A centennial collection*. Toronto: C.J. Hogrefe. pp. 396～421.

② 高觉敷主编:《西方心理学史论》,安徽教育出版社1997年版,第126页。

③ 车文博:《马赫主义是冯特心理学的主要哲学基础》,中国心理学会第二届学术年会论文,河北保定1978年。

就曾指出："通常认为冯特和铁钦纳的心理学体系是相互近似的，把铁钦纳的构造主义描述为冯特在美国的真正代理人。而事实上，他们的心理学是如此的不同，以至于一位历史学家曾将铁钦纳的心理学描述为冯特心理学的'错误的写照'。"①

铁钦纳生于英国一个普通的老式家庭中，靠自己的聪明好学获得了奖学金，继续接受教育。他先是进莫尔文学校，然后到牛津大学修了四年哲学和古典文学，对其影响最大的是英国的经验主义。铁钦纳于 1890 年至 1892 年间在莱比锡大学攻读博士学位，并在莱比锡接触到哲学家马赫和阿芬那留斯的实证主义哲学，深受影响。这样以来，他在英国所受的教育和实验主义的思想背景使得他一开始就同冯特思想产生了矛盾。

铁钦纳在莱比锡读书时最好的朋友不是冯特，而是与冯特一直存在分歧的屈尔佩。屈尔佩对心理学的理解深受其另一导师缪勒的影响。他同冯特在科学哲学和心理学性质上的分歧最终导致了莱比锡心理学实验室历史上最激烈的一场论战。

美国心理学史家布卢门撒尔(A. L. Blumenthal)和丹齐格发现，尽管铁钦纳翻译了冯特的著作，介绍了冯特的理论，但冯特在美国的精确解释者却是芝加哥大学的杜威、贾德(C. H. Judd)等人，而不是铁钦纳。"铁钦纳只继承了冯特心理学的一个方面——运用受过训练的内省研究感觉——精致了内省，并将其转化为他所谓的构造主义，即对有意识心理的构造(structure)的研究。"②遗憾的是，杜威、贾德等人没有留下一本心理学史教科书。铁钦纳及其嫡系弟子支配了对冯特心理学的介绍，这些解释者忽略了冯特的德国古典哲学的思想背景，以及其对经验主义和实验主义的批评，同时也没能正确阐述冯特心理学的基本思想。

四、关于冯特"元素主义"观点的误解

通过对铁钦纳与冯特关系的介绍可以知道，铁钦纳并非是冯特在美国最忠实的代言人，另外铁钦纳及其学生波林对冯特的一些概念的错误解释和有意曲译，直接导致心理学界一直把冯特看成是主张心理化学模式的元素主义者，认为冯特同铁钦纳一样，主张把复杂的心理分析为心理元素，再

① Leahey, T. H. (1981). The mistaken mirror: On Wundt's and Titchener's psychologies. *Journal of the History of the Behavioral Sciences*, 17. pp. 273～282.

② Hothersall, D. (2004). *History of psychology 4th*. Boston: McGraw Hill Companies, Inc. p. 22.

通过一定的心理定律把这些简单的心理元素组合成复杂的心理化合物。这一点被西方心理学史学者新近的研究所否定，这是对冯特基本思想的歪曲。这是很平常的事，更多的英文材料提及的冯特只是挑选出他的心理化学假说进行简短的陈述。事实上，冯特提及自己的理论体系时从来没有用过"心理化学"这个概念，这个虚构的想法的来源在哪儿呢？英国联想主义对于冯特心理学的错误理解无疑是决定性因素。①

冯特主张意识是一种过程，它不可能像分析化学元素一样分析为各种元素。因为心理过程是短暂的，且各种子过程只有在整个心理过程的相互联系中才能获得其自身意义，脱离了整体，子过程也就丧失了其存在的意义。在1890年出版的《逻辑学》一书中，冯特详细地阐述了这一观点。冯特指出，元素论使我们可以辨别相对简单的心理现象，但是这种意识仅仅局限于日常生活经验的范围，实际上并没有任何意义。

冯特列举了许多例子来说明复杂的心理过程不能分析为元素的观点。他援引联想主义哲学家所使用的一个类比，指出："尽管我们相信水是氢和氧组成的，但从氢和氧中绝不可能见到水的性质。然而，这个例子实际上并没有代表性，因为化学过程中有可能——且这种可能性极大——由化学元素推知化合物的性质。但在我看来，心理综合却与其相反，只有依照一定的心理规律把子过程放在整体心理过程的联系中，我们才能了解子过程的性质，而由子过程推断整体心理过程的性质却是绝对不可能的。"②虽然冯特应用了化学过程的例子类比心理过程，但是他显然是不满意的，正是由于应用这一化学过程，导致许多学者把他看成是"心理化学论者"，这显然是不准确的。

为澄清对冯特真正立场的错误理解，布卢门撒尔做了大量的工作。他写道："今天我情不自禁地想知道，冯特是否对那时他选择'元素'这个词作为一章题目的一部分会产生些什么想法。后来的人们以如此的激情抓住这个词，以至于最终使得他们把冯特改变成几乎与他的初衷相反的地步。"③布卢门撒尔值得注意的结论是，冯特实际上不是一个还原论者，不是一个元素主义者，也不是一个构造主义者——最经常被加诸其身的三个特点。

把冯特描绘成元素主义者也引起了冯特的儿子、哲学家马克斯·冯特

① Rieber, R. W. (1980). *Wilhelm Wundt and the making of a scientific psychology*. New York: Plenum Press. p. 80.

② 高觉敷主编：《西方心理学史论》，安徽教育出版社1997年版，第129页。

③ Blumenthal, A. L. (1979). The founding father we never knew. *Contemporary Psychology*, 24, pp. 547～550.

的不满。马克斯指出:"从方法论的角度上我们可以得出由简单到复杂的原则,甚至可以此原则为指导,由原始的、机械的元素建构人的心理(即所谓的心理元素论的心理学)。但是,在这种条件下,方法和现象却被严重地混淆了……无论谁把这样一种思想归于我父亲,那么他肯定没读过我父亲的著作。事实上,我的父亲正是在反对元素主义心理学,即在赫尔巴特的心理学基础上,形成他自己的心理过程的科学观的。"①可见,冯特是反对元素主义的。

另外,1894年,冯特退出了心理学实验室工作,他总结了30年以来所从事的心理学研究并作了工作报告,从中我们可以看出他对元素主义的基本观点。冯特指出:"当我接触心理学的问题时,我持有一个生理学家很自然所持有的一般偏见,认为知觉的形成仅仅是感官的生理特性工作的结果。以后,通过视觉现象的实验研究,我发现知觉是一种创造性综合的活动。这逐渐成为我的指导准则。以这个准则为指导,我对想象和智慧等高级心理功能的理解有了新的认识。在这一点上,旧的心理学对我没有任何帮助。当我开始研究心理事件之间的暂时联系时,我对心理功能有了更进一步的认识,我不再以抽象的名词把心理功能区分为观念、感觉或意志,对联想时间的测定使我发现知觉过程同记忆、表象之间的关系,也使我认识到所谓的'再造'观念只是自我欺骗的多种形式之一。实际上这种观念在实际中是根本不存在的。此后,我开始把观念作为一种过程,这一过程是不断变化的、转瞬即逝的,传统的联想理论是站不住脚的,错误的……。"②

因此,心理学界一直把冯特看成是主张心理化学模式的元素主义者的观点是错误的,歪曲了冯特的基本思想。

五、关于冯特实验内省法的误解

冯特对心理学的巨大贡献之一就是把实验的方法引入心理学的研究之中。但过去在承认冯特这一贡献的同时,却认为冯特保留了内省法在心理研究中的合法地位,并且把内省和实验结合起来,创立了实验内省法,但这种方法仍然侧重于内省,因而把冯特作为实验内省学派的创始人。实际上这是对冯特本来面目的歪曲。

生理学家有分光计、声谱仪和一些其他奇妙的仪器,而心理学家们又有

① 高觉敷主编:《西方心理学史论》,安徽教育出版社1997年版,第130页。

② 高觉敷主编:《西方心理学史论》,安徽教育出版社1997年版,第131页。

哪些用来研究意识过程的客观的观察方法呢？冯特描述的一个方法就是实验内省法。内省从此就变成描述冯特的方法的最常用的术语了。这个说法是对冯特实验内省法的误解，因为它可能被认为含有一种扶手椅上的思辨之意，而那当然不是冯特所要表达的意思。他从不考虑只能导致没有结果的争论和最为严重的自我欺骗的这类“沉思性冥想”的思辨。[①] 1882 年，冯特在一篇具有辩论色彩的论文中，把早期的内省主义者比作是德国民间文学中的一个通过抓自己头发、把自己拉起从而使自己脱离流沙的滑稽人物巴伦·冯慕西豪森[②]。冯特的内省是一个严格控制的、艰苦的实验过程。他认为，从未经控制、沉思性的冥想中认识人类心理经验很少，正如从对下落物体的偶然、随意的观察中认识力学知识极少一样。

在冯特看来，心理学既然是一门经验科学，它的方法就必定是观察经验。因为一个人只能观察到自己具有的经验，所以心理学的方法必定是自我观察或内省。同时，因为心理现象具有主观性和不稳定性，要想把握住心理现象并加以精确地观察，就必须使这种自我观察内省与实验结合起来。冯特深信，只有这种“实验内省”才“适宜于帮助心理学的理解”[③]。“实验的根本性质，在于我们能够随意地把一件事情的条件改变，并且假如要得到精密的结果，必须能把这些条件加以从数量测定上的改变”[④]。因此，在自然科学的范围内，研究各种现象都少不了实验法。意识过程比物质现象更具有不稳定的特点，“是稍纵即逝的，不断在流动、在变化”。所以要研究意识过程，实验方法是基本工具，只有利用这个方法才能做到科学的内省。冯特把生理心理学的一套实验方法搬到心理学上来，将传统的思辨式的经验性内省打造成实验性内省，使内省在心理学方法上得到了一定的发展。[⑤] 当然，冯特在“实验内省”中并没有把内省置于至高无上的地位。因此，把冯特作为内省主义学派的创始人，不如把他作为实验心理学的创始人更为符合历史的真实性。

冯特在《论心理学的方法》一文中详细地讨论了内省作为一种研究方法

---

① Wundt, W. M. (1907). *Principles of physiological psychology* (I) (Titchener, E. B. Trans.). New York: Macmillan. p. 7.

② Blumenthal, A. L. (1985). *Wilhelm Wundt: Psychology as the propaedeutic science*. In: C. E. Buxton (Ed.). *Points of view in the modern History of psychology*. Orlando, FL: Academic Press. p. 29.

③ 唐钺著：《西方心理学史大纲》，北京大学出版社 1982 年版，第 118～123 页。

④ Wundt, W. M. (1907). *Principles of physiological psychology* (Ⅱ) (Titchener, E. B. Trans.). New York: Macmillan. p. 2.

⑤ 高觉敷：《西方近代心理学史》，人民教育出版社 1997 年版，第 129 页。

的各种弊端，不幸的是，冯特著作的英文翻译者无视这些事实，把 selbstbeobachtung 直译为 introspection，歪曲了冯特在这个问题上的基本观点，使英语国家的许多心理学家对冯特产生误解。还有历史资料可以证明冯特并不使用内省法，那就是美国著名的机能心理学家卡特尔的记述。卡特尔于 1883 年赴德国莱比锡随冯特研究心理学，据他的回忆，在他所见的所有研究中，从不依赖被试的主观报告，而是通过研究者操纵各种仪器，同时记录下被试的各种反应。这一点可以从侧面证明冯特的研究属于客观实验的范畴。

然而，冯特的学生铁钦纳却没有完全继承冯特的研究方法，而是背离了冯特的实验路线，走向了“系统内省”的路线。铁钦纳 1912 年曾说过：“19 世纪 90 年代早期的实验者相信，心理学研究中最重要的因素是仪器，即测时仪、速示器和示波器等，这些仪器比观察者更为重要……而 20 年后的今天，我们已彻底改变了这种局面。可以说，实验内省（即冯特的研究方法——作者注）所导致的数量化运动已经达到它的顶峰。”①针对铁钦纳的内省法，1900 年冯特在评论铁钦纳的研究方法一文中指出，铁钦纳的内省法是虚假的方法。他认为“内省法依赖于模棱两可的自我观察，这种观察将使人误入歧途……显然，铁钦纳已将自己置于这种骗人的方法之下。”②

冯特对屈尔佩领导的符兹堡学派所主张的内省法做出了尖锐的批评，尽管这一批评在当时被误认为是反对实验法应用于高级心理过程，但当代心理学家已经发现这一批评的基本含义是反对把内省法作为实验室的一种实验方法。因此我们有必要去澄清心理学界对这位伟大却又饱受批评的心理学家的种种误解，这些误解不是某一位心理学家能够澄清的，而是需要心理学界更多的人深入研究冯特以及冯特的著作才能解决的。

由于对冯特思想的歪曲，心理学忽略了一个丰富的思想渊源。幸运的是，冯特真正的心理学正处于重新被发现的过程之中，而这样做的一个原因是心理学对认知兴趣的回归。布卢门撒尔就指出：“尽管看起来可能奇怪，但与早些年相比，冯特在今天更容易被人们所理解。这是由于现代认知心理学的当前氛围和人类信息加工的近期研究。”③

---

① Titchener E. B. (1912). Prolegomena to a study of introspection. *American Joural of Psychology*. xxiii. p. 427ff.

② 高觉敷主编：《西方心理学史论》，安徽教育出版社 1997 年版，第 133 页。

③ Blumenthal, A. L. (1975). A reappraisal of Williem Wundt. *American Psychologist*. pp. 1081～1088.

六、关于冯特对心理学应用的误解

冯特把自己的实验心理学看成是一种纯科学，他不主张进行应用研究。这是对冯特的又一误解。几乎每个人都听说过这样的轶事——当卡特尔提出反应时研究要注意探讨个体的差异问题时，冯特暴躁地拒绝了这样的请求。该故事可能是真实的，但就此认为冯特仅仅是一个纯粹的科学家，事实并非如此。实际上，冯特对于反应时实验研究的兴趣来源于他对于现实问题的考虑，即天文学家有关人差方程式的问题。从1861年起，冯特对人差方程式做了相关的一些研究，他甚至讨论了在视觉、听觉刺激上个体可能存在的差异性，而这就引发了几十年后，在记忆和学习方面有人提出了有关"视觉类型"和"听觉类型"的问题。①

冯特在《心理学大纲》的绪论和《生理心理学原理》的前言里都讨论过心理学的研究范围。其中在"心理发展"这一部分，冯特把种族心理学、儿童心理学和动物心理学等应用学科看做是心理学的分支，作为探索人类心理发生发展的知识来源之一。他还把动物心理学和种族心理学合并称为比较心理学。这是冯特关于心理学的应用研究，另外他还将心理学的研究成果应用于社会生活中，如他赞成把词语联想技术应用于精神病诊断。

冯特的学生也积极跟随冯特将心理学应用到生活实践当中去。如著名的精神病学者克雷佩林从冯特那里学习了实验方法学，并将其运用于早期心理障碍的科学研究中。冯特的主要著作中参考了大量的病态心理学，克雷佩林提出的精神分裂症理论就是源于冯特的心理学，所以冯特的一些学生继续研究他在这一领域的观点也是不足为奇的。冯特甚至提出："病态心理学应该成为与正常心理学并存的独立学科，正如身体的病理学分离于它的生理学。"②克雷佩林22岁时获得医学博士学位，27岁发表了一篇关于精神病学的论文，后来修订了几版。早期他关于酒精与吗啡的心理效应的研究使克雷佩林成了心理药理学领域的一位先驱者。③ 1883年，他发表了早期精神障碍的分类学，这预示了当前的分类体系，并提出了一些持续至今的诊断性术语，如偏执狂、躁郁性精神病等。克雷佩林对痴呆的兴趣使他开始

---

① Stagner, R. (1979). Wundt and applied psychology. *American Psychologist*. 7. pp. 638～639.

② Wundt, W. M. (1894). *Lectures on human and animal psychology*. Thoemmes Continuum. p. 316.

③ Healy, D. (1993). One-hundred years of psychopharmachology. *Journal of Psychopharmacplogy*, 7, pp. 207～214.

了对后来被称为“阿尔采姆症”这一障碍的开创性研究。

19世纪末，当司法心理学研究在欧洲产生重要影响时①，克雷佩林对罪犯精神病学的发展起了重要的促进作用。他是最早提出罪犯行为是一种心理疾病的研究者之一，而且他坚决反对死刑。② 克雷佩林的研究仍然是当代精神病学家持续增长的兴趣的来源。③ 冯特对病理心理学的兴趣不仅在克雷佩林的研究中得到体现，而且在作为临床心理学的创立者莱特纳·威特默(Lightner Witmer)那里也得到了扩展。

威特默进行的关于痛觉、心理障碍儿童的特殊学习问题等主题的实验研究，对早期学校心理学家来说具有实用价值。④ 1896年3月，威特默开办了世界上第一个由心理学家主持的诊所。威特默通过自己亲自参与临床活动，向我们证明了临床专业人员是如何独立于医学专业而起作用的。他还认为，科学心理学与临床心理学之间应该存在紧密的联系。正是因为他的巨大贡献，他的研究推动了后来的工业心理学、组织行为学和咨询心理学的发展。⑤

除了上面提及的代表性人物以外，冯特的其他学生也扩展了心理学的研究范围。虽然这些学生有的偏离了冯特实验室规定的研究内容，但是他们中的许多人却开辟了不同于冯特思想体系的应用领域。可见，通过一些只言片语来判断一个人的态度观点有时容易犯主观唯心主义错误，我们要辩证地看待冯特对心理学应用的态度问题。

---

① Bartol, C. R. & Bartol, A. M. (1999). *History of forensic psychology*. In: A. K. Hess & I. B. Weiner(Eds.). *The handbook of forensic psychology*. New York: Wiley. pp. 3～23.

② Hoff, P. (1998). Emil Kraepelin and forensic psychiatry. *International Journal of and Psychiatry*, 21, pp. 343～353.

③ Jablensky, A., Hugler, H., von Cranach, M. & Kalinov, K. (1993). Kraepelin revisited: A reassessment and statistical analysis of dementia praecox and manicdepressive in sanity in 1908. *Psychological Medicine*, 23, pp. 843～858.

④ Fagan, T. K. (1996) Witmer's contributions to school psychological services. *American Psychologist*, 5, pp. 241～243.

⑤ McWhirter, P. T. & McWhirter, J. J. (1997). Lightner Witmer: Father and grandfather. *American Psychologist*, 52, p. 275.

第三节 功过评说

世界名著《宇宙之谜》(1899)的作者海克尔曾经说道，当代最重要的心理学家之一就是莱比锡的威廉·冯特，他具有其他哲学家所没有的优点：精通动物学、解剖学和生理学方面的知识；冯特作为赫尔姆霍茨的助手和学生，早期就惯于把物理化学的定律应用到生理学的整个领域，也应用到约翰·缪勒所下定义的心理学，即生理学的一部分。从这些观点出发，冯特在1863年发表了颇有价值的《人类和动物心理学的讲演录》。①

可见，冯特具有其他心理学家所不具有的优势和优点，也正是因为他的生理学等方面的背景，促使他提出了实验心理学，成为实验心理学第一人，并于1879年在莱比锡大学创建了第一个正式的心理学实验室。在这个实验室内培养了许多来自世界各地的学生，以后在世界各地建立起了心理实验室。因而冯特被公认为实验心理学的创始人，使心理学从哲学中脱离出来而成为独立的学科。美国著名的心理学家霍尔1921年在哥伦比亚大学讲演时说过："冯特到任何时候都将作为伟大的里程碑而永垂不朽。"②

一、开创了心理学新天地：促使了心理学的独立

冯特的最大贡献就是使心理学成为一门独立的学科，正如布伦南所言："首先，也是最重要的一点是，这个体系(即内容心理学)推动了心理学成为科学。无论它有多少缺陷，但冯特确实宣告了一门基于科学构想的正式的心理学科的诞生，心理学被作为一门科学得到了承认。"③心理学从古希腊到近代历经两千五百多年，不是神学的婢女，就是哲学的附庸，内省思辨使心理学长期处于落后状态。冯特全面总结了哲学心理学、生理学和心理物理

① 海克尔著，上海外国自然科学哲学著作编译组：《宇宙之谜》，上海人民出版社1974年版，第96页。

② 高觉敷主编：《西方近代心理学史》，人民教育出版社1997年版，第135页。

③ Brennan, J. F. *History and systems of psychology*(影印版)，北京大学出版社2004年版，第165页。

学的成果，把哲学心理学的体系、自然科学的研究方法与心理学有关的研究课题结合起来，把实验法引入心理学研究领域，建立了第一个心理学实验室，创办了第一份心理学刊物，确定了一批典型的心理学实验项目，从而使心理学成为一个独立的研究领域。

舒尔茨说得好："创立不同于奠基。"①冯特的伟大功绩不仅在于他的奠基，更在于他的创立。1860 年，费希纳出版了《心理物理学纲要》，这本书的功绩在于将实验研究和数量计算同时引入心理学，推动了科学心理学的诞生。冯特承认费希纳的工作代表了实验心理学的"第一次胜利"。然而，费希纳的兴趣仅在于用心理物理学来论证他的泛灵论哲学，而冯特则有意建立一门独立的心理学。所以，从学科发展的含义上来评价他们是不一样的。因为创立一门学科远远不止需要科学成就，它还要求创业者自觉地对本学科领域内前人做过的很多工作进行组织和综合，然后加以宣传和发展。

冯特给初生的心理学指明了道路，使心理学有了自己的发展方向。首先，冯特把意识作为心理学研究的主题。在漫长的哲学心理学时代，心理学研究的主题不是"灵魂"就是"心灵"。冯特认为两者均偏向形而上学，于是决定采用"意识"作为科学心理学的主题。从此以后，"心理学是研究意识的科学"②，就成了一般公认的心理学定义。

其次，冯特把心理现象看做一种过程。康德曾经断言，心理现象瞬息万变，很难被我们所掌握，并且不能用数量表示，也不能实验。韦伯、费希纳打破了康德的禁区，以心理物理学开创了心理实验的先例。冯特则把实验法引进心理学，总结了前人的经验，从生理学中借用"过程"这个概念，把心理现象看做一种心理过程，以此说明研究心理学必须采用自然科学的实验方法。冯特把心理现象作为一个过程来研究，是从理论上阐明了实验室的必要性和可能性。所以在这一点上，冯特的贡献是有历史意义的。

最后，冯特拓宽了心理学的研究范围及分支。冯特在《对感官知觉理论的贡献》的导言、《心理学大纲》的绪论和《生理心理学原理》的前言里都讨论过心理学的研究范围。归纳起来包括以下几个部分：(1) 生理心理学，这部分包括心理的生理基础知识和心理物理学。(2) 纯心理学或狭义的实验心理学，包括从感觉过程等心理过程直到人格的形成，有时候冯特把这部分和儿童心理学合并称为个体心理学或普通心理学。(3) 心理发展，冯特把种族心理学、儿童心理学和动物心理学看做心理学的分支，作为探索人类心理发

① Schultz, D. P. (1975). *A history of modern psychology* (*2nd ed.*). New York: Academic Press, p. 53.

② 张春兴：《心理学思想的流变——心理学名人传》，上海教育出版社 2002 年版，第 116 页。

生发展的知识来源之一。他还把动物心理学和种族心理学合并称为比较心理学。前两部分要求用实验方法，而把不可能进行实验的课题放到民族心理学中去研究，把它研究的结果补充到普通心理学中去，如动机等。冯特给心理学划定的研究范围给后人发展心理学指明了方向，无论他有多少缺点，但是他的这一贡献却是不可磨灭的。

二、建立了心理学实验室：创立了实验心理学

冯特于1879年在德国莱比锡大学建立了世界上第一个专门的心理学实验室，运用实验的方法，系统地开展了心理学的实验研究。到了20世纪初，莱比锡大学成了世界心理学研究的中心，是全世界心理学工作者朝拜的"圣地"。诚然，在冯特之前，美国的詹姆斯在哈佛大学建立了一间心理学实验室，德国的斯顿夫(Karl Stumpf,1848—1936)也建立了一个听觉实验室，费希纳和赫尔姆霍茨也做过生理心理学和心理物理学方面的实验，但是他们不是设备简陋、有名无实，就是实验很简单、很不系统，甚至有的只是做了一些所谓生理学方面的研究。只有冯特才是第一个建立了专门的心理学实验室，从事心理学实验研究的第一人，这是他的一个重要贡献，正是因为这个贡献才使心理学真正走向科学的道路。正如安德森(Richard J. Anderson)在他的一篇研究中所指出的："每个生活在不同时代和地方的人都与冯特有或多或少的关联，他们有自己的事业，但是没有一个成功者和追随者超越冯特成为心理学的领导者。"①

冯特是现代实验心理学的创始人，可以毫不夸张地说，实验心理学的概念在很大程度上也是冯特自己创造的。② 冯特对实验法非常重视，在他看来，科学的意义就在于实验。他还详细论述了实验的本质、特点及其重要意义。他说："由于心理学的实验一方面创设外在的条件，从而使某种心理过程在一定的瞬间发生，另一方面它使一般的情况有可能加以控制，以至于伴随的意识状态几乎近于不变，所以，实验法在心理学方面的基本意义不仅在于像物理学方面那样随意改变观察的条件，同时更重要的是在于，一种观察只有凭借着它才有进行的可能，这种观察的结果以后可以用来研究其他在

① Anderson R. J. (1980). Wundt's prominence and popularity in his later years. *Psychological Research*, 42. pp. 87～101.

② 墨菲等著，林方等译：《近代心理学历史导引》，商务印书馆1980年版，第222页。

性质上无法直接加以实验控制的心理现象，从而有可能获得丰富的成果。”①冯特“虽然并不是第一个创造实验方法的人，但他至少把实验的方法推广了，至少是第一个建立了专门研究心理学的实验室，至少是第一个创办一种杂志来刊载实验研究成果的，至少是把心理学的地位巩固起来而促其成为一种实验的科学的”。②

自莱比锡大学实验室建立至19世纪末的20多年里，实验室完成了一百多个研究项目。据萨哈金统计：冯特在1875—1917年间，由他直接参加和指导的实验课题总共186项，其中除70项属于哲学课题外，其余属于心理学问题的有以下几类实验项目：感觉方面占70％（其中视觉实验占28％，听觉23％，触觉5％，时间知觉8％，其余6％）；动作、联想和记忆共占11％；注意和记忆占10％；方法论占9％。③ 冯特心理学实验室的研究项目大体上分为五个方面：(1) 关于感知觉的研究；(2) 关于反应速度的研究；(3) 关于注意分配和广度的研究；(4) 关于情感的研究；(5) 关于言词联想的研究。这些研究成果绝大部分发表在冯特编辑出版的《哲学研究》（前身为《心理学研究》）上。

1904年和1909年铁钦纳对实验心理学的进展曾先后做过两次调查。调查表明，当时的实验项目和上述冯特的项目类别和趋势是一致的。其中为数最多的是感觉方面的实验研究，其次是动作和注意。以后随着时间的推移以及研究方法的改善，无论在项目的范围和数量上都在不断加深扩大。④

莱比锡心理学实验室在心理学发展史上起着不可估量的作用，为后来世界各地的心理学实验室起了示范作用。到1900年为止，世界各地先后相继兴建了69所心理学实验室，其中14个是由冯特的学生建立的，而这些实验室都效仿了莱比锡心理学实验室的基本理念。它们分散在各国的数目是：美国39所，德国10所，俄国3所，意大利3所，英国、法国、比利时各2所，丹麦、波兰、日本、阿根廷、瑞士、加拿大、荷兰和奥地利各1所。⑤ 1894年以前，莱比锡心理学实验室一直是世界上最大、设备最齐全的实验心理学

---

① Wundt, W. M. (1907). *Principles of physiological psychology* (*I*) (Titchener, E. B. Trans.). New York: Macmillan. p. 5.

② 匹尔斯柏立著，陈德荣译：《心理学史》，商务印书馆1931年版，第203页。

③ Sahakian. (1975). *History and systems of psychology*. New York: John Wiley & Sons, Inc.. pp. 137～138.

④ 弗吕格著，孙名之译：《心理学一百年》，湖南省心理学会印，第7～14页。

⑤ Sahakian. (1975). *History and systems of psychology*. New York: John Wiley & Sons, Inc.. pp. 138～140.

实验室。① 表6—1列出了从1875年到1890年之间世界各地在效仿莱比锡大学心理学实验室建立的心理学实验室。

表6—1 心理学实验室的建立(从1875年到1890年)

建立时间(年)	建立者	研究机构	地点
1875(实际起始点) 1879(传统认为的日期)	威廉·马克西米 利安·冯特	莱比锡大学	德国
1874—1876(实际起始点) 1891(传统认为的日期)	W·詹姆斯 H·闵斯特伯格	哈佛大学	美国
1881	G·E·缪勒	哥廷根大学	德国
1883(关闭于1887年, 重开于1903年)	G·斯坦利·霍尔 J·M·鲍德温	约翰·霍普金斯大学	美国
1886	V·博克特里夫	喀山大学	苏联
1886	H·艾宾浩斯	柏林大学	德国
1886	A·勒曼	哥本哈根大学	丹麦
1887	詹姆斯·麦基恩·卡特尔	宾夕法尼亚大学	美国
1888	W·L·布赖恩	印第安纳大学	美国
1888	约瑟夫·贾斯特罗	威斯康星大学	美国
1888	Y·莫托拉	东京大学	日本
1888	H·闵斯特伯格	弗赖堡大学	德国
1889	H·伯尼斯 & A·比内	索邦大学	法国
1889	埃德蒙·克拉克·桑福德	克拉克大学	美国
1889	G·谢尔吉	罗马大学	意大利
1889	C·斯顿夫	慕尼黑大学	德国
1889	哈利·科克·沃尔夫	内布拉斯加大学	美国
1890	J·M·鲍德温	多伦多大学	加拿大
1890	B·布尔东	雷恩大学	法国
1890	詹姆斯·麦基恩·卡特尔	哥伦比亚大学	美国
1890	乔治·T·W·帕特里克	爱荷华州立大学	美国
1890	詹姆斯·黑顿·图夫兹	密歇根大学	美国

① Harper R. S. (1950). The first psychological laboratory. *Chicago Journals*. 41(124), pp. 158～161.

三、促进了心理学的发展:培养了一批心理学家

我们知道,在冯特之前,心理学没有专业的工作者,没有形成国际性的学派,它仍然是掌握在少数哲学家手中的一门思辨科学,因而严重地阻碍了心理学的发展。冯特不仅让心理学成为一门独立的科学,而且培养了一大批心理学家,为心理学在世界范围内的发展奠定了基础。冯特的心理学实验室建成以后,世界各国的青年学生纷纷慕名前来学习新心理学和实验方法。这些学生学成回国以后,宣传冯特的心理学,创建心理学实验室,建立了自己的心理学体系,成为各国心理学发展的奠基人物。冯特不仅成为科学心理学的建立者,也是心理学发展的促进者。正是在这种意义上,冯特的心理学促进了科学心理学在世界范围内的发展。

在德国,冯特的著名学生有克雷佩林、墨伊曼、屈尔佩、克鲁格和埃克纳等。克雷佩林于1882—1883年在莱比锡进行博士后研究。他在冯特的指导下,研究了心理药物对注意、记忆和语言的影响,由此开创了药理心理学研究的先河。[①] 他还研究了精神分裂症患者的注意,提出"注意受损"的观点,认为这类患者的注意受到损伤,由此导致行为上的变化。他最有名的研究是对精神病进行了系统的分类。这种趋向在墨伊曼那里体现得更为明显。1903年,墨伊曼等在冯特的指导下,创办《心理学整体领域档案》(*Archiv für die gesamte Psychologie*)杂志,来取代《哲学研究》,冯特为此曾亲自过问编委会的人选。但墨伊曼对在教育领域应用实验心理学更感兴趣,他在教育心理学领域有着较多著述。

如果说,克雷佩林和墨伊曼仅在研究领域上发生变化的话,屈尔佩和克鲁格等则在观点上出现变革,转向内容心理学的对立面。屈尔佩自1886年起,师从冯特研究实验心理学长达八年之久。屈尔佩原本是十分忠诚于老师冯特的观点的。1893年他出版《心理学大纲》,曾将此书献给冯特。这部书在内容上是冯特式的,但在心理学的界定上已超过冯特所限定的内容心理学领域。1894年,屈尔佩任符茨堡大学教授,他开始指导学生研究高级的心理过程。最终,他们发现了无意象思维,认为思维中并不一定存在表象的

① Müller, U. & Fletcher, P. C. & Steinberg, H. (2006). The origin of pharmacopsychology: Emil Kraepelin's experiments in Leipzig, Dorpat and Heidelberg(1882—1892). *Psychopharmacology*, 184, pp. 131～138.

元素。屈尔佩逐渐转向布伦塔诺的意动心理学，他和学生麦塞尔（August Messer，1867—1937）提出二重心理学观点，企图将冯特的内容心理学和布伦塔诺的意动心理学结合起来。克鲁格曾于1901—1905年在莱比锡任冯特的助手，1917年起，他接任冯特教职，与冯特的其他学生一起形成了第二代莱比锡学派。他发展出整体心理学理论，在研究立场上已接近意动心理学和格式塔心理学，力图对整体和结构进行发生的研究。他认为整体是复型的质，从而回应了厄棱费尔（Christian von Ehrenfels，1859—1932）的形质观点。由此可见，在冯特之后，莱比锡已不是内容心理学的阵营，而是转向了内容心理学的对立面。

雨果·埃克纳（Hugo Eckener）是冯特所有德国博士生中最著名的一个。他指挥齐柏林伯爵飞艇做了几次环绕世界的飞行，在纽约两次荣耀地受到了人们抛彩带的盛大欢迎，并且在20世纪30年代的一次报纸民意测验中被选为世界上最著名的人。《纽约时报》把埃克纳列入与罗伯特·珀尔（Robert E. Peary）、罗德·阿曼德胜（Roald Amundsen）、恩斯特·沙克尔顿（Ernest Shackleton）和理查德·伯德（Richard E. Byrd）同一级别的探险家，并且列为与查尔斯·林德贝里（Charles Lindbergh）同一级别的飞行家。埃克纳在冯特的指导下进行了关于愤怒和烦恼对注意影响的博士学位论文研究，于1893年获得博士学位。

在英国，查尔斯·斯皮尔曼（Charles Spearman）于1897年求学于冯特，1904年获得博士学位。他重视心理学在实际生活中的应用。他在智力测验领域进行了大量研究，并提出智力的二因素论，他创建了因素分析方法，在心理统计学领域作出了独特的贡献，成为英国著名的统计学家和心理测量学家。

在法国，冯特的学生有维克特·亨利（Viktor Henri）和布尔东（B. Bourdon）等人，亨利与阿尔弗雷德·比纳（Alfred Binet）合作，系统地阐述了第一个智力测验；布尔东于1890年在雷恩大学建立了法国第二个心理学实验室。

在俄国，冯特的学生弗拉基米尔·别赫切列夫（Vladimir M. Bekhterev）建立了俄国第一个心理学实验室，但他反对对心理进行主观的研究，他将心理学视作行为的科学，他提出反射学的观点，从而走向了行为主义阵营。

在比利时，蒂内斯（G. Thinès）师从冯特，在卢汶大学创建了实验室，并指导研究十年之久。但他受到天主教的影响，倾向于从经院哲学来理解实验心理学。[1] 这种倾向在蒂内斯的学生米肖特(A. Michotte)那里明显体现出来,米肖特于1905年求学于冯特,但对其观点感到不满,转投屈尔佩门下,并逐渐接近意动心理学立场。他对冯特的元素论观点提出批评,并转向实验现象学。他在卢汶大学50多年,对因果知觉等进行了杰出的实验研究。

在丹麦,勒曼在随冯特学习后,在哥本哈根建立了一个实验室,他致力于心理物理学领域的研究,强调进行基础的描述工作。但他也强调整体观点,例如他认为,应将中枢神经系统视作一个整体。最终,鲁宾接受了勒曼的整体观点,与学生建立了哥本哈根学派,进行知觉的实验现象学研究。

据本杰明(L. T. Benjamin)等人统计,共有33名美国学生从冯特那里获得博士学位。[2] 他们的博士学位论文题目是冯特实验室所做的各种研究的证据。这些学生包括哈利·科克·沃尔夫(Harry Kirke Wolfe),他1886年的学位论文是关于"语调记忆"。沃尔夫在内布拉斯加州大学创立了心理学系。弗朗克·安吉尔(Frank Angell)("关于声音强度的估计研究")、爱德华·斯克里普彻(Edward Scripture)("思维和情感")和爱德华·佩斯(Edward Pace)("斯宾塞的进化理论")都在1891年完成了学位论文,他们分别在斯坦福、耶鲁和天主教大学建立了心理学实验室。美国第一个心理学诊所由莱特纳·威特默(Lightner Witmer)于1896年建立,他写的博士学位论文是关于"不同比例的审美价值",并在1892年获得了学位。加利福利亚大学心理学实验室的创立者乔治·斯特拉顿(George Stratton)(学位论文是"对不同条件下压力改变的知觉")、芝加哥大学教育心理学系和纽约大学心理实验室的创立者查尔斯·H·贾德(Charles H. Judd)(学位论文是"空间知觉"),都在1896年从冯特那里获得了博士学位。贾德还把冯特的《心理学大纲》翻译成英文。1900年在塔夫斯大学创办心理学系的沃尔特·斯科特(Waltter Scott),在冯特的指导下以关于"冲动心理学"的学位论文获得博士学位。在俄亥俄州立大学心理学系担任24年系主任的乔治·阿珀斯(George Arps)写了关于"压力知觉的增加"的学位论文,并在1908年从冯特那里获得了博士学位。

尽管冯特有较多的美国学生,但他们绝大多数重视心理的机能,逐渐走向了与内容心理学相对立的机能主义阵营。这些学生回到美国后,大多建立了自己的实验室,由此使得实验心理学在美国扎根并得到快速发展。除

① Misiak, H. (1980). Leipzig and Louvain University in Belgium. *Psychological Research*, 42, pp. 49~56.

② Benjamin, L. T., et al. (1992). Wundt's American doctoral students. *American Psychologist*, 47, pp. 123~131.

极少学生对纯粹的实验研究感兴趣，他们将研究应用到具体实践中去。如霍尔在发展心理学领域，卡特尔在个体差异心理学领域，威特默在临床心理学领域，贾德在教育心理学领域，斯科特在广告心理学领域，都做出了突出的贡献。冯特的德国学生闵斯特伯格(H. Münsterberg)在哈佛大学也倡导应用心理学研究。正是在这种意义上，奥唐奈指出，莱比锡对这些学生的影响是旅行(Wanderschaft)而非科学(Wissenschaft)。① 这些学生普遍地对冯特的内容心理学忽视应用感到不满。霍尔作为冯特在美国的第一位学生，在纪念冯特逝世时的讲话中表明了这一点："我也始终感到，如果冯特与作为生理学家相比，能够在一半的程度上作为生物学家的话，他将会给我们的科学以更宽广的基础。另外，他大大地忽视了精神病学的贡献。"②冯特在美国心理学中的影响逐渐下降。美国心理学史家布洛泽克(J. Brozok)调查了1887—1977年间1—90卷的《美国心理学杂志》，他以30卷为单位，发现冯特著作在1—30卷中的引用率为72.3%，31—60卷中的引用率为20.0%，61—90卷中的引用率仅为7.7%。③

当然，如同冯特的欧洲学生一样，他的美国学生在应用领域继承了实验心理学思想，从而将科学主义心理学延续下去。华伦的话表明了这些学生的立场："冯特对心理学最重要的贡献在于实验室研究的创立。……冯特对心理学原理贡献的价值将受到挑战。他的一些最著名的理论已被抛弃了。……但是，他的心理学实验的概念，如以往一样强烈地流行着，且看来可能在将来的许多年中支配着未来的工作。"④

冯特还吸引了包括印度和日本在内的其他国家的学生。布卢门撒尔描述了冯特对这些学生的影响：1920年，冯特逝世的那一年，他的日本学生和追随者们正在东京大学建造一个莱比锡实验室的复制品。它在第二次世界大战中幸存下来，只是在20世纪60年代期间毁于一次学生骚乱。1932年，冯特诞辰一百年，印度的《心理学杂志》和冯特在加尔各答的一些追随者们

---

① Benjamin, L. T., et al. (1992). Wundt's American doctoral students. *American Psychologist*, 47, pp. 123～131.

② Baldwin, B. T. (ed.) (1921). In memory of Wilhelm Wundt. *Psychological Review*, 28, pp. 153～178.

③ Brožok, J. (1980). The echoes of Wundt's work in the United States, 1887—1977: A quantitative research. *Psychological Research*, 42, pp. 103～107.

④ Baldwin, B. T. (ed.) (1921). In memory of Wilhelm Wundt. *Psychological Review*, 28, pp. 153～178.

出版了那一年所刊印的有关冯特的最大的纪念册。①

蔡元培(1868—1940)是冯特第一个也是唯一的中国学生,是中国现代心理学的开拓者和先驱者,为把科学心理学引入中国作出了重要贡献。

为了学习西方的文化教育思想,蔡元培曾两次去德国留学。第一次是1907年5月至1911年11月,第一年在柏林主要学习德语。从1908年10月至1911年11月,蔡元培是莱比锡大学的正式注册留学生,先后选修哲学、文学、文明史、心理学、美学、美术史、民族学等近40门课程。在所选课程中,他"尤注重于实验心理学及美学"②。蔡元培曾在《民族学之进化观》一文中这样写道:"我向来是研究哲学的,后来到德国留学,觉得哲学的范围太广,想把研究的范围缩小一点,乃专攻实验心理学。"③蔡元培3年里共听过8门心理学课程,其中心理学、实验心理学、民族心理学等课程均由冯特讲授。1909年夏季学期,蔡元培在听"心理学纲要"讲座时结识了冯特。在莱比锡大学的档案资料室里,记录着蔡元培3次参加冯特实验心理学课程的信息,其中1910—1911年和1911年两个学期听课登记卡上的第9行有蔡元培的亲笔记录。④ 1911年正值国内政治形势复杂,辛亥革命爆发,蔡元培在莱比锡的学习因此而中断,于1911年11月返回中国,协助孙中山组建新政府,担任民国政府教育总长。迫于国内紧张的政治局势,蔡元培于1912年11月至1913年4月第二次来到莱比锡大学,继续其留学生涯。

在莱比锡大学的留学生涯,对蔡元培心理学思想的形成无疑产生了重要影响,并奠定了他作为中国现代心理学先驱者的专业基础。尤其是冯特在实验心理学上的开创性工作,影响了蔡元培,他回国后也积极在我国创建心理学实验室和心理学研究所,在教育领域中推进心理学的应用。蔡元培对推动中国现代心理学的建立采取了两个重大措施:一是在担任北京大学校长期间,于1917年支持哲学系陈大齐教授创建我国第一个心理学实验室,1926年心理学正式独立成系,陆续添置心理学仪器,从而奠定了我国心理学的实验方向。二是在担任中央研究院院长期间,于1929年倡导创建我国第一个心理研究所。这样,既有培养心理学人才的教学机构,又有专门研究心理的科研机构,为中国现代心理学的建立奠定了人才与组织基础。

冯特不仅创立了心理学,而且培养了一大批第一代心理学家,他所主张

① Hothersall, D. (2004). *History of psychology 4th*. Boston: McGraw Hill Companies, Inc. p. 131.

② 蔡元培著,高平叔编:《蔡元培全集》(第三卷),中华书局1984年版,第327页。

③ 蔡元培著,高平叔编:《蔡元培全集》(第六卷),中华书局1988年版,第455页。

④ 当时许多外国学生有多遍听课的现象,蔡元培听了3遍冯特的实验心理学课程。

的实验室研究精神在世界各地生根、发芽、开花、结果，使得心理学作为一门科学逐渐传播开来，但其学说的实际内容却被逐渐忽略了。1903 年由卡特尔所列出的第一批五个杰出心理学家中的四个人——詹姆斯、卡特尔、闵斯特伯格和霍尔都在莱比锡跟随冯特学习过。正如心理学史学家霍瑟索尔所指出的："冯特对第一代心理学家的影响如此之深，以至于大部分心理学专业的学生都可能会把他们的历史渊源追溯到他那里。冯特的学生中很少有人仍忠实于他的教诲和研究取向，但他们都在冯特的指导下获得了博士学位，并且以不同的方式描绘着新心理学。"①

四、伟人错误的存在：冯特的局限性

冯特的贡献远远不止上面所列的寥寥几条，他的功劳是卓著的，任何人都抹杀不了他在心理学的独立方面所做的不朽功绩。冯特作为一个历史人物，当然也有他的局限性。

第一，冯特心理学理论体系庞杂混乱。冯特早年受宗教影响，以后又长期研究哲学，抱有混乱的唯心主义观点，这与他的科学训练和一心想要建立一门科学的心理学是不相容的，并且他受到多种哲学流派的影响，吸收了许多哲学心理学的理论观点，造成他的心理学体系矛盾重重，并使他的心理学工作摆脱不了唯心主义形而上学的束缚。尽管他提出了一套看似完整的心理发展规律，但并没有把握本质。

第二，冯特在心理学研究对象的错误观点。冯特把经验作为心理学的研究对象，他指出："在自然科学和心理学内，我们所研究的经验现象只是用不同的观点来考察的同一经验的现象。"②冯特把心理学的研究对象和自然科学的研究对象统一在经验的范围内，促进了心理学的科学化。但是，以经验取代客观现实，把自然科学所研究的自然现象当成主观经验，无疑犯了主观唯心主义的错误。

第三，冯特的实验内省法没有彻底摆脱内省法。冯特曾公开宣称反对内省法，他的实验方法也是趋向客观化的。但是，他没有彻底摆脱内省法，内省的成分在其他方法中仍然占有一定的比例，这与他把经验看做心理学的研究对象是有关系的。因为内容心理学的研究对象是依赖于个体的直接

① Hothersall, D. (2004). *History of psychology 4th*. Boston: McGraw Hill Companies, Inc. p. 131.

② 冯特著，叶浩生等译：《人类与动物心理学讲义》，陕西人民出版社 2003 年版，第 17 页。

经验，所以，抛弃了内省就无法探索这种经验，这是冯特的不足。

正是因为冯特的一些错误观点使他的心理学成为许多心理学的对立面，至少是这些心理学理论发展的出发点，换句话说从反面推动心理学的发展。尽管冯特的心理学体系不健全，但他在心理学发展史上的重要地位是不可撼动的。

第七章

冯特同时代的内容心理学家

在西方心理学史上，冯特被公认为科学心理学的建立者、组织者和系统化者，莱比锡大学是当时世界心理学的研究中心。与冯特同时代的心理学家如艾宾浩斯和缪勒等人，他们在德国的其他大学从事科学心理学的研究工作，发展了冯特的内容心理学。由于他们的努力，使得德国成为当时世界上无可争辩的心理学中心。艾宾浩斯的心理学观点接近冯特的内容心理学，但他不受冯特框框的限制，创造性地用实验法开辟了研究记忆的新途径，从而为实验心理学作出了特有的贡献。缪勒的主要研究也属于冯特的内容心理学范畴，他在哥廷根大学创建了一个设备完善的心理学实验室，吸引了从欧洲和美国来的许多学生，取得了多方面的研究成果，还培养了不少有成就的学生。

第一节　赫尔曼·艾宾浩斯

一、艾宾浩斯传略

1. 艾宾浩斯的心路历程

赫尔曼·艾宾浩斯(Eugen Hermann Ludwig Ebbinghaus，1850—1909)于1850年冬出生在普鲁士王国莱茵省波恩市的一个路德教家庭，他是家中的第四个孩子。父亲卡尔·艾宾浩斯在当地是一位颇有名望的造纸和纺织业资本家，母亲对金钱非常吝啬。庆幸的是，艾宾浩斯的姑姑对他十分宠爱，一直资助他的学业。

图 7-1 赫尔曼·艾宾浩斯
(Eugen Hermann Ludwig Ebbinghaus，1850—1909)

艾宾浩斯 1867 年毕业于巴门的文科中学，之后分别就读于波恩大学、哈雷大学和柏林大学直至 1870 年普法战争爆发。普法战争爆发后，艾宾浩斯投笔从戎，参加了普鲁士骑兵团。当年退役后重回波恩大学，并于 1873 年发表了题为《哈特曼的无意识哲学》的博士论文，8 月被授予哲学博士学位。之后，艾宾浩斯旅居柏林两年。

1875 年艾宾浩斯前往英格兰留学。留学期间，他一方面依靠做教师维持生活开支，另一方面开始初步尝试使用实验的方法研究记忆，可惜没有成功。不过艾宾浩斯很好地做了总结，发现失败的主要原因在于实验的研究材料是有意义的，这为今后的无意义记忆的实验奠定了基础。

1877 年，艾宾浩斯为了进一步开拓自己的视野，他来到了欧洲文化中心之一的巴黎，希望能够利用这里丰富的图书资源开展研究。在巴黎，机缘巧合，艾宾浩斯在一家不起眼的旧书店偶然发现了费希纳的《心理物理学纲要》(也译《心理物理学概要》，Elemente der Psychophysik)，并“像触电一样引起了内心的震动”。这本书给了他灵感，坚定了他用实验的方法研究记忆的信心。后来，艾宾浩斯把他的《心理学原理》(1897)一书献给了费希纳，并说“我把所有的一切都归功于你”。在 1878 年秋天，艾宾浩斯返回德国，给德国王子威德玛做法语教师。到了 1879 年春天，威德玛王子突然死于白喉，艾宾浩斯这份荣耀的工作也就结束了。

艾宾浩斯于 1879 年春开始了对记忆的系统研究。为了精确研究联想形成的过程，他创造性地使用了无意义音节(nonsense syllable)。到了 1880 年春天，艾宾浩斯将他的研究方法和统计结果写成报告提交给了柏林大学哲学系。赫尔姆霍茨对他的报告作了很高的评价。哲学家策勒(Eduard Zeller，1814—1908)建议艾宾浩斯作进一步研究，发表更多的报告。最后，艾宾浩斯的论文被接纳了，他也因此获得了柏林大学无任期和无薪水的哲学讲师职位。

在 1883—1884 年间，艾宾浩斯重复并拓展了他在 1879 年所做的记忆实验。1885年秋天以《记忆》为标题公开发表了他的研究。此后，虽然他所写的心理学教科书中包含了大量有关记忆的内容，但遗憾的是他并没有继续记忆的实验研究。除了给英国一家期刊发了一封简短的信，抗议这家期刊对他的作品断章取义得出不准确的结论外，艾宾浩斯再没有公开发表过任何有关记忆的文章。在德国，艾宾浩斯的记忆研究传统主要是由缪勒以及缪勒的几个早期的助手和学生继承下来。由于《记忆》一书的出版，艾宾浩斯在1886年被提升为柏林大学有薪水但仍然是无任期的教授。

艾宾浩斯的影响越来越大，即使在大洋彼岸的美国，他也受到了学术界热烈的欢迎。1890年，美国康奈尔大学正式盛情邀请艾宾浩斯前往康乃尔大学担任教授。但由于个人原因以及对家庭的责任，艾宾浩斯婉言谢绝了邀请，后来则由铁钦纳接受了这个职位（当然，如果艾宾浩斯接受了这个邀请的话，美国心理学史或许就将被彻底改写）。同年，艾宾浩斯与阿图尔·柯尼希等人共同创办了《感官心理学和生理学杂志》，这是他在柏林大学后期的主要成绩。冯特的《哲学研究》主要发表在莱比锡实验室所完成的研究成果，而艾宾浩斯的《感官心理学和生理学杂志》则主要是发表全德国除了莱比锡实验室以外的研究成果。这份杂志影响非常广泛。艾宾浩斯担任该杂志主编一职长达16年，同时共同担任编辑职务的还有赫尔姆霍茨、普莱尔（W. Preyer，1842—1897）、海林、斯顿夫、缪勒等人。艾宾浩斯是一位办事严谨、不讲情面的编辑，低劣的稿件即使出自名家之手也很难成功发表。《感官心理学和生理学杂志》在当时是"德国最重要的心理学喉舌"。1893年，艾宾浩斯发表了他的色觉学说。同时，他还建立了柏林大学心理学实验室。

在1894年秋天，他应邀来到布雷斯劳大学担任全职教授的职位，不久还建立了布雷斯劳大学心理学实验室。1895年，艾宾浩斯受学校管理层的委托，设计了一种用来检查儿童智力疲劳（intellectual fatigue）的测验。测验虽然没有达到预期目的，但是却可以有效地测量学生的一般智力，并且其测验分数与学生的学业等级有很高的相关性。因此，这项测验被用来作为测量智力的一种形式，后来人们称其为"艾宾浩斯填充测验"（completion test）。艾宾浩斯填充测验后来被比纳吸收进其智力量表中，成为现代智力测验以及成就测验的一种常用方法。对此，波林给予了极高的评价："我们可以称艾宾浩斯的创造力不仅在记忆方面，而且在现代智力测验方面，他深深地攻入高级心理历程的壁垒之内。"[①]1905年，艾宾浩斯又从布雷斯劳大学转到了哈雷—威特伯格大学。

---

① 波林著，高觉敷译：《实验心理学史》，商务印书馆1981年版，第440页。

1909 年 2 月 26 日，艾宾浩斯因肺炎病逝于哈雷大学，年仅 59 岁。艾宾浩斯的早逝是当时心理学界的一大损失。正如铁钦纳 1909 年在美国克拉克大学校庆演讲中所提到的那样："假如艾宾浩斯还能活下去，他在心理学中的地位将堪与冯特和布伦塔诺相匹敌。"①

2. 艾宾浩斯的心理学著作

艾宾浩斯的著述并不多。1873 年，艾宾浩斯的博士论文《哈特曼的无意识哲学》是其第一个正式出版物，此文论述了无意识现象，为后来记忆的研究作了最初的思想准备。艾宾浩斯也在此首次表达了自己把心理学看做自然科学的观点。《记忆：一种实验心理学的研究》是艾宾浩斯最重要的著作，也是他的成名作。在这本书中，艾宾浩斯详细论述了 1879 年至 1884 年间他对记忆所作的研究。这部著作是第一本关于记忆和学习问题的科研巨著，是实验心理学史上一部划时代的著作。1885 年，他出版了《记忆：对实验心理学的贡献》一书，此书开创了一个研究传统，这个传统如今仍在延续，其研究结果也仍在普通心理学教科书中讲述。正如恩斯特·希尔加德（Hilgard）在 1964 年再版本的序言中所指出的："就学习和记忆的实验研究而言，有一个最为杰出的根源，那就是艾宾浩斯这本短小的专题著作。"

1897 年，艾宾浩斯出版了教科书《心理学原理》第一卷的上半部，下半部及全卷在 1902 年出版，1908 年完成第二卷的前 96 页。艾宾浩斯病逝后，杜尔修订了第一卷，并完成出版了第二卷。杜尔死后，彪勒又接手重新修订了第一卷。在《心理学原理》一书中，艾宾浩斯用了近五分之一的篇幅论述了行为、道德、宗教、艺术和理想等有关社会心理学的问题。

1908 年，艾宾浩斯出版《心理学纲要》，这本书甚至比《心理学原理》更受欢迎。在《论记忆》一书的副标题《实验心理学研究》下面，艾宾浩斯用拉丁语写了一句非常经典的话："我们要将一个极古旧的学科改造成一个极崭新的科学"。与此呼应，他又在二十多年后以名言"心理学有一个漫长的过去，但仅有一个短暂的历史"作为《心理学纲要》的开端。直到现在，这句话还经常被引用来说明心理学历史的特殊性。

在 1887 年和 1889 年，艾宾浩斯发表了两篇关于光度的论文，分别是《色的对比率》和《以光觉说明韦伯律的变异的原因》。1893 年，他发表了《色觉学说》论文。

艾宾浩斯是一位优秀的作家，他著作的特点是文章思路清晰、文笔流畅、文思敏捷、论述严密。他的著作之所以畅销，主要得益于此。波林是这

① 波林著，高觉敷译：《实验心理学史》，商务印书馆 1981 年版，第 486 页。

样评价艾宾浩斯的："艾宾浩斯之在德国，正犹如詹姆斯之在美国，其所著心理学都引人入胜，但科学的谨严则各微有欠缺。"①

二、艾宾浩斯的心理学研究

艾宾浩斯对心理学发展所作出的最大贡献，就是他所做的关于记忆和遗忘方面的研究，尤其是在 1879 年至 1885 年所做的关于记忆和遗忘的实验。这也被认为是实验心理学领域最富创造性的成就之一。"在艾宾浩斯开始他的研究之前，研究学习的惯常方式是考查已经形成的联想，研究者通常通过追溯的方法考查联结的建立。而艾宾浩斯则从联想的最初形成过程来开始他的研究。利用这种方式可以有效控制观念链的形成条件，因而使研究更为客观。"②冯特的研究多属生理学，而艾宾浩斯的研究拓展了心理学的研究范围，打破了学习和记忆不可能通过实验方法进行研究的神话，同时更为人所称道的是这一成果是在一无职位、二无被试、三无实验室的情况下，仅仅凭借兴趣和信念取得的。艾宾浩斯在他的记忆实验中，创造性地使用了"无意义音节"，解决了"使心理学研究者特别是联想主义者头痛了几个世纪的问题"③。艾宾浩斯在关于记忆研究的实验中选择了德文作为研究的材料。在德文中用一个母音隔开两个子音的方法构成两千个以上的无意义音节，与含义有关的复杂的影响因素在相当大的程度上被排除了。通过对这些音节的分组，可以将它们的难度差作为可变误差排除掉，这大大提高了实验的信度。

1. 艾宾浩斯记忆实验的创新

(1) 实验材料的创新：无意义音节的编制。

艾宾浩斯选用德文作为研究材料，用一个母音隔开两个子音的方法构成两千三百个以上的无意义音节。如表 7－1 所示：

表 7－1　艾宾浩斯的无意义音节

19 个子音(作为音节的首字母)	b,d,f,g,h,j,k,l,m,n,p,r,s(＝sz),t,w,
11 个母音(作为音节的中间字母)	a,e,i,o,u, ä,ö,ü,au,ei,eu。
11 个子音(作为音节的尾字母)	f,k,l,m,n,p,r,s(＝sz),t,ch,sch。

① 波林著，高觉敷译：《实验心理学史》，商务印书馆 1981 年版，第 441 页。
② 舒尔茨著，杨立能等译：《现代心理学史》，人民教育出版社 1981 年版，第 72 页。
③ 墨菲等著，林方等译：《近代心理学历史导引》，商务印书馆 1980 年版，第 251 页。

艾宾浩斯使用随机的原则抽取定额的音节构成音节组，将一定数额的音节组组合起来称为一个实验，若干个实验结合在一起称为实验组。艾宾浩斯认为这样的材料有以下优点：①“相当的简单而又相当的一致”：由于这种人为编制的音节没有意义，因此相对来说是简单的和单纯的。②“可以形成无限数量的性质一致的新组合”：可以通过对字母及音节的随机组合和抽取形成大量的、性质相似的音节组合，为实验材料的选取提供了很大的自由度。③“可以进行充分而又确切的量的变异”：音节组及音节方阵的长度可以根据实验的需要进行取舍，而不会破坏其完整性。

艾宾浩斯是这样阐述无意义音节的特点的：“正如上所述，无意义材料有很多优点，一部分原因就在于它缺乏意义。首先，相对来说，它是简单而又同质的。以最常用的材料为例，即诗或散文，它们的文体要么是记叙式，要么是描述式，要么是思考式的；它的措词或者忧郁，或者幽默；它的比喻有时优美，有时隐晦；它的韵律时而流畅，时而艰涩。因而，这就产生大量的影响，这些影响的变化没有规则，所以必然产生干扰。比如，左冲右突的联想，不同程度的兴趣，因其鲜明性或优美而记住的几行诗句，诸如此类。使用无意义音节可以避免这一切问题。在几千个组合中，其中只有很少的几十个会有意义，而在这几十个之中又只有一部分在识记时会发现其中的意义。”①

(2) 研究方法的创新：节省法。

艾宾浩斯在研究中发现，对于已经学习过的材料，再次学习至相同的程度所花费的时间必然少于曾经学习所花费的时间。如记忆一段材料至刚刚可以背诵的程度需要花费一小时，那么即使发生了遗忘，再次记忆此材料所花费的时间必然少于一小时。具体操作方法如下：

先要求被试诵读学习材料，直至刚好能流畅无误地背诵出来，记下诵读次数和诵读时间。过了一定的时间后，这些材料必定有所遗忘，并且不能一次性背诵出来。为此，就再重新学习这些材料，直到又能一次无误地背诵出来，记下诵读次数和时间。然后比较两次学习所花费的次数和时间，看看节省了多少次数和时间。诵读次数和时间的节省量越大，表明第一次学习的作用越大；相反，节省量越小，表明第一次学习的作用越小。其中节省量为学习一个音节表的初始遍数与重学遍数之差除以初始遍数，再乘以 100%。

---

① C·詹姆斯·古德温著，郭本禹等译：《现代心理学史》，中国人民大学出版社 2008 年版，第 126～127 页。

计算公式如下：

$$节省量(\%)=\frac{初学时的诵读次数(或时间)-重学时的诵读次数(或时间)}{初学时的诵读次数(或时间)}\times100\%。$$

艾宾浩斯使用节省法测量了不同长度的音节组（材料多寡）与识记的关系，包括以下几个方面：保持是如何随重复次数而发生变化的——保持是重复次数的函数；遗忘与时间变化的规律——遗忘是时间的函数（遗忘曲线）；同一材料的直接联想和间接联想、顺序联想和反向联想的测量。

墨菲曾评价了节省法（method of saving）的优点："测量再学习所需要的工作量的方法比用测量回忆材料总量的方法能更有效地测验记忆的保持力。虽然对于什么是最有效的单项测验还有争议，但至少有一点可以肯定，记忆不是一个简单的过程，多种呈现的问题显然需要采用多种不同的方法。节省法的提出大大拓展了我们研究记忆的手段。"①

（3）研究程序的创新——七大研究规则。

为了有效地排除无关变量对实验的影响，艾宾浩斯制定了下述的实验规则：① 单个音节的学习时间：对音节的阅读和背诵保持恒定的速率，按音节的次序阅读并保证每分钟 150 个音节。② 拒绝联想的记忆方法：在实验中对材料的记忆只允许通过简单机械的重复来进行，拒绝一切联想、谐音等可能对记忆效率发生影响的记忆方法的使用。③ 克服疲劳的记忆程序：每学习一个音节组后，休息 15 秒，并利用这一时间来登记结果。④ 注意动机的有效控制：为了保证注意力和动机的稳定、一致，要求被试在最短的时间内达到所要求的目标。⑤ 保持语调重音的恒定：为了保持重音的恒定，艾宾浩斯把三个或四个音节作为一个音格，这样，在读到第一、第四、第七个……或者第一、第五、第九个……音节时，就将其读成轻微的重音，这样就控制了重音的不规则变化。此外，在语调方面，力求保持恒定一致。⑥ 作息时间的稳定一致：严格控制被试的生活环境和生活规律，避免出现太大的变化。同时，尽量在同一时间段进行实验。⑦ 记忆顺序的有序一致：各音节组必须从头至尾加以诵读，避免孤立学习其中的某个部分，也不可刻意复习其中的难点。如果在试行背诵中发生犹豫，仍然需要继续，不可半途而废再从头学起。

以上规则解决了"心理事件的经常流动和反复无常，难以建立稳定的实

① 墨菲等著，林方等译：《近代心理学历史导引》，商务印书馆 1980 年版，第 253 页。

验条件”①这一难题。

2. 艾宾浩斯记忆实验的主要成果

艾宾浩斯的记忆实验是在1879—1880年和1883—1884年两个时期进行的,每个时期都持续一年多。他系统研究了诵读次数、音节长度、间隔时间等因素对学习、保持、联想和复现这四个记忆阶段的影响。艾宾浩斯得出以下结论。

(1) 音节系列的长度与学习速度的关系。

传统观点认为,识记的材料越难,那么识记所需要诵读的次数和所需要的时间也会随之增加。艾宾浩斯通过实验不仅证明了这个观点的正确性,还发现了音节系列长度与识记的难度不是简单的正比例关系,而是随着音节长度的增加,总的学习时间和学习每个音节所需要的次数和时间都要相应地增加。

在艾宾浩斯早期(1879—1880)的研究中得到了上述的研究结果。实验在每天的三个时间段内进行,分别为上午10点—11点(阶段A)、11点—12点(阶段B)、下午6点—8点(阶段C)。实验中每个实验的材料分为四种,每种分别包括15个、8个、6个、4个音节组,对应的每个音节组分别含有10个、16个、19个、13个音节,也即四种音节方阵15×10、8×16、6×19、4×13。将音节方阵学习到两次能够无误复现的程度。实验最后统计结果如表7—2:

表7—2 音节系列的长度与学习速度的关系结果

音节组数	每组音节数目	达到两次无误复现	机误	实验数目
15	10	13	±1.0	16
8	13	23	±0.5	92
6	16	32	±1.2	6
4	19	38	±2.0	11

艾宾浩斯后期(1883—1884)的实验安排在每天下午1点到3点进行。每个实验的材料是四种音节方阵9×12、6×16、3×24、2×36。学习这些音节方阵达到第一次无误复现的程度。实验的最后统计结果如表7—3:

① 杨清:《现代西方心理学主要派别》,辽宁人民出版社1980年版,第39页。

表 7—3 学习音节方阵的实验结果

每组音节数目	达到第一次无误复现(不计在内)	机误
7	1.0	
12	16.6	±1.1
16	30.0	±0.4
24	44.0	±1.7
36	55.0	±2.8

表 7—3 中所列的重复次数减去了最后一次的复现，因为这次的重复表明的是学习的成功而不是学习本身所需要的次数。

此外，艾宾浩斯在实验中还发现，七个以下的音节系列可以通过一次的诵读得以正确地复现，这就是后来为人们所熟知的“记忆广度”(memory span)。

(2) 记忆的保持与诵读次数的关系。

对于诵读次数与记忆保持的关系，艾宾浩斯作了两种假设：假设一，如果对一个音节组的实际诵读次数不足以完全复现所呈现的音节组，那么这不足量的诵读“至少为第一次无误的复现打通了道路，由不连贯的、迟疑的、错误的复现就逐步接近无误的复现”①。假设二，相反，如果实际诵读次数超过了第一次完全复现所需要的诵读次数，那么诵读的次数逐步增加，音节组就被镂刻得越来越深，越不易冲刷掉；如果诵读的次数少，镂刻仅是在表面，只能暂时看出大致的轮廓；诵读次数多一些，在一定时期内，就可以随意地阅读铭文；如果诵读的次数更多，音节组就被深深地镂刻了下来，只有经过相当长的时间间隔才会逐步消失掉。

艾宾浩斯为了探究诵读次数和音节组记忆印象之间的依存关系，他编造了很多由 16 个无意义音节所组成的音节系列，然后将每一个音节系列阅读一定的次数，在 24 小时之后，再将每一个音节系列学习到足以复现的程度。比较两次学习所用的诵读次数。后人称之为“节省法”。如下表 7—4：②

① 艾宾浩斯著，曹日昌译：《记忆》，科学出版社 1965 年版，第 45 页。
② 艾宾浩斯著，曹日昌译：《记忆》，科学出版社 1965 年版，第 49 页。

表 7—4 诵读次数与音节组记忆印象之间的关系

初次诵读次数	24 小时后重新识记	与初次识记	诵读一次的时间差(秒)
0	1270		
8	1167	103	12.9
16	1078	192	12.0
24	975	295	12.3
32	863	407	12.7
42	697	573	13.6
53	585	685	12.9
64	454	816	12.8

由表 7—4 可知,艾宾浩斯在实验中把无意义的音节系列分别学习了 32 次、42 次、53 次和 64 次。而上一个实验已经证明,这些音节系列只需要 30 次即可以正确复现。这些学习的次数超过了正确复现所需要的学习次数,我们称之为“过度学习”。“过度学习”并不意味时间和精力的浪费,正如艾宾浩斯本人在《记忆》中的解释:“音节系列或深或浅地被保留在心理的某种层次之内”,“随着重复次数的增加,音节系列越来越深地且越来越不易磨灭地铭记下来;如果重复的次数很少,那么这种铭刻的结果,就只能达到表面的深度和成为一纵而逝的印象”,“假使重复次数再进一步增加,则音节系列的这种深刻图形就只有在经过很长时间才会消退”。然而,进一步的实验则表明,“过度重复”的效果并不是无穷大的。①

艾宾浩斯采用 6×12 的音节方阵(6 个音节组,但每组只有 12 个音节)作为实验材料。根据上表的结果预期,如果对音节方阵诵读到第一次可能复现所需要次数的 4 倍,那么在 24 小时后重学时就可以自动背诵出来。于是艾宾浩斯进行了如下的实验:对每个音节方阵诵读到能够做第一次无误复现的程度。在作了复现之后,马上再进行诵读,诵读次数为初次诵读次数(不包括复现时的一次背诵)的 3 倍,也即过度学习次数为足量次数的 3 倍。24 小时后再重学,并达到第一次无误复现。

但实验结果并没有精确地验证上述的预期,重学时还是用了第一次诵读时的 35%的工作量。所以说,仅有 24 小时前的多次诵读很难完全抵消对音节组的重新学习。尽管如此,节省的工作量表明,重复诵读的效果依然存在,但随着节省的工作量比例的降低,这种效果也降低了。

① 杨清:《现代西方心理学主要派别》,辽宁人民出版社 1980 年版,第 43 页。

艾宾浩斯对其实验结果做了如下总结："增加音节系列的重复次数对记忆巩固所产生的效果，最初近似地按重复次数正比例增加，以后效果逐渐减少，最后当音节系列被熟记至 24 小时后能自发地加以复述时，这种效果就微不足道了。"①

（3）保持和遗忘与时间的关系。

艾宾浩斯之前的心理学家对保持和遗忘与时间的关系虽做了不同的解释，但都较为宽泛。艾宾浩斯认为对遗忘和保持需要作出精确的说明，而不仅仅是做哲学家式的思辨性假设。于是，他决定运用严格控制的实验法对遗忘和保持进行数量化研究。

艾宾浩斯提出了这样的假设：即曾经学习过的一个音节组，过一段时间之后变得不太清晰，但可通过适量的重新学习来增强，这表明残存的记忆片断可以重新结合为整体。为了验证这个假设，艾宾浩斯将其界定如下：把一个音节组学习到能够背诵后搁置下来不管它，随着时间的流逝，遗忘的过程是如何进行的呢？艾宾浩斯使用节省法对这个问题进行了研究。

艾宾浩斯的这项研究是在 1879—1880 年间进行的，实验材料是 8×13 音节方阵（8 个音节组，每个音节组包括 13 个音节）。实验是将音节方阵识记到能够连续两次正确背诵的程度，过一段时间之后，再重新学习这些音节方阵到能够连续两次正确背诵的程度。艾宾浩斯一共安排了 7 种时间间隔：1/3 小时、1 小时、9 小时、1 天、2 天、6 天、31 天。每个实验应用一种时间间隔。时间间隔是从第一次学习中完成第一组的学习开始算起。后四种时间间隔的实验是在上午 10—11 时、11—12 时、下午 6—8 时进行的。

艾宾浩斯将 7 种时间间隔的全部原始实验数据用 15 个表格来表示。为了便于发现规律，他将原始数据转化成为如下的数据（见表 7—5）②。表中包含了 7 种时间间隔以及与其对应的保持量（即节省量）、遗忘量。

表 7—5　保持和遗忘与时间的关系

序号	时间间隔（小时），X	保持量 Q，即重学时比初学时节省的时间的百分比（%）	平均随机误差 $P.E.m$	遗忘的数量 v，相当于初学时所用时间的百分比（%）
1	0.33	58.2	1	41.8
2	1	44.2	1	55.8
3	8.8	35.8	1.2	64.2

① 杨清：《现代西方心理学主要派别》，辽宁人民出版社 1980 年版，第 43 页。

② 艾宾浩斯著，曹日昌译：《记忆》，科学出版社 1965 年版，第 67 页。

（续表）

序号	时间间隔（小时），X	保持量 Q，即重学时比初学时节省的时间的百分比(%)	平均随机误差 $P.E.m$	遗忘的数量 v，相当于初学时所用时间的百分比(%)
4	24	33.7	1.4	66.3
5	48	27.8	1.3	72.2
6	6×24	25.4	0.8	74.6
7	31×24	21.1		78.9

（表中保持量 Q 的计算公式为：$Q=100\Delta/L-85$。L 为第一次学习所用时间，包括两次背诵所用的时间。WL 为重学时所用的时间，也包括背诵的时间。WLK 为经过校正的重学的时间。Δ 为 $L-WL$ 或 $L-WLK$ 的时间，也就是重学时所节省的时间。艾宾浩斯用了实际学习的时间，也就是从记录时间中减去了背诵所用的时间，85 秒为两次背诵每组 13 个音节的 8 个音节组所用的时间。）

艾宾浩斯根据表 7—5 概括出一个如下公式：

$$\text{公式 1：} b=\frac{100k}{(\log t)c+k}$$

（b 代表重学中以第一次学习所用时间的百分数表达节省的工作量，相当于第一次学习后的记忆量。t 代表以分钟计的从学习结束前一分钟到重学时的时间间隔。c 和 k 是由结果中计算的两个常数，应用普通对数，近似的估计得出：$k=1.84$，$c=1.25$。）

由公式 1 推导出下面的公式：

$$\text{公式 2：} k=\frac{b(\log t)c}{100-b}$$

其中，$100-b$ 是与节省的工作相对的部分，也就是重学时所需要的工作量，也就等于第一次学习后遗忘的量。设 $v=100-b$，则有：

$$\text{公式 3：} \frac{b}{v}=\frac{k}{(\log t)c}$$

公式 3 表明，当每个由 13 个音节组成的音节组被识记到成诵后，过了不同的时间重新学习，节省的工作(b)和重学时所需的工作量(v)的比值大约是和时间间隔对数的幂成反比，也即记忆的保持量和遗忘量的比值和时间间隔的对数成反比。其中，保持量和时间间隔的对数成反比，时间间隔越长，保持量越多；反之，时间间隔越短，保持量越大。遗忘量与时间间隔的对数成正比，时间间隔越长，遗忘量越大；反之，时间间隔越短，遗忘量越小。在艾宾浩斯的实验中，这个规律表现得相当明显：在学习之后一小时，遗忘就很严重了，需要原来一半的工作量才能使音节组恢复到原来背诵的程度；

8 小时之后遗忘的量，需要原来工作量的 2/3 才可恢复；在 24 小时后，大约还保留原来内容的 1/3；6 天之后，还保留 1/4；一个月后，还保留原来工作的 1/5。后来的遗忘速度如此之慢，以至于艾宾浩斯预计，要对音节组完全置之不理使其全部遗忘，可能需要无限长的时间。

后人根据公式及表中的数据，绘制出了艾宾浩斯曲线（Ebbinghaus curve），亦称遗忘曲线（forgetting curve）、保持曲线（retention curve）。用横坐标代表时间，纵坐标代表记忆内容的遗忘量或保持量。曲线表明随着时间的推移，保持量越来越小。在开始，遗忘的速度很快，而后的速度越来越慢。后来许多研究均证实了艾宾浩斯的遗忘曲线，并指出遗忘的进程除了受时间因素制约外，还受其他因素的制约，如前摄抑制、倒摄抑制等。

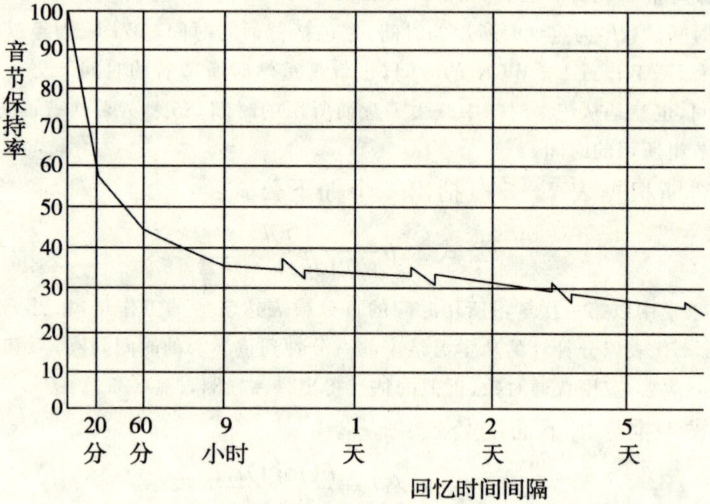

图 7-2　艾宾浩斯遗忘曲线图

艾宾浩斯研究了复习次数对记忆保持的影响，以及“分散学习”和“集中学习”的不同复习方式对记忆保持的影响。艾宾浩斯在实验中，采取每隔 24 小时实验一次的方法。同时，将音节系列的长度作为实验的一个变量，采用 9×12、3×24、2×36 三种音节方阵，实验程序为：首先把一定数量的音节方阵识记到能够无误复述，在第二天的同一时间又复习到能够一次背诵，这样一共持续了六天。每种长度的音节方阵都做 7 次实验，每次实验共需诵读 154 次。另外，艾宾浩斯还用拜伦的诗歌《唐璜》中的六节诗作为实验材料，与用音节方阵作实验材料的程序相同，只是实验一共持续了四天，也进行了 7 次。表 7－6 的数据是将原始实验数据除以各实验中的音节组数之后再减去用于背诵的那一次得到的结果。

表 7—6 复习次数与记忆保持的关系(1)

一个音节组中的音节数	在连续六天内每天达到恰能背诵程度所需要的诵读次数					
	Ⅰ	Ⅱ	Ⅲ	Ⅳ	Ⅴ	Ⅵ
12	16.5	11	7.5	5	3	2.5
24	44	22.5	12.5	7.5	4.5	3.5
36	55	23	11	7.5	4.5	3.5
《唐璜》的一节诗	7.75	3.75	1.75	0.5	(0)	(0)

由表 7—6[①]可见,随着音节组长度的增加,正确记忆所需要的诵读次数会急剧增加。从 24 小时后,较长音节重学时的绝对的和相对的节省量都比较短的音节组大,可以看出:较多的诵读次数可使较长音节组比短音节组形成相对巩固的联系。如,对于包含 12 个音节的音节组,24 小时后学习所节省的诵读次数是第一次诵读次数的三分之一;而对于包含 24 个音节的音节组来说,24 小时后所节省的诵读次数是第一次诵读次数的一半。换句话说,把 24 个音节学习到第一次可能背诵,学习的巩固程度比 12 个音节的音节组的巩固程度要大得多。如表 7—7[②]:

表 7—7 复习次数与记忆保持的关系(2)

一组中音节数目	第一次学习时诵读次数	24 小时后重学节省的诵读次数(绝对节省量)	相对第一次诵读次数的节省%(相对节省量)
12	16.5	5.5	33.3(5.5÷16.5)
24	44	21.5	48.9(21.5÷44)
36	55	32	58.2(32÷55)

从实验结果来看,每天所需要的平均诵读次数比前一天少。对于长的音节组而言,第一次成功记忆时用的精力多,每一次再达到成功记忆时所需要的工作量递减也比较快;对于短的音节组来说,第一次达到成功记忆所需要的精力较少,每一次再达到成功记忆时所需要的工作量也相对少一些。因此,不同长度的音节组达到标准所需要的诵读次数就会逐渐接近。例如表 7—8,对于 24 个和 36 个音节的音节组,上述规律在次日就表现出来了;到了第四天,两组的数据就完全一致了;到了第五天,它们就接近了诵读次数降低较慢的 12 个音节的音节组的数据,详见表 7—8[③]。

① 艾宾浩斯著,曹日昌译:《记忆》,科学出版社 1965 年版,第 74 页。
② 艾宾浩斯著,曹日昌译:《记忆》,科学出版社 1965 年版,第 75 页。
③ 艾宾浩斯著,曹日昌译:《记忆》,科学出版社 1965 年版,第 76 页。

表 7—8 复习次数与记忆保持的关系(3)

序号	一组中的音节数	在后一天学习一组音节时节省的诵读次数:平均数值				
		Ⅰ-Ⅱ	Ⅱ-Ⅲ	Ⅲ-Ⅳ	Ⅳ-Ⅴ	Ⅴ-Ⅵ
1	12	5.5	3.5	2.5	2	0.5
2	24	21.5	10.0	5.0	3	1.0
3	36	32.0	12.0	3.5	3	1.0
4	《唐璜》的一节诗	4.0	2.0	1.25	0.5	-

艾宾浩斯发现,如果将表中第一行的数字稍加变动,就可以形成指数为0.6的递减几何级数,同样,如果将第二和第四行的数字也稍加变动,就可以完全符合指数为0.5的递减的几何级数。因此,艾宾浩斯认为,如果在连续的几天内学习无意义音节组或一节诗,每次都学到第一次刚能够背诵,那么相邻的复习次数的差数大致形成一种递减的几何级数。其中,较长音节组的几何级数的指数较小,而较短音节组的指数较大。

艾宾浩斯从集中学习和分散学习的角度,对前述关于过度学习的实验和本实验进行了比较,结果发现了一个很有现实意义的记忆规律:在过度学习的实验中,全部诵读是在同一时间集中、连续进行的(称为集中学习实验);而在本实验中,是把达到第一次可能复述的诵读任务分配在几天之内进行的(称为分散学习实验)。

在集中学习实验中,艾宾浩斯先把6×12的音节方阵(6个组,每组12个音节)学习到足以正确复现的程度,并且求出初次学习所需的重复次数X,然后紧接着再把音节方阵连续学习3×(X−1)的次数,在24小时之后,再把这些音节重学到足以正确复现的程度。实验结果如表7—9①:

表 7—9 过度学习对记忆保持的影响

初次学习的次数 X(包括一次的复现)	过度学习的次数 3×(X−1)	总共学习的次数 4×(X−1)	24小时后重学所需的次数	节省的次数
104	294	389	41	63
101	285	386	39	62
114	324	438	46	68
109	309	418	38	71
平均:107	303	410	41	66 误差:1.4

① 艾宾浩斯著,曹日昌译:《记忆》,科学出版社1965年版,第52页。

实验数据表明，应用集中学习方法学习 6×12 的音节方阵平均需要诵读 410 次，在 24 小时后，平均再学习 41 次才能达到正确复现的程度。这样的话，对于一个包含 12 个音节的单个音节组来说，就需要平均 68 次(410/6≈68)的诵读，才能在 24 小时后通过平均 7 次(41/6≈7)的重复达到正确复现的程度。而在分散学习的情况中，同样长度的一个音节组通过 4 天的诵读就会表现出与此相似的效果，也就是说，只有通过 5 次的诵读就会达到正确复现的程度。达到这样的效果所需要的总诵读次数为 35(16.5+11+7.5)。这就是说，对于一个 12 音节的音节组，分散在三天进行 35 次的学习和集中一天进行 68 次的学习，两者效果一样好。这个实验就证明了分散学习优于集中学习。

(4) 联想与记忆保持的关系。

关于联想的内部机制，早期的联想主义心理学家做了两种假设。其一，以德国理性主义哲学家赫尔巴特为代表，他们认为凡是形成联想的各个观念，彼此都有可能发生联结，即不仅相邻的观念可以联结，而且不相邻的也可联结。例如在 a、b、c、d 这些已经形成联想的观念中，a 既可能和 b 发生联系，也可能和 c 发生联系；b 既可能和 c 发生联系，也可能和 d 发生联系，依次类推依然成立；但是在任意观念系列内，各个观念彼此联结的强度与他们在原来的系列中彼此相隔的距离是成反比的。因此，观念的联想总是倾向于按照原来的紧接顺序进行，同样也按照原来的顺序消退。另外，当回忆的起点在一个观念系列的中间时，回忆起点以前的各部分也可被唤起，并且具有不同的清晰度。例如，当 c 首先出现时，它仅仅能够唤起和它联结的 a 和 b 的残余，也就是只能回忆 b 的一部分和 a 的更小的一部分。艾宾浩斯对此作了形象的概括："把一个记忆中的系列联结起来的联想的绳索不仅系在每一个成分项目和它紧接着的项目之间，也缠绕在每一个项目和它有任何中间项目以及有任何时间关系的项目之间。联系的绳索的强度因成分项目之间的距离而不同，但是最弱的联系，相对地说，也是有重要意义的。"[①]其二，则是以英国哲学家哈特莱为代表，他们认为凡是形成联想的各个观念，彼此只能按照紧接的顺序依次连接，而无其他联结的可能。例如在 a—b—c—d 这个已经形成的联想链中，a 只和 b 连接，b 只和 c 连接，c 只和 d 连接，而 a 不能与 c 连接，b 也不能与 d 连接。换言之，a 的出现只可能引起 b 而不能引起 c；同样，b 的出现只可能引起 c 而不能引起 d。即观念联想只能按照原来

① 艾宾浩斯著，曹日昌译：《记忆》，科学出版社 1965 年版，第 83 页。

相继的顺序进行。

艾宾浩斯首先编造了由16个无意义音节组成的6×16的音节方阵(6个每组16个音节的音节组)作为实验工具,之后又用这样的音节方阵改编成新音节方阵。改编后的音节方阵较之于原来的音节方阵有了较大变化,原来彼此相邻的音节,在新的音节方阵中都被若干原来相距较远的音节隔离开来。隔开的距离有四种,分别为隔开1个、2个、3个和7个音节。为了便于理解,艾宾浩斯用罗马数字表示音节组,用阿拉伯数字表示各个音节。如下所示:

原来的音节方阵:

Ⅰ(1) Ⅰ(2) Ⅰ(3) …… Ⅰ(15) Ⅰ(16)

Ⅱ(1) Ⅱ(2) Ⅱ(3) …… Ⅱ(15) Ⅱ(16)

……

Ⅵ(1) Ⅵ(2) Ⅵ(3) …… Ⅵ(15) Ⅵ(16)

改编后的音节方阵:

隔1个音节:

Ⅰ(1) Ⅰ(3) Ⅰ(5) …… Ⅰ(15) Ⅰ(2) Ⅰ(4) Ⅰ(6) …… Ⅰ(14) Ⅰ(16)

Ⅱ(1) Ⅱ(3) Ⅱ(5) …… Ⅱ(15) Ⅱ(2) Ⅱ(4) Ⅱ(6) …… Ⅱ(14) Ⅱ(16)

……

Ⅵ(1) Ⅵ(3) Ⅵ(5) …… Ⅵ(15) Ⅵ(2) Ⅵ(4) Ⅵ(6) …… Ⅵ(14) Ⅵ(16)

隔2个音节:

Ⅰ(1) Ⅰ(4) Ⅰ(7) Ⅰ(10) Ⅰ(13) Ⅰ(16) Ⅰ(2) Ⅰ(5) Ⅰ(8) Ⅰ(11) Ⅰ(14) Ⅰ(3) Ⅰ(6) Ⅰ(9) Ⅰ(12) Ⅰ(15)

Ⅱ(1) Ⅱ(4) Ⅱ(7) …… Ⅱ(16) Ⅱ(2) Ⅱ(5) …… Ⅱ(14) Ⅱ(3) Ⅱ(6) …… Ⅱ(15)

……

Ⅵ(1) Ⅵ(4) Ⅵ(7) …… Ⅵ(16) Ⅵ(2) Ⅵ(5) …… Ⅵ(14) Ⅵ(3) Ⅵ(6) …… Ⅵ(15)

在实验中,节省法担任了很重要的角色。在每一次实验中都是先学习原来的音节方阵,24小时之后,再学习改编后的新音节方阵。之后,比较两次学习所用的时间,用时间节省量来比较和反映音节之间的联结强度。

艾宾浩斯为了排除练习效应对实验结果的影响，他又对音节方阵进行了第五种方式的改编，即保持音节方阵的首末音节不变，同时将其余84个音节采用完全随机的方式排列在首末音节之间。重学这种音节方阵时所节省的时间就可以看成是由于第一、最后以及全部音节的相同所产生的。这样，通过对三种时间的对比，就可揭示出纯粹由于音节的联结所节省的时间，也就揭示了远隔音节之间是否可以发生联结以及联结的强度大小。

在上述的五种改编方式中，每种改编方式各进行了11个实验，一共是55个实验。全部实验持续了9个月。

实验结果与赫尔巴特的看法更为一致。在他看来，“由于重复的结果，音节系列内每一个成分都和它后面所有的其他成分形成了一定的联结。这些联结的形成乃是由下述的事实所表明——这样联结起来的各对音节要比那些以前并未联合过的类似音节对更易于记忆，而且所要克服的阻力也相对较小。联结的强度以及由此而节省的工作量，乃是把原音节系列彼此隔开的时间或居间成分的数目的函数。在直接相继的成分之间，联结的强度最大。”①即经过学习之后，音节组中各项不仅和与它紧接的音节建立了联结，而且还和与它中间有间隔音节的各音节建立了联结。概括地说，不仅有直接的联结，也有间接的联结。这种联结的强度依中间间隔音节数目的不同而递减，隔的音节数目越多，联结越弱；反之，也成立。

艾宾浩斯认为，在学习改编后的音节组时，由于期待效应可能使时间节省量有较大增加。为了消除这种影响，艾宾浩斯又对音节方阵进行了第六种方式的改编。

首先在一页纸的一面写上随机选定的一个6×16音节方阵，同时在纸的另一面写上根据前述五种改编方式的一种改变后的音节方阵。这样每种改编方式有6张试验纸，一共有30张。然后将30张试验纸混杂在一起搁置一段时间，直到忘记了纸上有什么音节的时候才开始进行实验。先学习正面的音节方阵，24小时之后学习背面的方阵。表7－10② 是前后两次共85个实验的合并结果。

① 杨清：《现代西方心理学主要派别》，辽宁人民出版社1980年版，第50页。
② 艾宾浩斯著，曹日昌译：《记忆》，科学出版社1965年版，第95页。

表 7—10　联想对记忆的影响(1)

改组后的音节方阵中间隔音节的数目	学习原来音节系列所用时间(秒)	学习新音节系列所用时间(秒)	学习新音节系列所节省时间(秒)	节省量的随机误差	节省时间(%)
0	1266	844	422		33.3
1	1275	1138	137	±16	10.8
2	1260	1171	89	±18	7.0
3	1260	1186	73	±13	5.8
7	1268	1227	42	±7	3.3
随机排列	1261	1255	6	±13	0.3

结果显示,在排除了预期的影响后,实验结果更准确地验证了前述的试验结果。

对上述的实验可以做出如下的理论概括:对音节方阵的反复学习,可以在每一个音节和它后边的所有音节之间建立一定的联结。这些联结是通过下述事实反映出来的,即这样联结起来的各对音节,要比那些以前并没有联系的类似音节对更容易回忆,而且回忆时所遇到的阻力也更小。重学时节省的工作量反映了联结的强度,它们依音节之间隔开的音节数目而定,中间音节越多,强度就越小。

这个结论的普遍意义就是,对于任何一种观念系列和系列中的组成部分而言,只要在不同的观念之间存在着一定的关系,无论是时间、空间上的还是其他方面的,这些因素都将制约着联想。

这个实验很好地验证了英国联想主义的观点。艾宾浩斯后来总结说:"无论如何,不能否认,由于这些结果的一般的有效性,使联想主义得到一些纯正的圆满性和一种更大的合理性。"①

(5) 复习和逆转联想的关系。

根据前述的实验可知:假如对 a、b、c、d……这个系列经常重复的话,就可以形成一些联结,如 ab、ac、ad、bd,等等。当观念 a 无论什么时候以什么方式出现时,总有一些不同强度的趋势把它之后的观念 b、c、d 等也带回意识中来。现在要问这些联结和趋势是可以逆转的吗?也就是说,如果 c 有机会复现了,它除了有唤起 d 和 e 观念的趋势以外,它也有同样的但方向相反地唤起 b 和 a 的趋向吗?也就是说,由于以前学习过系列 a、b、c、d,那么系列 a、b、c 和 a、c、e 都比以前没有学过的同样长度的 p、q、r……容易学习

① 艾宾浩斯著,曹日昌译:《记忆》,科学出版社 1965 年版,第 97 页。

吗？系列 c、b、a 和 e、c、a 也是一样吗？对同一顺序的多次的重复，可以形成反方向的联结吗？

赫尔巴特认为，在观念系列 a、b、c、d……中，观念 c 和在它以前的残存的、变得浅淡的观念 b 和 a 融合起来。以后当 c 复现时，它也带出 a 和 b，但它们是浅淡的，没有完全解除抑制或清楚地被意识到。

实验材料是 6×16 的音节方阵以及由此改变的音节方阵，我们以逐渐减弱清晰度的方式相继呈现材料，一个系列永远不会依相反的顺序逐一出现。跟着在意识中出现的一个项目之后，也可完全意识到的是在原来系列中在它之后的各项，它们也依照原来的顺序出现。

音节方阵的改编方式有两种，一是把一个音节组中的音节顺序颠倒过来；二是在除颠倒顺序之外的基础上，还间隔原来的一个音节。如下：

原来的音节方阵：

Ⅰ（1）Ⅰ（2）Ⅰ（3）……Ⅰ（15）Ⅰ（16）

Ⅱ（1）Ⅱ（2）Ⅱ（3）……Ⅱ（15）Ⅱ（16）

……

Ⅵ（1）Ⅵ（2）Ⅵ（3）……Ⅵ（15）Ⅵ（16）

颠倒音节顺序：

Ⅰ（16）Ⅰ（15）Ⅰ（14）…… Ⅰ（2）Ⅰ（1）

Ⅱ（16）Ⅱ（15）Ⅱ（14）…… Ⅱ（2）Ⅱ（1）

……

Ⅵ（16）Ⅵ（15）Ⅵ（14）…… Ⅵ（2）Ⅵ（1）

颠倒音节顺序并且间隔一个音节：

Ⅰ（16）Ⅰ（14）Ⅰ（12）……Ⅰ（4）Ⅰ（2）Ⅰ（15）Ⅰ（13）……Ⅰ（3）Ⅰ（1）

Ⅱ（16）Ⅱ（14）Ⅱ（12）……Ⅱ（4）Ⅱ（2）Ⅱ（15）Ⅱ（13）……Ⅱ（3）Ⅱ（1）

……

Ⅵ（16）Ⅵ（14）Ⅵ（12）…… Ⅵ（4）Ⅵ（2）Ⅵ（15）Ⅵ（13）……Ⅵ（3）Ⅵ（1）

艾宾浩斯用第一种改编类型的音节方阵做了 10 个实验，用第二种改编类型的音节方阵做了 4 个实验。

实验结果为：第一种改编情况的时间节省量是 12.4%，第二种改编情况的节省量是 5%。

这个结果表明，根据颠倒顺序改编的音节方阵比起用同样熟悉的、但以前没有按一定顺序联系起来的音节组成的音节方阵，学习起来要容易得多。也就是说，对于一个音节方阵的学习，在各项之间不仅形成了前进顺序的联结，事实上也形成了相反方向的联结。这样建立的联结在强度上也依各项在原来系列中的距离为转移。但是，如果距离相等，反向联结的强度是弱于正向联结的。音节组中某一项和在它前面一项的联结不如和在它后面一项的联结密切，甚至和在它前面第二项的联结还不如和在它后面第三项的联结巩固。

在前述的实验中，艾宾浩斯已经发现，在一个观念系列或音节组中，相邻项目之间的联结强度是复习次数的函数，即两者之间存在一种比例关系。

由此，艾宾浩斯认为，在不紧接的项目之间建立的联系强度也应该依赖于复习的次数。但在这种情况下，一个音节方阵中各种不同远近项目之间的联接强度是随着复习次数的增加而按照相同比例增加呢，还是按照项目之间距离远近的不同而按不同比例增加呢？为了探明这种关系，艾宾浩斯进行了如下的实验：

实验的材料是 6×16 的音节方阵以及由此改编后的音节方阵。

新改编的音节方阵如下：

Ⅰ(1) Ⅰ(3) Ⅰ(5) ……Ⅰ(15) Ⅱ(1) Ⅱ(3) Ⅱ(5) ……Ⅱ(15)

Ⅰ(2) Ⅰ(4) Ⅰ(6) ……Ⅰ(16) Ⅱ(2) Ⅱ(4) Ⅱ(6) ……Ⅱ(16)

先对原来的音节方阵分别进行 16 次和 64 次两种次数的诵读。24 小时之后，学习改编后的音节方阵达到能够第一次背诵的程度。每种诵读次数进行 8 个实验。实验结果如表 7－11①：

表 7－11　联想对记忆的影响(2)

诵读次数	24 小时后学习原来音节组所用时间(秒)	24 小时后学习用隔一个音节改组的音节组所用时间(秒)	学习原来音节组节省时间(秒)	学习改编的音节节省的时间(秒)	学习改编后音节组节省的时间为学习原来音节组节省时间的百分比(%)
0	1270				
16	1078	1170	192	100	52
32	863	1121	407	146	37
64	454	1109	816	161	20

表 7－11 中第一行和第三行的数字分别是其他两次实验的结果，但由于实验模式与本实验一致，为了增加本实验的可信度，艾宾浩斯也将其列在了本表中。

① 艾宾浩斯著，曹日昌译：《记忆》，科学出版社 1965 年版，第 105 页。

从表7—11可以看出，对原来音节方阵学习16次，学习改编后的音节方阵所节省时间为100秒；对原来音节方阵学习64次，学习改编后的音节方阵所节省时间为161秒。诵读次数增加到了4倍，但时间节省量只增加了一半多一点。

这表明，中间有一个间隔的项目之间联结强度的增加，与诵读次数的增加是不成比例的。这和紧接项目之间强度的变化是不同的。也就是说，诵读次数对于间接联想的影响比对直接联想的影响更弱。

在进行上述研究时，艾宾浩斯还附带地发现了间接强化的现象。为了便于说明，这里再重述一下上述研究中音节改编的方式：从随机选择的两个各有16个音节的音节组中，把所有奇数音节合并起来成为一组，所有偶数音节合并起来成为另一组，使用时前后两组相接。在使用6个音节组时，改组后的音节组中，第二个组里的音节都是原来学习时紧跟在第一个组中各有关音节的后面一个音节。改组后的第四个和第三个组、第六个和第五个组的关系，都是如此。实验后，艾宾浩斯发现，学习第二、四、六个组平均所用时间比第一、三、五个组所用时间少。对这个现象，艾宾浩斯做出了如下的解释：

由于对原来的音节组学习到了能够背诵的程度，所以每个音节都很好地保留着。每个音节在意识中出现时，有把它后面的音节也带动起来的强烈趋势。所以当第一、三、五个音节在意识中重现时，第二、四、六个音节也有出现的趋势。但是，这种趋势并没有强烈到能够使第二、四、六个音节出现在意识中。这种趋势只表现为一种内部兴奋状态。艾宾浩斯举例说，在人们努力回忆一个遗忘已久的名字时，虽然名字没有在意识中，但我们肯定它以一定的方式存在着。可以说，它正在到意识中来的途中。如果和这个名字有联系的各种观念被唤起的话，我们可以肯定地知道这些观念与这个名字是否有联系。艾宾浩斯认为，就像在意识中连续出现的音节之间建立了联系一样，在无意识中连续出现的音节之间也可以建立联系，只是后者的联系较弱而已。无意识的联结已经把尚未被意识唤起的第二、四、六各个音节联结起来。由于对原来音节组的学习，联结已经存在并具有相当的强度，现在的效果只是对原已建立的联结进一步地增强。概括地说，观念在意识中的重复出现不仅直接增强了其间的联结，而且也可通过在意识中重现与有关观念有联系的观念而使其间的联结间接地得到增强。

三、艾宾浩斯的贡献与局限

由于艾宾浩斯的心理学研究介于经验主义与理性主义之间，因此，对他的心理学立场看法也不尽相同。有人认为，艾宾浩斯是一位经验主义和联想主义者。同时，也有人认为他是一名理性主义者。持前者观点的人是基于艾宾浩斯关于记忆的实验研究更具有经验主义特征，典型的如联想主义和机械主义，一定程度上还包括还原主义等。而持后者观点的根据是艾宾浩斯经常引用德国理性主义哲学家赫尔巴特的著作，而不是英国经验主义哲学家的著作。

1. 艾宾浩斯研究的贡献

第一，使用实验的方法研究高级心理现象，开辟了实验心理学研究的新领域。冯特开创了使用实验的方法研究心理学的新时代。但是，冯特曾武断地认为高级心理现象如记忆、思维等不能用实验法来研究。“当时的哲学和心理学几乎普遍地认为，对学习、记忆和思维进行实验研究是不可能的。”①艾宾浩斯则不受权威的束缚，他用自然科学研究方法创造性地研究联想问题，成功地用实验的方法对记忆进行了研究。艾宾浩斯的工作打破了冯特的偏见，扩大了实验心理学的研究范围，“实验心理学领域在艾宾浩斯之后立即改观。”②艾宾浩斯的研究揭开了心理学史上对学习、记忆问题进行实验研究的序幕，“他为这门学科带来了新方法学和新取向。”③缪勒及其学生沿用艾宾浩斯的研究方法，进行了一系列有影响的记忆实验研究。在詹姆斯对艾宾浩斯的《论记忆》给予了热情的评论后，美国心理学家也沿着艾宾浩斯的传统，使用无意义音节来研究记忆。

第二，使用量化的方法研究高级心理现象，创建了实验心理学研究的新范式。与费希纳和冯特的实验相比，艾宾浩斯实验最大的特色在于他首创并使用了人工记忆材料——无意义音节。无意义音节是一种创举，它的发明使学习的研究发生了一场革命，在一定程度上避免了已经存在的联想对

① 道格拉斯·L·欣茨曼著，韩进之等译：《学习与记忆心理学》，科学技术出版社 1986 年版，第 14 页。

② 墨菲等著，林方等译：《近代心理学历史导引》，商务印书馆 1980 年版，第 250 页。

③ Danziger. (2001). Sealing of the discipline: Wilhem Wundt and the psychology of memory. In: C. D. Green & M. Shore (Eds.). *The Transformation of psychology: Influences of 19th-century philosophy, technology, and natural science*. Washington, D. C.: American Psychological Association. pp. 45～62.

学习的影响。这种剔除了意义的人造材料使实验者能够更加方便地操纵实验,使记忆的实验研究成为可能,“这种材料的使用将实验心理学的研究范式导向了人工的实验情景。”①后来在艾宾浩斯无意义音节的启发下,出现了各种人工实验材料,如人工概念、人工语法以及各种错觉材料等。这些实验工具的发明大大拓展了心理学的研究领域。另外,艾宾浩斯还发明节省法,来测量学习和记忆的效果,解决了记忆内容的精确量化问题。其基本原则就是,通过对外部行为指标(重学的次数和时间的节省量)的测量来间接地反映内部心理过程的变化(如保持量)。这个原则成了现今实验心理学对高级心理过程进行量化的基本原则。

第三,对早期的联想主义进行了继承和批判,开创了现代联想主义的新纪元。早期联想主义心理学的特点是凭借思辨和经验来论述联想问题,属于思辨哲学。从研究立场及问题上来看,多数心理学家认同艾宾浩斯也是一位联想主义心理学家的观点。他的学习和记忆问题在本质上就是一个观念间的联想问题。艾宾浩斯的突破在于使用了现代自然科学研究方法来研究联想的问题。艾宾浩斯认为早期联想主义只是用哲学思辨的方法从结果推论原因,也没有给予科学的论证。而他本人则通过运用严格控制原因来观察结果的实验法,对记忆过程进行了定量的分析研究。他用实验的方法系统地研究了直接联想、间接联想、顺序联想和反向联想及其相互关系,得到了很多有益的成果。美国心理学史家尼勒认为艾宾浩斯是从哲学联想主义到心理学的过渡人物,“现代联想主义心理学,是从 1885 年艾宾浩斯发表他的名著《论记忆》一书算起的”。② 从此,联想主义心理学进入了科学的研究时期,诸如缪勒、桑代克、巴甫洛夫等都成了现代联想主义的代表人物。铁钦纳认为,艾宾浩斯“将无意义音节作为研究联想的一种手段,标志着自亚里士多德时代起心理学这一章中最重大的进展”。③

2. 艾宾浩斯研究的局限

第一,强调研究的数量化,忽视记忆内容的性质分析和个体的主观能动性。艾宾浩斯认为,由于在实验中使用的是无意义音节,所以,在其整个记忆研究中,他只是对所学音节的数量、学习音节系列的次数、时间间隔的长短、重学音节系列所需的次数等进行了记录、统计工作。从表面上看,艾宾浩斯的无意义音节似乎排除了旧经验的影响,仅仅是凭借机械的重复进行

① 郭秀艳:《实验心理学》,人民教育出版社 2004 年版,第 8 页。

② 杨清:《现代西方心理学主要派别》,辽宁人民出版社 1980 年版,第 35 页。

③ 瓦伊尼著,郭本禹等译:《心理学史:观念与背景》,世界图书出版公司 2009 年版,第 281 页。

记忆。而事实上,被试会自发地对材料进行某种组织来帮助记忆。学习不是一种消极的过程,而是个体积极主动的、创造性的过程。艾宾浩斯的记忆研究忽视了个体主观能动性的作用。

第二,无意义音节的人为性,脱离实际生活,不具有实用价值。艾宾浩斯的无意义音节是人工编制的记忆材料,是现实生活中没有实际意义的东西。仅仅依据这种材料所得的记忆规律和实际学习、生活中的记忆规律虽然有一定的共性,但毕竟有很大的差距,两者不可以等同。这就使得研究所得的结论对于实践的指导意义具有很大的争议。此外,艾宾浩斯的这种忽视音节意义的做法,无形中也忽视人在记忆中的主观能动性,"艾宾浩斯在简单重复阅读的一方和主动回忆过程的另一方之间不加区分。"①因此,这样的研究只是揭示了机械记忆的规律,而不能揭示意义记忆的规律。这就大大降低了实验结果的实用价值。现代认知心理学的发展趋势之一就是对"艾宾浩斯传统"的狭隘性和人为性的批评倾向。现代认知心理学家认为,"记忆者是在主动地加工信息,而不是在被动地通过不动脑子的复述来加强联想。而且,现在更强调生态记忆(ecological memory):是对更加真实的日常事件的记忆,而不是对抽象的音节系列的记忆"②。奈瑟(U. Neisser)指出:"在100多年的对记忆的经验研究中,艾宾浩斯的正统心理学并没有产生多少有价值的研究结果。而对记忆的自然研究(naturalistic study of memory)比艾宾浩斯传统的实验室研究(laboratory study of memory)更有价值。"③

第三,仅以本人为被试,难以控制前摄抑制和后摄抑制及实验者效应对实验结果的影响。艾宾浩斯认为,实验尽管只用他本人做被试,但还是在一定程度上揭示了记忆的规律。他说:"实验都是用我个人做的,原本只有个人的意义。它们自然不只是反映我的心理结构的个人特点;如果绝对的数值只是彻底的个人的结果,这些数字之间的彼此关系和各种相互关系还是可以反映许多具有普遍意义的关系的。"④但有相反的意见认为,只有一个人做被试而没有对照被试的实验结果难以排除以下几个因素的影响:记忆过程中产生的前摄抑和倒摄抑制;由于艾宾浩斯本人知道每个实验的目的,这

① 墨菲等著,林方等译:《近代心理学历史导引》,商务印书馆1980年版,第252页。

② C·詹姆斯·古德温著,郭本禹等译:《现代心理学史》,中国人民大学出版社2008年版,第131页。

③ Neisser, U. (1982). Memory observed. San Francisco: Freeman. A Collection of accounts of memory as applied to natural tasks, in contrast to laboratory research tasks. p. 3.

④ 艾宾浩斯著,曹日昌译:《记忆》,科学出版社1965年版,第xi页。

会导致实验的结果具有倾向性；从一个被试身上得出的结论没有典型性，不具有普遍意义。

第二节　乔治·伊莱亚斯·缪勒

一、缪勒传略

乔治·伊莱亚斯·缪勒（George Elias Müller，1850—1934），因为在视觉和记忆上的研究而闻名于世。缪勒于1850年夏天出生在萨克森的格里马。幼年就读于格里马的私立学校，自小酷爱文学，尤其喜爱歌德、拜伦和雪莱的诗歌。缪勒中学期间就读于离家不远的莱比锡中学。中学肄业半年后进入莱茵河畔风景秀丽的莱比锡大学攻读。在莱比锡大学学习期间，受到德洛比歇的影响，缪勒迷恋着赫尔巴特哲学，同时幸运地结识了心理物理学家费希纳，进而对实验心理学产生了浓厚的兴趣，并且产生了使用实验的方法解决心理学问题的倾向。1869年，缪勒转入柏林大学，先是研究历史学、考古学和亚里士多德哲学。在偶然读了陆宰的著作后，开始迷恋哲学。在就读哥廷根大学之前，缪勒曾在普鲁士陆军服役，参加了普法战争。到了哥廷根大学，缪勒师从陆宰，两人结下了深厚的友谊，成为了“陆宰最优秀的学生”。1872年，他发表了题为《感觉的注意学说》的博士学位论文，在这篇论文当中，缪勒阐述了他关于注意的生理因素理论。他认为：“注意的方向与输入大脑皮层特定区域的血液供给有关。血液供给

图7-3　乔治·伊莱亚斯·缪勒(George Elias Muller，1850—1934)

的变化对大脑特定区域产生了刺激，继而导致了神经的反应。”[1]凭借这篇论文，缪勒获得了哥廷根大学哲学博士学位。1876 年起缪勒开始在哥廷根大学担任哲学讲师，这期间他发表了处女作《心理物理学基础》。1880 年起任查尔诺维果大学教授。1881 年，年仅 31 岁的缪勒继承了哥廷根大学陆宰的教授席位。之后，缪勒迎来了他在学术著作上的高产期。1903 年出版《心理物理学方法的观点和事实》；1911 年至 1917 年撰写并出版《记忆与想象活动的分析》(3 卷)；1923 年发表《复合说与格式塔说》，该文涉及很多现象学的研究问题，引发复合说与完形说的论战；1924 年发表《心理学纲要》；1930 年发表《论色觉:心理物理学研究》(2 卷)。1921 年，缪勒因病在哥廷根大学退休。他在哥廷根大学长达四十年的教授生涯里，建立了德国第二大心理学实验室(仅次于冯特在莱比锡大学的心理学实验室)。良好的实验条件、自由的学术氛围、哥廷根大学深厚的学术底蕴，加上缪勒独特的人格魅力，哥廷根大学吸引了来自欧美的大批留学生，取得了丰硕的研究成果，培养了很多杰出的心理学家。1934 年 12 月 23 日，缪勒病逝于哥廷根。

二、缪勒的心理学研究

缪勒虽受过良好的哲学训练，富于批判精神，但他并不像冯特那样关注于哲学和理论问题，而是专心致志地从事实验研究，强调实验、量化和逻辑上的严谨是他的一贯风格。因此，缪勒是一位硕果累累的实验心理学家。和艾宾浩斯一样，他也关注学习和记忆的实验研究。缪勒认为艾宾浩斯的报告“倾向于使学习好像变成一种机械或自动的过程”。他反对艾宾浩斯的研究为了强调客观化而忽视内省的心理过程。他认为学习的心理过程是较活跃的，因此，必须记录被试的心理活动。缪勒对心理物理学也很有研究，他被称为是费希纳之后心理物理学的领军人物。缪勒对心理物理学最大的贡献在于对费希纳的心理物理法作量化和实验技术的改进，他所采用的心理物理学研究方法一直沿用至今。缪勒还对海林的色觉说进行了修改和补充。

1. 关于记忆的实验研究

(1) 印象法与记忆鼓在记忆实验中的运用。

---

① Robinson, D. K. (1987). *Wilhelm Wundt and the establishment of experimental psychology, 1875—1914: The context of a new field of scientific research*. Ph. D of University of California, Berkeley, p. 169.

同艾宾浩斯一样，缪勒也不同意冯特的“实验心理学只能研究基础心理过程”的观点。他认为高级心理过程，如学习、记忆、思维等同样可以采用实验的方法进行研究。不过，艾宾浩斯认为“联想的形成是自动的、机械的，是诸如复述次数和系列长度等刺激因素的结果。在学习过程中，记忆者所起的作用是相对被动的”①。缪勒不完全赞同艾宾浩斯的研究方法，针对艾宾浩斯忽略个体主观能动性的研究缺陷，他创造了印象法（impressions method），“印象法就是让被试者口头报告记忆时所体验到的全部心理活动的经验。”②缪勒还与舒曼（F. Schumann）一起发明了记忆鼓（memory drum）。记忆鼓是一种可以序列地呈现记忆材料的箱型装置仪器，能够让音节依靠电机的控制，匀速地在记忆鼓的小视窗上呈现出来。这样就可以精确地控制学习材料出现的时间，更加精确地计算被试记忆反应的速度，从而可以更好地控制实验情境，更加准确地研究刺激反应联结的强度。实验时，通过将字母结对，把前面的字母作为刺激材料，后面的字母作为反应材料，字母对在记忆鼓的视窗口同时出现。之后，只呈现首字母（刺激材料），由被试报告末字母（反应材料）。最后，同时呈现两字母并且核对。从实验结果可以看出艾宾浩斯的无意义音节法研究记忆得出的结果太机械，忽视了个体心理行为的主体性和能动性。而且，从表面上看，艾宾浩斯的无意义音节似乎排除了旧经验的影响，仅仅是凭借机械的重复进行记忆。而事实上，被试会自发地对材料进行某种组织（如节奏感、附加意义等）帮助记忆。“这一研究结果预示了记忆的现代观点，即设想学习者主动地参与到记忆过程之中。”③后来印象法为符茨堡学派所发展，成为20世纪早期心理学界推崇的研究方法。记忆鼓则成为心理学实验室的常用设备之一，用于在记忆实验中呈现视觉识记材料的常用仪器。直到近年，才出现了效率更高的计算机呈现刺激。

（2）整体学习和部分学习对学习效率的关系。

缪勒在他的记忆实验中发现，整体学习（global learning）与部分学习（part learning）相比，整体学习的效率要高一些。他认为，由于整体学习有助于个体宏观把握学习材料的完整特征，帮助个体更好地在理解和组织的基础上进行记忆。因此，在对材料进行学习记忆时，与其将学习材料分成若

① C·詹姆斯·古德温著，郭本禹等译：《现代心理学史》，中国人民大学出版社2008年版，第132页。

② 车文博：《西方心理学史》，浙江教育出版社1998年版，第232页。

③ C·詹姆斯·古德温著，郭本禹等译：《现代心理学史》，中国人民大学出版社2008年版，第132页。

干部分，一部分一部分地学习，不如将材料作为整体学习的记忆效果好。虽然以后的心理学实验表明，整体学习和部分学习哪一个效率更高取决于很多因素，包括学习材料性质、难度、个体的经验、能力等都对学习效率产生影响，但是缪勒的发现在当时依然有很大的启发意义。而且，从某种程度上来看，这项发现具有完形特征和格式塔心理学的影子。

(3) 目的和定势对记忆效果的影响。

“缪勒还是最先强调记忆和联想过程中的心理变量重要性的研究者之一。他认为，操作不仅仅是联想机制的事情，它还取决于这样的变量，如被试的态度、心理定势以及其他倾向，如持续言语的倾向等。”①缪勒和舒曼在进行重量辨别研究时，发现了定势(心向)现象(即多次判断一个比较刺激物轻于一个标准刺激物后，即使再呈现一个比标准刺激物重的刺激物，个体依旧会做出此刺激物要轻于标准刺激物的判断，反过来也成立)。由此可见，个体的知觉会受到经验的影响而具有一定的心理倾向。后来的心理学家发现，个体的各种心理活动都会或多或少受到定势的影响，先前的心理活动所形成的准备活动，影响了之后相同性质的心理活动。这也启发了屈尔佩，后来屈尔佩设计了著名的无意象思维实验。

(4) 记忆问题的其他发现：倒摄抑制和言语重复症问题。

缪勒和阿方索·皮尔策克(Alfons Pilzecker)在1900年发表的一篇论文中论述了关于最初学习任务对记忆另一项任务的影响的研究。在一定的情况下，如果在学习材料一和随后尝试对材料一再学习之间，插入学习材料二，材料二就会对材料一的再学习产生干扰。材料二的记忆总是好于材料一。缪勒和皮尔策克指出，“插入的材料可能会削弱或抑制回忆最初材料所必需的联想”，“由于没有任何简短的表达方式，我们可以称这种抑制类型为倒摄抑制(retroactive inhibition)”。②

缪勒还发现，有些个体在言语过程中能够很容易地从一项任务转到另一项任务，但有些人则倾向于持续言语最初的任务。“缪勒甚至推测了言语持续差异的实际结果。那些言语重复一项任务的个体可能更适合于某些职业，而那些很快就从一项任务转到另一项任务的个体则可能更适合于不同的职业。”③在戴蒙德(S. Diamond)看来，缪勒关于言语重复症的研究是“对认为‘思维训练’仅由联想决定的理论的首次实验突破，它还表明了独立的

---

① 瓦伊尼等著，郭本禹等译：《心理学史：观念与背景》，世界图书出版公司2009年版，第276页。

② Müller, G. E. & Pilzecker, A. (1900). *Experimental contributions to the theory of memory*. New York: Basic Books. p. 273.

③ 瓦伊尼等著，郭本禹等译：《心理学史：观念与背景》，世界图书出版公司2009年版，第276页。

短期记忆过程的存在。”①缪勒指出，存在对呈现给被试的材料的精炼言语，但是也存在对材料的注意的快速衰退。他的研究显然是后来短期记忆研究的早期先驱。

2. 关于心理物理学的实验研究

缪勒对费希纳的心理物理学的理论和方法进行了修正和拓展。缪勒不同意费希纳心物平行论观点，他认为首先应该要确定心理物理学的生理基础。缪勒对费希纳解释和运用韦伯定律方式产生异议。韦伯认为产生可觉差的刺激增加量是原来刺激量的比例数，费希纳对这一比例数的解释是，假设当感觉兴奋性从生理传递到心灵时，总要损失一部分，而且这种感觉传入的损失量与所增加的刺激量比例数是相同的。而缪勒则主张这种感觉传入的损失只会发生在神经系统的生理过程中。他认为较弱的刺激易氧化神经中的原质；因此，如果要增加兴奋性，相应地就需要增加较大的刺激量。缪勒还继海林之后提出了心理物理学的定理，即心理过程如何与脑生理过程相当的原理，这是后来格式塔心理学的同型论的先声。缪勒对以后心理物理学的最大影响在于他对费希纳心理物理法作量化和实验技术的改进，他所改进的方法成为后来心理物理学中常用的方法。

3. 关于颜色视觉的研究

缪勒对海林的色觉说进行了修改和补充。19 世纪 70 年代德国心理物理学家海林提出了色觉说，认为当黑色和白色、绿色和红色、蓝色和黄色等各种相对的两种色光刺激强度相等时，个体产生无色感。海林的色觉说假定新陈代谢的同化作用和异化作用一样会引起感觉，而缪勒则认为有两种相反的而又可互相逆转的化学作用，不能说是同化或异化作用，这就解决了同化作用一般不引起感觉的难题。此外，按照海林的假说，彩色或黑白色互相平衡后应该没有任何感觉，但实际上还有灰色感觉，于是缪勒便假定“皮质分子活动产生一种惯常的灰色，所以一切平衡后仍有这个灰色感觉”②。后来支持海林色觉说的人也都采用了缪勒的假定。

4. 缪勒与格式塔心理学家的论战

缪勒的工作主要是属于内容心理学，但是他的实验室中的研究并不都是对于心理内容的分析，不少是现象学的观察。例如，他的学生卡茨于 1909 年发表了《颜色现象》的文章，专门研究了体色、表色和膜色的性质及条件，

---

① 瓦伊尼等著，郭本禹等译：《心理学史：观念与背景》，世界图书出版公司 2009 年版，第 276 页。

② 波林著，高觉敷译：《实验心理学史》，商务印书馆 1981 年版，第 422 页。

以为膜状色最为简单，其他各色都是由它派生的。此文实际上是探讨实验现象学的，因为它所描写的范围不是感觉元素的分析所适用的。波林指出："就系统来说，他(指缪勒)显然和冯特同为内容心理学家，但他的处境和斯顿夫相似，所以在信仰上理应为意动心理学家，虽在实践上则否。"[①]尽管缪勒最终没有转向意动心理学，但他的学生则多由内容心理学向意动心理学过渡，并进而影响到格式塔心理学。他的学生如舒曼、卡茨、鲁滨等人做了一些实验都属于现象学的描述，他们都是从他的实验室中培养出来的格式塔心理学的前驱。但另一方面缪勒又不承认格式塔心理学发现了什么新的东西，以为其学生的实验已发现了格式塔心理学家所谓发现的新现象。这引起了格式塔心理学创始人的强烈抗议。他与苛勒在 20 世纪 20 年代关于复合说与格式塔学说的一场论战在当时心理学界引起了很大的反响。莱比锡大学的基苏、克鲁格，维也纳大学的彪勒和伦敦大学的斯皮尔曼等著名心理学家都站在他的一边而加入这场争论。甚至在 30 年代格式塔心理学家移居到美国以后，这场论战还没有结束。后来由于他于 1934 年逝世以及第二次世界大战的爆发，这场论战才休止。

三、缪勒的学生

缪勒被称为"德国心理学界的老专家"。他不但是一位杰出的心理学家，还是一位优秀的心理学教师。缪勒培养了不少才华横溢的心理学家，他们在心理学领域都取得了丰硕的成果而被铭记。

1. 乔斯特：使用配对联想法的先驱

乔斯特(Adolph Jost，1870—1920)于 1865 年采用正确联对法(right associates procedure)得出乔斯特法则(Jost law)，即如果新旧两种联想的强度相等，那么每重复一次都有加强旧联想的作用，因而使旧联想比新联想更有效地保持它的强度。不过，乔斯特只提出这种现象，并未解释产生这种现象的原因。乔斯特常常用此法则来解释分配学习的好处。1900 年缪勒又与皮尔策合著一书，发展了乔斯特研究，认为反应时间可以用来表示联想的强度。

2. 卡茨：研究颜色和触觉现象学的先锋

卡茨(David Katz，1884—1953)，1906 年获得哥廷根大学博士学位。从

① 波林：《实验心理学史》，商务印书馆 1981 年版，第 420 页。

1907 年开始担任缪勒的助手直至 1918 年退职，后来曾在瑞典担任斯德哥尔摩大学心理学教授。卡茨以研究颜色现象闻名。原来，赫尔姆霍茨曾用无意识推理来解释色觉、空间大小以及形状知觉的恒常性。赫尔姆霍茨认为，同一有色物体，例如煤、白纸，在不同照度下它的表面亮度是不同的，那么，为什么把在阳光下的煤和阴暗房间里的白纸相比，我们仍觉得煤是黑的呢？赫尔姆霍茨认为，这是日常经验中我们知道煤是黑色的、纸是白色的，是由于我们运用这种经验作无意识推理作用进行判断的结果。海林不同意赫尔姆霍茨的意见，他用生理学中脑灰质的改变来解释，认为是由于脑皮质受同一刺激改变了感觉而留下的"记忆颜色"所产生的。卡茨则同意赫尔姆霍茨的意见，主张从心理经验来解释。他在《颜色现象》一文中提出了三种颜色："第一种叫表面色(surface colors)，是在客观上知觉到的二维色；第二种叫泛色(film colors)或膜状色，它是在分光镜上才可以观察到的；第三种叫三维色(volumic colors)，这是由三维的半透明体可证明的，如包含有红色液体的玻璃杯。"①卡茨曾通过实验证明，真正的客观颜色可以用分光镜的光谱色多重结构得到解释。卡茨的多重结构思想"发表于惠太海默的创造格式塔心理学派的文章之前，所以它是心理学史上的许多实例之一，我们可以证明新的观念绝非真的是新的：一个学派的原则须已存在于前，然后才有创立的可能"②。

3. 鲁宾：发现图形—背景现象的第一人

鲁宾(Edgar John Rubin，1886—1951)是丹麦著名心理学家、哥本哈根学派的奠基人，因研究图形和背景的实验获得哲学博士学位。他把视知觉的结构分为图形和背景，图形指视野中有明显标志的部分，背景则是视野中其他的部分。他认为在图形和背景的关系上，图形的印象更深刻，也更占优势，更容易记住，但图形和背景的关系因注意点而互换。原为图形的可变为背景，原为背景的会成为图形。图 7-4 的"花瓶与人像"就是他的经典设计。鲁宾的这些实验也成为格式塔心理学体系中的成分之一。不过鲁宾是把图形和背景作为知觉心理的构成元素来看待的，格式塔心理学家则作为知觉的整体结构进行分析。

① 车文博：《西方心理学史》，浙江教育出版社 1998 年版，第 235 页。
② 波林著，高觉敷译：《实验心理学史》，商务印书馆 1981 年版，第 424 页。

图 7-4　图形—背景现象

4. 杨施：研究遗觉像的开创者

杨施(Erich Rudolf Jaensch，1883—1940)于 1920 年提出"遗觉"的概念，也称为遗觉影像或知觉影像。例如，有些人看了一张画片后，会在灰墙上看到同样的影像，有时关于这种画片的影像鲜明得几乎和画片本身一样。后来发现，这种遗觉影像是主观的，随年龄的不同而异。儿童时期的遗觉影像最为显著，随年龄增长而逐渐降低，到了青少年和成人期就比较少见了。杨施认为可以把它用来作为研究人格类型的一种方法，并提出这种遗觉影像可以按心理物理的反应系统研究两种类型的人：一种 B 型(整合型)的人，记忆影像的经验生动，但能随意控制，与甲状腺机能亢进有关；另一种 T 型(非整合型)的人，也有类似的后像，但不能随意控制，与甲状旁腺活动偏弱有关，由此便发展成为解释人格类型的一种方式。后来他把对每一类型的描述纳入到他的《国家社会主义思想体系》(1941)一书之中，因此失去了其科学价值。

四、简要评价

与早期的心理学家不同，缪勒非常强调通过大量的实验室研究来研究心理学具体问题，而不是仅仅去探究心理学理论体系的建构。事实上，缪勒也是最早以实验心理学为专业的人。这不仅体现在缪勒的实验工作比冯特创立莱比锡心理学实验室还要早，还表现在"缪勒甘愿集中于几个重要问题领域的严密实验研究"①。而缪勒在缺乏政府资助的情况下，依靠自己的积蓄和私人的赞助，凭借他和助手的努力，使哥廷根大学心理学实验室成为德国第二大心理学实验室。古德温是这样评价缪勒的实验室的："缪勒实验室

① 瓦伊尼等著，郭本禹等译：《心理学史：观念与背景》，世界图书出版公司 2009 年版，第 275 页。

所完成的研究以其精确性、严格的实验控制和对细节的注意而闻名。”①美国精神科医生威廉·科恩(William O. Krohn)曾经在他的报告中用了以下词汇来评价缪勒及其心理学实验室:“设备先进、构造精良、完善的器具、宽敞的空间、技术娴熟的机器发明家”。② 更为后人所景仰的是,缪勒是“完全的实验心理学家”③。虽然是冯特创建了第一个心理学实验室,但是冯特本人很少亲自动手从事实验室研究,其他早期实验心理学先驱也是如此。而缪勒常常亲自投身于实验室研究,而不仅仅是指导他的学生如何做实验。缪勒“将40年的学术生涯都奉献给了哥廷根大学的心理学实验室”,是“一位实验心理学家的典范”。④ 缪勒恪守其少年时代科学应前于哲学之训,以哲学的才智、精密的逻辑、深刻的批判去进行实验的研究。在实验心理学范围内,他既有广泛的兴趣,又有渊博的知识。缪勒对心理物理学、颜色视觉、记忆等都进行了广泛的研究。在波林看来,缪勒促进了这些领域的形成,并且是这些领域的带头人,“就影响及学派说,他仅次于冯特而已”⑤。随着1934年缪勒的逝世,德国实验心理学的繁荣时代就一去不复返了。

最后还有一点值得一提,在当时,妇女的地位很低,妇女在试图获得研究生水平的教育时会遇到重重障碍。哥廷根大学也一样,并不授予妇女学位。但缪勒认为妇女有能力从事要求很高的实验研究,对几位知名的美国女性心理学家到其实验室来学习持欢迎态度,其中比较著名的有后来的哥伦比亚大学教授克利斯廷·莱德—富兰克林(Christine Ladd-Franklin)、斯坦福大学教授里林·马丁(Lillien Martin)、韦尔斯利学院教授伊里诺·甘姆布(Eleanor Gamble)。

虽然缪勒的研究成果非常广泛,但是由于其过于注重具体的实验研究而忽视理论体系的建构,因此,缪勒并没有得到应有的广泛认可,他的大部分研究都没有被翻译。也有人指出:“他的研究没有根本性的突破;相反,都是对其他人的研究进行系统的重复和拓展。”⑥缪勒主要扩充了费希纳的心理物理学研究、艾宾浩斯的记忆研究、海林的颜色视觉研究等。此外,缪勒1923年发表了《复合说与格式塔说》,企图以复合说取代完形心理学的理论,挑起了与完形心理学家的论战,被后人诟病为忽视真理的相对性。

---

① C·詹姆斯·古德温著,郭本禹等译:《现代心理学史》,中国人民大学出版社2008年版,第132页。

② Robinson, D. K. (1987). *Wilhelm Wundt and the establishment of experimental psychology, 1875—1914: The context of a new field of scientific research*. Ph. D. of University of California, Berkeley, p. 117.

③ 瓦伊尼等著,郭本禹等译:《心理学史:观念与背景》,世界图书出版公司2009年版,第275页。

④ C·詹姆斯·古德温著,郭本禹等译:《现代心理学史》,中国人民大学出版社2008年版,第132页。

⑤ 波林著,高觉敷译:《实验心理学史》,商务印书馆1981年版,第425页。

⑥ C·詹姆斯·古德温著,郭本禹等译:《现代心理学史》,中国人民大学出版社2008年版,第132页。

第八章

铁钦纳:内容心理学极端化者

爱德华·布兰福德·铁钦纳(Edward Bradford Titchener,1867—1927),是20世纪英国籍美国心理学家,科学心理学创始人冯特的学生,在美国心理学发展过程中占据着非常重要的地位。然而,铁钦纳作为冯特的一个学生,他片面地理解了冯特的心理学体系,只继承和发展了冯特的内容心理学,并把内容心理学加以极端化,创立了构造心理学。正如美国著名心理学史家黎黑所言:"铁钦纳很可能把冯特的德国心理学理解成冯特所反对的'传统的英国心理学'。"①

事实上,任何一个人的思想都必然与其人格、家庭及其人生体验有着内在的联系。从某种程度上说,是铁钦纳的生活经历及其人格特点造就了铁钦纳的构造心理学思想,其思想是其生命或生活的一种再现,是其自我与人格的展现。铁钦纳的构造心理学和其人格是水乳交融的,正如波林所说:"康奈尔的心理学——至少是以实验室为中心的正统心理学——无不是以围绕着铁钦纳的性格并且在其作用下保持在轨道上运行。"②铁钦纳本人更是把构造心理学与其他学派尤其是美国的机能心理学划定了严格的界限,也正因为如此,心理学史上出现了第一次真正意义上的心理学派别的对立。因此,我们有必要回顾一下他的人生道路和学术历程,这既有助于我们加深对其心理学思想的理解,又能使我们从中获得很多有益的启示。

---

① 黎黑著,李维译:《心理学史》,浙江教育出版社1998年版,第365页。

② Boring, E. G. (1952). Autobiography. In: Langfeld, H. S. & Werner, H. & Yerkes, R. M. (eds.). *A History of psychology in autobiography*, Vol. 4. pp. 27～52.

第一节　铁钦纳的心路历程

一、早年经历

图 8-1　铁钦纳(Edward Bradford Titchener,1867—1927)

铁钦纳于 1867 年 1 月 11 日出生在英国奇切斯特(Chicester),这个小镇位于伦敦的南面,距离英吉利海峡有几英里的路程。铁钦纳的家族历史可以追溯到 1532 年,其祖辈中有教师、律师和一名奇切斯特的前市长。父亲的过早离世,使得铁钦纳的生活发生了巨大的变故。家庭生活的拮据使他不得不跟随祖父生活,而其祖父是一位传统守旧的律师,他总是按照自己的观点和准则来培养和教育铁钦纳,因而这段童年经历给铁钦纳带来了终生的影响。即使在美国定居多年,铁钦纳也从来没有改变自己的生活方式,仍然严格按照这套上流中产阶级英国绅士的行为准则来生活。

少年时期的铁钦纳是一位勤奋又有才华的学生,他以优异的成绩获得了奖学金并顺利进入莫尔文学校(Malvern)就读,这是英国较好的"公学"(public schools)之一,接着他又升至牛津大学的布拉森诺斯(Brasenose)学院深造。[①] 事实上,他的家庭本希望他能进剑桥大学读书,但是铁钦纳最终

① 在英国,"公学"实际上是指特别优秀而且非常昂贵的私立高中。莫尔文并不在诸如伊顿(Eton)、哈罗(Harrow)或拉格比(Rugby)这些最顶级公学之列,但它拥有稳固的学术声望。只有一小部分英国学生在公学就读,但是像牛津、剑桥(有时合称为牛桥)这样英国有声望大学的大部分学生都来自这些公学。因而,牛桥的毕业生代表了英国上层中产阶级的一个小的精英团体,大部分是男性。布拉森诺斯学院是组成牛津大学的几个独立的学院之一。

还是选择了牛津大学的布拉森诺斯学院。也正因为他这种特立独行的个性,而影响着他一生的学术思想及做事的风格。最有力的证明就是,他后来坚持构造主义并与其他学派划清界限,从而导致心理学史上第一次真正意义上的心理学派别的对立。

二、大学教育

1885 年到 1890 年,铁钦纳就读于牛津大学,主修哲学和古典文学并取得了出色的成绩。在那里他是一名拥有奖学金的学生,穿着一件中等长度的学院式有袖礼袍,而不是大部分本科生所穿的较短的无袖礼袍。终其一生,这种身份的微妙差别和标志,都对铁钦纳产生重要的影响。

哲学兴趣与生理学兴趣的结合,使铁钦纳倾向于新兴的心理学。他在大学时期就对冯特的实验心理学深感兴趣,尽管当时牛津的学者们对心理学之类的新科学不屑一顾,但铁钦纳还是将冯特的《生理心理学原理》第 3 版译成英文。他还沉迷于进化生物学和达尔文主义,而且还因结识了乔治·罗曼尼斯而对比较心理学着迷。在牛津期间,他受到英国经验主义和联想主义哲学传统的良好熏陶。在大学的第五年,他在牛津大学生理学家约翰·斯科特·伯登·桑德森(John Scott Burdon Sanderson,1828—1905)的实验室,从事我们今天称之为比较心理学或生态学方面的研究,即卵的保护色和昆虫的适应性研究。1890 年,23 岁的铁钦纳从牛津大学毕业。那时他对生理心理学怀有浓厚的兴趣,因此准备去德国莱比锡跟随冯特研究心理学。

1890 年,铁钦纳带着冯特《生理心理学原理》的翻译稿来到德国莱比锡大学,希望能够出版自己的译稿,不过遗憾的是,当他到达莱比锡的时候,冯特又出版了新的版本。铁钦纳的德语非常流利,并且对德国文化怀有浓厚的兴趣。在莱比锡的两年时间,使铁钦纳坚定了投身心理学研究的信念。在冯特的指导下,铁钦纳仅用了两年时间就以《单眼刺激对双眼的影响》(Binocular effects of monocular stimulation)的论文获得心理学哲学博士学位。实践证明,莱比锡的学术生活影响了铁钦纳的一生。

三、职业生涯

1. 职业生涯的起点

在取得博士学位后,铁钦纳返回到牛津大学,他希望能够留在牛津或剑桥大学从事心理学研究。然而让他失望的是，两个学校对新兴的心理学研究并不认可，因为当时英国经验主义和联想主义的哲学传统占据着统治地位。1877年，有人曾试图创建一个心理物理学实验室，结果可想而知，提议遭到了剑桥评议会的严厉拒绝，理由是这样的实验室“把人类的灵魂置于天秤上，将会冒犯宗教”①。由此不难理解，当时的铁钦纳作为一名生物学编外讲师，为什么在牛津大学仅仅呆了两个月就离开了。不过，命运之神还是眷顾他的，弗兰克·安吉尔（Frank Angell, 1857—1939）为他提供了一个到康奈尔大学教书的机会。安吉尔是铁钦纳在莱比锡结识的好朋友，他也是一位美国心理学家，1891年从莱比锡大学回国后，就在康奈尔大学创建了一所小实验室，但是创立不久他又想离开康奈尔前往加利福尼亚新成立的斯坦福大学任教。所以安吉尔就向康奈尔大学校长推荐了铁钦纳。

康奈尔大学创立于1868年，位于伊萨卡（Ithaca）。这座新创立的大学坐落在纽约州芬格（Finger）湖畔的一座山上，俯瞰着卡尤加（Cayuga）湖的南端。1892年，这个地方还非常偏远，几乎没什么火车。直至今天，居民们还把他们的小镇称作“孤立的中央”（centrally isolated）。即便如此，铁钦纳毅然决然地来到了康奈尔大学，而且终身没有离开此地。

2. 职业生涯的发展

铁钦纳到达美国之后，在心理学的一般观点上，他接受了冯特的内容心理学思想，坚持心理学的实验研究方向，并很快在康奈尔大学形成了以他为首的构造心理学派。铁钦纳认为心理学有三个目标：首要目标是将人类的意识分析为构造的元素；其次是心理学还必须要弄明白怎样结合的过程，即心理元素如何联结并产生更复杂的现象；再次就是解释，即弄明白神经系统如何产生各种各样的感觉、知觉和认知现象。以铁钦纳为首的构造心理学派，注重研究心理内容和人类心理的一般规律，而同时期的美国机能心理学派则注重研究心理机能或活动，注重心理活动在适应环境中的作用和个人心理能力的差异的研究。如埃文斯（R. B. Evans）所说：“对于铁钦纳来说，在19世纪80年代之前的美国心理学不过是打了折扣的笛卡尔哲学、改编了的颅相学，甚至是稍做伪装了的神学。”②因此，在美国新的历史条件下，构造心理学与机能心理学形成对立局面。也正是在这种对立与争论中，构造

① Farr, R. M. (1983). Wilhelm Wundt and the origins of psychology as an experimental and social science. *British Journal of Social Psychology*, No. 22. pp. 289～301.

② Evans, R. B. (1984). The origins of American academic psychology. In: J. Brozek, (ed.). *Explorations in the History of psychology in the United States*. Cranbury, NJ: Associated University Press, p. 18.

心理学才得以形成和发展。

铁钦纳对构造心理学的工作主要表现在四个方面:建立"实验者"俱乐部、出版大量学术著作、培养新一代心理学家以及与机能主义者的论战。

首先,建立了"实验者"俱乐部。虽然铁钦纳是美国心理学会的发起人之一,但却从来都没有参加过一次会议,即使会议在康奈尔大学举行也是如此。相反,他强烈地感觉到有必要重新成立一个专门的、只听命于他的、独立于美国心理学会的组织。原因有两个:第一,美国心理学会没有把一个他认为犯有剽窃罪的成员驱逐出去,这令他非常不爽;第二,他觉得美国心理学会对大量的应用主题太过友好,严重偏离了纯粹的实验心理学。于是,1904年,铁钦纳在康奈尔大学建立了一个称为"实验者"(Experimentalists)的俱乐部,这是一种非正式的学术团体。俱乐部每年春天都会在各地的实验室举行一次会议,探讨心理学的新进展并完善实验研究方法。铁钦纳全权统治着这个组织,所有与会人员都必须经过他亲自审核才能参加,其主要宗旨是为了维持纯实验心理学精神。在实验者俱乐部里,铁钦纳制定了很多规则。

图 8-2　铁钦纳的实验者俱乐部

铁钦纳的规定之一是,只讨论那些他认为合法的心理学主题,而排除心理测验、比较心理学和其他应用心理学等主题。在康奈尔大学,铁钦纳以铁的手腕统领着他的心理学研究领域,从不允许他的学生研究他规定课题以外的东西。

在日常生活中,关于铁钦纳独裁主义风格的轶事比比皆是。有一次康奈尔大学的校长宴请他,他却以校长没有登门邀请而拒绝了,当校长抱怨说没有时间做这样的拜访时,他就退而求其次说:"那你至少可以派个车夫过来请。"当车夫来了后，铁钦纳高高兴兴去赴宴了。①

在学术研究领域，为了捍卫其自称为"唯一名副其实的科学心理学"，铁钦纳的铁腕风格尽显无疑。他直接决定要做什么样的研究计划，并具体分配给不同的研究生去做，绝对不容许有任何质疑。因为他对意识基本结构的着迷，研究生也不得不充当其研究的被试，反复地做着大量令人厌烦的各种各样的实验，实验项目名目繁多，稀奇古怪。例如，波林在参与一项探索感受性恢复的实验中，为了满足实验的要求，他不仅花费了四年的时间，并且毅然把自己前臂上的一支神经隔断，以亲自感受其神经再生的过程。这种为科学研究而勇于献身的精神固然值得称道，但方式有待商榷。

铁钦纳不仅控制学术研究领域，对学生的日常生活也干涉颇多。当一些有才能的学生因无法忍受铁钦纳对他们生活的干预和控制而站起来反抗时，铁钦纳就决然地把他们开除出去，并永远拒之于他的圈子之外。

1923 年，波林在克拉克大学教授心理学，那时他主持铁钦纳实验者俱乐部的年度会议，哈佛大学的教授和研究生们也被邀请了，所以赫尔伯特·S·兰菲尔德（Herbert S. Langfeld）和他的研究生奥尔波特（G. Allport）也参加了这个会议。在听完铁钦纳三天的讲座后，每个学生有三分钟的时间来陈述自己的论文主题。铁钦纳的每个学生都简要地报告了铁钦纳指定的主题。最后一个发言的奥尔波特报告说他正在研究人格的特征，室内气氛顿时变得严肃而紧张，铁钦纳站在那里怒视着他。铁钦纳的独裁风格可见一斑。

铁钦纳提倡俱乐部的成员抽烟。铁钦纳的一个学生卡尔·达伦巴哈（Karl Dallenbach）曾经引证铁钦纳的话："一个男人若不会抽烟就不要指望成为心理学家。"②希尔加德描述了波林（当时波林还是康奈尔大学的一名研究生）与铁钦纳的一段难忘的经历：

有一次，铁钦纳邀请波林到家里庆祝其生日。宴会过后他向大家发雪茄，尽管波林从不抽烟，但在这样的情境下他是不能拒绝的。结果可想而知，他不得不借口感到恶心而跑出去呕吐。尽管如此，能被铁钦纳邀请还是一件非常荣幸的事，以至于其后每逢铁钦纳的生日，波林都会被迫抽一支雪

---

① Hilgard, E. R. (1987). Psychology in American: A history survey. Orlando, FL: Harcourt Brace Jovanovich. p. 76.

② Boring, E. G. & Lindzey, G. (eds.) (1967). *A history of psychology in autobiography*. New York: Appleton-Century-Crofts. Vol. 5, pp. 57～93.

茄。[①]

铁钦纳的规定之二是不允许女性参加。[②] 我们现在可以从波林的一段话中找到铁钦纳拒绝女性参加的原因，铁钦纳想要的是"在充满烟味儿的、没有妇女的房间里，作各种可以被打断、可以持不同意见和能被批评的口头报告，妇女太纯洁了，不能吸烟。"[③]可见，铁钦纳谢绝女性参加俱乐部的讨论，似乎是在为女性的健康着想。被铁钦纳的"实验者"俱乐部排除在外的女性心理学家中，克里斯汀·莱德—弗兰克林(Christine Ladd-Franklin)是最愤怒的。在给铁钦纳的一封信中，她表达了对其"过时"政策的极度愤慨。她在信中请求铁钦纳给她一个机会参加实验者俱乐部 1912 年的会议，宣读她的实验报告。遗憾的是，铁钦纳最终没有答应她的请求。

尽管铁钦纳一直排斥女性参加他的实验者俱乐部的会议，但他仍鼓励和支持女性在心理学界的发展。铁钦纳的第一个博士生就是沃什伯恩(M. F. Washburn)，她在 1894 年 6 月成为心理学领域第一个获得博士学位的女性。沃什伯恩在比较心理学领域做出了重要的贡献，1908 年，她出版《动物心理》(*Animal mind*)一书。书中包括了其广泛考察的大量物种的知觉、学习与记忆，是第一本比较心理学著作，与此同时还作为标准的教材再版四次。她成为第一个被推选进入美国科学院的女性心理学家。1921 年，沃什伯恩当选美国心理学会主席，是获此职位的第二位女性。1929 年，她当选为实验心理学家协会(Society of Experimental Psychologists)的会员。

帕里什(C. S. Parrish，1855—1918)作为暑期班的学生跟随铁钦纳学习，她成功说服铁钦纳为她提供最合适的函授课程，以便她可以一边上课一边教书。后来她在让道夫—麻肯女子学院建立了第一个心理学实验室。在当时绝大部分大学都不愿意接受女性的背景下，铁钦纳能够积极鼓励女性在心理学中的发展，不仅接受女性研究生，还坚持给女性提供教职，这无疑是一种开明的做法。对于他这样一个极具专权个性的人来说是难能可贵的。

其次，出版了大量学术论著。铁钦纳在康奈尔大学度过的岁月里取得了丰硕的成果。1895 年到 1920 年，铁钦纳担任《美国心理学杂志》的副主编；1921 年到 1925 年，他担任主编。铁钦纳对这个杂志的重大贡献大多数

① Boring, E. G. & Lindzey, G. (eds.) (1967). *A history of psychology in autobiography*. New York: Appleton-Century-Crofts. Vol. 5, p. 85.

② 铁钦纳逝世两年后，即 1929 年才接受女性参加会议。

③ Boring, E. G. (1967). Titcherner's experimentalists. *Journal of the History of the Behavioral Sciences*, 3. pp. 315～325.

是发表实验报告和理论论文，少量来自康奈尔实验室对学生研究成果的描述和记录。他还担任英国《心灵》(*Mind*)杂志的美国编委。他总共发表了216篇论文和评论，以及176种在他指导下康奈尔实验室的研究报告，翻译了7本冯特和屈尔佩等人的著作，出版了27种心理学著作(含修订再版的在内)。铁钦纳的主要著作有《心理学大纲》(*An outline of psychology*)(1896/1923)、《心理学入门》(*Primer of psychology*)(1898/1927)、《实验心理学》(*Experimental psychology*)(4卷本，1901—1905)、《情感与注意的初级心理学讲稿》(*Lectures on the elementary psychology of feeling and attention*)(1908)、《思维过程的实验心理学讲稿》(*Lectures on the experimental psychology of the thought processes*)(1909)、《心理学教科书》(*A textbook of psychology*)(1909—1910)、《初学者心理学》(*A beginner's psychology*)(1915/1918)。这些著作全面而系统，堪称其领域的百科全书。

在上述著作中，《实验心理学》是最有影响的，这本著作的副标题是《实验室实践手册》(*A manual of laboratory practice*)，铁钦纳把它作为学生和教师开展实验室工作的参考手册。考虑到当时的大部分教师不能胜任心理学的教学工作，所以他又为学生撰写了两本手册，为他们的老师则撰写了两本更厚的手册。《实验心理学》这部著作被屈尔佩誉为"最渊博的英文心理学著作"，波林也评价道，"甚至半世纪后的现在，也很难找出一个单独的作者能够在心理学内写出几卷或一本更渊博的英文著作"①。牛津大学也因为此书授予他名誉博士学位。铁钦纳的《实验心理学》作为一种实验指导手册，促进了美国心理学实验室研究的发展，训练了包括康奈尔大学在内的美国一代心理学学生，影响了一代实验心理学家。

《心理学教科书》"最能代表构造主义或铁钦纳主义的体系"②。尽管该书是为大学二年级学生撰写的教科书，但只有这部著作才将铁钦纳的心理学内容全部包括在内。书中记录着大量关于分析和综合的内容，其中有三分之一的内容是在描述基本的感觉过程。《心理学教科书》得到广泛的使用，并且被翻译成俄语、意大利语、德语、西班牙语和法语。

第三，培养了新一代心理学家。铁钦纳在康奈尔大学的35年中，还负责着心理学博士生的培养课程。波林曾列出了1894年至1927年间毕业于康奈尔大学的54位博士生的名字，其中共有19位女性。他们当中有不少

① 波林著，高觉敷译：《实验心理学史》，商务印书馆1981年版，第464～465页。

② 转引自郭本禹主编：《心理学通史·第4卷·外国心理学流派》(上)，山东教育出版社2000年版，第158页。

人成为著名的心理学家，有的做了大学心理学系主任，有的在心理学史上产生了重大的影响。例如，华许本、本特利（M. Bently）、匹尔斯柏立（W. Pillsbury）和达伦巴哈等人。根据波林的名单，铁钦纳的第一位博士生是沃什伯恩，她后来在比较心理学研究中取得了重要成果，也因此在学界赢得了声誉。铁钦纳的这些学生大多数都兴趣广泛，而且不是很严格恪守铁钦纳的构造心理学立场，有的学生甚至最终走向铁钦纳的对立面。但不管怎么说，他们毕竟是铁钦纳的学生，通过他们也进一步扩大了铁钦纳在心理学界的影响。

在康奈尔大学，有很多关于铁钦纳与其学生之间的轶闻趣事。他的博士生科拉·弗里德恩曾经讲述了她与铁钦纳的这样一件趣事：

有一次，她在铁钦纳的办公室里，正和铁钦纳讨论她的研究计划。突然，铁钦纳叼着的雪茄烧到了胡子。而此时，铁钦纳仍以威严的姿态高谈阔论，但科拉不敢打断他。最后，她不得不对铁钦纳说道："对不起，铁钦纳博士，你的胡子着火了。"火被扑灭后才发现，他的衬衫和内衣已经被火烧坏了。①

铁钦纳在康奈尔大学工作期间，每逢周日晚上都会在家举行一个小型的音乐会，并邀请那些会演奏乐器的学生参加。音乐会结束后通常是进行随意的谈话，并且这些话题一般都是心理学之外的内容。在康奈尔大学的音乐系正式成立之前的许多年里，学生们尊称铁钦纳为"专职的音乐教授"。铁钦纳的博学和多才也是他学生撰写其传记的典型主题。

第四，与机能主义者论战。铁钦纳生性好辩，又特别坚持心理学的实验方向，反对应用心理学。因此，以他为首的构造心理学与当时美国流行的机能心理学，特别是芝加哥学派的机能心理学发生了激烈的争论。他本人更是亲自撰写文章，与一些机能心理学家展开了长期的论战。

首先是铁钦纳与鲍德温的争论。1895年，鲍德温提出"反应类型说"，他认为感觉的反应时间与运动的反应时间是有差别的，并且这种差别属于个体间的类型差别，也就是说这种差别是因人而异的。然而铁钦纳认为，这种差别是由于实验操作者所受的不同训练而引起的。双方争论的焦点是：心理学究竟是研究人的本性及其个别差异，还是研究一般化的心理。因为鲍德温代表的是美国的机能主义，所以这也导致了构造主义与机能主义之间的争论。

其次是铁钦纳与杜威的争论。1896年，杜威在其著名的《心理学中的反

① 舒尔茨著，叶浩生译：《现代心理学史》（第八版），江苏教育出版社2005年版，第98页。

射弧概念》一文中明确提出，不应该用元素分析的观点把反射弧分为刺激与反应，他认为刺激应与感觉一样，只是因为运动才存在，如果不考虑刺激与反应之间的关系，刺激便没有意义。针对杜威的观点，1898 年铁钦纳在《构造心理学的公设》一文中正式提出构造心理学与机能心理学这两个直接对立的概念，阐述了二者的区别。铁钦纳认为，构造心理学研究"意识是什么"，机能心理学研究"意识是为了什么"。1899 年铁钦纳又发表了《构造心理学与机能心理学》一文，对两者的区别作进一步阐述，他提出构造心理学才是正统的心理学，机能心理学只是心理学的应用不是心理学的本门。他认为机能心理学虽然有用，但它必须建立在构造心理学的基础之上。此次与杜威之争是构造主义与机能主义的正式交锋。

最后是铁钦纳与安吉尔的争论。1907 年，安吉尔在《机能心理学的领域》一文中，阐述了机能主义与构造主义的三个主要区别：机能主义是关于"心理活动的心理学"，构造主义是关于心理元素的心理学；机能主义是关于"意识的基本功用的心理学"，构造主义是关于意识结构的心理学；机能主义是研究心物关系的心理学，包括一切"心理物理学"，构造主义是身心平行的心理学。然而铁钦纳对安吉尔的观点提出质疑，并于 1921 年发表了《机能心理学与意动心理学》（上）一文，列出机能心理学的四个特点：机能心理学承认意识的"活动"（或"机能"）与"内容"（或"结构"）之间的区别；机能心理学把意识现象与和它没有关系的神经系统按序排列成相应的机能系统；机能心理学是目的论心理学；机能心理学只不过是哲学的导言。

3．对心理学的影响

从心理学思想演变的观点而言，铁钦纳对 20 世纪科学心理学的发展做出了重要贡献，对美国心理学思想产生了持久的影响。因为他继承了冯特的心理学思想，在美国大力推行科学心理学，培养了很多心理学人才。他坚持心理学是一门科学，他强调实验室是心理学研究的主要资料来源。正如欣德兰德（M. J. Hindeland）所说："铁钦纳使得心理学科学化，因为他将心理学限制在实验室之中并通过控制条件下的实验得出结论。"[1]作为构造主义心理学发展大本营的康奈尔大学，在铁钦纳指导下，其心理学实验室取得了许多引人瞩目的研究成果，尤其是对感觉的实验研究，揭示了感觉的某些属性，如音高、强度等，这些研究成果已被吸收到现代心理学特别是感觉心理学之中。

---

① Hindland, M. J. (1971). Edward Bradford Titchener: A pioneer in perception. *Journal of the History of the Behavioral Science*, Vol. 7. pp. 23～28.

铁钦纳是一位性格刚毅和雄辩的心理学家，不仅治学严谨，文风明快，而且他的人格魅力也深深地影响着他的学生和后世的心理学。波林认为："所有他遇到的人当中，铁钦纳是最接近天才的那一个。"①波林的妻子露西·波林(Lucy Boring)，同样也是铁钦纳的博士研究生，夫妻俩人甚至把对铁钦纳的忠诚扩大到对铁钦纳的言听计从的范围："早在婚姻生活初期，出于对铁钦纳恩宠和友谊的崇敬之情，我们毅然决定把铁钦纳的冒犯和专制视为对我们无微不至的关怀。背弃老师的事情从来都没有发生过，铁钦纳对我们的信任也始终在激励着我们不断前进。"②

四、晚年生活

铁钦纳在晚年变得越来越沉默寡言，看上去是一个相当悲伤的人。1925 年，美国心理学会在康奈尔大学召开会议时，铁钦纳也没有参加，只是有选择性地接见了几位访客。令铁钦纳感到失望的是，未能被选为伦敦皇家学会的会员或者美国国家科学院的成员。虽然他认为哈佛大学是美国最具声望的大学，但是在 1917 年，哈佛大学为他提供一个职位时，他却拒绝了邀请并继续留在康奈尔大学。在他生命的最后十年里，铁钦纳逐渐从康奈尔大学和心理学研究中淡出，人们很少能在康奈尔大学的校园里看见他。他花费了大部分时间去收集和研究古币。为了解读古币上的文字，他还学习了汉语和阿拉伯语，收藏了一些上乘的钱币，成为一名钱币收藏专家，很明显他已经退出心理学。

生命的最后几年里，在铁钦纳的学术思想方面，他似乎开始对"构造主义"产生怀疑，并从一定程度上改造其构造心理学，试图对其体系进行全新的解释。首先体现在讲课上，他放弃了元素的概念，赞成现象学的方法，即从维度方面描述感觉过程，提出了考察自然发生的经验，还改变了情感是独立因素的观点。正如埃文斯所指出的那样："早在 1918 年，这个体系就开始从心理学对象的'基本维度'中脱离了出来。"③最有力的证据是铁钦纳在给他的学生的一封信中写道："也许你必须放弃根据感觉和情感进行思维的方

① Stevens, S. S. (1968). Edward Garrigues Boring: 1886—1968. *American Journal of Psychology*, 81, pp. 589～606.

② Boring, E. G. (1952). *Edward Garrigues Boring*. In Murchison, C. (Ed.), A history of psychology in autobiography. New York: Russell & Russell. vol. 4, pp. 27～52.

③ Evans, R. B. (1972). E. B. Titchener and his lost system. *Journal of the History of the Behavioral Sciences*, No. 8. p. 172.

式。十年之前这种方法是正确的，但是现在它已经完全过时了……你必须学会根据维度而不是根据诸如感觉那样的系统概念进行思考。”①其次体现在他晚年曾试图撰写一部大的系统心理学著作上。铁钦纳试图沿着这些线索不断修正他的体系，遗憾的是他未能完成便去世了，仅仅在《美国心理学杂志》上发表了一些章节。后来经由韦尔德(H. P. Wilder)编成一卷《系统心理学：绪论》(1929 年出版)，这本书就反映了铁钦纳晚年时期心理学理论观点的新变化。舒尔兹指出：“如果铁钦纳能活得更久些，去贯彻他晚年时期的那些新的理论观点，也许构造心理学的面貌和命运就会彻底改变。”②

1927 年 8 月 3 日，年已 60 岁的铁钦纳死于脑瘤。在他去世后的第二年，铁钦纳的实验者俱乐部改组成为美国的实验心理学协会(the Society of Experimental Psychology)，并成为美国心理学会的一个专业分会。该学会在 20 世纪 50—60 年代成为现代认知心理学运动的中心。虽然构造心理学作为一个心理学学派随着铁钦纳的逝世而消亡了，但是作为一种心理学思想，其影响却是深远的。

在恩师铁钦纳去世数年后，波林用下面的颂词来讴歌自己伟大的导师：“多么伟大的一个人！对我来说，他似乎一直是与我曾经有过密切联系的人中最接近天才的人。我经常审视我们曾经有过的对话，总是希望能够搞清楚为什么他的见解总是比我的高明，这其中有窍门吗？……他总是能够提出令人惊叹不已的建议，令你茅塞顿开。如果你有蘑菇，他会告诉你最合适的烹饪方法；如果你想给自己家的地板铺上橡木，他就立刻向你陈述橡木灰地板的若干好处；如果你正在为婚礼的事情忙得焦头烂额，他可能会在那些你可能根本都想不到的问题上提供坚定而有效的建议；如果你正在度蜜月，他会在你应该回来工作的时间适时地写信提醒你，就如同他对待我的做法一样。哪些是他的智慧，哪些是他的想法，或者他根本就不想花哪怕是一点点的时间去对它们做一个区分，他也从来不想去隐藏它们。”③

① Evans, R. B. (1972). E. B. Titchener and his lost system. *Journal of the History of the Behavioral Sciences*, No. 8. pp. 168～180.

② 舒尔茨著，叶浩生译：《现代心理学史》(第八版)，江苏教育出版社 2005 年版，第 105 页。

③ Boring, E. G. (1952). *Edward Garrigues Boring*. In Murchison, C. (Ed.), A history of psychology in autobiography. New York: Russell & Russell. vol. 4, pp. 27～52.

第二节 构造心理学产生的历史背景

铁钦纳是一个把德国心理学引入美国的英国人。以铁钦纳为首的构造心理学，受到来自英国哲学和德国心理学两个方面的影响，因此兼有英国和德国的特征。因为铁钦纳试图用狭隘构想的英国经验主义哲学改造冯特的德国心理学，正如黎黑所说："铁钦纳的心理学与休谟派把心灵看做感觉集合的观点相一致，而不是与康德派和笛卡尔派把心灵看做独立于经验的观点相一致。"①另外，奥地利的马赫和德国的阿芬那留斯共同创立的经验批判主义（empirical criticism）哲学是实证主义哲学的第二代，他们的哲学观点对铁钦纳的构造心理学有直接的影响。以铁钦纳为首的构造心理学深受其老师冯特的实验心理学影响：在心理学的科学观方面，铁钦纳继承了冯特的观点，坚持心理学是一门自然科学。

一、哲学背景

任何心理学流派都以一定的哲学为其方法论的基础。黎黑曾指出："重要的心理问题原来是哲学问题，所以，如不理解哲学，特别是认识论，就不可能历史地理解心理学。"②心理学与哲学有着紧密的联系，现代心理学本身就是从哲学中分离出来的一门新兴学科。一方面，心理学的发展为哲学揭示了心理、意识这种精神现象的本质；另一方面，哲学不仅为心理学的发展提供了重要的指导原则和哲学依据，而且决定了现代心理学的发展路线、具体研究方法和操作技术。

1. 休谟和詹姆斯·穆勒的影响

要理解一个心理学流派的思想理念，首先必须弄清它的哲学基础，对构造心理学的理解也是如此。

---

① 黎黑著，李维译：《心理学史》，浙江教育出版社 1998 年版，第 366 页。

② 黎黑著，刘恩久等译：《心理学史——心理学思想的主要趋势》，上海译文出版社 1990 年版，第 36 页。

从哲学背景上说，铁钦纳既受到传统的英国经验主义和联想主义的熏陶，又深受马赫(Ernst Mach，1838—1916)和阿芬那留斯(Richard Heinrich Avenarius，1843—1896)的经验批判主义的影响。其中休谟和詹姆士·穆勒对铁钦纳的影响最大，因为铁钦纳在牛津大学学习哲学期间，就曾专门研究过他们两人的著作。休谟是一位原子论者(atomist)，他坚持复杂的观念是由简单的感觉构成的，例如知觉由印象和观念通过联想构成，复杂知觉又由简单知觉通过联想构成。而铁钦纳把意识经验分析为简单的感觉、意象等元素，并再由这些元素构成复杂的意识经验。铁钦纳的这种做法与休谟的思想如出一辙。黎黑指出，铁钦纳心理学一个显著的特点就是，在他心目中，任何事情都具有"意象—感觉特性"。对"意义"这样一种抽象的词，铁钦纳都能产生意象。铁钦纳曾经说过："我把意义看做是一种蓝绿色，又略带金黄色的勺子，它正插入一堆黏糊糊的塑料材料里。"①尽管铁钦纳承认不是每个人都具有像他所说的那种意象心理，但他仍旧把他的心理学建立在心理是由感觉或感觉的意象构成这一基础之上，除此之外，别无他物。

詹姆斯·穆勒的哲学对铁钦纳也产生了较大影响。铁钦纳曾评论说，穆勒的一些推测可以得到经验性的证明。穆勒从经验主义和联想主义传统出发，认为一切心理现象都起源于感觉，感觉是最简单的心理元素，感觉和观念通过联想的作用形成各种复杂的心理现象。在联想律问题上，穆勒只承认接近律是联想的主律，而把因果律、相似律和对比律均纳入这一主律之中。在心理元素的结合问题上，铁钦纳也像穆勒一样，认为所有的联想律都可以还原为接近律。

在此，我们需要特别指出的是，尽管铁钦纳受到休谟和詹姆斯·穆勒等人的联想主义学说的影响，但他却拒绝把自己贴上联想主义的标签。因为在他看来，联想主义者谈论的是有意义的观念的联想，而不是简单的无意义感觉的联想，而无意义的感觉才是铁钦纳所关心的全部内容。

2. 马赫和阿芬那留斯的影响

奥地利的马赫和德国的阿芬那留斯共同创立的经验批判主义哲学是实证主义哲学的第二代，他们的哲学观点对铁钦纳的构造心理学有直接的影响。马赫既是著名的物理学家和哲学家，又是心理学家，他对心理学也做出了重要的贡献。马赫在 19 世纪 60 年代发表了空间知觉和听觉学说的讨论，并对时间知觉进行了实验研究。他发现明度感觉并不完全与光强变化

① Titchener, E. B. (1909). *Lectures on the experimental psychology of the thought processes*. New York: MacMillan, p. 19.

相符合，而是存在着一种明度对比的视觉效应，被称为马赫效应或马赫带(Mach band)。他还提出了有关网膜神经元相互作用的理论，为发现神经元间的侧抑制现象提供了基础。在70年代中期，马赫进而研究旋转知觉。1875年在《转动知觉》一文中，用实验证明了三个半规管在旋转知觉中的作用。到了80年代，马赫又致力于哲学研究和著述，1886年出版《感觉的分析》一书，建立了经验批判主义，成为马赫主义(Machianism)的创始人。马赫继承了英国经验主义哲学家贝克莱、休谟的唯心主义和孔德的实证主义，提出了中性要素说。他认为，要素(element，又译元素)即感觉经验，是世界上唯一的真实存在，是万物的基础。他的基本哲学命题就是“物是感觉(元素)的复合”。马赫所谓的要素或元素不是指自然科学家的物质的元素或原子，而是颜色、声音、压力、空间、时间等这些通常称之为感觉的东西。这些元素从物理的角度去考察是“物理的”，从心理的角度去考察是“心理的”，而归根到底则是“中性的”。换言之，它既非物理的，也非心理的，而是中性的。

经验批判主义的另一代表人物阿芬那留斯，在1888—1889年出版的《纯粹经验批判》一书中，也提出了同马赫一样的基本哲学命题：“只有感觉才能被设想为存在着的东西”；“我们应该把存在着的东西设想为感觉，在它的基础中没有感觉以外的东西”。感觉既非物理的，也非心理的，而是心物“同格”的中性东西。总之，在马赫和阿芬那留斯看来，世界上的一切事物，无论物理的还是心理的，都是由中性的感觉要素所构成，是要素或感觉的复合。他们就是要用这种“中性一元论”，来消除唯物主义和唯心主义把物质和心灵(意识)对立起来的“二元论”，建立超乎唯物主义和唯心主义的唯一科学的哲学。

马赫将科学任务规定为三项：(1) 研究表象之间的联系规律(心理学)；(2) 揭示感觉之间的联系规律(物理学)；(3) 阐明感觉与表象之间的联系规律(心理物理学)。在后文将要阐述的铁钦纳所规定的心理学任务与马赫规定的科学任务有着惊人的相似之处。正如黎黑指出：“铁钦纳的构造主义心理学体系之所以比冯特的体系‘简明得多’，是因为他对其老师的教导大打折扣。他把冯特的复杂的唯意志论心理学拿来，经过自己的实证主义和原子主义的过滤，筛出一个还原的感觉论。对他来说，心理不过是经验中发现的元素的复合。”[①]经验批判主义对铁钦纳构造心理学的启示具体表现在以下三个方面。

首先，在心理学的对象上，铁钦纳用阿芬那留斯的独立经验和从属经验

① 黎黑著，刘恩久等译：《心理学史——心理学思想的主要趋势》，上海译文出版社1990年版，第257页。

之区分，代替冯特的直接经验和间接经验之区分，认为心理学是研究依赖于经验者的经验，物理学是研究不依赖于经验者的经验。这样，他把一切科学的研究对象都归结为“经验”，宣称自然科学与心理学都是对同一主观经验的不同观点的产物。例如，物理学家和心理学家都研究光和声，但物理学家是从物理过程来看这些现象的，而心理学家则是根据这些声、光现象怎样为人类观察者所经验来对其进行研究。这实际上是否认经验是客观存在的主观反映，否认一切科学对象的客观性，正是因为马赫主义哲学把物理的东西和心理的东西调和在经验之中，所以才把物理的东西说成是心理的东西的表现。

其次，在心理元素的分析上，铁钦纳提出的“心理元素说”，是以马赫的“中性要素说”为理论基础的。马赫把感觉称为要素，认为感觉要素是一切存在的基础，物体是“感觉的复合”，空间和时间是“感觉系列的调整了的体系”，科学只是描述感觉、观念之间的联系的“符号”和“标记”。而铁钦纳的构造主义心理学也正是以感觉为其基本心理元素展开的。因此，“铁钦纳的体系是与冯特唯意志论明显对立的感觉主义”①。

最后，在心身关系问题上，铁钦纳主张的心身平行论，是以阿芬那留斯假设的两种生命系列，即独立生命系列和从属性生命系列为理论依据的。

二、心理学背景

心理学自诞生后，就不断地从自然科学和技术中汲取精髓，为其所用；自然科学和技术也不断为心理学提供自然科学知识和技术手段，并改变着心理学研究方法。德国的赫尔姆霍茨、缪勒、韦伯和费希纳等人首先把生理学的实验方法、物理学的测量方法和数量原则引入心理学实验，为冯特建立第一个实验室打下了基础。

在 19 世纪末 20 世纪初，冯特的学生把莱比锡大学的实验心理学传统传到了美国，并在美国得到了广泛的发展。但当时的美国心理学并没有沿着冯特的内容心理学方向发展下去，而是沿机能心理学方向发展着。冯特的内容心理学是与布伦塔诺的意动心理学相对立的，美国的机能心理学与欧洲的意动心理学是遥相呼应的。铁钦纳是冯特的直接授业弟子，深受冯特的影响。事实上，莱比锡的两年生活决定了铁钦纳在心理学上的前途，决定了他许多未来学生的前途，而且在一定程度上也决定了多年来美国心理

① 黎黑著，刘恩久等译：《心理学史——心理学思想的主要趋势》，上海译文出版社 1990 年版，第 255 页。

学的发展方向。铁钦纳也是冯特著作的主要英译者之一。埃德温·G·波林指出:“铁钦纳生活中最关键的……在于他效仿冯特这一事实。”①

铁钦纳接受了冯特内容心理学的研究方法,但他并不赞同冯特更宽泛的哲学观点,尤其是他对社会、文化和语言学研究的强调。不过,铁钦纳认同了出自冯特实验室的核心科学研究。冯特与铁钦纳的心理学之间存在相似之处,但也有很重要的区别。铁钦纳到达美国之后,在心理学的一般观点上,他接受了其老师冯特的内容心理学思想,坚持心理学的实验方向,很快在康奈尔大学形成了以他为首的构造心理学派。铁钦纳的构造心理学是冯特的内容心理学的极端化,只注重心理内容、注重人类心理的一般规律的研究;而机能心理学则特别注重心理机能或活动,注重心理活动在适应环境中的作用和个人心理能力的差异的研究。这样,构造心理学与机能心理学在美国新的历史条件下形成对立。实质上,这种对立是欧洲的内容心理学与意动心理学之争在美国的继续和发展,也正是在这种对立和争论中,构造心理学得以形成和发展。

与机能心理学相对立的构造心理学这一名称,是铁钦纳于 1898 年在他所著的《构造心理学的公设》一文中借用了詹姆斯的术语提出的。詹姆斯在《论内省心理学的某些忽略》一文的附注中,提到“心理构造”一词。其原话是:“纯粹的红色或黄色的感觉元素及其他心理构造的元素没有存在的根据,因为它们都不是心理事实。”②铁钦纳在《构造心理学的公设》一文中,阐述了构造心理学的基本立场和主张,正式提出了“构造心理学”与“机能心理学”相对立。铁钦纳沿用艾宾浩斯关于研究心理学可以仿效生物科学中的形态学(morphology)、生理学(physiology)和个体发育史(ontogeny)的提法,主张实验心理学应该以分析心理的构造为主要目的。他认为机能心理学虽然有用,但必须建立在构造心理学的基础之上,好比生物科学的生理学要建立在形态学的基础之上一样。

① Boring, E. G. (1927). Edward Bradford Titchener. *American Journal of Psychology*, Vol. 38. p. 504.

② 高觉敷主编:《心理学百科全书·心理学史》,中国大百科全书出版社 1985 年版,第 38 页。

第九章

构造主义:内容心理学的极端形式

冯特的内容心理学经由他的弟子们发展为两个支系:一个是以铁钦纳为首的构造心理学,另一个是以屈尔佩为首的符茨堡学派(Würzburg School)心理学(又称“思想心理学”,Denkpsychologie)。铁钦纳的构造心理学思想体系继承和发展了其老师冯特内容心理学的大部分思想观点,特别是在坚持心理学是一门实验科学的观点上,他们师生二人一脉相承。所以,美国心理学史学家波林在其《实验心理学史》一书中介绍他的老师铁钦纳时,将其安排在标题为“‘新’的内容心理学”这一章下。尽管如此,构造心理学派仍是铁钦纳创立的,而冯特仅是构造主义的前驱。因为铁钦纳在一般观点上接受了冯特心理学思想的,但他本人有具体的研究和著述,在一些具体的观点上也不同于冯特,同时他的构造心理学体系并没有包含冯特心理学的全部思想。所以,有人指出:“构造心理学主要是铁钦纳的产物,并由他提出,完全可以称为‘铁钦纳主义’。”[①]而冯特却从来未用“构造主义”来标识他的心理学体系。实际上,铁钦纳的构造心理学把冯特的内容心理学加以绝对化和极端化。铁钦纳之所以称他的心理学体系为构造主义,是因为他通过在实验条件下的内省方法发现了意识结构,即意识经验是由感觉、表象和情感三种最基本的心理元素构成的,心理学的最终任务就是要把人类经验的元素完整地描述出来。

① Misiak, H. & Sexton, V. S. (1966). History of psychology. New York: Grune & Stratlon, p. 318.

第一节 构造主义的科学观

一、一般科学观

心理学是不是一门科学，一直是铁钦纳时代所讨论的一个热门话题。当然在讨论它到底是不是科学前，最先要明确的就是科学的定义。于是铁钦纳详细地探讨了科学的定义，阐述了自己对科学的态度以及一般科学观的内容。

1．科学的定义

铁钦纳认为，人们都想知道科学到底是什么，但这对于从未走进科学内部的读者来说是困难的。因为人们不论是通过一般通俗读物作者的描述，还是通过科学家对自己观点的阐述，甚至是求助于哲学家，最终都未能找到一个令人满意的答案。在这样一个自称为科学的时代，人们却不能了解到科学的本质，这的确是一件奇怪的事情。如果需要对所谓的科学心理学进行检验，首要完成的就是了解科学的概念。如果心理学能算是一门科学，那一定是因为心理学的事实和规律与已有科学的事实和规律是协调一致的，并且具有互换性。但如我们所知道的那样，科学本身就很复杂，想用一个简单的公式来表达是不可能的，因此我们只要能得到一个科学的操作概念就足够了。

在铁钦纳看来，任何事情的进步都是一个从简单到复杂的过程，所以，首先我们要了解从事科学工作的人所具有的科学禀性以及科学态度，最终我们才能划清科学与非科学之间的界限。人们普遍认为，无偏见的和非个人化的这样两个否定性的形容词最能把科学态度与非科学态度区分开来。当然，在科学禀性里同样具有一些肯定性的东西，科学家也会与其他任何人一样有强烈的情感，尽管他是无偏见的但也会有自己的兴趣，尽管他是非个人化的但也会有个人的偏好，因此从这些肯定的一面来看，科学家有着这样一些特征：本能地投身于他的研究主题之中，专心致志、融于其中。

铁钦纳发现，能最好地总结科学禀性的肯定性特点的术语要数“遵循”了。遵循虽然是完全无偏见的，却能吸引人们的全部兴趣，遵循虽然是完全非个人化的却能吸引人们全身心去投入，这样遵循也就意味着科学家对事实的尊敬和赞同以及对事实的沉迷，这也恰如其分地表达了科学家的特点。因此，可以说科学家是这样一类人：他们是自然的仆人，他们不需要对任何事物进行解释，解释是那些有着这类爱好的人的任务。科学家的特殊任务就是对人类经验世界无偏见地、非个人化地遵循。

我们可以通过探究科学家所研究的事实世界，来进一步考察科学这个主题的性质。一直以来人们尝试着给科学分类，即把事实世界按某种固有的区别分开，然而在这个过程中，我们更关心的是分类所根据的原则而不是分类的最好结果。铁钦纳指出，从心理学的最终目标来看，最主要的问题是我们究竟是应该通过所面临的对象来区分特殊科学，还是通过人们所采纳的观点来区分。

铁钦纳认为，在科学发展的适当阶段，一门科学如果要获得自己的特性，要么通过观点这样一种向现实世界提出问题的方法，要么通过题材这个对其问题进行客观回答的方法。虽然从当前已有的资料来看，似乎根据观点这一方法来区分的趋向是正确的，但一个准确而完美的特征描述应该包括观察和实验这两个相互关联的术语。科学家通常会采用某种观点为出发点去观察他周围的世界，实际上，观察就是科学研究公认的、专门的方法，它是以科学态度瞄准存在题材的唯一途径。实验其实就可以看做是另一种形式的观察，它是在观察基础上根据预先安排的计划而进行的一种观察。实验弥补了自然观察的弱点，同时也需要克服自身的一些困难。我们根据其目的也可以这样定义实验：实验是一种可重复、可分离、其环境可变换的观察。

铁钦纳指出，实验的确为科学的发展奠定了坚实的基础，但是我们也不能为此而忽视观察。观察是唯一正确的科学方法，而作为科学方法的实验只是受到保护的和有帮助的观察。在观察和实验之间不存在方法论上的界限区分，它们只是作为观察的一方面和作为实验设计和安排的另一方面，在这一点上两者是存在区别的。实验既然是有计划的，那么这中间就会涉及到逻辑、推理以及争论，这显然与当初我们所看到的相矛盾，因为科学禀性并不涉及特殊意图。但实际上在科学家身上均需要进行观察并具有一定的逻辑性，科学家通常是按照自己的逻辑进行观察，最后把研究成果总结成理论体系时也需要求助于逻辑。我们不能期望只用纯粹的逻辑术语来表达科学体系，也不能认为我们有观察就够了，只要逻辑行为是为了维护观察、使观察更完善，那它就完全从属于观察事实，因此逻辑存在于科学观察中就完全可以理解。我们可以通过达尔文的工作很好地说明这一点，达尔文就是运用逻辑与观察相结合的方法进行他的工作的。

铁钦纳认为，科学的唯一任务即在尊重客观事实的基础上，努力把观察到的经验知识转化为可控制、可了解、可以进行沟通的理论知识体系。人们认为"描述"可以用来普遍地总结科学应该做的事，同样，"描述"这个词也具有肯定和否定两种含义。在否定意义上，"描述"主要要求否认那些常识性的、既不必要又使人产生误解的观念，它表达了对以往思想混乱的一种抵制。在理解"描述"的肯定性时就必须进一步考察科学任务的特性。人们普遍认为，科学的首要问题是分析，再进一步就是综合，但从严格意义来讲，分析和综合是相互补充的。在科学系统中，综合占的范围要比分析更大，它出现在分类法则、事实法则以及事实相关法则这三种主要形式中，而这三种形式都是以分析作为基础且在逻辑上是相关的。因此可以说，科学家之所以进行分析是为了某种后来的综合，这种描述也尽可能是简洁的，科学家要做的事就是尽可能简洁地对现实世界进行描述。到这里，铁钦纳已经尝试揭示了作为一种思想框架、作为一个人的使命、作为一种社会制度，科学家是怎么谈论科学的，他似乎已经寻求到了一个科学的操作概念。

2. 一般科学观的具体内容

在铁钦纳看来，一般的科学观包括着三个方面的内容，即态度、方法和问题。科学的态度指的是一种无偏见的态度，因为科学所要揭示的内容是那些不加掩饰的客观事实。科学的方法是观察，我们可以把观察分为无助的(unaided)观察和通过实验与测量的观察，所有的科学事实都是通过没有偏见的观察获得的。科学的问题是分析，我们知道分析的对立面是综合，综合是对某些复杂的对象或情境进行一种分析的检验。铁钦纳曾用一句话来概括一般科学观，即"科学活动就是借助观察的方法完成没有偏见的分析任务"①。铁钦纳认为，科学观最终体现在科学的体系上，科学体系与科学活动有密切的联系，它是科学活动按一定逻辑进行整理的结果。尽管如此，铁钦纳仍重点强调在科学领域内，观察的事实具有优先性，而逻辑的方法则是次要的。

在讨论科学与技术之间的关系时，他强调二者间既有区别又有联系。铁钦纳先讨论了二者的区别，他认为科学是按照观点界定的，而技术则是按

① Evans, R. B. (1991). Tichener on scientific psychology and technology. In: G. A. Kimble, M. Wertheimer, &C. White(Eds). *Protraits of pioneers in psychology*, p. 100.

照目的界定的。严格地来说，技术不是特殊科学的应用，每门技术本身就是一门特殊的学科。紧接着，铁钦纳又从两个方面讨论了二者的联系：一方面，科学的前进依赖于技术的进步。在技术的应用过程中通常能揭示出科学理论知识的某些缺陷，对这些缺陷进行修正本身就是对科学的贡献，当然在这一修正过程中甚至还可以开辟完全崭新的科学研究领域。另一方面，科学理论一般要早于技术，技术专家如果需要科学的帮助，他也能够找到那些为自己所需要的科学。

在科学与哲学的关系上，铁钦纳认为，科学独立于哲学，但哲学不能独立于科学。他指出："事实即直接熟识的素材是科学的终极。科学的体系完全建立在事实与逻辑之上，因此，我认为科学独立于哲学。相反，任何哲学体系，假若它是令人满意的，那么就必须完全接受科学体系的检验，因此，哲学不能独立于科学。"①

二、心理学的科学观

在讨论了一般科学观之后，紧接着铁钦纳又通过对心理学的定义问题、心理学科学观的内容的讨论来阐述心理学的科学观。

1. 心理学的定义

前已述及，我们可以从科学的题材和科学的观点这两方面来对科学进行分类。下面我们就根据这两方面来讨论心理学的定义问题。

(1) 心理学定义的观点问题。

铁钦纳认为，从观点方面来看心理学的定义问题，它的基本方式是对照一般的科学题材假设一个观点，然后通过参考这个观点来定义心理学。通常，我们的做法是通过心理学与物理学和生物学的关系来明确区分心理学，那么我们最先要做的就是讨论物理学的定义和生物学的定义。但不管它们的定义是否具有代表性，这些对我们建立心理学的开始阶段都具有重要意义。

冯特曾指出，心理学与自然科学不同，不是因为某一个特定题材的不同，而是因为我们所持的观点不同。自然科学以客观间接的方式研究经验，而心理学则是完整、直接、主观地处理经验，可以看出最初的题材是相同的，都是经验，但自然科学所持的态度是需要抽象，而心理学所持的态度则是避

① Evans, R. B. (1991). Tichener on scientific psychology and technology. In: G. A. Kimble, M. Wertheimer, & C. White(Eds). *Protraits of pioneers in psychology*, p. 100.

免抽象，因而观点是大不相同的。从多位心理学家的论述中，我们可以看出这点。例如，冯特首先要求心理学从自然科学中区分出来，其次要求三门主要的自然科学相互区分开来，他认为心理学与自然科学的主要区别取决于完美的认识论。阿芬那留斯认为心理学并没有独立的题材，而且跟冯特一样，他也是通过认识论来定义心理学。他认为科学就如经验一样范围广泛，从特定的观点看，它的题材就是全部经验，心理学接受所有的经验，就经验来说，完整的经验是依赖于个体的。因此在阿芬那留斯的心理学定义中，经验、依赖性和个体这三个术语占据着重要的地位。在马赫看来，所有的科学研究都必须具有同样的题材，科学间之所以存在区别是由于它们的基本观点和研究方法的差异，而不是由于它们所指向的物质材料的不同。他的观点与阿芬那留斯的观点是非常相近的。另外，沃德(James Ward，1842—1925)、屈尔佩、艾宾浩斯以及詹姆斯等人都提出了类似的观点。总的来说，心理学是一门经验科学，整体经验的科学是依赖于生物个体的。

铁钦纳从两个方面对这个定义进行了检验。从直接方面，作为心理学的一个合适的定义；从间接方面，作为指向物理学和生物学的特征。因此我们可以说，心理学是一门依赖于神经系统的客观存在的经验科学。在所有涉及到现实世界的科学中，物理学、生物学以及心理学这三种典型的、有代表性的科学是从不同的角度来观察客观存在的经验世界的。这样我们也就了解了客观存在的不同方面。正如前面已经提到过的，如果我们要确定心理学的基本观点和题材，就必须在与同等科学的相互关系中去考察。虽然现在我们还不能在题材方面多说什么，因为还未做出详细的讨论，但从基本观点方面出发，我们可以得出以下三个不同的定义：心理学是一门关于客观存在的经验科学，这种经验在功能上或逻辑上依赖于神经系统，或者称之为生物学上的等同物；生物学是一门关于客观存在的经验科学，这种经验在功能上或逻辑上需要依赖于物理环境；物理学(包括化学和物理化学)是一门关于客观存在的经验科学，而这种经验在逻辑上或功能上是相互依赖的。铁钦纳认为，从基本观点来看，这些工作定义虽然没有完全确定，但对我们来说却是非常有用的。因为在目前的科学水平上，这些看上去似乎是最合适的了，因为它们既没有改变我们对整个科学体系的看法，也没有指责我们已经观察到的事实。确实，它们尊重我们从观察事实中总结出来的规律，直接解决了某些历史性争论的困惑，这也是它们的一大功绩。

(2) 心理学定义的题材问题。

以上的内容已经较为详细地探讨了关于心理学定义的观点问题，下面我们就来探讨关于心理学定义的题材问题。其实观点与题材是密切相关的，我们不能轻易就接受仅用于解释观点的阐述，因而我们就需要进一步阐述当前属于物理学、生物学以及心理学的题材是否会与这些学科的不同观点相一致。当然在这三门学科中，铁钦纳最感兴趣的当然还是心理学。他曾逐一地探讨了心理学题材的典型定义，系统阐述了这些定义，并且使用了同样普遍的术语来评价它们。

在探讨题材问题之前，铁钦纳指出：我们首先还是要注意到一个习惯，就是当前的一些专业心理学书籍的作者通常采用实例来吸引读者，这些主题例证通常将取代或增强术语定义。但是这个习惯也有不利之处，那就是会误导读者。当然，铁钦纳并不是说要彻底放弃用这种方式来论证，而是说在运用这种方式的时候，必须谨慎地转变成符合作者正式表明的或暗指的，能够表达心理学题材的定义。铁钦纳认为，我们通常会把人类经验世界分为"外在的"和"内在的"、"扩展的"和"非扩展的"、"意识的"和"没有意识的"。虽然这些划分在一定程度上促进了我们的探讨，但对于它们本身来说还是存在着许多疑问的。他进一步指出，"外在的"和"内在的"是图像化的术语，涉及到了空间，而且它们是象征性的而不是描述性的。如果要获得科学的意义，就需要与某些属性的差异联系起来，当然，对这些事实进行观察需要建立在科学水平上，只有这样才能详细描述这些差异。虽然这个划分迈出了可喜的一步，但却不是探讨的最后步骤。接着，铁钦纳讨论了"扩展的"和"非扩展的"经验世界。他认为，把经验世界分成一个扩展的（也称之为物质的世界）和一个非扩展的（也称之为心灵的世界），这被普遍看做是排中律的直接应用。但是，这个划分并不周全，它没有制订出有效的划分界线，因为"扩展"这个词本身就是模棱两可的。最后，铁钦纳讨论了"意识的"和"没有意识的"经验世界。他指出，"意识"这个词的确切意义也还没有明确，而且现在把独立存在的"意识现象"作为心理研究的特定对象的心理学家已经分裂成了两个主要的派别：一派是"机能"心理学，他们强调的重点在于经验心理学的生物方面；另一派则是"意动"心理学，他们强调的是经验心理学的意向方面。两派的相似之处可以追溯到亚里士多德，但是不论它们是多么的相似，由于动机的差异我们还是有必要对这两个学派进行区分。

在探讨"机能"心理学时，铁钦纳认为逐一检查具有代表性的体系是首要任务，然后再把这些体系放到一起来评论，看看这些学派的宗旨到底是什么。以意识概念为基础的体系，即使思考的切入点一致，但在具体内容上也难免会有所不同，我们也发现了在不同题材的机能心理学中对生物方面强调的侧重点是不同的。例如，机能主义心理学家莱德（George Trumbull Ladd，1842—1921）认为，"意识流"是生命、心灵以及意识的总和，是有机体在发展过程中独特的、生活的全部。有机体的全部生活都是与其肉体生命相联系的，但是在某种程度上这种生活也是独立于肉体的。在他看来，机能心理学就是研究这种心理有机体的机能或者活动的科学。安吉尔则认为意识是一种器官的机能，它是一种能控制有机体的现象。然而，不管机能心理学家之间存在着多少差异，我们依然可以看到机能心理学体系似乎存在以下四个主要特征：(1) 重复心理学的题材，尽管他们更强调机能而不是内容；(2) 意识是用来解决问题的；(3) 心灵活动的整个过程是有目的的；(4) 把心理学写成哲学的绪论或者是某些实践学科的绪论。

铁钦纳指出，对于“意动”心理学来说，个人的差异是不可避免的且是非常重要的。显然，我们在理解意动心理学时如果按照理解机能心理学的方式那样肯定是不合适的。因而，我们需要换一种方式，把主要的体系和步骤分开来考虑。铁钦纳认为，不论如何布伦塔诺都是我们的起点和永恒的参考点，他把物理现象和心理现象区分了开来，这也区别了物理学和心理学研究的题材。同时，铁钦纳也列举并讨论了其他人的观点，比如麦农(Alexius von Meinong, 1853—1920)、斯顿夫(Carl Stumpf, 1848—1936)、胡塞尔(Edmund Husserl, 1859—1938)、屈尔佩、麦塞尔(August Messer, 1867—1937)以及威塔塞克(Stephan Witasek, 1870—1915)等人。通过对这些人的观点的回顾，我们对这个体系也有了一个简要的了解，我们知道这个体系在现象学或描述的方面可以被看做是整个意动心理学的典范。当然，我们的目的也就在于全面的评述这种心理学，特别是要确定它在尝试把心理现象的特殊分类，用作心理学研究的特定题材方面是否会比机能心理学更加成功。

最后，铁钦纳给出了这样的结论：所有科学都有同样基本的题材，它们明确地从不同的角度对这些题材进行研究，题材的发展之所以会发生分歧，之所以会有这些不同的观点，是因为人们对客观存在的经验有着不同的看法。

2. 心理学科学观的内容

如果将上述的一般科学观应用到心理学这门具体的学科上来的话，铁钦纳继承了其老师冯特的观点，坚持心理学是一门科学。铁钦纳的目标就是建立一门真正独立的科学心理学，而科学心理学的核心是实验室研究。铁钦纳在其所有著作中所使用的“心理学”一词的意义，大多是指科学或实验心理学。铁钦纳强调，科学心理学是一种基础科学(fundamental sciences)，它与物理学、化学、生物学一样，都属于自然科学的范畴，它是通过实验室研究作为其主要的资料来源。这样，心理学就变成了一门“纯”科学。

为了确保科学或实验心理学作为一门纯科学或基础科学，铁钦纳竭力反对应用心理学及其一切相关研究。正如当时克拉克大学的心理学家埃德蒙·桑福德在写给铁钦纳的信中所指出的那样："您在我看来，是单一的纯实验心理学的中心人物，而对斯特恩、弗洛伊德、梅耶尔、博斯和詹姆斯而言，我则将他们划为应用心理学一边。"①美国著名心理学史家埃文斯也指出："铁钦纳是应用心理学的反对者。"②

我们可以用以下事例来证明铁钦纳坚持实验心理学、反对应用心理学的立场。1909年适逢美国克拉克大学20周年校庆，欧洲的心理学家弗洛伊德等人应邀前来作以精神分析为主题的讲演，而在美国方面则邀请了铁钦纳作为实验心理学的代表，分别作了题为"实验心理学的过去10年"和"思维过程的实验心理学"两场讲演。在实验心理学的主题讲演中，铁钦纳强烈反对心理学者对心理学毫无约束的应用，并特别告诫弗洛伊德的思想。据说，弗洛伊德对铁钦纳把自己作为对手来批评，表示大度地致谢。在铁钦纳看来，实验心理学主要是用来研究正常人的心理，既不管治疗精神病，也不管改造个人和社会。

铁钦纳认为，心理学与生物学的形态学相似。因此，他指出："实验心理学家的主要目的一直在于分析心理的结构，把心理的基本过程从意识的缠结(tangle)中清理出来，或者把一定的意识组织的组成部分分离出来。他的任务类似一种活体解剖，但这种活体解剖需要产生的结果是结构性的而非机能性的。他们极力要发现的，首先是在意识中存在些什么东西以及这些东西有多少数量，而不是去发现它会有什么样的用处。"③铁钦纳主张，心理学应该研究心理或意识内容的本身，而不应该研究其意义或功用，他坚持心理学是一门纯科学。铁钦纳极力反对机能主义的理由之一就是，他认为机能心理学只是心理学的应用，是心理学技术，不是心理学本身。他认为机能心理学虽然有用，但是它必须建立在构造心理学的基础之上，好比生物科学中的生理学要建立在形态学的基础之上一样。铁钦纳这种把意识的构造或内容与它的机能或作用截然分开的观点，明显地含有形而上学的成分，之所以这么说是因为心理的构造或内容是不能离开它的机能或作用来加以理解

① Evans, R. B. (1985). Psychoanalysis arrives in America. *American Psychologist*. 40(8). pp. 942～948.

② Evans, R. B. (1991). Tichener on scientific psychology and technology. In: G. A. Kimble, M. Wertheimer, & C. White(Eds). *Protraits of pioneers in psychology*, p. 100.

③ Titchener, E. B. (1898). Postulates of a structural psychology. *Philosophical Review*, 7. pp. 449～465.

和分析的。正由于铁钦纳的构造心理学受到这种形而上学观点的束缚，它的内容体系也就越加严密，它的研究范围也就越加狭窄，这就导致它的研究方法和研究结果严重地脱离生活实际。

当然，我们也需要澄清过去史学家们对铁钦纳观点所存在的一些误解。其实，在铁钦纳的理论观点中他并不反对心理学的应用，他反对的仅仅是应用心理学；或者说，他所反对的是把心理学的应用或技术方面与科学或实验心理学不加批判地混合在一起，因为这样的随意混合将会严重威胁到心理学作为一门纯科学的发展。对铁钦纳来说，这种威胁可以说是致命的。同时，他指出心理学的应用应该在心理学之外的其他部门发展，如教育心理学属于教育，医学心理学属于医学，法律心理学属于法律，商业心理学属于商业。但不管怎么说，从铁钦纳之后的心理学发展的状况来看，他并没有成功地把应用心理学从科学心理学中分离出来，也没有成功地使心理学成为一门基础科学。他的成功之处只是把实验室作为心理学事业发展的核心。

第二节　构造主义的对象观

铁钦纳和他的老师冯特一样，从唯心主义经验论的观点出发，认为所有的科学包括物理学、生物学和心理学在内都是以实存的经验(existential experience)作为自己的研究对象。各门科学的区别并不在于研究对象的不同，而是在于它们看待经验的态度、观点不同。铁钦纳曾在其著作《心理学教科书》中写道："显然，一切科学都具有同样的研究对象，它们都是在处理人的经验世界的某一时相或某一方面。……一言以蔽之，每一门学科都采取一定的态度来对待人的经验世界，或从一定的观点来考虑它，而且一门学科的任务就是在采取一定的态度或观点之后，按照实际的情况来描写这个世界。各门学科的分化正是出于人的兴趣的差异；而且正是由于所有的工作，都是在同样的原则指导之下和从同样的观点出发来进行的这一事实，一门学科才会得到统一，它的各种观察才会彼此发生关系。……如果一切科学的确都具有同样的研究对象，那么在物理学的原始材料和心理学的原始材料之间就不可能有本质的差异。我们所谓的物质和心理必然基本上都是同一的东西。……人类所有的知识都是得之于人的经验的，此外并没有其他的知识来源。”[①]

所以，他认为心理学的对象是经验，同时他又不同意冯特的直接经验与间接经验的区分。他认为间接经验在意义上是矛盾的，因为凡是科学都应是观察，假使自然科学的资料是间接的，那又如何可以观察呢？既说是资料，又如何是间接的呢？所以，他热忱地接受了经验批判主义者阿芬那留斯的独立经验和从属经验的学说，认为心理学和物理学一样都是直接的研究经验，不同之处仅仅是从不同的观点来考察人类的经验。物理学是研究不依赖于经验者的经验，而心理学是研究依赖于经验者的经验。他举例指出，物理学家和心理学家都研究光和声，但物理学家是从物理过程来看这些现象的，而心理学家则是根据这些声、光现象怎样为人类观察者所经验来考察它们。正如他在《心理学教科书》中所说的那样：“热是分子的跳跃，光是以太的波动，声音是空气的振动。物理世界的这些经验形式被认为是不依赖于经验着的人，它既不温暖也不寒冷，既不暗也不亮，既不静也不闹。只有在这些经验被认为是依赖于某个人的时候，才有冷热，黑白、色彩、灰色，乐声、嘶嘶声和砰砰声。而这些东西乃是心理学研究的对象。”[②]在铁钦纳的眼中，心理学的世界是依赖于经验着的人。他曾写道：“心理学的世界有声有色，还有感情；它有时明亮，有时黑暗，有时喧闹，有时寂静。它有粗有滑；它的空间有时变大，有时变小，每个成年人在返回童年的故居时都会有这种体验；它的时间时长时短；它没有恒定不变的东西。心理的世界还包含思想、情绪、记忆、想象、意志，这些我们很自然地称之为心理……心理不外乎是这些现象的统称。”[③]

铁钦纳对心理学研究对象与物理学研究对象所作的这种区分，与冯特所说的心理学研究直接经验、物理学研究间接经验的说法，虽在字面上不一样，但并无任何实质性的区别。他们都在拐弯抹角地表明经验是唯一真实存在的东西，因此一切的科学在它们的研究对象方面不可能有任何的区别。在冯特看来，物理学的观点是“把经验的各种对象从它们所设想的独立于主体之外的特性方面来加以考虑”；而心理学的观点则是“把经验的整个内容从它与主体的关系以及由主体直接所赋予它的特性方面来加以研究”。[④] 正

① Titchener, E. B. (1909). *A text-book of psychology*. New York: Macmillan. pp. 2～6.

② Titchener, E. B. (1909). *A text-book of psychology*. New York: Macmillan. pp. 7～8.

③ Titchener, E. B. (1923). *A beginner's psychology*. New York: Macmillan. pp. 8～9.

④ 郭本禹主编：《心理学通史・第四卷・外国心理学流派（上）》，山东教育出版社 2000 年版，第 163 页。

是基于这种观点，所以冯特认为可以把物理学的观点称之为“间接经验的观点”，而心理学的观点则可以称之为“直接经验的观点”。在铁钦纳看来，“把经验看做独立于经验的个体之外的”这属于物理学的观点，而“把经验看做从属于经验的个体的”则属于心理学的观点。现在我们可以清楚地看到，铁钦纳和冯特除了在表述这两种具有神秘意义的观点时，所采用的词语稍有不同外，他们在心理学研究对象的看法上，并没有丝毫的区别，二者都是主观的唯心主义经验论。两人的通病都在于，抹杀了心理的东西与物理的东西、主观世界与客观世界的差别，把二者调和或融合在经验之中，把物理的东西说成是心理的东西。对此，铁钦纳自己说得非常明白：“经验首先既不是精神的也不是物质的，既不是主观的也不是客观的，既不是自己的经验也不是外界的经验(非自己的)。经验是单一而未分化的。”①这显然是重蹈经验批判主义的覆辙。

接着，铁钦纳还进一步阐述了心理，把它定义为人类经验的总和，认为人类经验依赖于经验着的人。他明确地指出了经验、心理、心理过程和意识之间的区别与联系。在他看来，人类经验始终是进行着的过程、发生着的事变，而且人类经验所依赖于神经系统的方面正是它的心理方面。铁钦纳曾指出：“心理是心理过程的总和……‘总和’所表达的意思是我们所探讨的是整个经验世界，不是它的一个有限部分；‘心理’是指我们所探讨的是受神经系统制约的那种经验；‘过程’是指我们所研究的对象是像河水那样的一种流动，是连续不断的一种变动，而不是固定不变的对象的集合”。② 由此可见，铁钦纳是基于心理的活动过程、变化过程和连续过程来理解心理的，这看上去类似于实用主义心理学家詹姆斯的“意识流”概念。这样把心理视为一种过程，我们是难以把握和研究的，但我们可以研究心理过程中所能够意识到的片断。通过这种方式铁钦纳就把心理与意识作了区分。他说：“当我们讲到心理时，我们指的是一个人一生中发生的心理过程的总和；我们讲到意识时，则是指发生于现在或任何特定‘时刻’的心理过程的总和。这样，意识将是心理流(mind-stream)的一个部分，一个段落。”③由此可见，铁钦纳把心理学研究对象分为经验、心理、心理过程和意识四种表现形式，但它们还是有区别的。这四个概念的内涵是递增的，但外延是递减的，所以他指出：

① Titchener, E. B. (1923). *An outline of psychology*. New York: Macmillan. p. 366.

② Titchener, E. B. (1909). *A text-book of psychology*. New York: Macmillan. p. 8.

③ 郭本禹主编：《心理学通史·第四卷·外国心理学流派(上)》，山东教育出版社 2000 年版，第 165 页。

"虽然心理学的对象是心理，但心理学研究的直接对象却往往是意识。"①在铁钦纳看来，只有把心理学的对象最终落实到意识上，才便于他对意识元素进行分析。

第三节　构造主义的方法论

对于构造主义的方法论问题，我们主要从内省法的概述、内省法的要求、内省法的极端化以及内省法的评价等方面进行介绍。

一、内省法的概述

铁钦纳认为一切科学的方法都是观察，正如他在《心理学教科书》中指出的那样："科学的方法可以被总结为一个词语：观察；科学的唯一工作就是观察那些成为科学研究对象的现象。"②铁钦纳指出，观察包括对现象的注意和对现象的记录两方面。一方面是指关注清楚而又生动的经验，另一方面则是指用言语或公式对现象所作的描述。铁钦纳认为，既然物理学与心理学的研究对象相同，都是经验，那么它们的研究方法也相同，都是观察。物理学的观察与心理学的观察之所以存在着区别，是因为观察者所持的观察态度和观点不同而已。物理学中所指的观察不依赖于经验者的经验，因而是一种外部观察或外观（a looking-at），即检查（inspection）；心理学中所指的观察依赖于经验者的经验，因而是一种内部观察或内观（a looking-within），即内省（introspection）。

具体地说，内省指的是意识经验的自我观察（self-observation）。内省首先要注意分析，分析可以是区分的，比如说我们既可以把指定的一个正方体区分为具体的各个组成部分，也可以把它看做是抽象的实体，之后通过观察从指定的正方体之中选出某些特点或属性。当用化学的方法把水分为氢和氧时，它所完成的是区分任务。当心理学把颜色分出色调或浓淡时，它所完

① Titchener, E. B. (1909). *A text-book of psychology*. New York: Macmillan. pp. 9～10.
② Titchener, E. B. (1909). *A text-book of psychology*. New York: Macmillan. pp. 19～20.

成的则是抽象的分析。我们知道，区分的分析在铁钦纳的内省法中占有极其重要的地位，他就是通过这种方式把意识内容分析成为最简单的感觉、意象和情感三种元素。同时，铁钦纳强调内省过程中被试需要关注的是心理的经验，必须用心理学的语言来报告心理的经验。在此基础上，铁钦纳又极其注重以实验的方式进行内省，他曾说过："我不去解释或论述因果关系，决不！在科学中，一切解释对我来说，都是依存变量和独立变量的相关性。"①实验是一种可以重复、分离和变化的观察，为了让被试获得更加清晰的经验和准确的报告，在内省的过程中就必须结合实验，他把这种特殊的观察和内省结合起来的方法称之为"实验内省法"。

二、内省法的要求

随着铁钦纳实验室研究的发展，他打算让心理学的研究方法成为像其它任何科学的研究方法那样，具有排他性和精密性。但是一个人如何才能精确地掌握内省法呢？铁钦纳坚持认为没有人能从书本上真正学会内省法，正确的内省法只能来自于实验室。铁钦纳主张，正确的内省法只能在一位熟练的观察者的指导下，通过长期的艰苦训练才能掌握，而通常这个熟练的观察者就是铁钦纳本人。他坚信，个体一旦获得了内省的能力将永远也不会丢失。为了确保他的学生在描述其意识经验方面的精确性，铁钦纳采取了所谓的"艰苦的内省劳动"来训练他们。

同时，铁钦纳的内省法依赖于受过严格训练的被试。这些被试描述意识状态的元素而不是用一个熟悉的名称报告观察或体验到的刺激。铁钦纳意识到，每一个人都能学会根据刺激来描述经验，如称一个红色、闪亮和圆形的东西为苹果。因为在日常生活中这样做是有益的，也是必要的。然而，在心理学的实验室中，这一做法却是要不得的。

铁钦纳在方法论方面非常重视态度和观点的作用，他强调态度和观点乃是区分心理学的观察（内省）和物理学的方法（外观）督导的条件。因而他严厉警告那些从事心理学研究工作的人们，在内省过程中必须坚决保持心理学的态度或观点，必须把注意完全集中于心理的经验，必须用心理学的语言来报告心理的经验。在铁钦纳看来，如果一个从事心理学研究工作的人在进行内省的过程中，未能坚决保持心理学的观点而误用其他任何观点，就是犯了所谓"刺激的错误"（the stimulus error）。他说："决不要忘记，虽然物

① 郭本禹主编：《西方心理学史》，北京人民卫生出版社 2007 年版，第 350 页。

1956)给哈佛大学的闵斯特伯格写过一封信，可以用来说明内省从来就没有远离过世纪之交的心理学家的思想。威特默在信中描述自己曾以一种非同寻常的方式直接研究有关疼痛的心理学：“我让一匹马把我从它的背上甩了下来，使我的肩膀和脑袋着地。在这个动作之前我就失去了意识……我不仅不记得乘骑和奔跑的马，而且我也几乎忘记了所发生的一切……从那天起床时直到我完全恢复意识，……我不能形成连续的事件系列。我的头痛了一会儿，不过现在全好了，但是我的胳膊对大量实验都是有帮助的，因为它仍继续不时地剧痛。……我的苦恼的心理方面将会构成明年秋季的至少三个讲演的基础。”①

三、内省法的极端化

铁钦纳的内省法不仅是对冯特内省法的继承和发展，而且还把内省法推向了极端化的地步。一方面，在应用范围上，冯特只用内省法研究诸如感觉、知觉、注意等简单的心理过程，而铁钦纳则打破了冯特的限制，将之推广运用到研究高级的心理过程中，如思维、想象等。另一方面，在应用的过程上，铁钦纳比冯特对内省法的要求更加严格，从他为内省法规定了种种限制可以看出：第一，铁钦纳从未使用没受过训练的观察者，坚持只有训练有素的观察者才能进行内省。第二，对于初学者来说，最好是根据记忆来进行内省描述，老练的观察者则需要养成一种内省态度，因为这一态度将使他们在观察进程中不仅可以做到在心里默记而不干扰其意识，甚至还可以做笔记。第三，自我观察包括注意和记录两部分。注意的过程中必须保持最高度的集中，同时记录也必须像照相一样的精确。第四，内省是有条件限制的。内省者必须在情绪良好、精神饱满和身体健康时，在周围环境安适、摆脱外界干扰时，才能进行观察。第五，内省必须是公正而无私地描述意识状态自身，而不是描述刺激本身。否则就会把心理过程与被观察的对象即感觉与刺激相混淆，从而犯下前已述及的刺激错误。最后，铁钦纳赞同冯特把内省与实验结合起来的做法。他认为心理学的观察实质上不仅是内省的，也必然是实验的。他一丝不苟地遵守科学实验的严格规则，并指出：“为了确保清晰的经验和准确的报告，科学必须求助于实验。实验是一种可以重复、分离和加以变化的观察。你愈能多次重复一种观察，你愈有可能清楚地看到

① Witmer, L. (1893, July 14). Letter to Hugo Münsterberg. *Münsterberg papers*, Boston Public Library, Boston, MA.

所存在的现象和愈能准确地描述你所看到的现象;你愈能严格地分离一种观察,你的观察任务就变得愈容易完成,你被不相干的情况引入歧途或把重点放在错误之点上的危险性就愈少。你对一个观察任务的变化愈广,经验的一致性会愈明显地表现出来,发现规律的机会也就愈多。提供与设计一切实验器具、一切实验室和仪器都是为了这样一个目的:使学生能够重复、分离和变化他的观察。"①

总之,铁钦纳在心理学研究方法上没有什么太多创新,只是对冯特的实验内省法进行了改造。如果说冯特的实验内省法重在实验的话,那么铁钦纳的实验内省法则重在内省,只不过他对内省的限制比冯特更加严格而已。但由于铁钦纳及其学生比较注意在被控制的物质条件下进行内省,因而他们的研究也取得了较为丰富的成果。例如,他们关于感觉属性的研究,如乐音的音高、强度等怎样依存于物质刺激的特定因素等。

四、内省法的评价

严格来说,除铁钦纳外,没有一个构造主义者是真正的内省者,因为他们在进行实验时是把心理现象和发生影响的事物联系到一起来研究的。我们已了解,在构造心理学的实验研究中,所控制和改变的是外在条件,被试所报告的是自己对外在刺激的体验,主试所了解的是被试对外界的反应过程。其实这些做法已经与真正的内省法要求向内在自身观察而不对外在刺激物观察的理论原则是相违背的。事实上,仅仅只有铁钦纳一人在强调纯粹主观的内省,他大声疾呼地要求去掉一切研究中的客观成分。他的具体做法实际上是割裂了心理过程和心理内容,他曾指出心理学的对象只局限于心理过程本身,不必再多了。心理的内容和意义属于外界具体事物,应当归属于物理学的研究范围。

铁钦纳认为,在运用内省法时,被试需要做的仅仅是集中注意并报告经验的过程,而不需要报告经验的内容,即报告刺激物对自己的关系和意义。用铁钦纳的话来说就是经验的陈述只能用心理学的观点,而其他任何科学的观点都是不合适的。被试可以再进一步分析自己的经验为更单纯的心理过程。他报告了存在于经验中的是一定数量的红色、白色的感觉性质,这些感觉性质不能再分解了,它们是心理的最后元素,是心理的真实存在。我们将会立即看到,即便铁钦纳本人也没有做到。因为真正内省观察的元素本

① Titchener, E. B. (1909). *A text-book of psychology*. New York: Macmillan. p. 20.

应是纯主观的东西，而这里所谓感觉的性质也是和对象有关的，也是对象特性的反映。所以说，脱离客观刺激物特性的纯粹内省法是不可能的。如果纯粹的内省可能，心理内容将成为虚无的，那么，心理元素就不可能存在。这种提法的本身就有矛盾。符茨堡学派曾声明发现了无意象思维，铁钦纳立即意识到这种说法的危险性。如果无意象的东西果真存在，那么除了作为一切心理活动的基础的感觉、意象和情感元素之外，岂不还有另外的东西。这将意味着构造主义整个体系的崩溃。铁钦纳感到惊慌并连忙辩护道：屈尔佩所谓的无意象思维实际上是暗淡而易消失的感觉和意象，他在方法上所犯的错误是没有把意义和推理排除。

由此，我们很容易就能够看出铁钦纳的心理学研究方法和他的心理学科学观是一致的。在他看来，“科学并不涉及价值、意义或功用，而仅涉及事实。在科学里并不存在好或坏，有病或健康，有用或无用。当科学的成果本身用于日常生活的时候，它们就被转变为价值……但科学本身的工作仅在于确定真理，发现事实。”[①]他列举了六条理由：“第一，我们可以把意义从它通常所附加的心理过程中全部剥除；第二，一种无意义的经验可以取得一定的意义；第三，经验有时会和它的意义脱节；第四，同一种经验可以具有好几种意义；第五，同一种意义可以附加好几种经验；第六，意义和心理过程并不协同变化。”[②]从铁钦纳的这些见解中，可以看出他坚决主张心理学必须采用实验的内省法如实地研究心理内容自身，而丝毫不应该涉及它的实际存在，也不应该涉及它的任何意义、价值或功用。所以，他有时也把自己的构造主义称为实存主义(existentialism)。[③] 特别是在铁钦纳的晚年时期，当构造主义与机能主义的对立不是太明显时，他更愿意称他的心理学为实存主义。

铁钦纳对内省法的使用比冯特更为复杂。通常，冯特的被试简单地报告某种经验是否由一个外部物体或事件所引起。但铁钦纳的被试则必须寻找到他们经验中的元素成分，他们的工作是描述产生复杂认知经验的基本的、最初的元素经验。因此，铁钦纳的被试必须经过严格的训练以避免报告刺激的意义。铁钦纳想要他的被试报告感觉，而不是知觉。

在接近事业尾声的时候，铁钦纳对内省法的使用变得更宽容一些。他发现允许那些未经过训练的内省者简单地描述他们的现象学经验，可能是一种重要的信息来源。也就是说，相信来自非科学的“观察者”的日常经验

① Titchener, E. B. (1915). *A primer of psychology*. New York: Macmillan. pp. 1～2.
② Titchener, E. B. (1923). *A beginner's psychology*. New York: Macmillan. pp. 26～29.
③ 波林著，高觉敷译：《实验心理学史》，商务印书馆 1981 年版，第 468 页。

报告的价值，可能会产生重要的科学发现。

最后，需要特别指出的是，铁钦纳在其学术生涯的晚期十分关注德国格式塔心理学的知觉研究，他似乎在逐渐放弃以内省分析法发现感觉元素的观点，而转向现象学中的描述感觉属性的各个维度。正如他的学生波林所说："铁钦纳曾驳斥符兹堡的现象学，始终是一个守旧者；但是现在则欲试用现象学的研究方法并嘱其学生共同试用。他常对内省的、受束缚的、严格的报告与现象学的自由报告严加区别，但是现在他也对新方法有很大的兴趣。"[①]铁钦纳晚年之所以有意从内省法转向现象学方法，是因为撇开实验控制而对意识经验的纯内省描述与意识经验的纯现象学描述有相似之处，两者都是主观的描述方法。

第四节　构造主义的任务论

铁钦纳像冯特一样，主张心理学的任务同自然科学的任务是一致的，都必须设法回答关于它的研究对象的三个基本问题，(1) 回答"是什么"的问题，即把意识经验分析为最简单、最基本的元素；(2) 回答"怎么样"的问题，即确定这些元素如何结合和结合的规律；(3) 回答"为什么"的问题，即把这些元素跟它们的生理条件(神经过程)联系起来。铁钦纳写道："心理现象是复杂的，而且往往是极其复杂的；如果我们想要把它们加以科学的描述，那么我们就必须把它们还原为它们的元素，我们就必须继续不断地进行分析，直至我们无法再分析时为止。这里还有与分析相偕并进的综合，诚然，心理学并不要写构造式，可是心理学却须表明它的各种元素如何结合在一起，却须揭露它们结合的规律……。最后，由于心理现象是和神经系统的机能彼此相关的，心理学家在他尚未通晓神经系统的生理学以及尽可能准确地确定这种相关之前，就不能认为自己已经完成了任务。"[②]这三个基本问题之间是密切联系的，对任何一个问题的回答都有助于对其他两个问题的回答。在铁钦纳看来，在心理科学上所达到的进步程度取决于对所有这三个基本

① Titchener, E. B. (1909). *A text-book of psychology*. New York: Macmillan. p. 13.

② 杨清：《现代西方心理学主要派别》，辽宁人民出版社 1980 年版，第 111 页。

问题做出回答的能力。

在心理学的任务问题上，铁钦纳与冯特的观点基本相同。铁钦纳的构造心理学沿袭了冯特的内容心理学对意识元素进行分析的任务，都强调对意识元素及其属性的分析、意识元素的结合以及它们结合的规律。铁钦纳和冯特的观点只是在一些细节上有所不同。例如，铁钦纳在冯特意识经验的感觉元素与感情元素之间增加一个新的意识元素，即意象；他在冯特提出的感觉的性质、强度属性基础上，又增加了感觉的持续性、外延性和清晰性；他也不同意冯特的情感三维度说，认为情感只有一个维度：即愉快—不愉快。

一、意识元素的分析

像冯特一样，铁钦纳也把构成意识经验的内容分析为基本的元素，同时他又在冯特意识经验的感觉元素与感情元素之间增添了一个新的意识元素——即意象(image)。这样，铁钦纳就把人的一切意识经验或心理过程分析为感觉、意象和情感三种基本元素，这三种元素是一切心理现象的基本构成成分。在他看来，“感觉是知觉的特有元素，意象是观念的特有元素，……情感是情绪的特有元素”。在这三种意识元素中，铁钦纳研究最多的是感觉，其次是情感，最少的是意象。感觉是知觉的元素，包括声音、光线、味道等经验，它们是由当时环境的物理对象引起的。铁钦纳还根据内省的相似性，作为其发生条件的感官的不同以及由所制约的刺激类型等标准把感觉分为视觉、听觉、嗅觉、味觉、触觉、动觉、机体觉 7 种形态。他发现的感觉种类多达 50000 种左右，其中大多数是视觉(32820 种)和听觉(11600 种)。意象是观念的元素，可以在想象或当时实际不存在的经验中找到。铁钦纳认为意象是一种基本的心理过程，虽然可同感觉分开，但两者具有相似性。他曾对“简单意象”做过如下界定：“简单的意象可以界说为一种近似于感觉，也许无法与感觉相区分的元素性心理过程，这种心理过程留存于感觉刺激消失之后，或者是出现于感觉刺激未现之际。”但是他认为从心理方面说感觉和意象似乎没有差别。他说：“在感觉和意象之间是否有真正的心理上的差别，这是很令人怀疑的。”①情感是情绪的元素，表现在爱、恨、忧愁等经验之中。铁钦纳不同意冯特所说的情感三维度说，认为情感只有一个维度，即愉快和不愉快。

① 杨清：《现代西方心理学主要派别》，辽宁人民出版社 1980 年版，第 118 页。

二、意识元素的属性

关于意识元素的属性，铁钦纳认为感觉除了冯特提出的性质、强度这两种属性之外，还有持续性、外延性和清晰性。性质是指一个元素区别于另一个元素的特征，如热的、红的、苦的；强度是指性质从低到高的序列，如明亮——阴暗、坚硬——柔软、愉快——不愉快等；持续性是指意识元素的时间特性；外延性是指意识元素的空间特性；清晰性是指一个意识元素在注意中的地位，当一个元素处在注意的中心时，就获得了最大的清晰性，而处在注意的边缘时，则是模模糊糊的。铁钦纳还认为，感觉和意象都具有这五种属性，而情感只有前四种属性而缺乏清晰性。例如，如果我们想在一个音乐会上体验到愉快，我们必须注意感觉元素（即音乐），而不是愉快的情感本身；如果我们注意集中于情感，愉快就消失了。铁钦纳拒绝詹姆斯—兰格情绪理论（James-lange theory of emotion），理由是他认为詹姆斯通过把情绪等同于身体反应，而将情感还原为感觉。

三、意识元素的结合及其规律

关于意识元素如何结合和结合的规律问题，铁钦纳不像冯特那样用联想和统觉加以说明，他只谈联想而不谈统觉，认为统觉这一概念并无实际益处。他在《心理学教科书》中指出："引用统觉这个术语究竟有无实际的利益，还是一个问题。"[①]于是，他用注意概念代替了统觉概念，而仅用联想来说明心理元素的结合问题。铁钦纳引用休谟的一句话："联想对心理学的作用就如引力对物理学的作用。"虽然铁钦纳承认过去传统心理学所确定的联想律，如频因律、近因律、相似律和接近律等，但他又认为所有的联想律都可以还原为接近律。他说："无论何时在意识中产生一种感觉或意象过程，那么都会与它一起出现（当然是想象用语）那些在早期意识中产生过的感觉和意象过程。这就是我们所谓的联想律。"[②]他认为通过接近联想，我们首先把两个同类元素结合在一起，然后把两个以上的同类元素结合在一起；其次，再把不同类的基本心理过程结合在一起。例如，几种纯音的感觉在一起发生，它们便混合起来；几种色觉并列着发生，那么它们就相互加强。所有这一切

① Titchener, E. B. (1909). *A text-book of psychology*. New York: Macmillan. p. 367.
② Titchener, E. B. (1909). *A text-book of psychology*. New York: Macmillan. p. 374.

是以完全有规律的方式发生，因而我们可以得出纯音混合的规律和颜色对比的规律。

铁钦纳认为，回答了“是什么”的问题是完成了分析的任务，回答了“怎么样”的问题完成了综合的任务。但是分析和综合都只是对心理过程的描述，为了建立科学的心理学，仅仅描述心理是不够的，还必须解释心理，也就是说必须回答“为什么”这个问题。铁钦纳认为，所研究的心理过程是片段的、不联系的、不成系统的。因此，不能把一种心理过程看成另一种心理过程的原因，不能用前者去解释后者，而应该在与心理过程平行的神经过程中寻找解释。

第五节　构造主义的具体理论

和其他任何心理学流派一样，铁钦纳在构建其构造主义体系的同时，也对当时心理学研究的热门主题进行了相应的研究，并以独到的方式提出了自己的观点和看法。在这里仅对铁钦纳的心身关系理论、注意理论、联想理论和情绪理论进行简要介绍。

一、心身关系理论

铁钦纳在心理与生理的关系问题上所持有的观点与其老师冯特一样，坚持心身平行论(psychophysical parallelism)，认为神经过程和心理过程是两种平行、相互对应的活动。铁钦纳认为生理和心理的关系是密切的，其中一个方面所发生的变化一定伴随着另一方面的相应的变化。但是，这并不是说神经活动是心理过程的原因，并不是脑产生心理过程。心理过程和生理过程完全对应或对当(correlate)，但二者不互相干涉。铁钦纳在其《心理学教科书》中指出：“我们自己的立场是，心理与身体——作为心理学的研究对象和生理学的研究对象，仅仅是同一经验世界的两个方面。它们不可能相互发生影响，因为它们并不是个别的和独立的东西。可是，正因为如此，所以不论这两个方面在什么地方出现，其中一个方面所发生的任何改变一定会伴以另一个方面相应的改变……这一心理与身体的相互关系的原理，就是人们所共知的心身平行论的学说。”①在铁钦纳看来，心理不是脑的机能，神经过程不是心理过程产生的原因，而是心理发生的条件。他说：“某种发端于身体器官而后终止于大脑皮质的身体内部的骚动，就是心理过程出现的情境。这也就是说，身体过程是心理过程的条件；身体过程的说明就给我们提供心理过程的科学解释。我们也能够仅就心理过程本身来处理心理过程，不过为了使我们的心理学完备起见，我们应当给我们的心理的说明增加一种生理的解释，那也就是增加一种关乎它的身体条件的说明。这就是心理学家为什么应该了解生理学的理由。无论在什么地方，只要有一种心理过程发生，那就必定有一种身体过程充作它的条件。但这并不是说脑产生心理过程，而只是说心理过程与身体过程平行——实际上，身体过程乃是心理过程的条件。”②铁钦纳指出，为了解释心理过程就必须详尽了解与之伴随的神经生理过程，因为后者乃是心理发生的条件。他还说过，参照神经系统就能把一个仅仅描述的心理学不能做到的统一性和连贯性引到心理学中来。这就是说只有承认心理由物质基础产生才能使心理学有系统性和连贯性。就这样，被铁钦纳所否定的神经活动是心理活动原因的原理又被他转弯抹角地加以承认了。从这里可以看出，由于不愿意接受唯物主义原理，又不能太过于违反科学的常识，使得铁钦纳不能不陷入自相矛盾的境地。

在铁钦纳看来，用心身平行论的观点可以解释一些原先解释不了的现象。例如，人在每天晚上睡着时，心理活动消失；在每天早上醒来时，心理活动又重新形成；有时一个观念记不起来，直到数年之后又忽然想起。这是因为在这段遗忘的时间里，生理过程都照样一贯地进行着，才保证了心理过程没有完全中断而又重新恢复。如果我们拒绝用身体解释心理，我们要么满足于对心理经验的简单描述，要么发明一种无意识的心理意识从而得以前后一贯和连续不断。采用前一种方法，我们永远达不到一种科学的心理学；采用后一种方法，我们便自动地离开了事实的领域而走向虚构的境界。铁钦纳进一步指出，参照身体不会使心理学的资料和内省的总和增加一点儿什么新东西；它只能为我们提供一种心理学的解释原则，只能使我们的内省资料系统化。

由此，我们可以看出，铁钦纳的心身平行论一方面不承认神经过程是心理过程发生的原因，心理是神经过程的结果和产物；另一方面又承认神经过

① Titchener, E. B. (1909). *A text-book of psychology*. New York: Macmillan. p. 13.
② Titchener, E. B. (1927). *The primer of psychology*. New York: Macmillan. pp. 17～18.

程是心理过程发生的条件，心理由物质基础产生才能使心理学有系统性和连贯性。显然，他把所谓发生的条件和原因对立起来，就不能不陷入自相矛盾的境地。实际上，铁钦纳是通过玩文字游戏而抛弃了身体与心理的因果关系。在他看来，凡是物质的事物，其原因与结果相等，心理的东西则不然，其原因与结果未必相等，它不服从物质不灭的定律。

铁钦纳关于心身关系的看法，实际上与阿芬那留斯的观点是完全一致的。阿芬那留斯假设有两种生命系列：一种是发生在"C 系统"(即中枢神经系统)内的独立生命系列，它属于物理的；另一种是平行于而又依存于"C 系统"的独立生命系列，它属于心理的。这两种生命的系列是共同变化的，其一可理解为独立的，其他则只能视为有赖于前者，才可予以充分的描述。①可见，铁钦纳的理论观点深受阿芬那留斯学说的影响。

总之，从消极方面来看的话，铁钦纳的心身平行论把神经过程与心理过程割裂开来，否定了心理是大脑的机能，最终未能对心理过程做出科学的解释，犯了形而上学的错误。从积极方面来看，铁钦纳在心理学的研究对象上把心理和生理区别开来，使心理学脱离了生理学，从而对心理学的独立发展起到了促进作用。

二、注意理论

注意是早期心理学家所感兴趣的研究对象之一，铁钦纳对注意这一主题也非常感兴趣。在其著作《心理学大纲》中，铁钦纳系统地阐述了注意的本质和形式、注意的属性、注意的程度、注意的稳定性以及注意的广度等。

在铁钦纳看来，注意产生的本质即为具有足够魅力的事物，产生了强烈的吸引力，吸引了人们的眼球。表面上来看，这些事物能够使人们足以坚持他们的观点。② 他把注意区分为被动的或不随意的注意和主动的或随意的注意。在铁钦纳看来，被动的或不随意的注意是初级注意(primary attention)，它指的是"一种我们被迫给出且无力阻止的注意"③。它是由强刺激直接引起的，不需要付出努力就能做到，只要刺激物达到一定强度时就会激活不随意注意。铁钦纳认为，某些特性是不可抑制的，他发现，以自己为例，注意通常由麝香的味道、苦味或黄色的视觉等引起。他认为若要对不随意注

① 波林著，高觉敷译：《实验心理学史》，商务印书馆 1981 年版，第 446～447 页。

② Titchener, E. B. (1923). *An outline of psychology*. New York: Macmillan. p. 134.

③ 瓦伊尼等著，郭本禹等译：《心理学史：观念与背景》，世界图书出版公司 2009 年版，第 264 页。

意控制，也就是说，如果要增加或减少人们的不随意注意的话，就需要在刺激的新颖性和突然性上下功夫。对于主动的或随意的注意，铁钦纳称其为次级注意(secondary attention)，它是围绕着通常本身不会引起注意的事物而展开的。因而，在进行随意注意时是需要克服一定的困难，付出一定的努力才能够完成的。铁钦纳曾举例指出，“一个几何问题对我们来说不会像雷声那样具有吸引力”。因此，“次级注意是有困难的注意，是面对竞争者的注意，是会分心的注意。”①显然，次级注意是与发展的更高阶段联系在一起的。婴儿能够进行初级注意，但不一定能进行次级注意。铁钦纳指出，不随意注意是初级的，而随意注意是次级的，这两种注意代表了在发展的不同阶段可以辨认的意识类型。

铁钦纳发现，注意中还有另外一个阶段，他告诉我们：“那个阶段不是由其他任何东西构成的，而仅仅是退回到初级注意。随着继续解决几何问题，我们会逐渐对其产生兴趣，并沉迷于其中；不久之后，这个问题在意识中就会获得与雷声响起时的同样注意，困难就被克服了；竞争者被征服，分心消失。几乎没有比这个事实更强有力的证据，证明次级注意来自于初级注意，即在日常经验中，次级注意会逐渐地变回初级形式。”②由此可见，铁钦纳所说的这种注意状态类似于我们现在所说的“有意后注意(post voluntary attention)”。

铁钦纳把注意看做为一种属性，他认为注意不是一个简单的、基本的过程，而是伴随着其他各种心理过程发生转变时产生的各种基本过程的转变。③ 同时，铁钦纳又把注意看做为一种心理状态，他指出注意除具有选择性外还具有创造性，他用注意代替统觉的概念，认为注意是一种心理状态。他说：“注意的状态可以描述为心理的某种类型和配置，显现出明亮焦点和朦胧边际的类型时，在我们眼前就出现了注意。”④铁钦纳认为研究注意的品质是无意义的，因为在注意过程中表现出来的品质可以看做各种感觉的品质。他注重研究注意的稳定性和注意的广度。铁钦纳认为我们无法对某一事物进行无期限的注意，当我们坚持注意某一事物一段时间后，便会产生疲劳。在注意的广度上，铁钦纳并不赞同传统的观念，即“人们无法在同一时刻注意两件事物”。他认为注意的范围受到刺激的性质以及刺激呈现顺序的影响。他还提出了运用同时刺激和继时刺激来研究注意的范围。

---

① 瓦伊尼等著，郭本禹等译：《心理学史：观念与背景》，世界图书出版公司 2009 年版，第 264 页。
② 瓦伊尼等著，郭本禹等译：《心理学史：观念与背景》，世界图书出版公司 2009 年版，第 265 页。
③ Titchener, E. B. (1923). *An outline of psychology*. New York: Macmillan. p. 144.
④ Titchener, E. B. (1923). *An outline of psychology*. New York: Macmillan. p. 92.

另外，在铁钦纳看来，注意是一个宽泛而危险的概念，因为注意似乎又是一种活动或能力，因而它容易使意动的概念侵入构造心理学之内。当然，铁钦纳在实验室中也进行了大量关于注意的研究。

三、联想理论

铁钦纳首要的实验是研究感觉过程，我们从他的《心理学教科书》中可以看出，在该书中铁钦纳运用三分之一的篇幅来描述基本的感觉过程。尽管如此，铁钦纳对联想也充满着兴趣，并给予了联想足够的重视和关注。他承认，心理学受到了强调联想重要性的亚里士多德以及从霍布斯到培因的所有英国联想主义心理学家的影响。而且，他赞同并引用了大卫·休谟关于联想的观点，即认为联想对于心理世界就像万有引力对物理世界一样。这种比喻显然是基于这一观点，即像万有引力一样，联想也可以解释较大范围的心理现象。

在《心理学大纲》的第八章，铁钦纳详细地阐述了联想的本质和形式、联想的法则等。他认为，联想是一种心理过程，可以看做是先把获得的各种刺激结合起来，进而对这些刺激进行灵活性的、发散性的认知。铁钦纳认为联想具有同时联想和继时联想两种形式。在论述联想的法则时，铁钦纳提出了四种法则：(1) 补充联想，(2) 言语联想，(3) 思维系列化，(4) 分离后的联想(association after disjunction)。

铁钦纳在说明意识元素结合的规律时，如我们所知道的那样，他并不像冯特那样用联想和统觉来加以说明，铁钦纳只说联想而不说统觉，认为统觉这一概念并无实际益处。铁钦纳也进行了传统上关于对确立联想定律的尝试，也承认过去传统心理学所确立的联想律，如频因律、近因律、相似律和接近律等。但他提出，所有的联想都可以还原为接近律。他指出，甚至是所谓的相似律实际上也是围绕着接近律来的。

在联想律提出不久，铁钦纳便意识到了人们对他提出的定律可能会产生一种反对的观点。这就是关于情感过程的定律是什么呢？一般认为，情感是在联想的过程中起了一定的作用。铁钦纳同意这一观点，同时也直接地指出，只有凭借这一过程的感觉和意象成分，而不是它们的情感特征，情感才能在联想中起作用。当然铁钦纳也承认自己关于情感所知甚少，他的观点也只是尝试性的。

此外，铁钦纳还指出，在艾宾浩斯关于记忆的研究之前，研究者们关于联想的实验研究是混乱的，因为存在着先前获得的意义。但是，在铁钦纳看来，艾宾浩斯的无意义音节研究并不是能包治百病的灵药，因为人类在任何地方都能找到内在的意义。因此，即使在一系列无意义音节中，人们也会发现，有的无意义音节将比其他的东西更具有意义，这些具有意义的无意义音节就容易给人们留下印象。随之，印象就会促进联想。铁钦纳提出，联想必须在印象背景中来理解，印象产生于这样的事实，即某种刺激，即使是一些无意义音节，也具有独特的使自己在大脑中留下印象的性能。因此，印象与联想过程是相互补充的。在铁钦纳看来，仅仅研究联想而不对所发生的事情进行仔细的内省分析是不恰当的。他还警告说，直到将来人们能够设计出方法对联想的生理方面进行研究时，才可能会对这个领域的知识有个完整的认识。

四、情绪理论

在铁钦纳所处的时代，受到研究者广泛关注的情绪理论是威廉·詹姆斯和卡尔·兰格(Carl Lange，1885—1922)相继提出的"詹姆斯—兰格情绪理论"。这种理论强调情绪对血管舒缩系统的依赖性。当人们体验到恐惧、愤怒或爱等情绪时，这种理论把它解释为一种生理事件与另一种之间的身体变化引起的(例如，肌肉唤起、肾上腺素的释放、心律的增加，等等)。因此，引用詹姆斯的一个经典例子就是：当人们看见了熊就跑，然后人们才感到害怕。情绪体验是跑及与其相伴随的大量生理变化的产物。我们说这个理论是荒谬的，是因为它与常识相悖，因为在我们看来是看见了熊，先产生害怕的情绪，然后才会做出跑的行为。

铁钦纳指出，詹姆斯—兰格理论是在诸如马勒伯朗士(Malebranche，1638—1715)、笛卡尔、斯宾诺莎、陆宰、莫兹利(Maudsley，1771—1831)等人之后提出来的，它并不是什么新的理论。虽然詹姆斯—兰格理论有着悠久的历史，在关于情绪的身体基础上的观点引起了很长时间的轰动，但铁钦纳还是发现了这一理论的瑕疵，并提出了许多疑问。铁钦纳质疑道："完全不同的情绪可能会引起相同的詹姆斯所指的生理变化。不仅有幸福的眼泪、愤怒的眼泪，还有悲伤的眼泪；我们会因害怕或残忍而颤抖，也会因为愤怒而颤抖；我们奋力奔跑可能是为了赶上一个朋友，也可能是因为后面有追赶着的熊。"[1]在像这样的批评出现后，詹姆斯也相应地修改了其理论，并承认了刺激本身会产生具有避免或趋近特征的反应。铁钦纳指出，丰富的、复杂

---

① 瓦伊尼等著，郭本禹等译：《心理学史：观念与背景》，世界图书出版公司2009年版，第266页。

的情绪体验是不能仅仅用机体状态的感受来替代的。铁钦纳并不否认情绪与身体相关的重要性，但他提出了一个更为宽泛的概念。他认为，在一些情况下，本能化的倾向会自发地与情感保持一致——詹姆斯也接受了这种观点。这种情感发生于环境背景中，同时也与身体状态间存在着内在联系。另外，情感也可能与意象或先前的记忆相联系。因此，在铁钦纳看来，情绪体验是有多种原因的。

前已述及冯特提出的情感理论有三个维度：愉快——不愉快、紧张——松弛、兴奋——沉静。而铁钦纳却认为只有一个维度，即愉快——不愉快。他说道："有两种以上的情感类别吗？我们承认有两种，而且仅仅是两种，情感的类别或性质：愉快和不愉快。情感是一种元素性的意识过程，这种过程可以由任何身体器官的刺激作业引起。虽然我们发现有 50000 种左右不同的感觉，但我们发现却仅有两种不同的情感。"①在铁钦纳看来，除了这两种基本情感外，其他的情感状态是感觉和简单情感的复合。而冯特所说的紧张——松弛、兴奋——沉静，绝不是简单的、元素性的过程，而是相当复杂的经验，实际上是机体感觉和真正情感的结合，可以称为"感觉—情感"。

另外，铁钦纳讨论了人们在对情绪和情绪类型进行区分时所面临的困难。他指出，主要的困难在于任何分类方法都仅仅是为了方便那些进行分类的个人，而与情绪科学并没有关系。例如，他提到了加伦（Galen）所提出的古代类型学，加伦的气质类型包括胆汁质、多血质、抑郁质和粘液质。铁钦纳还提到了其他可能的分类方法，但他指出这些分类是对应用心理学有益的，而不是对普通心理学的。

最后，铁钦纳指出，感情（sentiment）"代表了情感心理发展的最后一个阶段，就像思维代表了感觉与意象发展的最高水平一样"②。在铁钦纳看来，感情比情绪更加复杂，因为它包括辨别性、批判性维度、可能性的冲突观点，等等。例如，如果爱国主义是一种感情，它包括情绪，但也还有紧张。对国家、民族或人类的忠诚之间有何关系呢？何谓独立存在的实体？何谓一种象征？显然，感情包括情绪，但它是比情感维度方面要复杂得多的表现形式。

前面我们已经提到，铁钦纳通过元素分析确定了三种基本心理过程：感觉、意象和情感。在最初阶段，铁钦纳把情感（affections）看做是情绪的组成成分。随着铁钦纳理论的发展，他发现情感与情绪之间的关系变得越来越

① 杨清：《现代西方心理学主要派别》，辽宁人民出版社 1980 年版，第 119 页。
② 瓦伊尼等著，郭本禹等译：《心理学史：观念与背景》，世界图书出版公司 2009 年版，第 267 页。

成为一个难题。处于职业生涯后期的铁钦纳开始怀疑，情感是否真的只是愉快或不愉快两个维度的感觉。同样的怀疑也指向了另一个心理元素——意象，也许它们仅仅是感觉的一种类型而已。

铁钦纳在自己生命的最后几年，逐渐放弃了元素的概念，并根据经验的维度或属性进行思考。埃文斯指出，铁钦纳已逐步从心理学对象的基本维度中脱离出来了，这些基本维度就是前面所提到的属性，如性质、强度、持续性等。其实，铁钦纳最终的心理学观点更接近于人们在日常生活的经验中自然发现的东西。我们可以认为，最直接的东西莫过于像红、甜、愉快或不愉快的感觉等这样的性质。至于意象、感觉和情感，它们则不是经验的基本元素或维度，而是通过分析或分辨发现的抽象物。

第十章

康奈尔心理学实验室及其研究

康奈尔大学是一所位于美国纽约州伊萨卡的私立研究型大学，由埃兹拉·康奈尔和安德鲁·迪克森·怀特于1865年建立，是常春藤盟校最年轻的成员。它有七个本科生学院和七个研究生学院，每个学院都自主制订学术计划。1891年，安吉尔在康奈尔大学建立了第一个心理学实验室。此后不久，他接受了斯坦福大学的职位，离开了康奈尔大学。1892年，铁钦纳在安吉尔的举荐下进入了康奈尔大学，并于1895年扩建了心理学实验室。正是由于铁钦纳的贡献，康奈尔大学现在已经发展成美国最大的心理学博士培养单位之一。本章将详细介绍铁钦纳时期的康奈尔大学的心理学实验室及其研究。

第一节　康奈尔大学的心理学实验室

康奈尔大学的心理学实验室最初是由安吉尔于1891年建立的。从实验室的建立到1895年，该实验室仅由6间并不宽敞的房间组成。鉴于这种简陋的实验条件，在铁钦纳到达后，康奈尔大学的心理学实验室不得不进行扩建，继而搬到莫里尔大楼(Morrill hall)报告厅的上层。当时的实验室共包括10个房间。但是，铁钦纳仍然希望该层剩下的两个房间也给他用作心理学实验室。

实验室包含实验者的办公室、基础心理学实验室、设备储藏室以及为实验和课程而安排的报告厅。基础心理学实验室包括光学实验室、声学实验室、触觉实验室、反应时实验室、味觉和嗅觉实验室以及暗室等。其中光学实验室的设备包括用于研究视觉(视觉空间的感知、视觉记忆、视觉认知、视觉注意、想象等)的设备,还有用于研究在呈现简单或复杂视觉刺激时人所做出的各种反应的设备。声学实验室的设备包括研究音调的融合、听觉节奏、听觉记忆、注意、认知以及声音的定位等必要设备,还包括在呈现听觉刺激时,用于测量人们对听觉刺激所做出各种反应的设备。

具体来说,康奈尔心理学实验室的设备分为四类:用于实验研究的设备;用于演示实验的设备;用于学生实验的设备;用于研究个体心理的设备。这些设备功能各异而且在实验过程中所需的数量也不等。

用于实验研究的设备中的大部分是作为心理学的实验研究而使用的,而感觉生理学部分的研究设备是为一些特殊目的而进行的研究中使用的。

用于演示实验的设备是专门为大学三年级学生开设的一门课程准备的。这些设备基本上全是美国产的,正如起初用于实验研究的设备大部分都产自德国。其中比较昂贵的如希普计时器(Hipp chronoscope,如图 10-1),比较便宜的如桑福德微差计时器(Sanford's Vernier Chronoscope,如图 10-2)。

图 10-1　希普计时器①

(该图片来自铁钦纳 1905 年出版的学生手册《实验心理学:定量研究》的 142～167 页。这是钟表匠希普(Hipp,1843)应用摆的原理创制出一种可测量 1 毫秒的计时器,这是早期心理学实验室精密计时器的雏形。这种计时器是由两个基本部分构成:(1) 一个迅速运动的时钟结构,在刺激没有发出时,就让它先开动达到常态速度,反应后就停止;(2) 用一个轻齿和连串的装置来移动实际测量反应时间的指针。刺激和反应都在齿轮上有记录。)

① http://www.psy.utexas.edu/psy/PsychInstruments/pages/HippChronoscope.htm.

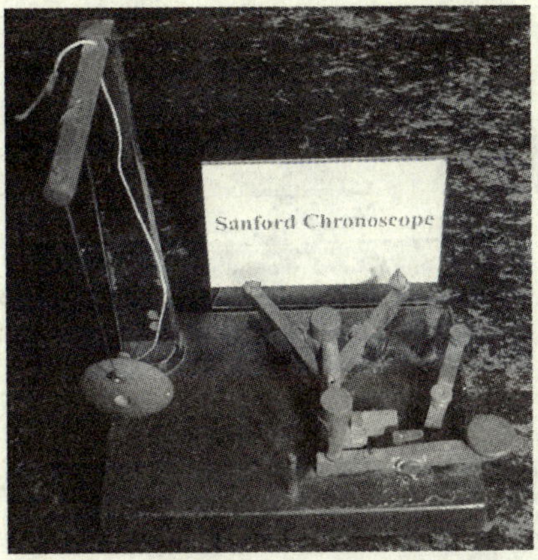

图 10-2　桑福德的微差计时器①

（桑福德的微差计时器是通过观察两个摆长不同的摆锤的视觉合一来测量心理反应时间的仪器。该仪器的依据是单摆振动定律，单摆的振动周期（T）跟摆长（L）与重力加速度（g）有如下的关系：T＝2n L/g。其中 n 代表两摆的振动周期有一个微小的差别，根据这个微小差别，便可求得反应时间量值。）

实验室有专门提供学生实验使用的设备。学生实验由 10 个或 12 个人一组的学生同时进行实验，因此，实验室里纵然有很多的学生，只要几个指导老师就可以了。

用于研究个体心理的设备包括：用于一般感觉测验（视觉测验、听觉测验、色盲测验、触觉辨别能力测验、嗅觉能力测验等）的仪器设备；用于测量简单和复杂反应时的设备；用于测验高级神经过程的设备（理解的速度、智力水平、精确性、记忆的准确性、合作能力、注意的控制、性情、心理倾向）等。

当时实验室经费紧张，学校号召教师捐款，从 10 英镑到 30 英镑不等。铁钦纳本人就捐了很多次。他认为捐款的最佳限度就是 30 英镑。当时 10 英镑就可以买两台比较好的设备，如赫尔姆霍茨调音设备，或者颜色混合器（如图 10-3 所示），或者双管嗅觉测量仪，或者混色轮和触觉计，或者斯顿夫的打点计时设备（a Stumpf interval apparatus），或者一套音叉（如图 10-4 所示）；剩下的 20 英镑用于购买供演示实验使用的一系列设备。

① http://www3.uakron.edu/ahap/apparatus/apparatus.phtml? code_id＝6&app_id＝345.

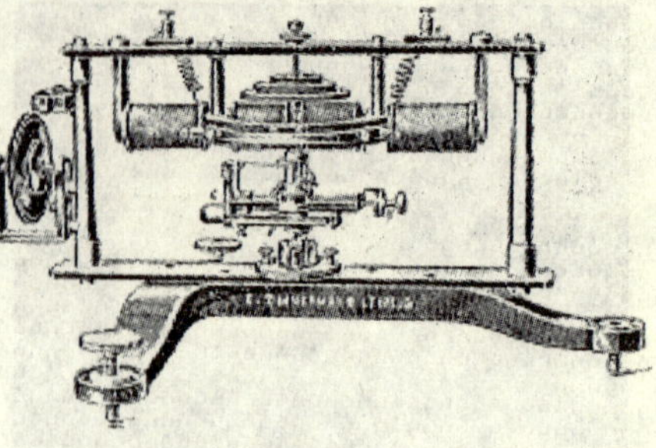

图 10-3 颜色混合器①

（上图为赫尔姆霍茨颜色混合器，这种早期的直流电开架式电机在旋转时具有恒定的速度，并能改变速度。该装置也可以用作色彩的混合，只需转动滑轮使颜色混合器运转。）

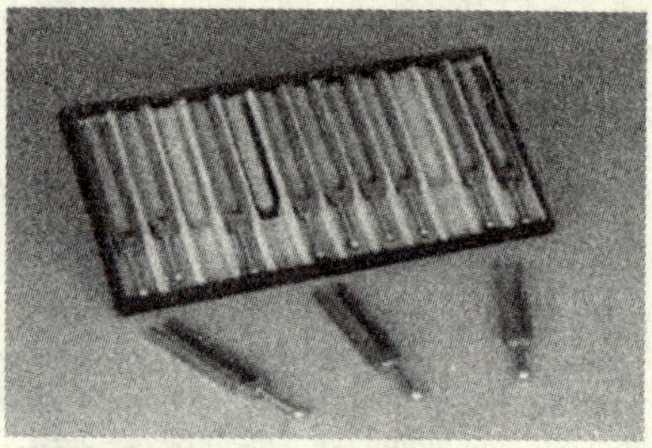

图 10-4 音叉②

（音叉由坚硬的金属制成，能产生连续的音波频率。上图中所示的一系列音叉能产生非常小的频率范围，大约是一个半音程的 1/3。这样一套装置是用来测试相似频率的听觉差异的最理想设备。音叉也可以用来测试听觉的上下阈限值。另外，音叉除了用以研究听觉，在心理学实验中还可以用作标准定时装置。）

1891 年，康奈尔大学的心理学教授捐赠了 400 英镑用于购置标准的实验仪器和成套的设备。

实验室资金的花费主要有以下几个方面：首先，也是最主要的花费，即用于购置研究所需要的设备。实验室每年都要购置一定的设备，而且这些设备都很贵。例如，一个计时器及其配件就要 60 多英镑；在声学实验室里有大小不同的音叉多达 83 个，而且每个都价值不菲。其次，用于购置演示实验所需设备的费用。这方面的花费不是很大，每年除了刚开始购买设备时要花费一些，其他的就是维修费了。第三，实验室的日常运行经费，这是一项很有弹性的开支，而且每年各不相同，约 60—120 英镑不等，主要是添置一些实验耗材。

当时，实验室于上午 8:00 开门，晚上 6:00 关门，但是如果有什么特殊

① http://www3.niu.edu/acad/psych/Millis/wundtslab/gallery13.htm.

② http://www3.niu.edu/acad/psych/Millis/wundtslab/gallery10.htm.

需要可以延长到晚上 11:00 关门。除了大学三年级学生的演示实验外,所有的课一般都安排在下午。学生每天的课程都排得很满,上课时间一般都由老师安排,而不是根据学生是否方便。在学习过程中,学生都是自行分组的,团体关系也很融洽。每个星期导师要与每组的组长开一次周会,组长要汇报本组的研究进展,并讨论相关的研究方案。

第二节　康奈尔心理学实验室的主要研究

铁钦纳一到康奈尔大学的心理学实验室就忙活起来,不仅扩建了实验室,吸引了很多学生,还启动了他的一系列研究项目。到 20 世纪头几年,他和他的学生就已发表了 60 多篇研究报告。在具体研究成果方面,铁钦纳在感觉心理学领域的成就最大。针对感觉,他和他的学生做了大量的实验研究(如图 10-5 达伦巴哈的触觉实验),取得了丰富的研究成果。铁钦纳于 1915 年修订出版的《心理学教科书》全书共 544 页,而关于感觉的内容多达 250 页(详见表 10－1)。在三种意识元素中,铁钦纳研究最多的是感觉,其次是情感,最少的是意象。

表 10－1　铁钦纳《心理学教科书》的内容[①]

每章标题	页数	百分比
心理学的论题、方法和问题	43	8
感觉,细分为:	179	33
视觉		
听觉		
嗅觉		
味觉		
触觉		
动觉		
其他机体觉		

① C·詹姆斯·古德温著,郭本禹等译:《现代心理学史》,中国人民大学出版社 2008 年版,第 225 页。

（续表）

每章标题	页数	百分比
联觉		
感觉强度		
（心理物理学）		
情感	39	7
注意	38	7
知觉，细分为	71	13
空间知觉		
时间知觉		
质量知觉		
复合知觉		
知觉心理学		
联想	22	4
记忆和想象	31	6
行为	42	8
情绪	33	6
思维	43	8
结语——心理学的地位	3	<1

图 10-5　达伦巴哈的触觉实验①

（康奈尔大学心理学实验室建立以后，铁钦纳的学生达伦巴哈在 1927—1937 年期间做了关于触觉的相关实验。在上图中，该仪器在流动的热水中被加热，然后慢慢地接触到被试的手部特定位置，当热量传导到被试的手中，被试要报告其触觉反应情况和对热量的感知情况。）

① Danziger, K. & Ballantyne, P. F. (1997). Psychological experiments. In: W. Bringmann et al. (eds.). *Pictorial history of psychology*, New York: Oxford University Press. pp. 233～239.

一、研究类型

铁钦纳在康奈尔大学心理学实验室所进行的实验可分为两大类：定性实验，包括关于基本感觉、知觉和情绪等过程的实验；定量实验，主要论述了心理物理学和反应时的实验程序。

第一，在定性实验中，观察者将经验到一些感觉、知觉或情绪事件，并进行内省的描述，然后回答一些指定的问题。例如，使用如图 10-6 所示的双管嗅觉测量仪对嗅觉进行研究。两根细玻璃管弯曲 40°角以便插入鼻孔。管子的另一端安装了稍稍大一点的密闭的玻璃圆筒，里面装有不同气味的物质。这些圆筒可在细管上前后移动以改变气味的强度。铁钦纳强调，中间的隔板必须由没有气味的木材制成。他建议用“干燥的樱桃木”。[①] 在一个典型的实验中，观察者闻一些气味强度不同的物质（如碘酊、蜂蜡、各种药草），这些物质以成对的方式呈现，要求被试以内省的方法描述经验，并回答有关“补偿”（一种气味覆盖另一种气味了吗?）和“气味混合”（这些气味混合形成一种新的气味了吗?）的问题。

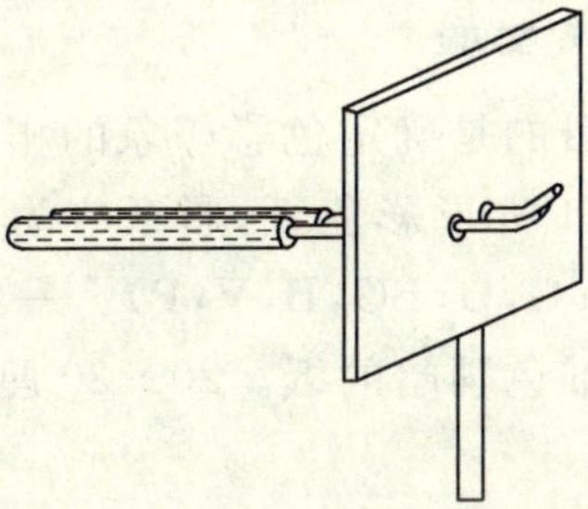

图 10-6　双管嗅觉测量仪

第二，定量实验专注于数据资料。例如，辨别出刺激的强度，如心理物理学实验中的最小可觉差，或实验中的反应时间。图 10-7 展示了反应时实验中两种不同反应方式的详图。最常见的装置是一个普通的电报键(a)：先将它按下，然后观察者觉察到刺激时再松开。第二个装置(b)是一个唇键，用于声音反应时实验中。键的右边插入嘴中，闭上双唇，然后，当观察者张开嘴巴对刺激做出反应时，触点就会彼此分开，线路断开，记时钟停止。

① Titchener, E. B. (1901). *Experimental psychology*. New York: Macmillan. part 1, pp. 79～80.

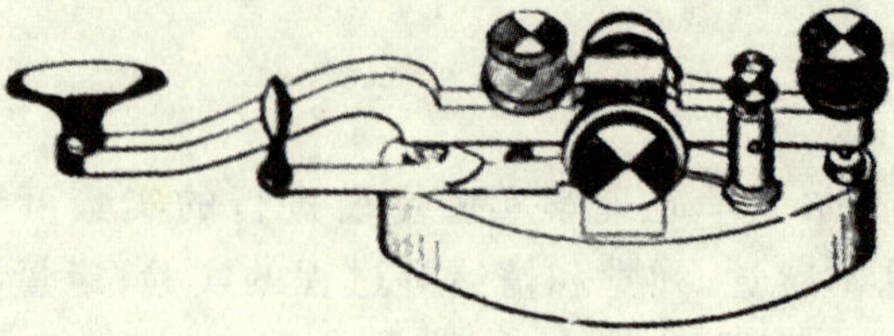

(a)

(b)

图 10-7　反应时仪器：(a) 电报键；(b) 唇键

二、研究范例

1. 实验一：情感特质实验

实验目的：该实验的目的是确定色彩印象的相对情感价值。

实验材料：4＊4 厘米正方形彩色纸，彩纸应为一组标准色纸（按最佳饱和度，至少包括 R，O，Y，YG，G，BG，B，V，P）。一组稍浸湿的纸，一组比标准色稍淡的纸，一组比标准色稍暗的纸。20＊20 厘米中性灰的木板，穿在两个窗玻璃中间。

实验准备：实验是比较每一种颜色与其他颜色所引起的情感价值（愉快或不愉快）。因为共准备有 27 种颜色，所以将要进行 27＊26/2＊1，即 351 种单独比较。为了不浪费时间，被试必须有方法地进行工作，一边呈现刺激，一边记录被试的判断。

按光谱顺序将颜色呈现，从 R 到 P，总是按暗色对暗色、淡色对淡色的顺序摆出（即 RT，R，RS，OS，O，OT，YT 等），按照此顺序标上数字，从 1 至 27。如表 10－2 所示做出表格：

表 10-2 情感特质实验材料呈现表[①]

颜色	Ⅰ	Ⅱ	Ⅲ	Ⅳ	Ⅴ	Ⅵ	Ⅶ	Ⅷ	Ⅸ
Ⅱ	1								
Ⅲ	2	3							
Ⅳ	18	4	5						
Ⅴ	19	20	6	7					
Ⅵ	31	21	22	8	9				
Ⅶ	32	33	23	24	10	11			
Ⅷ	40	34	35	25	26	12	13		
Ⅸ	41	42	36	37	27	28	14	15	
Ⅹ	45	43	44	38	39	29	30	16	17

建一个空白表格，用以记录被试的判断。记录在每次实验中更喜欢的颜色数字。如表 10-3：

表 10-3 情感特质实验结果记录表

颜色	Ⅰ	Ⅱ	Ⅲ	Ⅳ	…
Ⅱ	2				
Ⅲ	1	2			
Ⅳ	1	2	4		
Ⅴ	5	?	5	5	
…					

表格表明，在 10 次的比较中，Ⅰ喜欢 2 次，Ⅱ3 次，Ⅲ没有，Ⅳ1 次，Ⅴ有 3 次，但在Ⅱ和Ⅴ的比较中还待定。

实验过程：被试 O 坐在桌边，眼睛合上。主试 E 摆出颜色Ⅰ和颜色Ⅱ，把灰色木板放在它们上面。随着话语指令，O 张开眼睛，看放在灰色木板上的两种彩色纸，并且立即判断更喜欢哪种颜色。E 在表上记录。O 合上眼睛，等着下一次测试。E 在木板上放上彩纸Ⅰ和Ⅲ，重复进行实验。

实验结束后，E 将他的统计结果纳入曲线图中，纵坐标量是喜欢的数量，横坐标是颜色的名称（按光谱顺序排列）。凡表内出现的“一样”和“待定”情况时，两种颜色相应的坐标都提升半个单位。

实验结论：在日常生活中，我们会毫不犹豫地说，我们喜欢某些颜色，而

① 罗马数字标示色彩，阿拉伯数字标示实验的数量。

不喜欢某些颜色。但可信度有多高？正如上表中得出的统计结果一样，以第Ⅰ种色彩为例。按理来说，我们可以很轻松地说喜欢还是不喜欢，但这种回答是真的吗？当色彩Ⅰ处于色彩Ⅴ的背景下，我们的确是表现出了对Ⅰ的喜好。可是，当Ⅰ处于Ⅱ、Ⅲ、Ⅳ背景下呢？是不是还是表现出相同程度的喜好呢？很明显，答案是否定的！所以，其实与其说影响我们喜好的是颜色本身，不如说是颜色所处的情境。我们喜欢处于令人愉悦情境下的颜色，而不喜欢令人不愉悦情境下的颜色。

2. 实验二：味觉对比实验

实验目的：该实验的目的是确定是否存在味觉特质的对比，即探讨一种味觉特质是否会增加另外一种味觉特质的敏感性。我们将要用两种味觉特质"甜"和"咸"进行比较。

实验材料：两支20毫米的吸管，以一毫米为刻度。装有蒸馏水的玻璃瓶，刷子，棉花，一组溶液，如表10—4所示。

表10—4 味觉对比实验材料

标准溶液	……	糖，30%稀释量	盐，50%稀释量
最低可觉察标准	……	糖，1%稀释量	盐，0.5%稀释量
弱感可觉察标准	……	糖，5%稀释量	盐，5%稀释量
蒸馏水			

实验准备：主试E必须确保"最低可觉察标准"的确适用于被试O，进行实验时，O应该合上眼睛，屏住呼吸。

实验过程：(1) 通过甜味进行的对比。E把2至4毫升的标准甜味溶液放进玻璃瓶里，在另一个瓶里加入0.5%咸味溶液。E从两个瓶中抽出2或3毫升的液体，几乎同时滴在被试舌头的两侧，注意切不要将两者混合了。然后，由被试报告味觉。接着被试漱口，2至3分钟的间隔后，再进行下一个实验。将标准甜味与5%咸味进行比较。这项实验一共要进行四次(包括标准甜与蒸馏水的比较)。(2) 通过咸味进行对比。实验如上所示，将标准咸味分别与标准、弱感、最低甜味以及蒸馏水进行比较。最后，主试将实验结果统计成表。

3. 实验三：错觉实验

实验目的：从物理科学的角度来说，时间单位、长度单位、重量单位都是固定不变的。无论在什么样的条件下，一公斤就是一公斤，一小时就是一小时，一厘米就是一厘米，这些量度独立于人们的判断和体验。但是从心理学的角度来讲就不同了，往往会产生不同的错觉。该实验将通过具体实例来解释不同的错觉情境。

实验材料：黑底白线的图形背景，用来展示透视错觉和方位错觉，而联想错觉正好相反。

实验准备：该实验主要是向被试呈现不同图形。另外，本实验主要依靠被试的内省，所以，要求被试情绪良好、精神饱满、身体健康，并具有一定的语言表达能力。简言之，进行内省的被试应该训练有素。

实验过程：首先是透视错觉。图形应以黑色背景和白色线条呈现（如图10-8所示）。黑色背景暗示着宽敞、广阔之意。注视A和B上的a，相对于cd面，a的位置是怎样的？眼睛沿着ab线慢慢移向b，ab的位置是否仍保持不变？cd的情况又如何？注视C和D上的a，会发生什么？cd的位置还仍然一样吗？注视b，又会发生怎样的情形呢？连续注视E和F上的a、b，是否会产生错觉？如果在G和H上又会产生怎样的错觉？

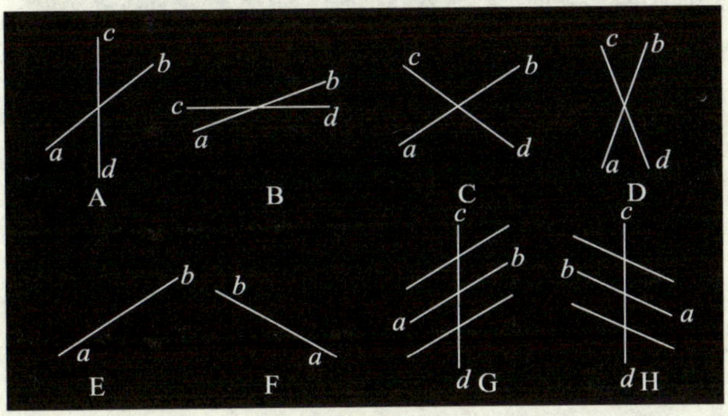

图10-8　透视错觉

其次是联想错觉。估计图10-9中a、b、c、d四条线的中间部分线段的相对长度，从最长到最短按顺序排列出，是否会产生错觉？

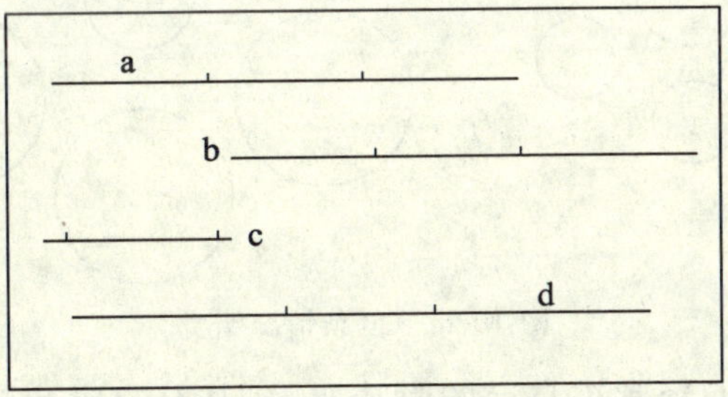

图10-9　联想错觉

第三是方位错觉。眼睛沿着A和B中的平行线ab、cd移动，会发生怎样的方位错觉？为什么我们会在两幅图中产生相反的错觉？如图 10-10 所示。

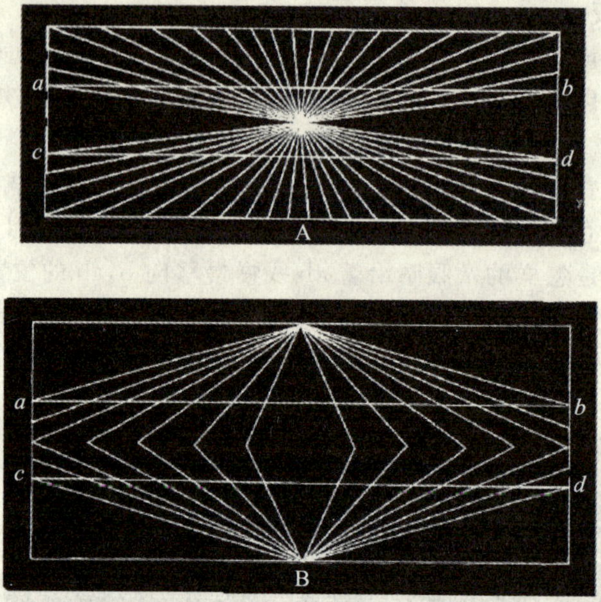

图 10-10　方位错觉

第四是复杂情况下的错觉。在外周圆直径不一的情况下，中心圆会发生怎样的错觉？如图 10-11 所示。

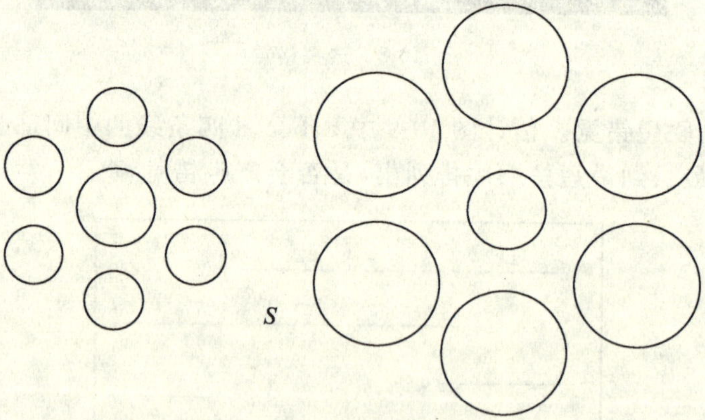

图 10-11　复杂情况错觉

实验结论：我们经常被自己的眼睛所骗，甚至自己也知道被骗了。我们很快就会从经验中学到，视角的改变会伴随着视野中物体形状的改变。一张桌子从一个角度看是正方形，但换个视角就会变为梯形。

三、现代发展

1. 国外的发展

铁钦纳的实验风格和方式并没有被时代的浪潮所淹没，我们从中依然可以找出许多有价值的方面。我们将通过艾瑞克·施维斯格伯（Eric Schwitzgebel）的一个研究①来领略铁钦纳的心理学实验在当代应用的魅力。

施维伯格的实验再现并改进了铁钦纳内省训练的一个例子，原型来自于《铁钦纳实验手册》。目的是为了激发人们对内省训练的思考。该实验需要一个扬声器或耳机，也需要借助于互联网。

实验过程将仿效《铁钦纳实验手册》中第一卷第一部分，在39至46页中所描述的实验——训练分辨不同的音调。在准备听不同的音调之前，请先把扬声器或耳机音量调高，设置到自己感觉最舒服的位置即可。所要听到的实验音调会有些令人不悦，但却不至于让人感到难以忍受。我们现在要仿效铁钦纳的实验过程。现在的实验与铁钦纳的不同之处在于，选择方式多样，以及通过电脑呈现音调。

第一阶段：首先，分别播放几次音调G3和B3，使自己熟悉这两种音高标准。然后，播放G3一秒钟，之后加入B3再播放五秒。此时，你会听到至少有一种明显比G3和B3低的音高。但此次实验只关注第一个听到的不同音，即X1，它是一种低于G3和G1的两个八度音。可能听起来有点像扬声器的背景音，所以这种音往往被人忽视。不同的人会有不同的感受，因此，有些人将这种不同的音调X描述为比G3、B3低得多的音，而另有一些人则认为它和G3、B3一样高。铁钦纳的建议是多听几次，直到你"完全肯定自己的内省结果"为止。

现在，听1A、1B和1C，判断这三种音调中哪个与X1音一样。如果必要的话，可以多听几次再下判断。选择好之后，再与G1进行比较，看是否一样。如果选择错误，就多听几次直到能准确识别出音调以及音调之间的不同之处。这一切完成之后，就可以进入第二阶段。

第二阶段：此阶段与第一阶段很相似。先分别听G3和D4，然后同时听，找出不同的音调X2。X2是低于G3和D4的一个八度音。然后听G3、D4和2A、2B、2C。从2A、2B、2C中明确哪一个与X2一样。

---

① Eric Schwitzgebel. (2005). Difference tone training: A demonstration adapted from Titchener's Experimental Psychology. *Psyche*, 11(6).

反思：

问题：假如，在第一、第二阶段实验中，起先，你都判断错误。但多听几次后，却做出了正确的判断，并且对此深信不疑。这是否表明了你的经验在短暂间隔后完全改变了。

可能性：假设在你的经验中的确有 X 或 XX 音调，可能只是理解错了或只是没能同时辨别出它们。然而，还有一种可能，你对自己经验的描述总是准确的。如果判断发生改变，可能是经验本身发生了变化。

第三阶段：下面你将听到以下几组实验音调。呈现方法和之前的一样。

(1) G3＋E4 降半音，3A、3B、3C，

(2) G3＋e4，4A、4B、4C，

(3) G3＋F4，5A、5B、5C，

(4) G3＋F4 升半音，6A、6B、6C。

反思：

问题：如果你无法辨别出混合时产生的不同音调，这是否意味着在你的经验中没有这样的音调？

三种可能性：① 该音调的确存在于你的经验中，你可能仅仅是因为失误而没能辨别出它们。② 该音调可能是以一个整体的形式存在于你的经验中，你可能只是没能单独地辨别出它们。③ 你的经验中并没有该音调。

实验结论：

假如你感觉到与在实验初始阶段相比，自己已能更加准确地辨别出混合的音调。那么，问题也随之而来：你在该实验中究竟学到了什么？

铁钦纳会说，你改进了对自己听觉经验进行内省的能力。或许也可以说，你的音感和感知能力均得到了训练。也许这两种说法存在着不同之处。因为，在内省训练中，你学习到的是分辨自己经验中的特质。而在感知训练中，你是学习分辨环境中的特质。总之，在本实验中，两种训练都同时得到了强化。

可见，今天仍有人在使用铁钦纳的心理学实验方法。

2. 国内的发展

下面以一篇论文为例①，说明铁钦纳错觉理论的发展和应用。

实验利用二维铁钦纳错觉图片对单手及双手抓握情境下的知觉与行为分离现象进行实验验证，并探讨注意引导等因素对分离现象的影响。实验

① 张智君、唐日新：《知觉与行为分离现象在二维铁钦纳错觉实验中的验证》，《心理学报》，2005 年第 1 期，第 9～13 页。

包括知觉任务和行为任务两项内容，前者主要测量被试的主观错觉量，后者则探讨分离现象是否存在及其影响因素。

（1）实验仪器。

本实验在室内灯光照明环境下进行。图片通过 Dell 19 英寸显示器呈现。被试与屏幕距离约 60cm。被试的最大抓握孔径通过加拿大 NDI 公司生产的 Optotrak3020 运动测量系统获得。

本研究利用计算机呈现二维铁钦纳错觉图片（如图 10-12 所示）。使用计算机错觉图片有利于灵活变换图片的位置和大小，消除因对实物多次操作而导致的记忆和习惯化等干扰效应。

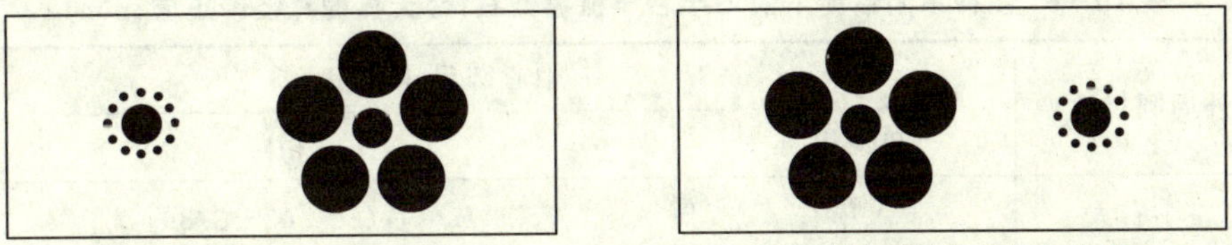

(a) 外周圆尺寸左小右大　　(b) 外周圆尺寸左大右小

图 10-12　二维铁钦纳错觉图片

（2）研究方法。

先利用心理物理法测量铁钦纳错觉的主观错觉量（知觉任务），然后让被试在"知觉相同"和"实际相同"的情境下分别抓握中心圆，利用高精度的动作测量设备测量被试手指抓握时的最大抓握孔径，作为行为的客观指标，并以此为依据分析知觉与行为的分离现象（行为任务）。其中，"实际相同"是指铁钦纳错觉图片中左右中心圆实际直径相同（但由于错觉的影响被试往往知觉为不同）的情境，而"知觉相同"是指铁钦纳错觉图片中左右中心圆实际直径不同（但由于错觉的影响被试刚好知觉为相同）的情境。

（3）实验过程。

知觉任务：知觉任务主要测量被试的主观错觉量。本实验采用极限法，将图片 1 逐一呈现给被试，让被试判断大圆环绕的中心圆与小圆环绕的中心圆大小是否相同。相同时，右手按左←键反应。刺激呈现序列为：先呈现听觉提示信号，然后呈现一张图片，持续约 2 秒，再呈现中间带"+"字符（引导注视点）的空白页，持续 3 秒，接下来再依次呈现提示信号、第二张图片、空白页……

行为任务：行为任务的材料包括左右中心圆直径实际相同的图片和从知觉任务中得到的知觉相同的图片各一张。每张图片又分为外周圆尺寸左小右大和外周圆尺寸左大右小两种情形，因此实验图片共计 4 张。实验图片的呈现方式与知觉任务相同。

(4) 结果分析。

单手抓握的结果如表10－5、10－6、10－7所示：

表10－5　4种不同情境下的单手左手抓握结果(最大抓握孔径修正值,mm)

外周圆尺寸	中心圆尺寸	
	知觉相同	实际相同
左小右大	A单左	B单左(－0.92±4.15)
左大右小	C单左(0.85)	D单左(－2.70 ±4.01)

表10－6　4种不同情境下的单手右手抓握结果(最大抓握孔径修正值,mm)

外周圆尺寸	中心圆尺寸	
	知觉相同	实际相同
左小右大	A单右	B单右(－4.03±3.89)
左大右小	C单右	D单右(－2.28±3.77)

表10－7　单手抓握时相同情况的左、右手比较

被抓握图形的外圆一中心圆关系	中心圆尺寸	
	知觉相同	实际相同
大圆环绕的中心圆	A单右－C单右	B单左－D单右
小圆环绕的中心圆	C单左－A单右	D单左－B单右

双手抓握的结果如表10－8、10－9、10－10所示：

表10－8　4种不同情境下的双手左手抓握结果(最大抓握孔径修正值,mm)

外周圆尺寸	中心圆尺寸	
	知觉相同	实际相同
左小右大	A双左(－0.80±4.30)	B双左(－2.59±4.07)
左大右小	C双左(－0.54±3.94)	D双左(－2.50±4.09)

表10－9　4种不同情境下的双手右手抓握结果(最大抓握孔径修正值,mm)

外周圆尺寸	中心圆尺寸	
	知觉相同	实际相同
左小右大	A双右(－0.41±4.75)	B双右(－2.99±4.93)
左大右小	C双右(－1.76±4.35)	D双右(－1.88±4.04)

表 10－10　双手同时抓握时对应情况的左、右手比较

外周圆尺寸	中心圆尺寸	
	知觉相同	实际相同
左小右大	A 双左－A 双右 (t_{14}＝－0.470，p＝0.645)	B 双左－B 双右 (t_{14}＝0.539，p＝0.598)
左大右小	C 双左－C 双右 (t_{14}＝1.802，p＝0.018)	D 双左－D 双右 (t_{14}＝－0.814，p＝0.093)

本研究利用二维铁钦纳错觉图片的实验研究，获得如下结果：① 单手抓握操作时，虽然被试的行为在一定程度上也受到错觉的影响，但确实存在知觉与行为的分离现象，且左手显示出右手相似的分离模式。② 双手抓握操作时，被试需要同时注意两个目标，这时右手受到错觉影响的程度减少，分离现象增强，而左手的结果则比较混淆。③ 注意引导、注意分配倾向或双手协调能力等可能是影响分离现象的重要因素。

总之，铁钦纳认为，被试在实验中唯一的任务就是提供研究数据。内省过程极其艰苦，他的研究生为此付出了很多努力。在铁钦纳看来，"实验是一种可被重复、分离和加以改变的观察。你越是能经常地重复一个观察，你越有可能清楚地看到被观察的东西，因而也就越有可能精确地描述你所见到的东西。你越是能严格地把一个观察分离出来，观察的任务就会变得越为容易……"①。这正是反映了铁钦纳一丝不苟的实验风格。

① Titchener, E. B. (1909). *A text-book of psychology*. New York: Macmillan. p. 20.

第十一章

铁钦纳心理学的评价

铁钦纳构造主义的发展、消亡，离不开当时美国的时代精神与科学背景，同时也与铁钦纳本人的行事风格、性格特点密不可分。他是一个把德国的心理学带到美国的英国人，在他身上既有着英国哲学传统的深刻印记，也深深带有莱比锡大学心理学实验室的烙印。跟随冯特的时光对他的影响是全方位的，康奈尔大学心理学实验室的研究与发展、铁钦纳的个人生活风格等均带有莱比锡的影子。独具专制的个性使他始终保持着独裁的风格，拒绝适应美国的时代新潮流，因此，他所进行的是一个孤独的、封闭的心理学事业。他毕生致力于此，艰辛付出，其所执著坚持的科学主义心理学的发展方向，对后世心理学影响深远。

现代心理学似乎已经看不到铁钦纳心理学的影子，他留给心理学的遗产微乎其微，似乎只是作为心理学的一个历史阶段而存在。即便如此，正确评价这一段历史以及铁钦纳本人所创立的构造心理学，仍有助于我们把握心理学发展的内在规律。

第一节　历史评说

冯特作为科学心理学的创立者，在心理学史上的创始人地位为心理学界所公认。莱比锡大学心理学实验室的建立使冯特声名远播，吸引了世界各地大批的学生来到莱比锡追随他一起研究心理学。其中包括俄罗斯、美国、日本、意大利等地的学生，来自美国的学生后来把冯特的实验心理学带回了美国，而美国作为后来世界心理学的发展中心无疑受到莱比锡大学心理学实验室的重大影响，莱比锡为新实验室的建立和持续的心理学研究提供了一种示范作用。铁钦纳正是流向美国的冯特学生中的一个，不同之处在于他是英国人。

一、异国他乡——巩固心理学的科学地位

从1892年铁钦纳来到美国，到1927年去世，在30多年的时间里，铁钦纳心理学在美国经历了传播、发展，再到伴随着铁钦纳的去世而消亡的历程。如若以成败论英雄，铁钦纳心理学因为与美国的时代精神格格不入，注定了最后消亡的结局。若仅凭此就认定铁钦纳心理学一无是处，那就大错特错了。虽然有人提出，铁钦纳心理学在当今心理学中几乎没有任何遗产保留，即便如此，它的存在也具有不容抹杀的积极作用。

在莱比锡大学接受了冯特的科学心理学的训练后，铁钦纳顺利取得了博士学位，随后在安吉尔的引荐下来到了位于大西洋彼岸的美国康奈尔大学任教。记得一位欧洲访问者曾把他在康奈尔大学度过的时光描述为"在荒野中的一年"①。由此可见，当时康奈尔的环境与莱比锡和牛津大学之间巨大的落差。在条件对比如此悬殊的情况下，铁钦纳之所以放弃了牛津大学提供的职位，而选择去相对偏远的康奈尔大学，就是看中了康奈尔大学能够为其提供实验室的条件，从这里可以看出他决心发展实验心理学的雄心壮志。

比起他曾经学习过的牛津、莱比锡等知名的大学，也许康奈尔这个陌生的环境使得铁钦纳更为依赖他曾经的牛津、莱比锡的过去，从他后来在一系列研究和生活上追随冯特的种种迹象中可见一斑。正是因为他在康奈尔大学实验室里的卓越工作，才使科学主义心理学思想在美国生根发芽。他能够把行为主义的代表人物作为自己的私人朋友看待，正是因为华生(John Broadus Watson，1878—1958)的研究方法是科学的实验方法，即使他对华生的行为主义心理学不屑一顾。在科学主义的路线上，不管是第一次心理学革命诞生的行为主义还是第二次心理学革命诞生的认知主义，无疑在科学的实验研究方法上都继承了铁钦纳心理学的良好传统。埃德温·比塞尔·霍尔特(Edward Bissel Holt，1873—1946)曾把铁钦纳说成是"美国实验

① Washburn，M. F. (1932). *Some recollections*. In：C. Murchison(ed.)，*A History of psychology in autobiography*. Worcester，MA：Clark University Press. Vol. 2，pp. 333～358.

主义心理学的泰斗”①。

铁钦纳通过翻译和著书的方式，广泛传播冯特的科学心理学思想，给美国带去了心理学的严格的实验主义方法。终其一生，共培养了54个博士生，效率惊人，为美国心理学的发展贡献了大量的人才，并对《美国心理学杂志》(*American Journal of Psychology*)的发展也做出了巨大贡献。

二、曲解冯特——构造主义初显端倪

铁钦纳被称为是冯特心理学在美国的代言人，最初世界上对冯特的认识局限于铁钦纳的视角，但历史证明铁钦纳并不是一个完全忠实的代言者。铁钦纳在接受了其老师冯特的一些基本观念的基础上，对冯特心理学进行了改造。他将所有无法运用严格控制的内省加以研究的东西统统驱逐出心理学的领域。把心理学研究对象限定在对人的意识内容结构的研究。尽管冯特也强调分析意识的元素，但并没有因此而忽视整体，并且还把元素看成是一种过程。而铁钦纳只重视元素而忽视整体，对意识元素进行了严格的分析，因而最终成为一个元素主义者。冯特也因铁钦纳的分析方法而受到后来德国另一个心理学流派格式塔心理学家的批评，蒙受不白之冤。因此，在铁钦纳的心理学体系中，冯特的民族心理学、比较心理学或者儿童心理学都没有立足之地。铁钦纳坚持不懈地认定他在康奈尔大学所从事的心理学是“真正的”心理学，没有给他的老师的民族心理学的多样性留下任何空间。

冯特在1900—1920年出版了10卷本的著作——《民族心理学》，对于心理学而言，这本书的出版比它的内容具有更加重大的意义。由于它的出版而把新心理学分成了两个主要部分：实验的和社会的。尽管冯特致力于把心理学打造成为一门独立的科学，并且受到当时哲学思想和生理学蓬勃发展的影响，一度把这门新学科称为“生理心理学”，即实验心理学(在那个时代，“生理的”这个词同德语中“实验的”一词是同义的)，但他的研究方法并没有局限在实验室中。他认为，简单的心理机能如感觉、知觉，可以采取实验的方法在实验室进行，但诸如记忆、学习等高级的心理过程，因为受到语言和文化的制约，实验的方法就行不通了，只能采取社会学、人类学、社会心理学中所使用的非实验的方法。冯特的高级心理过程不能采取实验的方法进行研究的观点抛出没几年，艾宾浩斯就成功采取实验的方法对人类的记忆这一高级心理过程进行了卓有成效的研究，研究结果在《记忆：对实验心

① Holt, E. B. (1911). *Founders of modern psychology*. New York: Appleton. p. 25.

理学的贡献》一书中发表,这一关于时间效应对记忆影响的研究产生了著名的艾宾浩斯遗忘曲线,历史上也把这个研究称为实验心理学最出色的个人研究。显然,艾宾浩斯的工作证明了冯特的观点存在部分的错误,即便如此,冯特还是做出了开创性的贡献,他并没有把心理学的研究仅仅局限在实验室中,在冯特最初对心理学的设想上,民族心理学占有一席之地。后来冯特的一个美国学生对其生活习惯的回忆也佐证了这一点,"冯特在实验室不会超过 5 到 10 分钟,显然,尽管他信奉实验研究,但他自己却不是实验室里的研究者"①。

在内省方法上,铁钦纳也比冯特更加极端,对内省附加许多限制。一方面要剥夺内省者的主观价值判断,只能严格如实地描述自己的经验;另一方面要防止把物理刺激与感受相混淆,避免引起刺激错误,这样最终把心理学引向封闭的主观世界。他否认了主观心理是客观现实的反映。因此,他的"刺激错误"概念本身就是错误的。

在身心关系上,铁钦纳坚持心身平行论。他只承认神经过程是心理过程的条件,而否认前者是后者的原因,只承认两者是平行的对应关系,而否认两者的因果关系,这样他就不可能用生理来解释心理。铁钦纳这种把意识的构造和其机能截然分开的观点,含有明显的形而上学因素,事实上,心理的构造是不能离开机能而加以理解的。正由于铁钦纳心理学受到这种形而上学观点的束缚,其内容体系越是严密,研究范围也就越狭窄,研究方法和研究结果也就越脱离生活实际。

铁钦纳来到康奈尔大学后,在坚持其恩师的内容心理学一般观点的基础上融合了自己的理解,并最终使得内容心理学极端化,变异为构造主义。而冯特本人也因为铁钦纳的一意孤行,备受心理学界的误解。因此,比之冯特,对于铁钦纳来说,心理学是更加经验的、实验室的、"铜管器皿"的科学。铁钦纳付出非常大的努力来建立他的实验室并且发表了很多著述,在这些著述中将他的实验室描述为心理学实验室的典范。冯特和铁钦纳的心理学是如此的不同,以至于一位历史学家曾将铁钦纳的心理学描述为冯特心理学的"错误的写照"②。更有美国心理学史家把铁钦纳的心理学称为"铁钦纳主义"。

之所以对冯特的心理学存在长期的误解,铁钦纳的学生波林在某种程度上也起到了推波助澜的作用。波林将他的经典著作《实验心理学史》献给

① Cattell, J. M. (1928). Early psychological laboratories. *Science*, 67. pp. 543～548.

② Leahey, T. H. (1981). The mistaken mirror: On Wundt's and Titchener's psychologies. *Journal of the History of the Behavioral Sciences*, 17. pp. 273～282.

了铁钦纳，在这本书中波林认为冯特和铁钦纳的心理学观点是相似的。

三、实验内省——千夫所指的研究方法

内省法最早可以追溯到古希腊的苏格拉底，冯特把心理学描述为意识经验的科学，因此对研究对象的观察也离不开内省的方法。冯特的革新之处在于采用精确的实验条件对内省过程进行控制。这是从物理学、化学、天文学的研究上获得的启示，冯特也坚信通过这种实验内省的方式，能够给心理学所感兴趣的问题的研究提供原始数据。但是他没有无限夸大内省法的研究范围，而是对研究主题进行了严格的限制，内省报告所涉及的主要是被试对大小、强度、各种物理刺激持续时间的意识判断等内容。冯特倾向于反对采用质化或主观的内省报告，并且在进行内省之前，被试需要接受令人惊异的上万次的单独内省观察训练。

铁钦纳因为研究兴趣的不同，在内省方法上与冯特的内省方法也有区别。铁钦纳的兴趣在于将复杂的意识经验分析为元素性的组成成分，而不在于通过统觉而进行的元素的综合。他强调的是部分，而冯特强调的是整体。有历史学家认为，在铁钦纳来到莱比锡之前，其内省方法就已经形成了。当铁钦纳还在牛津大学读书的时候就深受詹姆斯·缪勒著作的影响①，因而沿袭了大部分英国经验主义者和联想主义者发现所谓的心灵原子的做法。铁钦纳的被试同样需要严格的训练，并被铁钦纳称为“催化剂”，这反映了当时的机械主义精神。铁钦纳把心理学的唯一的合法目标设定为发现心理结构的事实，这就需要被试就其意识经验元素的观察作繁长和详细的报告，而这很显然是一种涉及意识元素的主观性报告，与冯特的对外部刺激的客观和量化反应有区别。他的著作《实验心理学》对实验内省的方法、步骤作了详细的介绍和说明。

广义的内省法在铁钦纳以前几个世纪就开始使用，并且饱受批评。实证主义哲学家奥古斯特·孔德(Auguste Comte)曾经攻击内省法说：“如果心灵能观察自己的活动，它就不得不把自己分为两部分，一个部分进行观察，另一个部分被观察，而这显然是不可能的。”②英国医生亨利·马兹里(Henry Maudsley)则批评内省主义者之间几乎不能达成任何一致意见，由

① Danziger, K. (1980). A history of introspection reconsidered. *Journal of the History of the Behavioral Sciences*, 16. pp. 241～262.

② Wilson, F. (1991). Mill and Comte on the method of introspection. *Journal of the History of the Behavioral Sciences*, 27. pp. 107～129.

于心灵本身的缺陷,自我报告几乎是不可相信的。

因为研究方法——实验内省法的局限致使在研究对象的选择上也非常严格。铁钦纳的心理学只对正常成人的一般性心理进行研究,因此也不难想象铁钦纳为什么这么激烈反对应用心理学,对儿童、动物和精神病患者的研究都是他所不赞同的,因为儿童、动物和精神病患者都无法进行客观的内省报告。尽管如此,铁钦纳所坚持的实验内省法也不是一无是处,他所坚持的心理学研究对象是人的意识经验,而这种意识经验最准确的觉知者无疑是经验拥有者自身,在这个意义上内省法是有积极价值的。

在对内省法传统进行改进的基于经验的言语报告,在当前心理学的许多领域仍然在使用着。心理物理学的被试所报告的第二个声调是否听起来比第一个声调更强或更弱,暴露于非常环境的人如航天飞船上的宇航员被要求进行自我报告,各种心理调查问卷的回答等,在本质上都是内省的。由于抛弃了铁钦纳心理学狭隘的研究对象和方法,并且伴随着诸多学科的飞速发展,如统计学、计算机科学等与心理学的紧密结合,使得内省式的问卷调查在突破对单独个体调查局限的基础上,引进统计样本的思想,使得心理学的研究具有实实在在的确切意义。这些应该归功于对铁钦纳心理学的科学研究传统的继承和发展。

总的来说,铁钦纳的心理学是沿袭冯特的,接受了冯特科学心理学的基本思想。他把真正的科学心理学带到了美国,并致力于向世人展现一种真正的、纯粹的心理学,他的工作虽然算不上独树一帜,但执著坚守算得上是对他比较中肯的评价。冯特的思想也因为铁钦纳的工作而突破了地域和语言的障碍,从德国走向国际,心理学的魅力为世人所领略。

第二节　历史命运

一、拒绝融合

1. 时代精神——美国心理学的机能主义倾向

美国的文化定向是实用,人们看重的是那些能发挥作用的东西。美国是一个从殖民地发展起来的工农业大国，从殖民地时期起，大量的欧洲移民以及非洲移民、亚洲移民分批移居北美这片富饶的处女地上。这些移民大多既无财富又无权势，主要靠辛勤劳动来维持生活，生活环境的沉重压力迫使他们把采取行动、实干苦干、开拓创新、获取成果放在生活的首位。在这一时期，整个社会特别看重一个人的实际用处，看重一个人对环境的适应能力。美国历史学家特纳(Frederick Jackson Turner)曾这样描述19世纪的美国人："粗犷有力同敏锐而好探索相结合；讲究实际的、富有创造力的思想风格；很快地找到处理问题的办法；巧妙地掌握实质性的东西……有效地实现伟大的目标；好动和精力充沛；十分突出的个人主义……。"①美国在19世纪80年代进入垄断资本主义发展阶段后，更加迫切地体现出对人的能力的重视，注重人的心理能力上的差异和对资本主义发展的价值。显然，冯特和铁钦纳的心理学与这样的时代背景格格不入。归根结底，冯特和铁钦纳的心理学不是一种实用心理学，他们不研究心灵在现实中如何发挥作用，更谈不上去解决日常生活中的问题，也就无所谓实际效用了。美国应用心理学的先驱斯坦利·霍尔曾这样评价这种心理学注定不能适应美国文化："我们需要的是一种能用的心理学，冯特式的思维绝对不能适应这里的环境，因为它们与美国的精神和气质相抵触。"②

美国心理学的机能主义发展倾向，正是美国资本主义发展这一趋势的反映。另外，达尔文进化论中自然选择、优胜劣汰、适者生存的思想也与资本主义自由竞争相适应，因此，为机能主义心理学所汲取。这也是为什么机能主义心理学带有明显的生物学倾向的原因。面向实用的心理学即机能主义作为一个独立的思想学派的建立与铁钦纳心理学的发展是发生在同一时间的。这个历史现象非常的荒谬和奇怪，因为第一代美国心理学家大部分是接受冯特式的心理学的训练，但是他们却极少把冯特的思想带回国。这些新心理学家返回美国以后，着手建立的心理学与冯特所教的几乎没有任何相似之处。正如波林所言："它(美国心理学)的躯壳承受了德国的实验主义，它的精神则得自达尔文。"③

铁钦纳显然不打算向机能主义妥协，他对于美国社会发生的重大变化没有一点兴趣，特立独行的他依然根据自己的设想，执著地发展构造心理学。正如波林所言："铁钦纳仍是站在山峰上的摩西，手持十诫，而'拜金'的

① 舒尔茨著，杨立能等译：《现代心理学史》，人民教育出版社1981年版，第137页。

② Hall, G. S. (1912). *Founders of modern psychology*. New York: Appleton. p. 414.

③ 波林著，高觉敷译：《实验心理学史》，商务印书馆1981年版，第576页。

美国人则围绕着他们的黄金般的机能主义跳舞。”①几乎是不可避免地出现了接下来相互对立的局面，美国的新心理学第一次分裂成两个对立的阵营，即构造心理学和机能心理学。两个阵营之间进行了长期激烈的争论。铁钦纳批评机能主义心理学根本就不是心理学，原因在于它没有坚持构造主义的研究对象和研究方法。在铁钦纳看来，任何一种心理学，只要它偏离了意识元素的内省分析，就不能被称为真正的心理学。而对心理学的这种定义恰恰是机能主义所质疑的。詹姆斯认为，德国科学产生的是毫无结果的“黄铜工具”心理学，实验室中有太多的人工劳动，有大量的测量，产生了有三位小数点的数据，就连实验者本人也承认除了更精确的修正外，没有别的办法。詹姆斯认为，随着心理学越来越缺乏对人类具体经验的关注，心理学正坠入实验主义泥潭的危险之中。詹姆斯倾向于根据以人为中心的原则来界定心理学，认为心理学应与哲学等人文学科保持重要的联系，就像应与物理学等自然科学保持重要联系一样。他认为意识状态是多元的，应该对意识的边缘即下意识或无意识进行研究。正是由于詹姆斯重视对无意识现象的研究，从而促进了“以人为中心”的心理学的发展，而不是以实验室为中心。还有一个核心争论在于机能主义者对于一门纯科学的心理学没有丝毫的兴趣，他们所关注的就是能够用心理学来解决现实中的问题。

铁钦纳是在美国代表德国心理学传统的英国人，他把德国的内容心理学传播到美国并加以发展，形成了对冯特内容心理学的极端化的构造主义心理学，与此同时，美国心理学却大踏步地朝着机能主义方向发展。于是形成了19世纪90年代至20世纪头十年构造主义和机能主义的对立。心理学的发源地在欧洲（德国），铁钦纳把德国的正统的心理学搬到了美国，美国的心理学家在接受了科学主义心理学的基础上，结合美国社会的发展实际，迅速发展形成心理学的新发展方向——机能主义，保证了心理学科学发展的生命力。而构造主义却故步自封，严重脱离其生存的实际，远离美国的时代精神，在不适合的土壤上播种，注定不能成长为参天大树。构造主义最终在心理学的版图中消失，这给后来心理学的发展敲响了警钟，科学的价值体现在对生活的帮助，紧密结合时代背景和主流价值观才能激活心理学强大的生命力。

2. 反对应用——如物理学般的纯科学

如上所述，我们讨论了美国的时代精神对新心理学的改造，催生了机能主义的产生和发展。在此情况下，铁钦纳固守意识经验的元素的研究对象

---

① 波林著，高觉敷译：《实验心理学史》，商务印书馆1981年版，第856页。

和实验内省的研究方法，并认为心理学是一门基础性的纯科学，和物理学、生物学一样属于自然科学的范畴，心理学的研究只能在实验室中通过内省方法进行，除此之外所进行的均不是真正的心理学的研究。为了确保实验心理学作为一种纯科学或基础科学的性质，铁钦纳竭力反对应用心理学。

美国机能心理学的倡导者詹姆斯反对实证主义者的方法中心论，因为坚持方法中心论，就会丢失很多有价值的心理学研究问题，导致心理学与现实生活的脱节。心理学家比约克(D. W. Bjork)认为："詹姆斯不仅接受两端开口的、中间站式的思维方式[①]，而且他也对所接受的各种知识进行内在创新式的整合。"[②]因此，对詹姆斯而言，心理学研究与其说是终点，不如说是一种方法；与其说是最终产品，不如说是一种风格。这也反映了美国人对待科学的态度。科学是一种工具，一种通往进步、财富和权力的途径，而不是科学本身(科学为科学服务)。这与铁钦纳追求科学只为科学本身服务相反。铁钦纳说："科学处理的不是价值，而是事实。"[③]他用唯科学主义的教条精神来研究心理元素，来追寻科学的道路。这导致他的心理学脱离社会生活，不合时宜，与美国本土文化的需要相距很远，因此，铁钦纳的构造主义心理学是短命的，而且基本上是随着铁钦纳的去世一起消失了。英国心理测量专家保罗·凯林(Paul Kline)在其《心理学大曝光——皇帝的新装》一书中指出："学院心理学不涉及那些非心理学家所认为的人类最重要的或最令人感兴趣的东西。我认为，这便是导致学院心理学在提供理论或实际的价值方面失败的原因。学院心理学只不过是一种结果的收集，我不能把它称作为知识，因为它既没有趣味，也没有价值，除了给其他的心理学论证做进一步的研究以外，它没有什么用途。"[④]这句话形象地反映了铁钦纳实验心理学的本质。康奈尔大学所进行的研究与用心理学技术提升教育毫无瓜葛，与治疗精神病人也无关系，这种心理学没有应用的场所。詹姆斯反对这种铁钦纳式的唯科学主义的"方法中心论"。

铁钦纳不情愿地承认不同研究领域的需要，但是却坚持认为它们不属于心理学的组成部分。他把动物心理学、司法心理学、社会和民族心理学、经济心理学，甚至儿童心理学都一起归结为不纯的和不重要的心理学领

① 这是一个形象的比喻，说明詹姆斯愿意接受任何有用的方法。

② Bjork, D. W. (1983). The compromised scientist: William James in the development of American psychology. New York: Columbia University Press, p. 99.

③ 赫根汉著，郭本禹等译：《心理学史导论》，华东师范大学出版社 2004 年版，第 401 页。

④ 保罗·凯林著，郑伟建译：《心理学大曝光——皇帝的新装》，中国人民大学出版社 1992 年版，第 11 页。

域——很明显，不纯是因为它们的主体无法从事内省。他的目标是使用内省法来研究心理过程的纯心理学，仅此而已。

心理学家比约克认为，铁钦纳的实验心理学在科学与生活之间划了一道严格的分界线。而詹姆斯认为，科学和生活是不可分割的一个整体，不能人为地一分为二。詹姆斯认为铁钦纳是一位极棒的老师，但对他的心理学颇有微词，在给玛丽·惠顿·卡尔金斯(Mary Whiton Calkins)的信中，詹姆斯写道："铁钦纳的'科学'心理学的功能(从其结构上来讲，纯粹是一小撮人的意愿)不过是让实验室去运行，并且为某些教授提供平台。除此以外，它比任何经院哲学都虚伪。"①铁钦纳的心理学与冯特的一样，人造痕迹是很重的。尽管詹姆斯没有把铁钦纳和冯特同时提起过，但他对冯特心理学的评价与对铁钦纳的评价如出一辙。"可怜的冯特"，詹姆斯惊呼，"他只是用破坏性的手段假装出来的强人，用一大堆令人恶心的看似合理的演绎介绍粉饰他的变化，妆点他的结论"。② 令詹姆斯厌烦的是他们心理学中的人造成分。在詹姆斯看来，学院派实验心理学家所关注的问题使研究工作远离了充满生命、呼吸、活动和经验的现实世界。

在这种心理学学科走向出现严重分歧的局面下，代表正统的构造主义心理学与代表潮流的机能主义心理学之间开始了长达数年的激烈争辩。最为著名的是铁钦纳与鲍德温、杜威及安吉尔之争。铁钦纳和鲍德温争论的焦点集中在心理学是研究人的人性及个别差异(鲍德温)，还是局限于研究一般化的心理(铁钦纳)，③这也直接导致构造主义与机能主义之争更加明朗化，把美国心理学界划分为两大阵营：构造主义和机能主义。铁钦纳在与杜威的争辩中明确提出构造主义才是心理学的正统，机能主义是建立在构造主义基础上的对心理学的应用，而这种应用心理学正是铁钦纳所激烈反对的，他认为这不符合心理学作为一种类似于物理、化学等的基础科学的性质，不属于心理学的本门。铁钦纳与安吉尔之间的争论集中在三个方面：心理学是关于心理活动的，还是关于心理元素的；心理学是关于意识功用的，还是关于意识结构的；心理学是研究心物关系的，还是身心平行的。

新的美国心理学家以固有的好胜姿态改造了发源于德国的心理学，他们不研究心灵是什么，而是研究心灵做什么。在詹姆斯、安吉尔和卡尔等在

---

① Bjork, D. W. (1983). *The compromised scientist*: *William James in the development of American psychology*. New York: Columbia University Press, pp. 83～84.

② Bjork, D. W. (1983). *The compromised scientist*: *William James in the development of American psychology*. New York: Columbia University Press, p. 84.

③ 波林著，高觉敷译：《实验心理学史》，商务印书馆 1981 年版，第 604 页。

美国大学的实验室中创建机能主义的同时，其他心理学家则开始把心理学应用于大学以外的地方。应用心理学家起初在强大的经济力量的促使下，迅速地把心理学渗透到现实世界的各个领域，工厂、广告公司、法庭、儿童指导诊所、心理健康中心，心理学家活跃的身影四处可见。应用心理学者配合机能主义者一起迅速地改变着美国心理学的性质和面貌。自此，美国心理学在铁钦纳所不愿接受的方向迅猛地发展起来，并很快取代德国的地位成为世界心理学的中心。现在，有关纯学科和应用科学之间的争论在美国心理学中已经不如以前激烈，这应该归功于应用心理学家的贡献。

心理学发展到 20 世纪 20 年代，也就是距冯特正式建立心理学之后还不到 40 年时，心理学已经发生了翻天覆地的变化。所有的心理学家都不再相信内省的价值，以及心理元素的存在和心理学作为一门纯科学的必要性。机能主义心理学正在修改心理学的规则，而其从事心理学研究的方法往往是莱比锡和康奈尔大学所无法接受的。

3. 各显神通——来自行为主义和精神分析的冲击

机能主义是从内部蚕食构造心理学，机能主义者并非有意地摧毁冯特和铁钦纳所经营的一切，而是致力于对它的改造，缝缝补补，然后就产生了新形式的心理学。1913 年，一个新的观点诞生了，公开向构造主义和机能主义发起挑战，即华生所代表的行为主义。华生要仿效冯特，他宣称他的目标就是建立一个新的学派。行为主义主张心理学是行为的科学，而不是意识的内省研究；它既研究人的行为，也研究动物的行为；心理学是纯客观的、实验的自然科学；心理学的目标就是对行为的预测和控制。伴随着 1919 年华生《行为主义者立场的心理学》(*Psychology from the standpoint of a behaviorist*)一书的出版，行为主义就像一股巨浪吞没了美国(铁钦纳语)。很显然，行为主义对传统心理学研究意识内容的否定招致铁钦纳的不满，同样被铁钦纳归类为非心理学的行列。华生的行为主义代言了美国的时代精神，并有效地击败了早期心理学中的主流观点。1926 年，威斯康星大学的一个研究生报告说:“很少有学生听说过冯特和铁钦纳了。”①

从时间上看，精神分析运动与其他心理学思想学派是重叠进行的。1895 年弗洛伊德出版《癔病研究》，标志着心理学的一个新运动在奥地利的维也纳以自己的方式开始了。而这一年，63 岁的冯特已然老迈，28 岁的铁钦纳刚到康奈尔大学两年，其构造主义的筹划才刚刚开始，代表美国时代精

① Gengerelli, J. A. (1976). Graduate school reminiscences: Hull and Koffka. *American Psychologist*, 31. pp. 685～688.

神的机能主义刚刚崭露头角，17 岁的华生还没有开始他的行为主义征程，德国的格式塔心理学的创建人才只有 15 岁。1909 年，弗洛伊德和荣格接受斯坦利·霍尔的邀请参加克拉克大学 20 周年的校庆活动，并就精神分析的主题发表了一系列演讲。这使得精神分析得以开拓一片更为广阔的疆土，在这里人们对弗洛伊德的精神分析表现出大大出乎弗洛伊德本人意料的欢迎和崇敬。自此以后，弗洛伊德对美国大众文化和美国人的意识所产生的巨大影响就立刻凸显了出来。报纸专栏开始大篇幅地介绍有关弗洛伊德的故事，1920 年有关精神分析的书籍已经出版了 200 多本。1924 年，弗洛伊德的照片出现在《时代》杂志的封面上。公众对弗洛伊德所表现出的热情远比学院心理学对弗洛伊德理论的接受要迅速得多。他有关梦的著作如此出名，以至于被流行歌曲作曲家写进了通俗歌曲："不要告诉我你昨夜的梦，因为我一直在读弗洛伊德的著作。"①

伴随着美国本土的机能主义和行为主义的兴起，奥地利的精神分析运动日渐强盛，德国格式塔心理学咄咄逼人，到 20 世纪 20 年代，心理学已经完全超越了铁钦纳对心理学界定的范畴。除了构造主义者自己，几乎所有的心理学家都不再相信内省的价值，以及心理元素的存在和心理学作为一门纯科学的必要性，美国公众特别是年轻一代更感兴趣的是行为主义、精神分析心理学带给他们的震撼，构造主义存在的价值和意义受到了普遍的质疑。

二、黯然逝去

1. 康奈尔的传奇人物

我们在前面已经交代过，铁钦纳是在美国代表德国心理学的英国人，在他身上有着典型的英国印记和德国的痕迹，有些东西为他终生保留，在美国生活的 35 年时间里，始终如一。铁钦纳在康奈尔大学时总是穿着他的牛津大学的袍子讲课。他说，那件袍子"赋予固执己见的权力"②。20 世纪 20 年代，铁钦纳位于俄亥俄州哥伦布住宅的门厅被他的一幅全副学院派盛装的正式肖像占据着。他在莱比锡的两年显然对他今后的人生产生了极其重大

① Fancher, R. (2000). Snapshots of Freud in America, 1899—1999. *American Psychologist*, 55. pp. 1025～1028.

② Boring, E. G. (1952). Edward Garrigues Boring. In: Murchison, C. (ed.). *A History of psychology in autobiography*. New York: Russell & Russell. vol. 4, pp. 27～52.

的影响。来到康奈尔大学以后，他不仅沿袭了冯特的科学心理学思想，而且在实验室的设计，甚至是在日常的生活方式上也仿效冯特。

在上文我们提到铁钦纳在研究和生活领域的独裁和专制风格，特别是在对待他的研究生的具体研究项目上，即使用那些形容专制的、最严厉的词汇来描述他都不过分。但铁钦纳绝对不是一个仅仅只会进行冰冷的理性思考的人。为了使我们更全面地了解铁钦纳的完整形象，我们必须提到下面的一些事迹。铁钦纳能说好几种语言，特别是在晚年为了满足自己收藏古币的兴趣而学习阿拉伯古文和令他头痛脑大的方块字——中文，这种生命不息、学习不止的精神值得世人学习和借鉴。他也是一个才华横溢的健谈者，兼具惊人的热情和同情心。在闻知艾宾浩斯去世的消息后，铁钦纳的失落之情溢于言表，令人为之动容。行为主义的创始人华生被约翰·霍普金斯大学解聘后，生活落魄至极，在这种情况下，即便华生的研究与他本人所倡导的心理学格格不入，但他还是在华生人生极为危难之际适时地伸出了援手，并且他是资助华生的少数几位心理学家之一。综上所述，我们可以认定，铁钦纳是一个有修养、兴趣多样、有文明品位的人。

铁钦纳的个人魅力吸引了更多的学生走上心理学的道路，他前无古人地统治了美国心理学 20 多年，在美国的影响力巨大。因为他的存在，康奈尔大学即使身处偏远的角落，却演变成美国心理学最初瞩目的焦点。即便在他去世后，源于他的大脑还陈列在康奈尔大学心理学系的缘故，铁钦纳的传奇和神秘色彩依然继续着。他俨然成为康奈尔大学校园一个独具传奇色彩的心理学家。

2. 生命的最后阶段

在生命的最后几年里，铁钦纳的性格发生了巨大的变化，沉默寡言成为他大部分时候的状态，在他身上悲伤的色彩日益浓厚。在晚年他再次加入美国心理学会，但却拒绝参加美国心理学会的会议。即使 1925 年美国心理学会在康奈尔大学召开心理学大会，铁钦纳也没有展现他的主人翁姿态，仍然延续不参加会议的一贯作风。即使如此，这却不影响他接见经过挑选的访客。令铁钦纳本人倍感失望的是，未能被选为伦敦皇家学会的会员或者美国国家科学院的成员，并且他从没有得到最渴望的学术职位——牛津大学的心理学教授职位。他认为哈佛大学是美国最具声望的大学，但当哈佛大学于 1917 年向其提供职位时，他却令人费解地拒不接受，选择继续留在康奈尔。

在他去世前的岁月里，心理学正在以其无法接受的方式发生着变化。机能主义和行为主义逐渐成为心理学的主导取向。但是它们使用的不是铁钦纳的方法，因此铁钦纳也从未相信它们是真正的心理学。在《1925年的心理学》一书中，铁钦纳的学生本特利(M. Bentley)发表了三篇论文，构成构造主义的专题。他承认了构造主义的贡献："任何一位了解过去四分之一世纪文献的人，都会认可构造分析立场上一些心理学分支的多产性。"但他又认为，构造主义者已经消失在心理学之中了。他作出结论说："在对这一立场的最终评价中，我们必须认为，如我们在一开始就观察到的一样，它表现为心理学史上的一个结束(closed)篇章。"①1925年，铁钦纳的一名博士麦迪逊·宾利(Madison Bentley，1870—1955)也承认："不再有铁钦纳主义者了。"②

3. 构造主义一朝覆灭

在和冯特一起的两年时间里，铁钦纳的心理学已经形成和确定。也许他的心理学也受到他对自己的知觉的影响，身在异乡为异客，他的主要任务是指导和教学。他从来没有成为美国心理学的一部分，但是在康奈尔大学，他一直都自封是冯特的代表。即使在美国生活了35年，铁钦纳却始终是一个以背景和口音为全部乐趣的英国人。尽管如此，他从未回过英国，甚至没有去度过一次假。就气质而言，他有时看上去比许多德国人更德国人，而实际上他偶尔会被当成德国人，有一次甚至被当成一名德国学生。正如凯勒(F. S. Keller)所说，他始终"从血统上说是英国人，从气质上说是德国人，从栖居地上说是美国人"③。

构造主义提倡纯粹的科学观，忽视了对人格、学习、心理发展和个体差异的研究，并对进化论等学说不感兴趣，这使得它在美国心理学中难以生存下去。连铁钦纳本人也意识到了这一点，1909年他在克拉克大学20周年校庆上指出，构造主义并非心理学领域的主导趋势，实验心理学正为大量应用研究所侵蚀。他说："如果用一句话总结过去10年中心理学的趋势，可以这样回答：心理学已非常明确地倾向应用。"④但铁钦纳本人仍然坚持构造主义的实验精神。罗巴克(A. A. Roback)形象地指出了铁钦纳的处境："铁钦纳

---

① Bentley, M. (1926). The work of structuralists. In: Murchison, C.. *Psychologies of 1925*. Massachusetts: Clark University Press, pp. 400～401,404.

② Bentley, M. (1925). The psychologies called "structural": Historical derivation. In: C. Murchison(Ed.). *Psychologies of 1925 (pp. 383～393)*. Worcester, MA: Clark University Press.

③ Keller, F. S. (1937). The definition of psychology. New York: Appleton-Century-Crofts, 1937. p. 23.

④ Titchener, E. B. (1910). The past decade in experimental psychology. *American Journal of Psychology*, 21, pp. 404～421.

建立了一座象牙塔，他坐在塔顶上，指点着他认为唯一堪称为科学心理学的道路。由于与他的那些在新的小道上正稳步前进的同事脱离开来，并明显与一般的心理学家脱离开来，他的影响只能随着时间的持续而消逝。"[①]与冯特在欧洲的命运一样，构造主义所强调的科学精神得到传播，而它自身则消失在心理学的舞台。到铁钦纳去世的时候，包括铁钦纳自己在内，所有的人都很清楚，他的构造主义已经失败。心理学正在发生变化，而铁钦纳僵化的体系和严格的方法无法适应这种变化，埃德纳·海德布莱德(Edna Heidbreder)对当时的形势做出了精辟的概括："如果如铁钦纳所阐述的那样的心理学在美国无法在某个人的能力的领导下维持自己；如果以先前的声望和一种可敬的学术传统，它无法将自己作为未来心理学的基础并吸收未来的发展——这个事实意义重大。而且揭示这个事实也是不小的成就。"[②]

构造主义在美国最终随着铁钦纳的去世而消失了，原因是多方面的。从学派的继承来说，如同冯特一样，铁钦纳的构造主义并未得到身后学生们的阐发。铁钦纳所培养的博士中，后来闻名于美国心理学界的有波林、华许本、本特利、甘布尔、惠普尔、贝尔德、海斯、费里、达伦巴哈等。这些学生中的大多数人都先后离开了纯粹的实验心理学，转向应用领域，他们甚至在观点上发生转变。例如，惠普尔在教育中倡导使用心理测验。华许本对铁钦纳的元素论不感兴趣，她受到詹姆斯和格式塔心理学的影响，坚持心理的整体性，她在比较心理学领域作出了贡献。本特利受到闵斯特伯格等人的影响，强调研究社会化的人。尽管达伦巴哈忠实于铁钦纳，但他也开始研究儿童或动物的心理，并使用内省之外的其他方法。即使是波林这位最忠实的学生，也逐渐开始承认构造主义的不足，如内省法是存在一定缺陷的。"实验者"俱乐部在铁钦纳去世后改组为美国实验心理学协会，开始较多地讨论动物研究、心理测验等问题。从美国心理学发展的环境来说，机能主义和行为主义逐渐占据心理学的主流，强调对环境的适应成为核心的主张。

铁钦纳的上升、统治和衰落都是耐人寻味的。尽管他著述颇丰而且进行严格的实验研究，但是他的体系还是失败了。铁钦纳的著作和研究在当代心理学文献中很少被引用，仅仅成为一堆历史遗物。

---

① Roback, A. A. (1952). *History of American psychology*. Library Publishers, New York: Collier, p. 184.

② Heidbreder, E. (1933). *Seven psychologies*. New York: Appleton-Century-Crofts, p. 148.

第三节 历史遗产

尽管铁钦纳的构造心理学作为一个心理学流派随着铁钦纳的逝世而消亡,但它作为一种心理学思想其影响却是深远的。铁钦纳对美国心理学思想最持久的影响是他坚持心理学是一门科学,强调实验室是心理学研究的主要资料来源。作为构造主义大本营的康奈尔大学心理学实验室,在铁钦纳的指导下,取得了许多引人瞩目的研究成果,尤其是对感觉的实验研究,揭示了感觉的某些属性,如音高、强度等,这些研究成果已被吸收到现代心理学特别是感觉心理学之中。铁钦纳的构造心理学的历史遗产,不仅表现在它坚持心理学的科学主义精神,还表现在它开创了心理学史上真正意义的学派争鸣,充当了后继学派批判的靶子。

一、科学主义

冯特和铁钦纳是心理学作为一门科学的历史源头,在其中蕴含着现代心理学的一些基本特征。正如心理学史学家墨菲所记述的,在冯特出版《生理心理学原理》和创立心理学实验室之前,心理学不断在生理学、伦理学、认识论的门前迷茫地徘徊,终于有一天它找到了真正属于自己的位置。铁钦纳与冯特虽然在一些具体观点上有所不同,但在关于心理学的科学观、研究对象、研究方法及心身平行论等方面的基本观点是相同的。因此,有心理学史家也把冯特看做是构造主义的先驱,铁钦纳是构造主义的创立者。他们师徒两人开创性的卓越工作奠定了科学心理学的坚实基础。

铁钦纳继承和发展了冯特创立的内容心理学的主要思想,坚持心理学的实验研究方向,有力地推动了心理学的科学研究传统和方向。在1892年铁钦纳到达康奈尔大学后,构造主义开始在美国得到发展。在铁钦纳等人的努力下,构造主义逐渐取得较大的进展,并逐渐在实验心理学领域取得绝对优势地位。1904年,铁钦纳在圣路易斯召开的国际心理学大会上对实验心理学作了总结。① 他区分了心理学研究与心理物理学研究，前者目的在于通过内省考察心理的构造，后者目的在于心理量的确定。铁钦纳认为，当时的心理学已从心理物理学转向心理学。在他看来，构造主义显示出较好的发展势头，在感觉、注意、知觉、记忆、联想和动作等领域进行了大量的研究。研究已表现出从简单心理朝向复杂心理发展的趋向。1909 年，他应邀在克拉克大学 20 周年校庆上总结实验心理学的状况，认为构造主义的研究依然是丰富的，尤其在注意和思维领域进行了系统的研究。1915 年，鲁克米克(C. Ruckmich)考察了 10 年内的实验心理学，得出内省研究论文大约为非内省论文的 2.5 倍的结论，涉及感觉、知觉、情感、记忆和识别等。可以看出，构造主义依然在实验心理学领域占据优势地位。② 1917 年，为纪念铁钦纳从事心理学研究 25 周年，他的同事和学生出版了《心理学研究》，集中展现了构造主义的研究成果，涉及绝对音高的记忆、意义意识、颜色结合的情调、视觉节律、睡眠后的时间判断、眼睛对波长的非彩色反应的选择性及随光强度的变化、触觉辨别及对缪勒—莱耶尔错觉的易感性等主题。正如海德布莱德所说："这是一个简单的历史事实，正是铁钦纳所教的这种心理学，正是这种以德国实验室为中心的事业，使心理学第一次被承认为一门科学。"③

铁钦纳的主张是，心理学是一门纯实验科学，目的在于发现人类意识的基本构造。他执著坚持系统的实验内省是其首要方法，鉴于实验内省的严格要求，使得被试的选择只能局限于目的高度明确的成年观察者。由此可见，在铁钦纳的设想中，心理学是"一般的成人心理"的科学。这种先入为主的设定导致两个直接后果：其一，铁钦纳对心理的个体差异不感兴趣；其二，他将使用儿童、动物和精神病患者的所有研究排除在他的心理学大门之外，因为他们永远都不可能正确地内省。除此之外，为了保证心理学的纯科学的性质，铁钦纳还将诸如工业心理学和教育心理学之类的应用课题排除在他的领域之外。尽管如此，铁钦纳的这种狭隘背后蕴藏着一个主要而持久的贡献，即促进了实验室中以严密控制为特征的实验心理学的发展。尽管他特有的内省法已经退出舞台，但是他坚持以基本实验研究为心理学提供基础知识的价值，从而为实验在所有开设心理学课程的学院和大学中争得

① Titchener, E. B. (1905). The problems of experimental psychology, *American Jouranl of Psychology*, 16, pp. 208～224.

② Ruckmich, C. (1916). The last decade of psychology in review. *Psychological Bulletin*, 13, pp. 109～120.

③ 舒尔茨著，杨立能等译：《现代心理学史》，人民教育出版社 1981 年版，第 111 页。

了一席之地。恰如一位史学家所言，正是铁钦纳“使得心理学科学化——因为他将心理学限制在实验室之中并通过控制条件下的实验得出结论。”①

铁钦纳着力推动形成的构造主义心理学是在继承冯特内容心理学的基础上发展的，开创了科学主义心理学的先河，并与布伦塔诺通过意动心理学开创的人文主义心理学共同构成此后近一个世纪以来心理学发展的两条主线。并且心理学的科学主义路线后来经过行为主义和认知心理学的发展，始终是心理学发展的主流。从现代认知心理学运动中，我们仍看到铁钦纳所倡导的实验研究精神。因此，构造主义作为科学心理学的原初形态，其中蕴含的内在特质流传了下来，并为现代心理学所保存。

二、学派争鸣

铁钦纳的心理学成就了美国心理学发展史上第一次学派之间的对立，这也成为了今后美国心理学发展的基本脉络。德国的莱比锡大学是科学心理学的起源地，欧洲是当时世界心理学的中心，冯特所代表的内容心理学和布伦塔诺所代表的意动心理学之间的思想争论是心理学发展的动力，也是作为新生儿的科学心理学的发展所必须经历的，因为在心理学学科的基本框架中的很多问题还没有取得共识，争论、辩论甚至是对峙就成为发展的必由之路。

铁钦纳在冯特的内容心理学的基础上，进一步发展形成的构造主义，并且自始至终坚守这块阵地，明确地划定构造主义与其他心理学派，尤其是美国机能主义之间的界限，导致了美国心理学史上的第一次心理学派别的对立。构造心理学派和机能心理学派的形成，各自明确表达自己的观点，按照自己的法则开展实验研究，形成严密的理论体系，这些都大大推动了心理学的发展。因此，在一定意义上来说，科学心理学的发展史就是一部学派的对立、斗争和融合的历史。

铁钦纳的心理学是独立于美国心理学之外的。构造主义作为一个体系最终失败了，主要是因为内省方法的缺陷，更是因为铁钦纳绝不妥协地坚称他的方法是唯一的。

---

① Hindeland, M. J. (1971). Edward Bradford Titchener: A pioneer in perception. *Journal of the History of the Behavioral Sciences*, 7. pp. 23～28.

三、发展根基

伴随着冯特莱比锡实验室的名气日益提升，到莱比锡追随他学习实验心理学的学生遍布世界各地，包括英国、法国、俄国、日本、保加利亚、尼日利亚等多个国家，除了他培养的50多位博士研究生外，更有大量的学生在莱比锡感受了这种与众不同的学术氛围。在19世纪末20世纪初，冯特的学生把莱比锡的实验心理学带到了美国——这个未来世界心理学的发展中心。但是，其中的大部分学生并没有沿着冯特的内容心理学的方向继续走下去，越来越多的学生转向了机能主义心理学，致力于心理学的应用。铁钦纳是例外的一个，他是冯特的直接授业弟子，深受其影响。正如舒尔茨所指出的："在莱比锡的两年，决定了铁钦纳在心理学上的前途，决定了他许多未来学生的前途，而且在一定程度上也决定了多年来美国心理学的发展方向。"①如前文所述，铁钦纳在沿袭冯特基本的科学主义心理学思想的基础上，融入自己的观点和见解，并进一步发展形成了构造主义学派，这个学派成为美国心理学发展历史中最为重要的起点，它把冯特正统的心理学思想和范式移植进美国的土壤，即使因为发展者个人的执著坚持导致了最终的水土不服，但这丝毫不损其作为美国心理学发展的根基作用。

这种根基最为重要的体现是，美国后来发展形成的各种心理学思想和流派均是针对铁钦纳的构造主义。铁钦纳心理学提供一个相当强有力的正统体系，扮演着批评的靶子的角色，从相反的角度贡献了自身机体的能量。机能主义反对构造主义研究意识的结构，主张研究意识的机能；行为主义反对它研究意识，主张研究行为；格式塔心理学反对它研究意识的元素，主张研究意识的整体；精神分析则从它研究意识转向研究无意识。这些较新发展的学派之所以存在，在很大程度上应归功于对构造主义所开创的心理学的进一步改造。前进的运动往往需要某种反作用力，正是得益于构造主义者的观点，才使心理学远远越过它原来的边界而前进。就像海德布莱德所指出的："铁钦纳的心理学对发展美国心理学起了主要作用，这不仅由于它有着杰出的连续不断的成就，而且它有着壮烈的和足以使人得到启发的失败。"②铁钦纳的工作继承并延续了一种科学主义心理学的研究传统，这个研究传统的存在，使得科学主义心理学在新的土壤上的发展能够找到最起码

① 舒尔茨著，杨立能等译：《现代心理学史》，人民教育出版社1981年版，第88页。
② 舒尔茨著，杨立能等译：《现代心理学史》，人民教育出版社1981年版，第112页。

的根基和基准点。正如波林在《实验心理学史》中所指出的，“构造主义是基准点”，铁钦纳的去世，构造主义也随之烟消云散，一时间使得心理学的格局发生震动，机能主义者再也找不到争辩的对手，众多学派争鸣的局面发生了变化。

得益于构造主义体系的众多学派中，尤其要提到机能主义心理学，它开创性地提出了心理学的价值在于应用，与作为纯粹学院派的实验室心理学针锋相对。铁钦纳的构造心理学一开始就开宗明义地提出其研究对象只能是意识的结构，把心理学界定为一门纯科学，激烈地反对威廉·詹姆斯等人关于意识机能的研究，反对应用心理学。他在《构造心理学的公设》一文中界定了构造主义与机能主义之间的关系，并明确指出机能心理学虽然有用，但必须建立在构造心理学的基础之上，好比生物科学的生理学要建立在形态学的基础之上一样。铁钦纳的这种做法，大大限制了心理学的研究范围，严重脱离了生活实际而丧失了发展的生命力，并因此遭到了很多人的反对，这其中就包括他的很多学生。这也最终导致了构造主义的消亡。从这个角度来说，这种限定对于构造主义来说是消极的，但却间接催生了美国的机能主义的发展，并形成了心理学发展历史上的第一次学派之争——构造主义和机能主义的对立。这符合科学发展的规律，即一个极端的、偏激的思想观点，却可能导致另外一个进步思想的诞生。

代结语

内容心理学在中国的传播与研究

一、1949 年之前内容心理学在中国的传播与研究

“五四运动”前后，曾到欧美留学的一些心理学者归国之后，对西方心理学流派进行了大量的介绍，其中就包括对冯特和铁钦纳的心理学思想的介绍。当时北京大学校长蔡元培，曾聆听冯特的心理学、实验心理学和民族心理学课程，他听了三次冯特的实验心理学课程，深受冯特心理学的影响。他支持另一位也受到冯特影响的教授陈大齐，于 1917 年在北京大学建立了中国第一个心理学实验室。蔡元培后来任中央研究院院长期间，对中央研究院心理学所的建立和发展也起到重要的推动作用。北京大学另一位教授唐钺早年留学美国，就在康奈尔大学以铁钦纳为师，深受他的影响。可以说，北京大学是当时传播内容心理学派的重要基地。

这个期间翻译出版内容心理学的著作有：冯特的《心理学导言》(吴松皋译，1923)和铁钦纳的《心理学》(金公亮译，1931)。一些心理学工作者还撰文介绍和评述内容心理学的学说。陈大齐的《德国心理学派略说》(1922)一文概述了德国近代心理学的四大学派：重视统觉的莱比锡学派；依附英国的联想说，非难冯特的哥廷根学派；重视意识现象的分析与叙述的柏林学派；折中纯粹心理学与实验心理学的符茨堡学派。黄公觉的《近代心理学大家文德史略暨著述》(1922)对冯特的学说进行了介绍。孙婉华的《冯德》(1936)一文介绍了冯特生平、学说的对象、方法和任务，尤其按冯特思想发展分四个时期分别论述冯特的知觉理论、原素混合说、感情三度说、统觉说，认为冯特引起全世界对心理实验的兴趣，使心理学成为一门自然科学。谢循初的《铁钦纳的心理学》一文，对铁钦纳的著作和主张作了评述。章颐年的《铁钦纳》(1936)一文介绍了铁钦纳如何成为冯特的忠实信徒，并通过重

点介绍《心理学教科书》来论述铁钦纳的学说。1936 年,《心理季刊》分别在创刊号和第二期刊出冯特和铁钦纳的照片。内容心理学在中国的早期传播,对中国心理学的早期建设有一定的影响。在心理学教科书的内容上,"关于心理学的对象与方法就与冯特所持的看法相似",甚至在"知觉"一章还包括冯特的"统觉"。例如,陈大齐在我国第一部大学心理学教材《心理学大纲》中,认为:"科学的心理学以经验为主","内省法为心理学特有的研究方法","自理论上言之,要以构造的心理学之态度为合乎科学的研究法"。[①] 在实验研究方面,我国早期也大多偏重神经生理研究,与冯特所开创的生理心理学领域是相契合的。

二、1949 年之后内容心理学在中国的传播与研究

为纪念冯特建立世界上第一个心理学实验室(1879)一百周年,中国心理学会开展了大规模的评价冯特工作。从 1977 年 1 月开始成立评冯工作组,收集、选译有关冯特的著作、资料,组织对冯特心理学业绩的研究与评论。历时三年多,撰写评冯论文 50 余篇,选译(包括译自英、德、法、俄、日五种文字)资料 30 多种,总计 100 万字以上。[②] 这次评冯工作,就其内容来说,从冯特的学术经历到冯特心理学产生的时代背景;从冯特心理学体系的理论、观点到对象、方法;从冯特心理学的贡献及其局限性到它的经验教训,评论的范围相当广泛,涉及的问题相当众多。我国老一辈心理学家潘菽亲自组织和领导了这次评冯工作。这次评冯工作不仅仅是简单地评价一位心理学家冯特,更是在国际范围内总结百年来心理学发展的历史经验。潘菽、陈立等人撰写的《冯特与中国心理学》一文代表中国心理学会在国际心理学会联合会,于 1980 年在莱比锡举行的纪念冯特建立世界上第一个心理学实验室一百周年国际会议上作了报告。因此,中国的评冯工作,是国际纪念心理学诞生百年、重新评价冯特工作的一部分,产生了一定的国际影响,中国心理学也从此重新走上国际舞台,迈入新的发展征程。我国对冯特心理学的研究和评论主要集中在下述六个基本理论问题。

1. 冯特心理学的哲学基础

荆其诚于 1958 年出版了《冯德和铁钦纳的构造心理学派的理论基

① 潘菽、陈立、王景和、陈大柔:《威廉·冯特与中国心理学》,《心理学报》,1980 年第 4 期,第 367～376 页。

② 潘菽:《评论冯特,开展心理学百年经验的总结》,《心理学报》,1980 年第 2 期,第 28～29 页。

础——对于一个心理学派的历史评述》一书，系我国第一部研究内容心理学的专著。他指出，冯特心理学的哲学基本观点属于马赫主义。我们看到，有一根线关联在冯特、马赫、阿芬那留斯、铁钦纳之间。由于马赫主义渗透到心理学中来，20世纪的西方各个心理学派别都或多或少地贯穿着实证主义的观点。

车文博(1979)认为，冯特心理学的哲学基础比较复杂，不能简单化和单一化，是各种哲学的混合体。既有英国贝克莱和休谟的唯心主义经验论，又有德国叔本华和尼采的唯意志论；既有奥地利马赫和阿芬那留斯的经验批判论，又有荷兰斯宾诺莎和莱布尼茨的心身二元论；既有奥古斯丁的内省法，又有孔德的实证论；既有康德和赫尔巴特的统觉论，又有苏格兰布朗和约翰·穆勒的心理化学理论。但主要哲学基础则是马赫主义。他指出，冯特的"直接经验论"是马赫主义经验批判论的反映，冯特的"心理元素论"是马赫主义要素论的体现，冯特的"内省法"是马赫主义内省论的表现。

陈大柔(1979)认为，对冯特的世界观的形成应从发展观点去分析。冯特早期在海德堡大学的工作，表明他当时是一个唯物主义者，后期才滑向唯心主义。他那混乱的唯心主义观点在早期已有萌芽，以致海克尔在其《宇宙之谜》一书中指出，冯特的《人类和动物的心理学讲演录》的第一版还是纯粹的一元论和唯物主义的，第二版却成为二元论和唯心主义的了。

潘菽(1984)认为，冯特所宣扬的是一种"经验心理学"，其实就是唯心主义的经验论，在一定程度上也是一种形而上学的心理学，但在他的主观唯心论中往往掺进了一些唯物主义的观点。这种说法可代表对冯特心理学哲学思想的一般观点。唐钺(1982)从冯特的意志论出发，认为冯特的世界观是客观唯心主义，但由于他主张身心平行论，就从一元的唯物论转到二元论了。王丕(1979)则力排众议，认为冯特心理学是"一元的唯物主义"的，并在某种程度上含有某些自发的辩证唯物主义因素，可见，冯特心理学的哲学思想是混乱的，因此对其看法很不一致。

潘菽(1980)认为，在评介冯特心理学的哲学基础时应注意以下两点：(1)要区别他的早期与晚期的思想(以1875年为界)。他在早期为一朴素唯物主义者，后期则陷入混乱的观点之中。(2)要区别对待心理学和哲学。就整个世界观而言，他是"抱着混乱的唯心主义观点"；就心理学的某些观点而言，其中有一些唯物论成分和辩证因素。我们不能把哲学和科学二者简单地等同起来。

2. 冯特心理学的理论体系

一般的说法是，冯特心理学体系是由心理学的对象、目的、任务、方法等组成的。陈泽川(1979)进一步具体地说它的个体心理学体系的构成包括心理学的对象、心理学的方法、意识元素的分析、心理过程和身心平行论等部分。

李汉松(1988)认为,冯特心理学体系包括关于心理元素或意识结构学说、关于统觉学说以及关于心理规律学说等。他指出,冯特心理学体系兼收并蓄,以英国经验主义联想心理学、德国统觉学说和法国传统的生理学为基础,形成了一个基本上唯心主义二元论的结构。

沈德灿(1982)认为,冯特心理学体系是内容心理学,主要包括:(1) 研究直接经验的科学;(2) 身心平行论;(3) 要素分析与创造性综合;(4) 实验内省法;(5) 感情三度说;(6) 意志心理学;(7) 个体心理学与民族心理学。

潘菽(1984)认为,冯特心理学体系依次解决三个问题:第一是关于心理复合的分析;第二是弄清由分析所发现的元素所产生的结合;第三是对这种结合的形成中起作用的规律的探索。因此,它是一个"构造心理学"的方案。

王启康(1980)认为,冯特心理学体系中虽包括唯心主义哲学观点以及对各种心理现象及其关系等的说明,但在体系内部存在着一些科学成分,如关于心理过程性的思想,关于对心理的分析综合的思想,关于基本心理过程分类的思想以及关于心理发展规律的思想等,这是他的心理学体系中的"合理内核",但也是这个体系中的矛盾所在。

郑强(1983)认为,冯特是从生理学家到哲学家再到心理学家的。冯特在创造心理学科的独立性上,在对心理研究的全面性上,以及在心理学体系内的逻辑一致性上都表现了鲜明的整体性思想。但是,由于他的哲学观点是唯心主义形而上学,所以他以整体性建立起来的心理学体系在一些地方显得庞杂重复,难以给人一种统一的理解。

综上所述,冯特心理学体系正如大多数人所说是混乱的、矛盾的,具有折中主义的特征。但他作为一个科学家,力图使心理学成为一门独立科学,在其具体研究工作中,又体现出一些自发的唯物主义思想和辩证法因素,也就不足为奇了。

3. 冯特心理学的方法论

荆其诚(1958)早就指出,冯特所用的"自我观察"和"内部知觉"是内省的同义语。内省主义的方法论是由唯心主义经验论演绎而来,但这种内省法以实验为条件在一定程度上推动了实验心理学的发展。高觉敷(1979)也明确指出,冯特的内省是与他的直接经验的"直接的、非派生的"唯心主义观点一脉相承的。

车文博(1979)认为,内省法是冯特心理学的根本研究方法,其哲学基础是马赫主义的唯心主义内在论。内省法贯穿于他的整个心理学研究之中，实验法只是作为内省法的辅助手段。冯特之所以把内省法提到方法论的高度，是由于他关于心理学的对象和任务的唯心主义世界观的本质决定的。这充分表现了冯特的主观唯心主义的世界观和方法论的统一，也反映了他的唯心主义心理学同唯物主义心理学在方法论上的对立。

沈德灿(1980)认为，不应把冯特和铁钦纳构造派的古典内省与唯心主义等同起来。内省实际上就是"自然观察"，其特点在于它的实验性。从历史角度来看，古典内省有其积极意义。但由于古典内省脱离了客观世界，以致看不出主观印象的形成、发展和演变的线索，无法研究复杂的记忆、思维过程。总之，冯特的唯心主义和形而上学观点与他想建立一门科学心理学以及将科学方法引入心理学中的做法是矛盾的。

潘菽(1984)指出，冯特的实验心理学强调在方法上应与自然科学相同，主要应为实验与观察。冯特强调了二者的共同性，但忽视了二者的特殊性。实验(有控制的观察)只能取得感性知识，得不到理性知识。冯特在方法论上的要害有三：一是他的唯方法论；二是他的方法通用论；三是他片面强调实验法。这些都是形而上学的见解。

综上所述，冯特企图利用自然科学(主要是生理学)的实验室方法对人的心理过程进行有控制的内省观察，本无可厚非，但由于他把心理学的研究对象视为由基本元素组成的直接经验，脱离了生活实际，不能反映真实的客观存在，反而使他的实验内省法蒙上了主观唯心主义的阴影。

4. 冯特的身心平行论

荆其诚(1958)指出，19 世纪后半期盛行的唯心主义世界观不允许充分承认身体的作用，所以当时的实验心理学的一些奠基人——费希纳、洛采、赫尔姆霍茨、海林以及冯特都没有超越斯宾诺莎和莱布尼茨，而提出所谓的身心平行论，力图使唯心主义与自然科学相吻合，结果导致冯特制定了他的精神因果律。

潘菽(1984)指出，冯特对于身心关系的理解还谈不上是身心平行论，因为他所说的只是"从不同的角度看到的同一事物或同一变化"，这算什么平行论呢？所以他的平行论只能完全是主观唯心主义的虚妄之谈。

王景和(1980)对冯特的身心平行论作了比较深入的分析。他指出，冯特的身心平行论包括四个方面的内容：一是对同一经验的两种观点的平行论；二是两种因果系列的平行，即心理不依赖身体，不依赖脑，二者平行而不能转换，只是做相应的协调；三是平行论的有效性；四是平行性与互补性。从以上四个方面所得的结果只能说明冯特的身心平行论的思想基础是反对心理是脑的机能，反对心理是客观现实的反映。但他又指出，冯特的身心平行论也有其积极意义与影响。它捍卫了心理学独立存在的权利，促进了心理学的大量实验研究，从而促进了心理学的发展，并奠定了身心医学和自我反馈以及现代脑与意识关系的研究起点。

陈大柔(1980)持一种相反的意见，认为冯特是任何二元论的强烈反对者。其理由是，冯特是在肯定“心理现象和物理现象之间存在确定关系的一切场合下”来论述平行论的，他是在肯定“心理生活的躯体基础”的前提下，主张对人的意识可以用生理学和心理学不同的方法和从不同的水平去研究这种身心平行论，是方法论或认识论而不是本体论，不能等同于二元论。

由上述可见，对于身心平行论的表现形式以及冯特是否是身心平行论者，都可作进一步探讨。

5. **冯特心理学中的统觉和意志问题**

在冯特心理学体系中，统觉占有重要位置。潘菽(1984)评论说，冯特所说“统觉”的内容包括很广，从较高级的知觉一直到全部思想活动，但实际上主要指的是较高级的知觉。这样一来，他就把思想看做是一种最高级的知觉了。这就抹杀了思维的特殊性。

林传鼎(1980)认为，统觉是冯特心理学体系中不可或缺的一个环节。冯特不仅认为统觉贯穿于认识的全部过程，而且以为人的性格、气质和才能都需要统觉的参与。他把统觉当成一个重要的系统概念加以阐述，结果使冯特将心理学变成二元论和唯心主义的了。尽管如此，冯特的统觉论在现代心理学中表现了很强的渗透力。如学习心理、教育心理、发生认识论以及信息加工认知心理学都留下了统觉论的痕迹。这很可能是因为冯特的统觉论在某些方面反映了客观现实的辩证法。

熊冬炎(1980)在分析了统觉概念的内涵之后，提出这个统摄一切心理过程的统觉来源于何处。他认为，在冯特心理学中，意志是一种纯精神力量，统觉受意志的支配，于是就成为客观规律的具有创造性的精神来源了。

应该看到，冯特心理学中的统觉说和意志论是密切联系着的。冯特的意志论概括了心理的一切，在他的心理学体系中占有特殊的地位。冯特明确指出，反射活动的生物学运动也是意志目的性的表现，低等动物的运动也是意志活动，有意识动作由反射逐步发展而来。因此，唐钺(1982)认为，冯特是把他的哲学意义上的意志主义应用于其心理学体系之中。荆其诚(1958)评论说，冯特抹杀了外在世界对意志的决定性作用，在身心平行论的总原则下，意志是脑以外的活动，意志是不以自然规律为转移的、支配一切的动力。

对于冯特的意志论，我国心理学者大都以为它来源于叔本华和尼采的唯意志论，是纯粹的主观唯心主义。但李旭(1982)认为，对冯特的意志论作出全盘否定是不公允的。他在分析了冯特心理学的意志过程与其他心理过程的关系，以及将冯特的意志概念与康德和叔本华的意志概念作了比较后指出，冯特的意志论不但剖析了构成意志的各种因素，而且在一定程度上揭示了意志的本质特点和发生发展的规律以及意志与认识过程、情感过程和个性心理特征之间的辩证关系，例如他的意志论特点强调了意志的目的性和主动性。

值得一提的是，王丕(1981)认为，冯特明确认为情感和意志密不可分，从而把心理活动区分为认识活动(感性观念)与情意活动(情感活动)两大范畴，并且在一定程度上把二者视为统一的意识过程的两个方面。他的情意说已含有意识的主动性因素，在说明意识的本质方面迈进了一步。

6. **冯特心理学的贡献及其影响**

一般认为，冯特在心理学史上功不可没。荆其诚(1958)早就指出："构造派倡导'实验心理学'、'生理心理学'，对于心理学成为一门独立的科学起到了推动的作用，并促进对心理学问题的实验研究。"[①]陈元晖(1979)曾指出，冯特是"哲学史上的侏儒，心理学史上的汉子"。心理学是随着方法学的突破而发展的。构造主义使得实验心理学得以诞生，是方法学上的一次革命，开创了心理学的新时代。[②]

车文博(1979，1987，1992，1996)对冯特心理学的评价得到较普遍的认同。他认为，冯特虽是一个混乱的唯心主义者，其心理学体系内部也充满矛盾，但仍不愧为现代科学心理学的创始人，开辟心理学史上的新纪元。冯特的突出贡献：一是开辟了一个科学的新领域，使心理学成为一门独立的科学；二是建立了世界上第一个心理学实验室，开创了实验心理学；三是培养了一支心理学的专业队伍，建立了一个国际性的心理学派。他对冯特这"三立"的历史功绩的论述，已被《西方近代心理学史》教科书所采纳。

李汉松(1980)认为对历史人物及其遗产应作具体历史分析。从科学实践观点上看，冯特作出的历史贡献：一是革新了心理学研究方法，为内省创造了一套精密的实验法；二是确立了一批典型的实验项目，推动了世界各地建立了很多心理实验室；三是奠定了心理实验室雏形，为国际心理学造就一代新人；四是探索了心理研究的范围及其分支；五是研究了心理学在科学体

① 荆其诚：《冯特和铁钦纳的构造心理学派的理论基础》，科学出版社 1958 年版，第 54 页。
② 陈元晖：《论冯特》，上海人民出版社 1979 年版，第 16 页。

系中的位置。另一方面，陈泽川(1979)指出，冯特心理学也为后来的传统心理学带来了不少负面的影响，如他主张身心平行论，把身和心、精神和物质看成是两个不可比较的过程，使后来的心理学难以摆脱这种束缚；而且使一些心理学家以为心理学可以只研究心的一端，结果只专心于内省分析去了。

潘菽(1984)在评论冯特心理学之后总结说，归纳起来，冯特心理学的要害有二：一是错误地把心理学对象归结为直接经验；二是片面地认为科学方法在方法论上的共同性，致使心理学利用了生理学实验室的方法建立了“实验心理学”。这两点为后来的心理学奠定下了基调，画下了框框，危害很大。但冯特的心理学也有一些正确的可取之处，如冯特认为人是生理和心理的统一体；强调人类与社会及历史发展的联系。他有意识让自己的实践在“民族心理学”的研究方面突破了实验法。总之，他对近代心理学的建立，既有功也有过，既有成功也有失败。

对于冯特心理学的上述评论，只限于他的个体心理学部分。冯特曾花了 20 年时间写成了他的《民族心理学》，共达 10 卷之多。我国心理学学者很少接触这部原著，所以这方面的评述很少。冯特的民族心理学也具有完整的体系，值得我们去深入发掘冯特的社会心理学或文化心理学思想。但沈德灿(1982)指出，冯特的民族心理学体系同样没有建构成功。冯特虽然承认历史的发展，但他仅将文化产物的史料分类比较和初步概括，所以只能得出表面的甚至错误的结论。

我们认为，从历史唯物主义的观点来看，冯特虽抱有混乱的唯心主义思想，但他所创立的实验心理学以及他毕生所建立的心理学方面的事业，在心理科学发展史上的巨大功绩是不可磨灭的。①

① 孙名之：《西方心理学史研究》，见王甦、林仲贤、荆其诚主编：《中国心理科学》，吉林教育出版社 1997 年版，第 365～369 页。

参考文献

中文文献

艾宾浩斯著，曹日昌译：《记忆》，科学出版社1965年版。

奥康诺著，洪汉鼎等译：《批评的西方哲学史》，东方出版社2005年版。

北京大学心理系编：《当代心理学评述》，辽宁人民出版社1991年版。

北京大学哲学系外国哲学史教研室编译：《十八世纪末—十九世纪初德国哲学》，商务印书馆1975年版。

波林著，高觉敷译：《实验心理学史》，商务印书馆1981年版。

布伦南著，郭本禹等译：《心理学的历史与体系》，安徽人民出版社2009年版。

查普林、克拉威克著，林方等译：《心理学的体系和理论》，商务印书馆1983年版。

常若松：《从恩格斯的预言到冯特的胜利》，《辽宁师范大学学报》（社会科学版），1994年第1期。

常若松：《幻象：冯特以来一百多年的追求》，《辽宁师范大学学报》（社会科学版），1992年第4期。

车文博：《二十世纪西方心理学发展的轨迹及其未来的走向》，《社会科学战线》，1995年第5期。

车文博：《论冯特在心理学史上的主要贡献》，《社会科学战线》，1979年第2期。

车文博主编：《西方心理学思想史》，湖南教育出版社2007年版。

车文博著:《透视西方心理学》,北京师范大学出版社 2007 年版。

车文博著:《西方心理学史》,浙江教育出版社 1998 年版。

车文博著:《意识与无意识》,辽宁人民出版社 1987 年版。

陈大柔:《海德堡时期的冯特对心理科学的贡献》,《心理学报》,1979 年第 3 期。

陈立:《从冯特的实验心理学到现代的差异心理学——官能心理学与因素分析的评述》,《浙江大学学报》(理学版),1986 年第 3 期。

陈舒永:《和内省有关的几个问题》,《心理学报》,1988 年第 2 期。

陈元晖著:《论冯特》,上海人民出版社 1979 年版。

陈泽川:《冯特的心理学体系中存在的一些矛盾》,《河北师范大学学报》(哲学社会科学版),1978 年第 2 期。

陈泽川:《冯特个体心理学体系的评介——兼论其历史影响》,《河北师范大学学报》(哲学社会科学版),1979 年第 1 期。

范中有:《科学心理学诞生的知识社会学背景》,《晋阳学刊》,2004 年第 3 期。

冯特著,李维、沈烈敏译:《人类与动物心理学论稿》,浙江教育出版社 1997 年版。

冯特著,叶浩生、贾林祥译:《人类与动物心理学讲义》,陕西人民出版社 2003 年版。

高峰强:《科学主义心理学的理论误区探析》,《自然辩证法通讯》,2002 年第 3 期。

高峰强:《论科学主义心理学的基本原则与立场》,《华东师范大学学报》(教育科学版),2000 年第 3 期。

高觉敷:《心理学的哲学问题与神经生理学的研究》,《心理科学》,1981 年第 1 期。

高觉敷主编:《西方近代心理学史》,人民教育出版社 1982 年版。

高觉敷主编:《西方心理学史论》,安徽教育出版社 1995 年版。

高觉敷主编:《心理学大百科全书·心理学史》,中国大百科全书出版社 1985 年版。

高觉敷著,郭本禹编:《高觉敷心理学文选》,人民教育出版社 2006 年版。

高申春:《德国心理学的理论性质及其发展道路》,《社会科学战线》,2003 年第 2 期。

高申春:《冯特心理学遗产的历史重估》,《心理学探新》,2002 年第 1 期。

高申春:《论冯特〈心理学的救亡图存〉一书的历史意义》,《内蒙古民族大学学报》(社会科学版),2003年第3期。

高申春:《十九世纪下半叶德国心理学的理论性质》,《长春市委党校学报》,2001年第5期。

高申春:《心理学:危机的根源与革命的实质——论冯特对后冯特心理学的关系》,《吉林大学社会科学学报》,2005年第5期。

古德温著,郭本禹等译:《现代心理学史》,中国人民大学出版社2008年版。

管延华:《意动心理学与内容心理学之比较》,《广东教育学院学报》,2003年第4期。

郭本禹主编:《当代心理学的新进展》,山东教育出版社2003年版。

郭本禹主编:《西方心理学史》,人民卫生出版社2007年版。

郭本禹主编:《心理学经典人物及其理论》,安徽人民出版社2005年版。

郭本禹主编:《心理学通史·第四卷·外国心理学流派(上)》,山东教育出版社2000年版。

郭秀艳著:《实验心理学》,人民教育出版社2004年版。

郭永玉:《论物理学作为心理学的榜样》,《教育研究与实验》,2002年第4期。

海克尔著,上海外国自然科学哲学著作编译组译:《宇宙之谜》,上海人民出版社1974年版。

赫根汉著,郭本禹等译:《心理学史导论》,华东师范大学出版社2004年版。

亨特著,李斯译:《心理学的故事》,海南出版社1999年版。

胡礼遇:《论民族心理学的研究对象》,《广西民族学院学报》(哲学社会科学版),1986年第2期。

胡万年:《康德与冯特的科学心理学》,《巢湖学院学报》,2005年第2期。

霍瑟萨尔著,郭本禹等编译:《心理学史》,人民邮电出版社2009年版。

贾艾斯著,戴斌荣译:《心理学的历史》,黑龙江科学技术出版社2007年版。

蒋明澄:《评波林的〈实验心理学史〉》,《心理学探新》,1989年第4期。

金志成:《关于内省问题几次争论的评说》,《心理学报》,1989年第4期。

荆其诚:《心理学发展的道路》,《心理科学》,1982年第4期。

荆其诚著:《冯特和铁钦纳的构造心理学派的理论基础》,科学出版社1958年版。

凯林著，郑伟建译：《心理学大曝光——皇帝的新装》，中国人民大学出版社 1992 年版。

康拉德·雷施格等：《蔡元培在莱比锡大学》，《应用心理学》，1996 年第 2 期。

兰德著，唐钺译：《西方心理学家文选》，科学出版社 1959 年版。

乐国安：《心理物理学的发展和现状评述》，《心理学报》，1984 年第 1 期。

黎黑著，李维译：《心理学史》，浙江教育出版社 1998 年版。

黎黑著，刘恩久等译：《心理学史——心理学思想的主要趋势》，上海译文出版社 1990 年版。

李汉松：《冯特在心理科学实践上的历史贡献及其现实意义》，《心理学报》，1980 年第 2 期。

李汉松编著：《西方心理学史》，北京师范大学出版社 1988 年版。

李汉松著：《心理学的故事》，中央编译出版社 2006 年版。

李旭：《试论冯特的意志论》，《福建师范大学学报》（哲学社会科学版），1982 年第 3 期。

李铮：《关于西方心理学开创时期几个问题的重新评价》，《心理科学》，1999 年第 3 期。

里德著，李丽译：《从灵魂到心理——心理学的产生，从伊拉斯马斯·达尔文到威廉·詹姆斯》，生活·读书·新知三联书店 2001 年版。

林崇德、杨治良、黄希庭著：《心理学大辞典》，上海教育出版社 2003 年版。

林传鼎：《冯特统觉论简评》，《心理学报》，1980 年第 2 期。

刘恩久：《实验心理学史评介》，《南京师范大学学报》（社会科学版），1983 年第 1 期。

刘恩久等编著：《心理学简史》，甘肃人民出版社 1986 年版。

刘恩久著，郭本禹整理：《现代西方哲学与心理学》，南京师范大学出版社 2002 年版。

刘恩久著：《冯特的成果，冯特的民族心理学思想》，南京师大教育科学研究所 1990 年。

刘恩久著：《评冯特〈民族心理学〉中论国家、社会的问题——为中国心理学会第二届年会（1978）而作》，《吉林师范大学学报》（人文社会科学版），1979 年第 1 期。

刘兆吉：《评冯特研究心理学的道路——兼谈我国培养心理学工作者的设想》，《西南师范大学学报》（人文社会科学版），1980 年第 2 期。

吕大吉著:《西方宗教学说史》,中国社会科学出版社 2005 年版。

吕森林:《论心理学史上的一次革命——实验心理学的诞生及其意义》,《辽宁师范大学学报》(社会科学版),1996 年第 6 期。

罗继才著:《欧美心理学史》,华中师范大学出版社 2002 年版。

马欣川主编:《现代心理学理论流派》,华东师范大学出版社 2003 年版。

莫雷主编:《20 世纪心理学名家名著》,广东高等教育出版社 2002 年版。

墨菲、柯瓦奇著,林方、王景和译:《近代心理学历史导引》,商务印书馆 1980 年版。

牛保明:《冯特的统觉观浅析》,《殷都学刊》,1996 年第 4 期。

潘菽、陈立、王景和、陈大柔:《威廉·冯特与中国心理学》,《心理学报》,1980 年第 4 期。

潘菽:《评论冯特,开展心理学百年经验的总结》,《心理学报》,1980 年第 2 期。

潘菽著:《潘菽心理学文选》,江苏教育出版社 1987 年版。

潘永祥、李慎著:《自然科学发展史纲要》,首都师范大学出版社 1996 年版。

佩韦:《心理学界纪念冯特建立心理实验室一百周年》,《心理学报》,1980 年第 4 期。

彭景训:《冯特和实验心理学》,《天津师范大学学报》(社会科学版),1980 年第 4 期。

匹尔斯柏立著,陈德荣译:《心理学史》,商务印书馆 1931 年版。

申荷永:《关于心理学史研究中的几个问题》,《心理科学》,1991 年第 3 期。

沈德灿:《试评冯特心理学的古典内省》,《心理学报》,1980 年第 2 期。

沈德灿:《心理学与内省》,《心理学报》,1986 年第 3 期。

沈德灿等编著:《西方心理学史简编》,光明日报出版社 1990 年版。

沈庆华:《浅谈实验心理学的形成建立及其对心理科学发展的意义》,《西北师范大学学报》(社会科学版),1989 年第 2 期。

史密斯著,郭本禹等译:《当代心理学体系》,陕西师范大学出版社 2005 年版。

世谨著:《宗教心理学》,知识出版社 1989 年版。

舒尔茨等著,叶浩生译:《现代心理学史》(第八版),江苏教育出版社 2005 年版。

舒尔茨著,杨立能等译:《现代心理学史》,人民教育出版社 1981 年版。

宋书文:《西方现代心理学派评介》,《广西大学学报》(哲学社会科学版),1982 年第 2 期。

孙名之著:《西方心理学史研究》,见王甦、林仲贤、荆其诚主编:《中国心理科学》,吉林教育出版社 1997 年版。

孙晔:《德国心理学概述》,《心理学报》,1980 年第 1 期。

唐钺:《铁钦纳的存在主义》,《心理学报》,1979 年第 1 期。

唐钺编:《西方心理学史大纲》,北京大学出版社 1982 年版。

陶宏斌、郭永玉:《实证主义方法论与现代西方心理学》,《心理学报》,1997 年第 3 期。

铁钦纳著,李丹译:《系统心理学:绪论》,浙江教育出版社 2001 年版。

瓦伊尼等著,郭本禹等译:《心理学史:观念与背景》,世界图书出版公司北京公司 2009 年版。

王景和:《冯特身心平行论研究》,《心理学报》,1980 年第 2 期。

王丕、杜王香:《冯特心理学辩证因素初探》,河南师范大学学报(哲学社会科学版),1979 年第 2 期。

王丕:《论冯特心理活动的"二分法"》,《心理学报》,1981 年第 1 期。

王启康:《对冯特心理学体系的初步评价》,《心理学报》,1980 年第 2 期。

王启康:《冯特心理学体系试评》,《华中师范大学学报》(自然科学版),1979 年第 1 期。

王启康:《试论心理学史上的意动和内容之争——对一场争论的重新评价》,《华中师范大学学报》(人文社会科学版),1987 年第 1 期。

王映学:《意义学习与机械学习辩证论——从艾宾浩斯的无意义音节谈起》,《河西学院学报》,1998 年第 1 期。

吴佳男:《内容抑或意动——浅析西方心理学史上第一次思想之争》,《济宁师范专科学校学报》,2006 年第 1 期。

吴伟士著,谢循初译:《西方现代心理学派别》,人民教育出版社 1962 年版。

希尔贝克等著,童世骏等译:《西方哲学史——从古希腊到二十世纪》,上海译文出版社 2004 年版。

向前:《构造主义心理学的内省法述略》,《湖南农业大学学报》(社会科学版),2005 年第 3 期。

欣茨曼著,韩进之等译:《学习与记忆心理学》,辽宁科学技术出版社 1986 年版。

熊冬炎:《冯特心理学的统觉说》,《辽宁师范大学学报》(社会科学版),

1980 年第 2 期。

熊冬炎:《略论冯特心理学》,《辽宁师范大学学报》(社会科学版),1979 年第 3 期。

熊哲宏主编:《西方心理学大师的故事》,广西师范大学出版社 2006 年版。

雅罗舍夫斯基著,陆嘉玉等译:《心理学史》,上海译文出版社 1997 年版。

杨清著:《现代西方心理学主要派别》,辽宁人民出版社 1980 年版。

杨文兵:《实验心理学的产生》,《昭乌达蒙族师专学报》,2001 年第 3 期。

杨晓:《经验论与近代西方心理学的产生》,《辽宁师范大学学报》(社会科学版),1994 年第 2 期。

杨鑫辉:《蔡元培在中国现代心理学史上的先驱地位与贡献》,《心理科学》,1998 年第 4 期。

杨鑫辉主编:《西方心理学名著提要》,江西人民出版社 1998 年版。

杨鑫辉主编:《心理学探新论丛》,南京师范大学出版社 2001 年版。

杨鑫辉主编:《新编心理学史》,暨南大学出版社 2003 年版。

杨学仁等著:《生命科学发展史》,武汉大学出版社 1990 年版。

杨治良著:《心理物理学》,甘肃人民出版社 1988 年版。

叶浩生:《还历史的本来面目:冯特新探》,《心理学探新》,1989 年第 2 期。

叶浩生主编:《西方心理学的历史与体系》,人民教育出版社 1998 年版。

叶浩生主编:《西方心理学研究新进展》,人民教育出版社 2003 年版。

叶一舵:《关于内省问题争论的再认识》,《福建师范大学学报》(哲学社会科学版),1995 年第 1 期。

张春兴著:《心理学思想的流变——心理学名人传》,上海教育出版社 2002 年版。

张厚粲著:《行为主义心理学》,浙江教育出版社 2005 年版。

张焕庭:《冯特心理学简评》,《南京师范大学学报》(社会科学版),1978 年第 3 期。

张世富:《冯特的〈民族心理学〉:体系、理念及本土意义》,《西北师范大学学报》(社会科学版),2004 年第 1 期。

张世富:《冯特的〈民族心理学〉》,《昆明师范高等专科学校学报》,1991 年第 3 期。

张述祖等审校:《西方心理学家文选》,人民教育出版社 1983 年版。

张肖松著:《心理学史》,巨流出版社 1981 年版。

张智君、唐日新:《知觉与行为分离现象在二维铁钦纳错觉实验中的验证》,《心理学报》,2005 年第 1 期。

章益:《略论冯特创建心理学实验室以来心理学的研究方法》,《山东师范大学学报》(人文社会科学版),1980 年第 1 期。

赵莉茹等著:《心理学史》,团结出版社 1989 年版。

中国科学院心理研究所、中国心理学会编:《潘菽全集》(第三卷),人民教育出版社 2007 年版。

周宁:《心理主体的回归——重新评价冯特》,《心理学探新》,2000 年第 1 期。

朱智贤著:《朱智贤心理学文选》,人民教育出版社 1989 年版。

邹大炎:《评冯特的身心平行论》,《河北师范大学学报》(哲学社会科学版),1978 年第 3 期。

邹艳春:《心理学科独立的背景分析》,《江西社会科学》,2001 年第 10 期。

外文文献

Abel, T. M. (1978). An experience during the last year of the life of E. B. Titchener. *American Psychologist*, Vol. 33(8).

Adams, G. (1931). Titchener at Cornell. *American Mercury*, 2.

Alspach, E. M., Titchener, E. B. & Weld, H. P. (1916). Minor studies from the psychological laboratory of Cornell University: XXVII. Simplicity versus complexity of color hues. *The American Journal of Psychology*, Vol. 27(2).

Anderson, R. J. (1980). Wundt's prominence and popularity in his later years. *Psychological Research*, 42.

Angell, F. (1921). Wilhelm Wundt. *The American Journal of Psychology*, 32.

Angell, F. (1928). Titchener at Leipzig. *Journal of General Psychology*, 1.

Arnheim, R. (1986). The other Gustave Theodor Fechner. In: R. Arnheim. *New essays on the psychology of art*. Berkeley, CA: University of California Press.

Ash, M. G. (1980). Academic politics in the history of science: Experimental psychology in Germany, 1879—1941. *Central European History*, 13.

Ash, M. G. & Woodward, W. R. (eds.). (1987). *Psychology in twentieth-century thought and society*. Cambridge: Cambridge University Press.

Balk, M. M. (1983). Wilhelm Wundt's publication record: A re-examination. *Storia e Critica della Psicologia*, Vol. 4(1).

Bassett, M. F., Warne, C. J., Titchener, E. B. & Weld, H. P. (1919). Minor studies from the psychological laboratory of Cornell University: On the lapse of verbal meaning with repetition. *The American Journal of Psychology*, 30(4).

Behrens, P. J. (1980). An edited translation of the first dissertation in experimental psychology by Max Friedrich at Leipzig University in Germany. *Psychological Research*, 42.

Bejat, M. (1982). Wilhelm Wundt and the beginnings of experimental psychology in Romania. *Revue Roumaine des Sciences Sociales-Série de Psychologie*, Vol. 26(2).

Ben-David, J., Collins, R. (1966). Social factors in the origins of a new science: the case of psychology. *American Sociological Review*, 31.

Benjamin, L. T. (ed.)(1980). *A history of psychology*. New York, NY: McGraw-Hill.

Benjamin, L. T., et al. (1992). Wundt's American doctoral students. *American Psychologist*, 47.

Bentley, I. M. & Titchener, E. B. (1904). Ebbinghaus' explanation of beats. *The American Journal of Psychology*, Vol. 15(1).

Birch, L. G. & Titchener, E. B. (1897). Minor studies from the psychological laboratory of Cornell University: A study of certain methods of distracting the attention. Distraction by odors. *The American Journal of*

Psychology, Vol. 9(1).

Bjork, D. W. (1983). *The compromised scientist: William James in the development of American psychology*. New York: Columbia University Press.

Blumental, A. L. (1975). A reappraisal of Williem Wundt. *American Psychologist*.

Blumental, A. L. (1979). The founding father we never knew. *Contemporary Psychology*, 24.

Blumenthal, A. L. (1985). Wilhelm Wundt: psychology as the propaedeutic science. In: Buxton, C. E. (ed.). *More about Wundt's doctorate students*. Orlando, FL: Academic Press.

Blumenthal, A. L. (1998). Leipzig, Wilhelm Wundt, and psychology's gilded age. In: G. A. Kimble & M. Wertheimer (eds.). *Portraits of pioneers in psychology*, Vol. 3. Washington, DC, US: American Psychological Association.

Bolger, E. M. & Titchener, E. B. (1907). Some experiments on the associative power of smells. *The American Journal of Psychology*, Vol. 18(3).

Boring, E. G. & Lindzey, G. (1967). *A history of psychology in autobiography* (Vol. 5). New York: Appleton-Century-Crofts.

Boring, E. G. (1921). The stimulus error. *The American Journal of Psychology*, 32.

Boring, E. G. (1927). Edward Bradford Titchener, 1867—1927. *The American Journal of Psychology*, 38.

Boring, E. G. (1929). *A history of experimental psychology*. New York: The Century Company.

Boring, E. G. (1933). *The physical dimensions of consciousness*. New York: Century.

Boring, E. G. (1934). Edward Bradford Titchener. *Encyclopedia of the Social Sciences*, 14.

Boring, E. G. (1937). Titchener and the existential. *The American Journal of Psychology*, 50.

Boring, E. G. (1938). Titchener on meaning. *Psychological Review*, Vol. 45(1).

Boring, E. G. (1942). *Sensation and Perception in the history of Experimental psychology*. New York: Appleton-Century-Crofts.

Boring, E. G. (1950). *A history of experimental psychology* (2nd ed.). New York: Appleton-Century-Crofts.

Boring, E. G. (1953). A history of introspection. *Psychological Bulletin*, 50.

Boring, E. G. (1953). The role of theory in experimental psychology. *The American Journal of Psychology*, 66.

Boring, E. G. (1954). Psychological factors in scientific progress. *American Scientist*, 42.

Boring, E. G. (1961). *Psychologist at large: an autobiography and selected essays*. New York: Basic Books.

Boring, E. G. (1963). *History, psychology, and science: selected papers*. (*R. I. Watson & D. T. Campbell, Eds.*). New York: John Wiley.

Boring, E. G. (1965). On the subjectivity of important historical dates: Leipzig, 1879. *Journal of the History of the Behavioral Sciences*, 1.

Boring, E. G. (1967). Titchener's Experimentalists. *Journal of the History of the Behavioral Sciences*. Volume 3, Issue 4.

Boring, E. G. & Titchener, E. B. (1923). A model for the demonstration of facial expression. *The American Journal of Psychology*, 34.

Boring, E. G., Langfeld, H. & Weld, H. (eds.) (1948). *Foundations of psychology*. New York: Wiley & Sons.

Boswell, F. P., Foster, W. S., Titchener, E. B. & Weld, H. P. (1916). Minor studies from the psychological laboratory of Cornell University: XXIX. On memorizing with the intention permanently to retain. *The American Journal of Psychology*, Vol. 27(3).

Brennan, J. F. *History and systems of psychology*(影印版),北京大学出版社 2004 年版。

Brett, G. S. (1953). *History of psychology*. New York: Macmillan.

Bringmann, W. et al. (eds.)(1997). *Pictorial history of psychology*. New York: Oxford University Press.

Bringmann, W. G. & Tweney, R. D. (eds.)(1980). *Wundt Studies: a centennial collection*. Toronto: C. J. Hogrefe.

Bringmann, W. G. & Ungerer, G. A. (1980). Experimental vs. educational psychology: Wilhelm Wundt's letters to Ernst Ivieumann. *Psychological Research*, 42.

Bringmann, W. G. & Ungerer, G. A. (1980). The foundation of the institute for experimental psychology at Leipzig University. *Psychological Research*, 42.

Bringmann, W. G., Balance, W. D. G. & Evans, R. B. (1975). Wilhelm Wundt 1832—1920: A brief biographical sketch. *Journal of the Behavioral Sciences*, 11.

Bringmann, W. O. (1973). *Information about Wundt and Freud in introductory textbooks and histories of Psychology*. Unpublished Manuscript, University of Windsor.

Bringmann, W. (1975). Wundt in Heidelberg 1845—1874. *Canadian Psychological Review*, 16.

Bringmann, W. (1979). *Graduate study in experimental psychological in the early days of Wundt's laboratory*. Invited paper read at International Wundt Symposium, Karl-Marx-University, Leipzig (GDR), October 31-November 2.

Bringmann, W. & Balance, W. (1973). W. Wundt vs. Münsterberg: Roback's version challenged. *American Psychologist*, 28.

Bringmann, W. & Ungerer, G. (1980). An archival journey in search of Wilhelm Wundt. In: L. Pongratz and J. Brozek(eds.). *Historiography of psychology*. Göttingen: Hogrefe.

Brock, A. (1992). Review of Christine M. Schneider's Wilhelm Wundt's Völkerpsychologie. *Contemporary Psychology*, 37.

Brock, A. (1993). Something old, something new-the reappraisal of Wundt in textbooks. *Theory and Psychology*, 3.

Broek, J. & Pongratz, L. J. (eds.)(1980). *Contemporary historiography of psychology*. Toronto: C. J. Hogrefe.

Brogden, W. J. (1953). Forty-ninth meeting of the society of experimental psychologists. *The American Journal of Psychology*, Vol. 66, No. 3.

Brown, A. J., Titchener, E. B. & Weld, H. P. (1916). Minor studies from the psychological laboratory of Cornell University: Some uses of artificial daylight in the psychological laboratory. *The American Journal of Psychology*, Vol. 27(3).

Brown, L. B. & Fuchs, A. H. (1971). Early experimental psychology in New Zealand: The Hunter-Titchener letters. *Journal of the History of the Behavioral Sciences*, Vol. 7(1).

Brozek, J. (1984). *Explorations in the history of psychology in the United States*. Cranbury, NJ: Associated University Press.

Brožok, J. (1980). The echoes of Wundt's work in the United States, 1887—1977: A quantitative research. *Psychological Research*, 42.

Bruce, D. V. (1972). The German university and the development of experimental psychology. *Journal of the History of the Behavioral Science*, No. 2.

Burton, G. (2001). The tenacity of historical misinformation: Titchener did not invent the Titchener illusion. *History of Psychology*, Vol. 4(3).

Cahan, D. (ed.) (1995). *Hermann von Helmholtz: science and culture*. Chicago: University of California Press.

Caldwell, W. (1898). Professor Titchener's view of the self. *Psychological Review*, Vol. 5(4).

Calkins, M. W. (1906). A reconciliation between structural and functional psychology. *Psychological Review*, 13.

Calkins, M. W. (1910). Professor Titchener on the thought processes. *Psychological Bulletin*, Vol. 7(9).

Carl, P. (1980). Wundt's schema of sensory affect in the light of research on gustatory preference. *Psychological Research*, 42.

Carnes, M., Shearer, L. C., Titchener, E. B. & Weld, H. P. (1916). Minor studies from the psychological laboratory of Cornell University: XXVIII. Mechanical versus manual stimulation in the determination of the cutaneous two-point limen. *The American Journal of Psychology*, Vol. 27(3).

Carpenter, S. K. (2005). Some neglected contributions of Wilhelm Wundt to the psychology of memory. *Psychological Reports*, Vol. 97(1).

Cattell, J. M. (1928). Early psychological laboratories. *Science*, 67.

Cha, Jae-ho. (1983). Wilhelm Wundt and his psychological laboratory as seen by his Japanese students. *Korean Journal of Psychology*, Vol. 4(1).

Charles, H. J. (1905). Radical empiricism and Wundt's philosophy. *Journal of Philosophy, Psychology and Scientific Methods*, Vol. 2, No. 7.

Chou, S. K. (1932). Psychological laboratories in China. *The American Journal of Psychology*, Vol. 44, No. 2.

Cook, H. O. & Titchener, E. B. (1899). Minor studies from the psychological laboratory of Cornell University: fluctuation of the attention to musical tones. *The American Journal of Psychology*, Vol. 11(1).

Cowdrick, M., Titchener, E. B. & Boring, E. G. (1917). Minor studies from the psychological laboratory of Cornell University: The Weber-Fechner law and Sanford's weight experiment. *The American Journal of Psychology*, Vol. 28(4).

Curtis, J. N., Foster, W. S., Titchener, E. B. & Weld, H. P. (1917). Minor studies from the psychological laboratory of Cornell University: size vs. intensity as a determinant of attention. *The American Journal of Psychology*, Vol. 28(2).

Dallenbach, K. M. (1913). The measurement of attention. *The American Journal of Psychology*, 24.

Dallenbach, K. M. (1928). Bibliography of the writings of Edward Bradford Titchener: 1917—1927. *The American Journal of Psychology*, 40.

Dallenbach, K. M. (1931). The psychological laboratory of Cornell University. *The American Journal of Psychology*, Vol. 43, No. 2.

Danziger, K. (1979). The positivist repudiation of Wundt. *Journal of the History of the Behavioral Sciences*, 15.

Danziger, K. (1979). The social origins of modern psychology. In: A. R. Buss (ed.). *Psychology in social context*. New York: Irvington.

Danziger, K. (1980). The history of introspection reconsidered. *Journal of the History of the Behavioral Sciences*, 16.

Danziger, K. (1980). Wundt's psychological experiment in the light of his philosophy of science. *Psychological Research*, 42.

Danziger, K. (1990). *Constructing the subject: historical origins of psychological research*. Cambridge: Cambridge University Press.

Danziger. (2001). Sealing off the discipline: Wilhem Wundt and the psychology of memory. In: C. D. Green & M. Shore (eds.). *The Transformation of Psychology: influences of 19th-century philosophy, technology, and natural science*. Washington, D. C.: American Psychological Association.

David, E. L. (1980). One hundred years of experimental psychology: An American Perspective. *Psychological Research*, 42.

Davies, A. E. (1912). Discussion: professor Titchener's theory of memory and imagination. *Psychological Review*, Vol. 19(2).

Dazzi, N. & Ferruzzi, F. (1980). Wundt, Titchener, and American psychology. *Storia e Critica della Psicologia*, Vol. 1(1).

Delaski, E., Titchener, E. B. & Weld, H. P. (1918). Minor studies from the psychological laboratory of Cornell University: XLII. the psychological attitude of Charles Dickens towards surnames. *The American Journal of Psychology*, Vol. 29(3).

Delaski, E., Titchener, E. B. & Weld, H. P. (1916). Minor studies from the psychological laboratory of Cornell University: III. on perceptive forms below the level of the two-point limen. *The American Journal of Psychology*, Vol. 27(4).

Dimmick, F. L., Titchener, E. B. & Weld, H. P. (1916). Minor studies from the psychological laboratory of Cornell University: II. on cutaneous after-images. *The American Journal of Psychology*, Vol. 27(4).

Dunlap, K. (1912). The case against introspection. *Psychological Review*, 19.

Ebbinghaus, H. (1885). *On memory*. Leipzig: Duncker & humblot.

Ebbinghaus, H. (1902). *The principles of psychology*. Leipzig: Veit.

Ebbinghaus, H. (1964). *Memory: A contribution to experimental psychology*. New York: Dover.

English, G., Titchener, E. B. & Weld, H. P. (1916). Minor studies from the psychological laboratory of Cornell University: I. on the psychological response to unknown proper names. *The American Journal of Psychology*, Vol. 27(3).

Evans, L. R. (1990). *Defining American psychology: The correspondence between Adolf Meyer and Edward Bradford Titchener*. Baltimore: Johns Hopkins University Press.

Evans, R. B. (1972). E. B. Titchener and his lost system. *Journal of the History of the Behavioral Sciences*, No. 8.

Evans, R. B. (1975). The origins of Titchener's doctrine of meaning. *Journal of the History of the Behavioral Sciences*, Vol. 11(4).

Evans, R. B. (1984). E. B. Titchener and American experimental psychology. *Revista de Historia de la Psicolog a*, Vol. 5(1—2).

Evans, R. B. (1991). Tichener on scientific psychology and technology. In: G. A. Kimble, M. Wertheimer & C. White (eds.). *Protraits of pioneers in psychology*.

Fagan, T. K. (1996). Witmer's contributions to school psychological services. *American Psychologist*, 5.

Fancher, R. (2000). Snapshots of Freud in America, 1899—1999. *American Psychologist*, 55.

Farr, R. M. (1983). Wilhelm Wundt (1832—1920) and the origins of psychology as an experimental and social science. *British Journal of Social Psychology*, 22.

Fechner, G. (1987). My own viewpoint on mental measurement (1887). *Psychological Research*, 49.

Fechner, G. (1990). The little book of life after death. *Journal of Pastoral Counseling: An Annual*.

Fechner, G., Marshall, M. E., Wundt, W. & Bringmann, W. (1997). The founding of scientific psychology: Gustav Fechner and Wilhelm Wundt. In: Ludy T. Jr Benjamin (ed.). *A history of psychology: original sources and contemporary research* (2nd ed.). Mcgraw-Hill Book Company.

Fernberger, S. W. (1952). Some European psychological laboratories: 1951. *The American Journal of Psychology*, Vol. 65, No. 4.

Flugel, J. (1933). *A hundred years of psychology* (1833—1933). New York: Macmillan.

Frederic, W. H. M. (1893). Professor Wundt on hypnotism and suggestion. *Mind, New Series*, Vol. 2, No. 5.

French, F. C. (1902). Mental imagery of students: a summary of the replies given to Titchener's questionary by 118 juniors in Vassar College. *Psychological Review*, Vol. 9(1).

Furumoto, L. (1988). Shared knowledge: The Experimentalists, 1904—1929. In: J. G. Morawski (ed.). *The rise of experimentation in American psychology*. New Haven, CT: Yale University Press.

Garvey, C. R. (1929). List of American psychological laboratories. *Psychological Bulletin*, 26.

Gates, E. J., Titchener, E. B., Weld, H. P. (1915). Minor studies from the psychological laboratory of Cornell University: on intensive and qualitative judgments of high sensations. *The American Journal of Psychology*, Vol. 26(2).

Gengerelli, J. A. (1976). Graduate school reminiscences: Hull and Koffka. *American Psychologist*, 31.

Goodwin, C. J. (1985). On the origins of Titchener's experimentalists. *Journal of the History of the Behavioral Sciences*, Vol. 21(4).

Goodwin, C. J. (2005). *A history of modern psychology* (2nd). John Wiley & Sons, Inc.

Greenwood, J. D. (1999). From völkerpsychologie to cultural psychology: the once and future discipline? *Philosophical Psychology*, 12(4).

Greenwood, J. D. (2003). Wundt, Völkerpsychologie, and experimental social psychology. *History of Psychology*, 6(1).

Gregory, A. K. & Michael, W. (eds.). (1991). *Portraits of pioneers in psychology* (*Volume* 3). London: Lawrence Relbaum Associates, Publishers.

Hall, G. S. (1912). *Founders of modern psychology*. New York: Appleton.

Hall, G. S., Sanford, G. C. & Titchener, E. B. (1985). Editorial. *The American Journal of Psychology*, Vol. 7(1).

Harper, R. S. (1950). The first psychological laboratory. *Chicago Journals*, 41(124).

Healy, D. (1993). One-hundred years of psychopharmachology. *Journal of Psychopharmacplogy*, 7.

Hearnshaw, L. S. (1964). *A short history of British psychology*,

1840—1940. New York: Barnes and Noble.

Hearst, E. J. (ed.). *The first century of experimental psychology*. Hillsdale, NJ: Lawrence Erlbaum Associates.

Heidbreder, E. (1933). *Seven psychologies*. New York: Appleton-Century Co.

Henle, M. (1971). Did Titchener commit the stimulus error? The problem of meaning in structural psychology. *Journal of the History of the Behavioral Sciences*, 7.

Henle, M. (1974). E. B. Titchener and the case of the missing element. *Journal of the History of the Behavioral Sciences*, 10.

Hergenhahn, B. R. (2000). *An introduction to the history of psychology* (4th *ed.*). Wadsworth Publishing.

Hilgard, E. R. (1978). *American psychology in historical perspective: Addresses of the Presidents of the American Psychological Association*, 1892—1977. Washington: APA.

Hilgard, E. R. (1987). *Psychology in America: A historical survey*. Orlando, FL: Harcourt Brace Jovanovich.

Hindland, M. J. (1971). Edward Bradford Titchener: A pioneer in perception. *Journal of the History of the Behavioral Science*, Vol. 7.

Hoff, P. (1998). Emil Kraepelin and forensic psychiatry. *International Journal of Law and Psychiatry*, 21.

Hoisington, L. B., Titchener, E. B. & Boring, E. G. (1917). Minor studies from the psychological laboratory of Cornell University: an example of the fractionation of data from the method of constant stimuli for the two-point limen. *The American Journal of Psychology*, Vol. 28(4).

Holt, E. B. (1911). *Founders of modern psychology*. New York: Appleton.

Holt, E. B. (1911). Titchener's psychology. *Psychological Bulletin*, Vol. 8(1).

Hothersall, D. (2004). *History of psychology* (4th ed.). Boston: McGraw Hill Companies, Inc..

Howe, H. C., Hill, A. B., Watanabe, R. & Titchener, E. B. (1894). Minor studies from the psychological laboratory of Cornell University: 'Mediate' association; 'Sensorial' and 'Muscular' reaction. *The*

American Journal of Psychology, Vol. 6(2).

Hume, D. (1962). *On human nature and the understanding*. New York: Macmillan.

Hunt, M. (1994). *The story of psychology*. Pearson Inc. Vancouver.

Jablensky, A., Hugler, H., von Cranach, M. & Kalinov, K. (1993). Kraepelin revisited: a reassessment and statistical analysis of dementia praecox and manicdepressive in sanity in 1908. *Psychological Medicine*, 23.

Jones, C. B. (2005). Where is the Wilhelm Wundt of the Anthropologists? *Psyccritiques*, Vol. 50 (44).

Josef, Brožek. (1980). The echoes of Wundt's Work in the United States, 1887—1977: a quantitative citation analysis. *Psychological Research*, 42.

Kant, I. (1783). *Prolegomena to any future metaphysics*. Indianapolis: Hackett.

Keller, F. S. (1937). *The definition of psychology*. New York: Appleton-Century-Crofts.

Kerlinger, F. N. (1964). *Foundations of behavioral research*. New York: Holt, Rinehart & Winston.

Knox, H. W. & Titchener, E. B. (1894). Minor studies from the psychological laboratory of Cornell University: IV. on quantitative determination of an optical illusion. *The American Journal of Psychology*, Vol. 6(3).

Krantz, D. L. (1969). The Baldwin-Titchener controversy. In: D. L. Krantz(Ed.). *Schools of psychology: A symposium*. New York: Appleton Century Crofts.

Krech, D. (1968). Titchener on experimental psychology. *American Psychologist*, Vol. 23(5).

Krohn, W. O. (1892). Facilities in experimental psychology at the various German Universities. *The American Journal of Psychology*, Vol. 4, No. 4.

Kwok, R. M. & Braddick, O. J. (2003). When does the Titchener circles illusion exert an effect on grasping? Two-and three-dimensional targets. *Neuropsychologia*, Vol. 41(8).

Langfeld, H. S. (1911). Review of Titchener's psychology: A Textbook of Psychology. *The Journal of Abnormal Psychology*, Vol. 6(3).

Langfeld, H. S. (1911). Titchener's system of psychology. *Monist*, 21.

Larson, C. A. & Sullivan, J. J. (1965). Watson's relation to Titchener. *Journal of the History of the Behavioral Sciences*, 1(4).

Lawrence, E. M. (1980). Psychophysical judgment: Wundt's theory revisited. *Psychological Research*, 42.

Leahey, T. H. (1979). Something old, something new: Attention in Wundt and modern cognitive psychology. *Journal of the History of the Behavioral Sciences*, 15.

Leahey, T. H. (1981). The mistaken mirror: on Wundt's and Titchener's psychologies. *Journal of the History of the Behavioral Sciences*, 17.

Leahey, T. H. (1990). *A history of psychology*. Englewood Cliffs, NJ: Prentice-Hall.

Leahey, T. H. (1997). *A history of psychology: main currents in psychological thought* (4th ed.). New Jersey: Pearson Education.

Leahey, T. H. (2001). *A history of psychology: main currents is psychological thought* (5th ed.). Englewood Cliffs, NJ: Prentice-Hall.

Leary, D. E. (1979). Wundt and after: psychology's shifting relations with the natural sciences, social sciences, and philosophy. *Journal of the History of the Behavioral Sciences*, 15.

Leys, R. & Evans, R. B. (eds.). (1990). *Defining American psychiatry: the correspondence between Adolf Meyer and Edward Bradford Titchener*. Baltimore: Johns Hopkins University Press.

Locke, J. (1706). *An essay concerning human understanding*. New York: Penguin Books.

Mackenzie, B. D. & Mackenzie, S. L. (1974). The case for a revised systematic approach to the history of psychology. *Journal of the History of the Behavioral Sciences*, 10.

Major, D. R. & Titchener, E. B. (1898). Minor studies from the psychological laboratory of Cornell University: cutaneous perception of form. *The American Journal of Psychology*, Vol. 10(1).

McWhirter, P. T. & McWhirter, J. J. (1997). Lightner Witmer: father and grandfather. *American Psychologist*, 52.

Michael, M. S. (1972). Psychology at Victorian Cambridge: The unofficial laboratory of 1887—1888. *Proceedings of the American Philosophical Society*, Vol. 116, No. 2.

Miles, W. (1928). Titchener film. *Journal of General Psychology*, 1.

Miller, G. A. (1962). *Psychology: The science of mental life*. New York: Harper & Row.

Mischel, T. (1970). Wundt and the conceptual foundations of psychology. *Philosophy and Phenomenological Research*, 31.

Misiak, H. & Sexton, V. S. (1966). *History of psychology*. New York: Grune & Stratton.

Mitchell G. A. (1980). Experimental psychology in Germany before 1914: aspects of an academic identity problem. *Psychological Research*, 42.

Mitra, S. C. (1932). Life of Wilhelm Wundt. *Indian Journal of Psychology*.

Modell, J. D., Rich, G. J., Titchener, E. B. & Weld, H. P. (1915). Minor studies from the psychological laboratory of Cornell University: a preliminary study of vowel qualities. *The American Journal of Psychology*, Vol. 26(3).

Müller & Pilzecker. (1900). *Experimental contributions to the theory of memory*. New York: Basic Books.

Müller, U., Fletcher, P. C. & Steinberg, H. (2006). The origin of pharmacopsychology: Emil Kraepelin's experiments in Leipzig, Dorpat and Heidelberg(1882—1892). *Psychopharmacology*, 184.

Murchison, C. (ed.). (1925). *Psychologies of 1925*. Massachusetts: Clark University Press.

Murchison, C. (1928). Edward Bradford Titchener: editorial note. *Journal of General Psychology*, 1.

Murchison, C. (ed.). (1930). *Psychologies of 1930*. Worchester, MA: Clark University Press.

Murchison, C. (ed.). (1932). *A history of psychology in autobiogra-*

phy(Vol. 2). Clark University Press.

Murchison, C. (ed.). (1952). *A history of psychology in autobiography*(Vol. 4). New York: Russell & Russell.

Murphy, G. (1929). *An historical introduction to modern psychology*. New York: Harcourt, Brace and Company.

Murphy, G. & Kovach. J. K. (1972). *Historical introduction to modern psychology*. New York: Harcourt Brace Jovanovich.

Murray, E. (1938). The Cornell Optical Laboratory. *The American Journal of Psychology*, Vol. 51, No. 4.

Myers, C. S. (1928). Edward Bradford Titchener. *British Journal of Psychology*, 18.

Nakamura, N., Watanabe, S. & Fujita, K. (2008). Pigeons perceive the Ebbinghaus-Titchener circles as an assimilation illusion. *Journal of Experimental Psychology: Animal Behavior Processes*, Vol. 34(3).

No authorship indicated. (1921). Death of Wundt. *Mind, New Series*, Vol. 30, No. 117.

Pavlova, M. & Sokolov, A. (2000). Speed perception is affected by the Ebbinghaus-Titchener illusion. *Perception*, Vol. 29(10).

Peterson, J. (1909). Titchener on Helmholtz's explanation of combination tones. *Psychological Bulletin*, Vol. 6(11).

Pillsbury, W. B. (1917). Principles of explanation in psychology. In: *Studies in Psychology: Titchener Commemorative Volume*. Oxford, England: Wilson.

Pillsbury, W. B. (1928). The psychology of Edward Bradford Titchener. *Philosophical Review*, 37.

Pillsbury, W. B. (1929). *A history of psychology*. New York: Norton.

Pillsbury, W. B. (1943). Titchener and James. *Psychological Review*, Vol. 50(1).

Postman, L. (1968). Hermann Ebbinghaus. *American Psychologist*, 23.

Pressey, A. W. (1977). Measuring the Titchener circles and Delboeuf-illusions with the method of adjustment. *Bulletin of the Psychonomic Society*, Vol. 10(2).

Rappard, H. V. (1980). A monistic interpretation of Wundt's psychology. *Psychological Research*, 42.

Rich, G. J., Titchener, E. B. & Weld, H. P. (1915). Minor studies from the psychological laboratory of Cornell University: on the variation with temperature of the pitch of whistles and variators. *The American Journal of Psychology*, Vol. 26(3).

Rieber, R. W. (1980). *Wilhelm Wundt and the making of a scientific psychology*. New York: Plenum Press.

Rieber, R. W. & Robinson, D. K. (2001). *Wilhelm Wundt in history: the making of a scientific psychology*. New York: Kluwer Academic / Plenum Publishers.

Riegel, K. F. (1976). *Psychology of development and history*. New York: Plenum Press.

Roazen, P. (1992). Defining American psychology: the correspondence between Adolf Meyer and Edward Bradford Titchener (Book). *Journal of the History of the Behavioral Sciences*, Vol. 28, Issue 3.

Roback, A. A. (1952). *History of American psychology*. Library Publishers, New York: Collier.

Roberts, B., Harris, M. G. & Yates, T. A. (2005). The roles of inducer size and distance in the Robinson, D. K. (1987). *Wilhelm Wundt and the establishment of experimental psychology, 1875—1914: The context of a new field of scientific research*. Ph. D of University of California, Berkeley.

Rosensohn, W. L. (1963). A logical method for making a classification of emotions, using Wilhelm Wundt's theory of emotion formation. *Journal of Psychology: Interdisciplinary and Applied*, 55(1).

Ross, B. (1979). Psychology's centennial year. *Journal of the History of the Behavioral Sciences*, 15.

Ruckmich, C. (1916). The last decade of psychology in review. *Psychological Bulletin*, 13.

Russell, B. (1945). *History of western philosophy*. Simon and Schuster, Inc..

Ryan, T. A. (1982). Psychology at Cornell after Titchener: Madison Bentley to Robert MacLeod, 1928—1948. *Journal of the History of the*

Behavioral Sciences, Vol. 18(4).

Sabat, S. R. (1979). Wundt's physiological psychology in retrospect. *American Psychologist*, 34.

Sahakian, W. S. (1975). *History and systems of psychology*. New York: John Wiley & Sons, Inc.

Sahakian, W. S. (1982). *History and systems of social psychology*. New York: McGraw-Hill Hemisphere.

Sanford, E. C. (1910). *Letter to E. B. Titchener*. Titchener papers, Cornell University Archives, Ithaca. NY.

Scarborough, E. & Furumoto, L. (1987). *Untold lives: The first generation of American women psychologists*. New York: Columbia University Press.

Scheerer, E. (1980). Wilhelm Wundt's psychology of memory. *Psychological Research*, 42.

Scheerer, E. (1981). Early German approaches to experimental reading research: The Contributions of Wilhelm Wundt and Ernst Meumann. *Psychological Research*, 43.

Schmidgen, H. (2003). Wundt as Chemist? A fresh look at his practice and theory of experimentation. *The American Journal of Psychology*, Vol. 116, No. 3.

Schultz, D. P. (1975). *A history of modern psychology* (2nd ed.). New York: Academic Press.

Schwitzgebel, E. (2004). Introspective training apprehensively defended: reflections on Titchener's lab manual. *Journal of Consciousness Studies*, Vol. 11(7—8).

Schwitzgebel, E. (2005). Difference tone training: a demonstration adapted from Titchener's experimental psychology. *Psyche*, 11(6).

Scott, W. D. (1921). In memory of Wilhelm Wundt. *Psychological Review*, 28.

Sears, P. (1966). Titchener in the Nursery School. *Psyccritiques*, Vol. 11(4).

Sexton, V. S. & Misiak, H. (1976). *Psychology around the world*. Monterey: Brooks/Cole Publishing Company.

Shakow, D. (1930). Hermann Ebbinghaus. *The American Journal of*

Psychology, 42.

Shipley, T. (1961). *Classics in psychology*. New York: Philosophical Library.

Shook, J. R. (1995). Wilhelm Wundt's contribution to John Dewey's functional psychology. *Journal of the History of the Behavioral Sciences*, Vol. 31(4).

Smith, J. S., Titchener, E. B. & Weld, H. P. (1915). Minor studies from the psychological laboratory of Cornell University: visual quantity as a determinant of clearness. *The American Journal of Psychology*, Vol. 26(3).

Sokal, M. M. (1981). *An education in psychology: James McKeen Cattell's journal and letters form Germany and England*, 1880—1888. Cambridge, MA: MIT Press.

Stagner, R. (1979). Wundt and applied psychology. *American Psychologist*, 7.

Stagner, R. (1988). *A history of psychological theories*. New York: Macmillan Publishing Company.

Stevens, H. C. (1903). The plethysmographic evidence for the tridimensional theory of feeling. *The American Journal of Psychology*, Vol. 14, No. 1.

Stevens, S. S. (1968). Edward Garrigues Boring: 1886—1968. *The American Journal of Psychology*, 81.

Straus, H. H., Uhlmann, R. F., Titchener, E. B. & Weld, H. P. (1919). Minor studies from the psychological laboratory of Cornell University: adaptation of superficial pain. *The American Journal of Psychology*, Vol. 30(4).

Sydney, H. C. (1947). Wundt and the folk: an appraisal of Wundt's folk psychology. *Social Forces*, Vol. 25, No. 3.

Thorne, B. M. & Henley, T. B. (1997). *Connections in the history and system of psychology*. New York: Houghton Mifflin Company.

Tiechener, E. B. (1929). *Systematic psychology*. Ithaca: Cornell University Press.

Tinker, M. A. (1932). Wundt's doctorate students and their theses, 1875—1920. *The American Journal of Psychology*, 44.

Titchener, E. B. (1893). Anthropometry and experimental psychology. *The Philosophical Review*, Vol. 2, No. 2.

Titchener, E. B. (1895). The type-theory of the simple reaction. *Mind*, 4.

Titchener, E. B. (1896). *An outline of psychology*. New York: Macmillan.

Titchener, E. B. (1898). A psychological laboratory. *Mind*, 7.

Titchener, E. B. (1898). Postulates of a structural psychology. *Philosophical Review*, 7.

Titchener, E. B. (1898). *Primer of psychology*. New York: Macmillan.

Titchener, E. B. (1898). The English of the psychophysical measurement methods. *The American Journal of Psychology*, Vol. 9(3).

Titchener, E. B. (1899). Professor Martin on the Perky experiments. *The American Journal of Psychology*, Vol. 14.

Titchener, E. B. (1899). Structural and functional psychology. *Philosophical Review*, 8.

Titchener, E. B. (1900). The equipment of a psychological laboratory. *The American Journal of Psychology*, Vol. 11, No. 2.

Titchener, E. B. (1901). *Experimental psychology*. New York: Macmillan.

Titchener, E. B. (1902). Discussion and reports: The relations of feeling and attention. *Psychological Review*, Vol. 9(5).

Titchener, E. B. (1903). A plea for summaries and indexes. *The American Journal of Psychology*, Vol. 14(1).

Titchener, E. B. (1903). Class experiments and demonstration apparatus. *The American Journal of Psychology*, Vol. 14(3—4).

Titchener, E. B. (1904). Organic images. *Journal of Philosophy, Psychology and Scientific Method*, 1.

Titchener, E. B. (1904). Some new apparatus. *The American Journal of Psychology*, Vol. 15(1).

Titchener, E. B. (1905). *Experimental psychology: A manual of laboratory practice*. New York: MacMillan.

Titchener, E. B. (1905). The problems of experimental psychology,

American Jouranl of Psychology, 16.

Titchener, E. B. (1907). The method of expression and the affective qualities. *Psychological Bulletin*, Vol. 4(11).

Titchener, E. B. (1908). Discussion: the method of impression and some recent criticism. *The American Journal of Psychology*, Vol. 19(1).

Titchener, E. B. (1908). *Lectures on the elementary psychology of feeling and attention*. New York: Macmillan.

Titchener, E. B. (1908). The psychology of feeling and attention. *Psychological Bulletin*, Vol. 5(12).

Titchener, E. B. (1908). The tridimensional theory of feeling. *The American Journal of Psychology*, Vol. 19, No. 2.

Titchener, E. B. (1909). A demonstrational color-pyramid. *The American Journal of Psychology*, Vol. 20(1).

Titchener, E. B. (1909). *A text-book of psychology*. New York: Macmillan.

Titchener, E. B. (1909). *Lectures on the experimental psychology of the thought processes*. New York: MacMillan.

Titchener, E. B. (1909). The psychophysics of climate. *The American Journal of Psychology*, Vol. 20(1).

Titchener, E. B. (1910). Discussion. *Psychological Bulletin*, Vol. 7 (5).

Titchener, E. B. (1910). Helmholtz' explanation of difference tones. *Psychological Bulletin*, Vol. 7(1).

Titchener, E. B. (1910). The past decade in experimental psychology. *The American Journal of Psychology*, 21.

Titchener, E. B. (1911). A note of the consciousness of self. *The American Journal of Psychology*, Vol. 22(4).

Titchener, E. B. (1912). Description vs. statement of meanings. *The American Journal of Psychology*, Vol. 23(2).

Titchener, E. B. (1912). Memory and imagination: a restatement. *Psychological Review*, Vol. 19(2).

Titchener, E. B. (1912). Prologema to a study of introspection. *The American Journal of Psychology*, 23.

Titchener, E. B. (1912). The psychology of the new Britannica. *The*

American Journal of Psychology, Vol. 23(1).

Titchener, E. B. (1912). The schema of introspection. *The American Journal of Psychology*, 23.

Titchener, E. B. (1913). Discussion: professor Martin on the Perky experiments. *The American Journal of Psychology*, Vol. 24(1).

Titchener, E. B. (1913). The method of examination. *The American Journal of Psychology*, Vol. 24(3).

Titchener, E. B. (1914). A historical note on the James-Lange theory of emotions. *The American Journal of Psychology*, Vol. 25(3).

Titchener, E. B. (1914). A note on sensation and sentiment. *The American Journal of Psychology*, Vol. 25(2).

Titchener, E. B. (1914). Laboratory notes. *The American Journal of Psychology*, Vol. 25(2).

Titchener, E. B. (1914). On "psychology as the behaviorist views it". *Proceedings of the American Philosophical Society*, 53.

Titchener, E. B. (1915). *A primer of psychology*. New York: Macmillan.

Titchener, E. B. (1915). Sensation and system. *The American Journal of Psychology*, Vol. 26(2).

Titchener, E. B. (1916). A note on the compensation of odors. *The American Journal of Psychology*, Vol. 27(3).

Titchener, E. B. (1917). Professor Stumpf's affective psychology. *The American Journal of Psychology*, Vol. 28(2).

Titchener, E. B. (1917). The psychological concept of clearness. *Psychological Review*, Vol. 24(1).

Titchener, E. B. (1919). An anomalous case of simple reaction. *The American Journal of Psychology*, Vol. 30(1).

Titchener, E. B. (1920). Notes from the psychological laboratory of Cornell University. *The American Journal of Psychology*, Vol. 31, No. 2.

Titchener, E. B. (1920). Wilhelm Wundt, 1832—1920. *Science*, 52.

Titchener, E. B. (1921). Brentano and Wundt: empirical and experimental psychology. *The American Journal of Psychology*, 32.

Titchener, E. B. (1921). Experimental psychology in Italy. *The*

American Journal of Psychology, Vol. 32, No. 4.

Titchener, E. B. (1921). Functional psychology and the psychology of act, I. *The American Journal of Psychology*, 32.

Titchener, E. B. (1921). On the plan of the Wundt's "physiologische psychologie". *The American Journal of Psychology*, 32.

Titchener, E. B. (1922). A note on Wundt's doctrine of creative synthesis. *The American Journal of Psychology*, 33.

Titchener, E. B. (1922). Functional psychology and the psychology of act, II. *The American Journal of Psychology*, 32.

Titchener, E. B. (1922). Mach's 'lecture on psychophysics'. *The American Journal of Psychology*, 33.

Titchener, E. B. (1922). Memorial to Wilhelm Wundt. *Science*, 55.

Titchener, E. B. (1923). *A beginner's psychology*. New York: Macmillan.

Titchener, E. B. (1923). Relearning after forty-six years. *The American Journal of Psychology*, 34.

Titchener, E. B. (1923). Visual intensity. *The American Journal of Psychology*, 34.

Titchener, E. B. (1923). Wundt's address at Speyer, 1861. *The American Journal of Psychology*, Vol. 34, No. 2.

Titchener, E. B. (1924). The overlooking of familiar objects. *The American Journal of Psychology*, 35.

Titchener, E. B. (1925). Demonstrations of affective method. *The American Journal of Psychology*, 36.

Titchener, E. B. (1925). Experimental psychology: a retrospect. *The American Journal of Psychology*, Vol. 36, No. 3.

Titchener, E. B. (1927). *The primer of psychology*. New York: Macmillan.

Titchener, E. B. (1928). Empirical and experimental psychology. *Journal of General Psychology*, 1.

Titchener, E. B. (1929). *Systematic psychology: prolegomena*. (*Weld, H. P., ed.*). New York: Macmillan.

Titchener, E. B. (1985). A psychophysical vocabulary. *The American Journal of Psychology*, Vol. 7(1).

Titchener, E. B. (1985). Minor studies from the psychological laboratory of Cornell University: VI. taste dreams. *The American Journal of Psychology*, Vol. 6(4).

Titchener, E. B. (2003). Experimental psychology: A manual of laboratory advice. In: Munger, M. P. *The history of psychology: fundamental questions*. New York, NY, US: Oxford University Press.

Titchener, E. B. & Feldman, S. (1922). A bibliography of the scientific writings of Wilhelm Wundt (Seventh Supplementary List). *The American Journal of Psychology*, 33.

Titchener, E. B. & Foster, W. S. (1921). A bibliography of the scientific writings of Wilhelm Wundt. *The American Journal of Psychology*, Vol. 23(4).

Titchener, E. B. & Geissler, L. R. (1909). A bibliography of the scientific writings of Wilhelm Wundt. *The American Journal of Psychology*, Vol. 20(4).

Titchener, E. B., Leahey, T. H. & Furumoto, L. (1997). E. B. Titchener and structuralism. In: L. T. Jr. Benjamin (ed.). *A history of psychology: original sources and contemporary research* (2nd *ed.*). New York, NY, England: Mcgraw-Hill Book Company.

Titchener, E. B. & Major, D. R. (1985). Minor studies from the psychological laboratory of Cornell University: on the affective tones of simple sense impressions. *The American Journal of Psychology*, Vol. 7(1).

Titchener, E. B. & Moyer, F. E. (1897). Minor studies from the psychological laboratory of Cornell University: 12. a study of certain methods of distracting the attention. Addition and cognate exercises: Discrimination of odors. *The American Journal of Psychology*, Vol. 8(3).

Titchener, E. B. & Parrish, C. S. (1897). Minor studies from the psychological laboratory of Cornell University: localization of cutaneous impressions by arm movement without pressure upon the skin. *The American Journal of Psychology*, Vol. 8(2).

Titchener, E. B. & Pillsbury, W. B. (1985). Minor studies from the psychological laboratory of Cornell University: some questions of the cutaneous sensibility. *The American Journal of Psychology*, Vol. 7(1).

Titchener, E. B. (1909). *Lectures on the experimental psychology of the thought processes*. New York: Macmillan.

Turner, R. S. (1977). Hermann von Helmholtz and the empiricist vision. *Journal of the History of the Behavioral Sciences*, 13.

Turvey, M. T. (1977). Contrasting orientations to the theory of visual information processing. *Psychological Review*, 84.

Tweney, R. D. (1987). Programmatic research in experimental psychology: E. B. Titchener's laboratory investigations, 1891—1927. In: M. G. Ash & W. R. Woodward (eds.). *Psychology in twentieth-century psychology*. Cambridge: Cambridge University Press.

Tweney, R. D. (2000). Titchener, Edward Bradford. In: Kazdin, A. E. *Encyclopedia of psychology*. Washington, DC, US: *American Psychological Association*, Vol. 8.

Tweney, R. D. (2003). Wilhelm Wundt in history: the making of a scientific psychology. *Journal of the History of the Behavioral Sciences*, Vol. 39(3).

Viney, W. (1993). *A history of psychology*: ideas and context. Boston: Allyn & Bacon.

Warren, H. C. (1927). Edward Bradford Titchener. *Science*, 66.

Washburn, M. F. (1932). Autobiography. In: C. Murchison (ed.). *A history of psychology in autobiography* (*Vol.* 2). Worcester, MA: Clark Unibersity Press.

Washburn, M. F., Scripture, E. W. & Titchener, E. B. (1894). Minor studies from the psychological laboratory of Cornell University: V. some apparatus for cutaneous stimulation. *The American Journal of Psychology*, Vol. 6(3).

Wasserman, G. S. (2002). Wilhelm Wundt in history (Book). *Journal of the History of the Neurosciences*, Vol. 11(4).

Watanabe, R. & Titchener, E. B. (1894). Minor studies from the psychological laboratory of Cornell University: III. two points in reaction-time experimentation. *The American Journal of Psychology*, Vol. 6(3).

Watson, R. I. & Evans, R. B. (1991). *The great psychologists*: *A history of psychological thought* (5th ed.). New York: Harper Collins.

Watson, R. I. (1963). *The great psychologists*: *Aristotle to Freud*.

Philadelphia: Lippincott.

Watson, R. I. (1974). *Eminent contributors to psychology*, Vol. 1. New York: Springer.

Watson, R. I. (1976). *Eminent contributors to psychology*, Vol. 2. New York: Springer.

Watson, R. I. (1978). *The history of psychology and the behavioral sciences*. New York: Springer Publishing Company.

Watson, R. I. (ed.)(1979). *Basic writings in the history of psychology*. New York: Oxford University Press.

Wertheimer, M. (1987). *A brief History of Psychology* (3rd ed.). New York: Holt, Rinehart and Winston.

Williams, H. D., Titchener, E. B. & Boring, E. G. (1918). Minor studies from the psychological laboratory of Cornell University: XL. on the calculation of an associative limen. *The American Journal of Psychology*, Vol. 29(2).

Wilson, F. (1991). Mill and Comte on the method of introspection. *Journal of the History of the Behavioral Sciences*, 27.

Witmer, L. (1893). *Letter to Hugo Münsterberg*. Münsterberg papers, Boston Public Library, Boston, MA.

Wolman, B. (1968). *Historical roots of contemporary psychology*. New York: Harper & Row.

Wolman, B. (1981). *Contemporary theories and systems in psychology*. Plenum Press.

Woodworth, R. S. (1938). *Experimental psychology*. New York: Holt.

Woodworth, R. S. (1948). *Contemporary schools of psychology*. New York: Ronald Press.

Wundt, W. M. (1858—1862). *Contributions to the theory of sensory perception*. Leipzig: Englemann.

Wundt, W. M. (1863). *Lectures on human and animal psychology* (J. Creighton & E. B. Titchener, Trans.). New York: Macmillan. (Original work published).

Wundt, W. M. (1892). *Ethics*(Titchener, E. B., Guilliver, J. H. & Washburn, M. F. Trans.). New York: Macmillan. (Original work published).

Wundt, W. M. (1894). *Lectures on human and animal psychology*. Thoemmes Continuum.

Wundt, W. M. (1900—1920). *Folk psychology* (10 *Vols*.). Leipzig: Englemann.

Wundt, W. M. (1907). *Outlines of psychology* (Judd, C. H. Trans.). St Clair Shores, MI: Scholarly Press.

Wundt, W. M. (1907). *Principles of physiological psychology* (*I*) (Titchener, E. B. Trans.). New York: Macmillan.

Wundt, W. M. (1912). *An introduction to psychology*. London: George Allen & Unwin.

Wundt, W. M. (1973). *An introduction to psychology* (Pintner, R. Trans.). New York: Arno Press.

Wundt, W. M. (1973). *The language of gestures*. The Hague: Mouton.

Wundt, W. M. (1973). *The principles of morality and the departments of the moral life* (Washburn, M. F. Trans.). London: Swan Sonnenschein; New York: Macmillan.

Wundt, W. M. (2003). *Elements of folk psychology*: *Outlines of a psychological history of the development of mankind*. Translated by Edward Leroy Schaub. London: Routledge.

Zehr, D. (2000). Portrayals of Wundt and Tichener in introductory psychology texts: a content analysis. *Teaching of Psychology*, Vol. 27, No. 2.

后记

科学心理学产生于19世纪70年代，一开始就表现为两种理论形态，即科学主义心理学和人文主义心理学。科学主义心理学的第一个学派是冯特创立的内容心理学(主要是实验心理学)，人文主义心理学的第一个学派是布伦塔诺创立的意动心理学。冯特无可争议地被称为"科学主义心理学之父"。正如波林所言："在冯特之前有心理学，但没有心理学家。"心理学得以摆脱哲学的怀抱，成为一门独立的学科，为人类的发展做出巨大贡献，这是与冯特为科学心理学开创了一个良好的开端、为现代心理学确立了科学的实验精神分不开的。因此，尽管有不少人批评冯特，但都无法撼动其"科学主义心理学之父"的地位。

这本《意识的分析——内容心理学》，在考察科学心理学诞生的历史条件的基础上，分别阐释了内容心理学的创始人冯特及其同时代的内容心理学家艾宾浩斯、缪勒和内容心理学的极端化者铁钦纳的学术生平、思想渊源、具体研究、理论体系，并对每个人的理论进行了实事求是的评价，揭示了内容心理学思想对当代心理学研究的意义和价值，最后还介绍了内容心理学在中国的传播与研究。需要指出的是，我们在书中还专列一章论述冯特的民族心理学体系，这主要基于以下两方面的考虑：其一，虽然民族心理学不属于冯特的内容心理学体系，但它的确是冯特的另一大贡献，是凝聚了其生命最后20年心血的一项成就。人们也越来越多地认识到它的重要性，后来的许多心理学分支学科(如社会心理学、民族心理学、宗教心理学等)和当前的一些心理学新取向(如文化心理学、生态心理学等)的渊源都可追溯到冯特的民族心理学那里。考虑到目前国内对冯特民族心理学的介绍相对较少，故借此机会多做一些说明。其二，为了避免读者误解冯特只是一位内容心理学家或实验心理学家，而忽视其民族心理学的贡献。

当然，内容心理学并不能完整或准确地概括冯特的心理学思想，因为冯特是心理学史上一位罕见的多产的心理学家，其心理学思想涉及的内容和领域非常广泛，很难用一个确切的名称加以指称或命名。美国心理学之父威廉·詹姆斯曾这样评价道:“当他们(指冯特的批评者)对冯特的若干观点进行分析时,他(指冯特)已经忙着写一本完全不同题材的书去了。”在国内外心理学文献中,对冯特的心理学体系有包括“构造主义”在内的十几种叫法,但其中我最不赞同把冯特的心理学体系称为“构造主义”或“构造心理学”。具体的理由我们在书中已作了交代。尽管我过去在参加其他著作撰写时,也在构造主义或构造心理学章节之下介绍过冯特的心理学思想,但这并非我的本意,作为命题作文只能随主编之意而定。在我自己撰写或主编的书中,从未这样做过。当然,这只是我的一家之言,有多种不同的学术观点存在也是最正常不过的事了,我提出自己对冯特心理学体系的称呼的看法,只是希望得到大家的呼应,并无要求他人也要赞同我的观点之意。到目前为止,国内外心理学史学界关于这个问题还没有形成统一的看法,而且在将来很长一段时间内估计也很难达成共识。

由于受到波林《实验心理学史》的影响,国内外心理学界对冯特的心理学思想存在一些误解。为了还冯特心理学思想的本来面目,我们查阅并参考了大量的外文文献。由于很多英文文献中夹杂着德文,这使得我们对文献的理解和表述过程变得十分艰难。在写作过程中,我们总是在不断地克服理智上的障碍,时刻不敢掉以轻心!历史研究不仅要发掘人物思想的原本面目,更要阐发其中所蕴含的历史意义和现实价值。为此,本书试图发掘内容心理学思想所蕴含的潜在力量,揭示内容心理学思想的历史影响及其当代意义,并在这种着眼于现在和未来的历史研究中,加深对内容心理学思想的理解。因为我们深信,“历史的记载是可以追溯的,了解历史可以通过它的前因,也可以通过它的后果”。本书把内容心理学思想的前因与后果有机地结合起来,将它们统一在历史本身的过程中,并通过“瞻前顾后、左顾右盼”的比较,来阐述内容心理学的思想体系。“在历史中阐释,在阐释中创新”这一历史研究方法论原则贯穿于本书始终。

在《外国心理学流派大系》这套书中,本书一直没有找到合适的作者,我作为丛书主编,只能打算自己来写。我从事心理学史研究和教学近 20 年,深知科学心理学的两位创始者冯特和布伦塔诺的重要性,也特别重视对这两位心理学家的研究。我请研究生帮助收集了几位内容心理学家几乎所有的英文著作,以及大多数国内外学者研究他们的专著、文集、学位论文、发表或未发表的研究论文和一些网站上的资料。我们把这些文献一一列在书后,以便为其他研究者提供方便。虽然我多年陆续写过有关内容心理学的文稿逾 10 万字(主要用在本书的第一章、第二章、第三章、第五章、第六章、第七章、第九章和代结语的适当地方),但考虑到自己实在没有足够的时间和精力来完成这本书稿，所以在方双虎2007年7月从我这里获得博士学位之后，我把我的文稿和资料交给了他，让他来承担这本书的撰写任务。他在我拟订的大纲基础上，经过一年多艰苦努力终于完成了初稿，我对书稿做了较大程度的修改并定稿。在他具体写作过程中，我们一直保持着交流，经常在夜深人静时进行长时间的电话讨论，邮件往来更是持续不断。

还要说明一点，在这些内容心理学家中，只有铁钦纳用英文写作，其他人都用德文写作。由于我们不通德文，只能利用从德文翻译过来的英文著作和论文资料，因此译者和我们在理解上可能与这些内容心理学家的本意有一些差异之处。这不是我们的主观努力能够解决的问题，因此，我期待着今后有人能够根据德文原著研究内容心理学思想。

尽管在方双虎写作本书的过程中，在我与他讨论以及在修改初稿和定稿的过程中，我们都以坚强的意志尽了最大努力，但现在呈现给读者的这本书，肯定还有这样或那样的不足。我们欢迎大家批评指正，以便将来再版时修订。

本书的写作和出版得到了山东教育出版社李广军先生的大力支持，他为本书的最后付梓付出了辛勤的劳动，在此向他表示深深地感谢！在写作过程中，我们广泛阅读和参考了国内外大量文献资料，引用了有关研究成果，谨向这些文献资料的著作权人和作者们致以衷心的感谢！特别是我指导过的王金奎硕士和崔光辉博士分别参与了本书的第七章第一节、代结语的资料收集和初稿写作，在此一并致谢！

方双虎现在我的母校安徽师范大学教育科学学院工作，所以这本书的写作也得到安徽师范大学"心理学"特优强专业和"心理学"省级教学团队的大力支持。我也十分愿意将此书献给我母校的心理学学科的老师们！

郭本禹

2008年12月20日

于南京海德卫城寓所

外国心理学流派大系

意识的分析

——内容心理学

方双虎　郭本禹　著

主　管：山东出版集团

出版者：山东教育出版社

（济南市纬一路 321 号　邮编：250001）

电　话：(0531)82092663　**传真**：(0531)82092661

网　址：http://www.sjs.com.cn

发行者：山东教育出版社

印　刷：山东新华印刷厂临沂厂

版　次：2009 年 10 月第 1 版第 1 次印刷

印　数：1—3000

规　格：787mm×1092mm　16 开本

印　张：23 印张

字　数：362 千字

书　号：ISBN 978—7—5328—6240—5

定　价：40.00 元

（如印装质量有问题，请与印刷厂联系调换）

电话：0539—2925659